Vivre
les changements
climatiques

QUOI DE NEUF ?

Catalogage avant publication de Bibliothèque et Archives Canada

Villeneuve, Claude, 1954-

    Vivre les changements climatiques : quoi de neuf ?

    Comprend des réf. bibliogr.

    ISBN 2-89544-074-3

1. Climat – Changements. 2. Effet de serre (Météorologie). 3. Réchauffement de la terre. 4. Homme – Influence sur la nature. 5. Air – Pollution – Aspect météorologique. 6. Convention-cadre des Nations Unies sur les changements climatiques (1992). Protocoles, etc., 1997 déc. 11. I. Richard, François, 1963-   . II. Titre.

QC981.8.C5V542 2005   363.738'74   C2005-941099-X

Claude Villeneuve
François Richard

Préface de Francesco di Castri

Vivre
les changements
climatiques

QUOI DE NEUF ?

ÉDITIONS
MultiMondes

Révision scientifique :

Alain Bourque, climatologue, directeur par intérim du consortium OURANOS

Claude Camus, biologiste et géologue, professeur retraité de l'IUFM de Lons le Saunier (France)

Jean-Claude Génot, écologue au Parc naturel régional des Vosges du Nord (France) et membre actif du réseau scientifique des Réserves de la Biosphère et du MAB-France

Gaëtan Lafrance, ingénieur Ph.D. et professeur à l'INRS Énergie

Bernard Saulnier, ingénieur de recherche à l'IREQ d'Hydro-Québec, spécialiste de l'énergie éolienne

Ghislain Théberge, président de CO_2 Solution

Révision linguistique : Dominique Johnson

Impression : Marquis imprimeur inc.

© Éditions MultiMondes, 2005
ISBN 2-89544-074-3
Dépôt légal – Bibliothèque nationale du Québec, 2005
Dépôt légal – Bibliothèque nationale du Canada, 2005

ÉDITIONS MULTIMONDES
930, rue Pouliot
Sainte-Foy (Québec) G1V 3N9
CANADA
Téléphone : (418) 651-3885
Téléphone sans frais depuis l'Amérique du Nord :
1 800 840-3029
Télécopie : (418) 651-6822
Télécopie sans frais depuis l'Amérique du Nord :
1 888 303-5931
multimondes@multim.com
http://www.multim.com

DISTRIBUTION EN LIBRAIRIE AU CANADA
Prologue
1650, boul Lionel-Bertrand
Boisbriand (Québec) J7H 1N7
CANADA
Téléphone : (450) 434-0306
Téléphone sans frais : 1 800 363-2864
Télécopie : (450) 434-2627
Télécopie sans frais : 1 800 361-8088
prologue@prologue.ca

DISTRIBUTION EN FRANCE
Librairie du Québec
30, rue Gay-Lussac
75005 Paris
FRANCE
Téléphone : 01 43 54 49 02
Télécopie : 01 43 54 39 15
liquebec@cybercable.fr
www.quebec.libriszone.com

DISTRIBUTION EN BELGIQUE
Librairie Française et Québécoise
Avenue de Tervuren 139
B-1150 Bruxelles
BELGIQUE
Téléphone : 32 2 732 35 32
Télécopie : 32 2 732 35 32
info@vanderdiff.com

DISTRIBUTION EN SUISSE
SERVIDIS SA
Rue de l'Etraz, 2
CH-1027 LONAY
SUISSE
Téléphone : (021) 803 26 26
Télécopie : (021) 803 26 29
pgavillet@servidis.ch
http://www.servidis.ch

Les Éditions MultiMondes reconnaissent l'aide financière du gouvernement du Canada par l'entremise du Programme d'aide au développement de l'industrie de l'édition (PADIÉ) pour leurs activités d'édition. Elles remercient la Société de développement des entreprises culturelles du Québec (SODEQ) pour son aide à l'édition et à la promotion.

Gouvernement du Québec – Programme de crédit d'impôt pour l'édition de livres – gestion SODEC.

 Imprimé avec des encres végétales sur du papier partiellement recyclé et exempt d'acides.

Table des matières

Préface xxvii

Présentation xxxi

Chapitre 1 – Quoi de neuf? 1

    Nous sommes en retard! 1

    Un monde à géométrie variable 2

    L'Europe en avance 2

    Gardons l'espoir! 3

    Un peu d'histoire 3

    La prépondérance américaine 6

    Toujours plus! 9

Chapitre 2 – Rien ne se perd 13

    L'effet de serre, phénomène naturel 16

    Effet de serre ou réchauffement global? 18

    Parties par milliard, parties par million 19

    Le dioxyde de carbone: entre photosynthèse et respiration 20

    Le méthane: gaz putride 22

    L'ozone troposphérique: exceptionnel, mais destructeur 22

    Le protoxyde d'azote: il n'y a pas de quoi rire! 24

    Les fluorocarbones: des gaz qui donnent froid dans le dos! 25

    Un sixième complice 28

    Des facteurs aggravants 28

    Les particularités d'absorption des gaz à effet de serre 28

    Un «travail d'équipe» 33

Chapitre 3 – Du puits au réservoir 37

Une circulation complexe à l'échelle planétaire. 38

Réservoirs, sources et puits de carbone. 39

Les échanges à l'intérieur des écosystèmes 40

La photosynthèse: grand fixateur de carbone 42

Les forêts ne sont pas les poumons de la planète. 45

Le réservoir océanique 47

Ce n'est pas la foi qui soulève les montagnes! 50

Un équilibre maintenu par le volcanisme 50

La formation des carburants fossiles. 52

Des réservoirs à l'atmosphère 54

De la lithosphère à l'atmosphère: la patiente érosion 54

De l'hydrosphère à l'atmosphère: circulation marine 55

De la lithosphère à l'atmosphère: le volcanisme 56

Les perturbations anthropiques du cycle du carbone. 57

La combustion des carburants fossiles 57

La destruction des forêts tropicales. 58

Les émissions de méthane 58

Bilan des perturbations anthropiques 59

Un modèle intégrateur du cycle du carbone 60

Chapitre 4 – Comment faire la pluie et le beau temps. 63

Le Soleil, moteur climatique 67

La circulation océanique planétaire 71

C'est la faute à El Niño! 73

De la mer à la montagne. 77

Et les gaz à effet de serre? 78

Chapitre 5 – À la recherche du climat passé 81

L'histoire et les climats 83

Le secret est inscrit dans la glace 90

Un peu plus creux, beaucoup plus loin… 93

Vingt mille siècles sous les mers!. 95

Une alternance de chaud et de froid 97
Les penchants de la Terre 98
Le cycle du Soleil 103
La dendroclimatologie: lire le climat dans les arbres 106
Le passé nous permet-il de prévoir l'avenir? 109

Chapitre 6 – Top modèles 113
La boule de cristal technologique 113
Les précurseurs 120
Le défilé des modèles 122
Le modèle simple de tous les jours 122
Le modèle complexe pour les grands soirs 124
Un travail mondial de coopération 125
Des bijoux de petits modèles 126
Les modèles au banc d'essai 128
Quelles sont les prévisions pour les saisons à venir? 129

Chapitre 7 – Qu'est-ce qui attend nos enfants? 133
Les modifications climatiques planétaires appréhendées
en raison du réchauffement global 133
Le réchauffement des pôles 135
Il y a de l'orage dans l'air 135
La mer qu'on voit monter… 137
Les impacts sur les organismes vivants 139
La migration des arbres 142
Les impacts sur l'espèce humaine 144
La sécurité alimentaire 144
Moustiques, malaria et compagnie 147
Les prévisions en territoire canadien 150
Quand l'arbre ne cachera plus la forêt 154
Les prévisions pour l'Europe 157
Que deviendront les forêts d'Europe? 160
Les rendements agricoles à la hausse? 161
Le terrain ne ment pas 162

Chapitre 8 – Les observations 163

L'oscillation atlantique-Nord, une tendance positive 165

Temps violent 166

Katastrof! 166

Uggianaktuk! 168

Le jeûne de l'ours 170

Plus près du ciel? 172

Une hirondelle ne fait pas le printemps 172

Le temps des cerises en février? 175

Les forêts, sources de CO_2 176

Les coraux s'effacent 177

Des invités indésirables. 180

Pourquoi tant de haine? 182

Chapitre 9 – Les sources et les responsables 183

Des sources diverses au cœur de l'activité économique 184

Les carburants fossiles: la bête noire 185

La déforestation, fléau des pays pauvres 187

C'est coulé dans le béton! 189

En fer et contre tous! 190

Tous au charbon! 191

L'aluminium et le magnésium, des métaux pas vraiment blancs... 191

Les filières énergétiques: il faut considérer l'écobilan 193

Les transports : attachez votre ceinture! 195

Un effet bœuf! 196

Même le riz... 197

Du sac vert au pouce vert 198

Des nouveaux venus 199

M. Smith, Mme Dupont, M. Nguyen, Mme Diallo, M. Foo et Mme Al Rashid 199

Les émissions par pays 200

Chapitre 10 – Une solution mondiale pour un problème planétaire? 205

Le développement durable, prémisse de la Convention-cadre
des Nations Unies sur les changements climatiques 206

La Convention cadre des Nations Unies
sur les changements climatiques (CCNUCC) 208

Le résultat de longs travaux 209

Le contenu de la Convention 211

Faire payer les riches 214

Une mouvance politique 215

Chapitre 11 – Kyoto, tremplin d'une gouvernance mondiale? 223

Une science qui s'affine, des politiques qui hésitent 224

Le mandat de Berlin 225

L'urgence d'agir 228

Un constat terrifiant 228

Des priorités teintées par le degré d'exposition 230

Une application stricte de Kyoto 231

Des mécanismes de flexibilité 233

Permis à vendre! 234

Faisons donc ça dans ta cour 235

Faire flèche de tout bois 237

Kyoto sera-il efficace? 237

Kyoto 2? 239

Chapitre 12 – Les héros et les vilains 243

Les scientifiques: le bon docteur et le pasteur unis
dans un même combat pour le bien commun 243

Les groupes écologistes: ces héros au sourire si doux 245

Les lobbies industriels, Mathias Bones, à votre service! 247

Les canards déchaînés 247

Les avoués 252

Les Parties: sur la place du Village, la tension est à son comble! 252

Vides ou avides 252

Les pays pleins: pas de pétrole, mais des idées! 257

À l'est d'Éden: le réveil pénible des lendemains qui chantent… faux 257

La belle Peggy du saloon 260

Le G-77, petits truands, vrais paumés, victimes innocentes et grands ados 260

La fin justifie les moyens! 262

Chapitre 13 – Que faire? 263

À chaque source sa solution 264

Ce n'est pas aussi simple que dans le bon vieux temps! 265

Des stratégies à long terme, mais des actions tout de suite! 266

Des plans d'action 267

Les outils économiques 268

    Les taxes: impopulaires, sans doute, mais nécessaires 269

    Les permis échangeables 270

    Les incitations aux énergies vertes et renouvelables 275

L'union fait la force! 276

Une portion congrue 282

Des détails? 283

L'efficacité énergétique 283

Le rôle des villes 287

Les réductions dans le secteur du transport 288

L'auto-climat 288

Technologies permettant de contrôler les émissions 290

    Cimenteries, aciéries et centrales thermiques 290

Innovations technologiques 294

    Automobiles hyperefficaces 294

    Filière hydrogène: déplacer le problème? 296

    Carburants alternatifs 297

    Technologies d'enlèvement du CO_2 299

    Captage et stockage du CO_2 300

    Séquestration dans les océans 300

    Séquestration dans des puits de pétrole et de gaz naturel épuisés 302

Recycler le CO_2? 304
    La fixation enzymatique: percée technologique 305
Fixer le carbone dans les arbres 307
L'amélioration des forêts existantes 309
Enfouir le CO_2 dans le sol 313
Les perspectives de réductions 316

Chapitre 14 – L'adaptation ? 319

L'inertie du climat 320
L'inertie du système économique 321
La sécurité publique (érosion, prévention des catastrophes) 323
Le secteur des assurances 326
La santé 328
La production d'énergie 330
L'agriculture 333
Les forêts 335
La biodiversité 336
L'eau 339
Le tourisme 341
Le transport 344
Les collectivités des régions nordiques 345
Tout un changement! 346

Chapitre 15 – Une affaire personnelle 349

Le principe de responsabilité 350
D'une pierre deux coups! 351
Les prescriptions du bon docteur 351
Cessez de fumer! 352
Buvez modérément 353
Raccourcir le circuit du producteur au consommateur 355
Mangez mieux 358
Plus de fruits et de légumes 360

Réduisez votre stress: travaillez à la maison. 361

Profitez du plein air… pur. 362

Petite liste de nouveaux comportements à essayer 363

Pour un avenir meilleur, il faut que les bottines suivent les babines 370

Chapitre 16 – Au travail! 373

Chanceux dans notre déveine 374

Introduire la notion de long terme dans la prise de décision 375

Introduire les changements climatiques dans l'éducation 375

Investir dans la recherche de solutions techniques 376

Dématérialiser l'économie 377

Découvrir le mieux-être en abandonnant le mal avoir. 377

Appliquer le principe de précaution 378

Des avantages immédiats et futurs 379

Quoi de neuf? 381

Liste des figures

Figure 2.1   Longueurs d'onde des radiations solaires 14

Figure 2.2   Les flux énergétiques du Soleil 16

Figure 2.3   Contributions au bilan radiatif terrestre. 18

Figure 2.4   Effet de serre et réchauffement global 18

Figure 2.5   La couche d'ozone et l'ozone troposphérique 23

Figure 2.6   Augmentation relative des gaz à effet de serre dans l'atmosphère au 20e siècle. . . 27

Figure 2.7a   Contribution relative des facteurs de forçage radiatif depuis 1850 32

Figure 2.7b   Forçage radiatif net utilisé comme paramètres pour le modèle du GISS pour la période 1880-2003 32

Figure 2.8   Effet des aérosols et des particules de suie. 33

Figure 3.1   Quelques molécules formées d'atomes de carbone 41

Figure 3.2   Circulation du carbone dans les écosystèmes terrestres 46

Figure 3.3   Variation des concentrations de CO_2 observées depuis 1958 à Mauna Loa (Hawaï), à Samoa (Polynésie), à Barrow (Alaska) et au pôle Sud . . 47

Figure 3.4   Carbonates et organismes marins 49

Figure 3.5   Solubilité du dioxyde de carbone dans l'eau. 49

Figure 3.6   Schéma du cycle du carbone intégrant l'activité humaine 60

Figure 3.7   Cycle du carbone global 61

Figure 4.1   Distribution des grands biomes en fonction de la température
et de la pluviosité. 65

Figure 4.2   Carte mondiale des biomes. 68

Figure 4.3   Schéma général de la circulation des masses d'air 69

Figure 4.4   Évolution de la densité de l'eau en fonction de la température 71

Figure 4.5   Carte simplifiée des courants océaniques 72

Figure 4.6   Courant de convection océanographique planétaire. 72

Figures 4.7a et b Diagrammes simplifiés du phénomène El Niño. 76

Figure 5.1   Reconstitution des températures moyennes annuelles depuis le Moyen Âge. . . 85

Figure 5.2   Comparaison des courbes de concentration du deutérium
et du CO_2 depuis 160 000 ans 97

Figure 5.3   Variations de la température à la surface de l'océan 98

Figure 5.4   Carte du globe il y a 6 000 ans; écart de température par rapport à aujourd'hui . . . 99

Figure 5.5   L'inclinaison de la Terre par rapport au plan de l'ellipse. 100

Figure 5.6a   Forte inclinaison de la Terre 101

Figure 5.6b   Inclinaison moyenne de la Terre 101

Figure 5.6c   Faible inclinaison de la Terre 101

Figure 5.7   Anomalies détectées dans le climat des périodes géologiques anciennes 102

Figure 5.8   Diagramme des variations d'insolation 104

Figure 5.9   Variation du rayonnement solaire global 105

Figure 5.10   Relation possible entre la couverture nuageuse et les vents solaires 106

Figure 5.11   Carottes de bois montrant les anneaux de croissance 107

Figure 5.12   Variation de la largeur des anneaux de croissance
de l'épinette noire dans la région du lac Bush 108

Figure 5.13   Courbes de température du dernier millénaire réalisées
à partir de reconstitutions climatiques 109

Figure 5.14   Le climat des 10 derniers siècles et projection pour le 21e siècle 110

Figure 6.1   Prévisions d'augmentation de la température et du niveau
de la mer calculées par les modèles climatiques en tenant compte
des scénarios proposés par le GIEC. 117

Figure 6.2   Prévisions de l'augmentation de la concentration en dioxyde de carbone
de l'atmosphère entre 1990 et 2100, pour les quatre grandes catégories
de scénarios du GIEC 118

Figure 6.3   Prévision de forçage radiatif au cours du XXIᵉ siècle en fonction
des scénarios du GIEC. 119

Figure 6.4   Établissement de modèles climatiques – passé, présent et futur – d'évaluation . . 121

Figure 6.5   Quelques anomalies entre les températures observées
et les températures modélisées pour la période 1900-2000 130

Figure 6.6   Température de l'air à la surface, calculée en fonction des impacts
des gaz à effet de serre et des aérosols, pour la période 1900-2100 130

Figure 6.7   Courbes de l'augmentation de la température déterminées
par deux modèles canadiens. 131

Figure 6.8   Carte du monde du réchauffement 131

Figure 7.1   Étendue du paludisme dans un contexte de réchauffement global 148

Figure 7.2   La sensibilité aux incendies de forêt au Canada. 156

Figure 7.3   Carte illustrant les effets que pourrait avoir le dégel du pergélisol
en territoire canadien 158

Figure 7.4   Augmentation de température prévue en Europe pour la période
2071-2100 selon une modélisation régionale du projet PRUDENCE. 159

Figure 9.1   Évolution des émissions de gaz à effet de serre par groupe de pays,
pour la période 1990-2002 202

Figures 9.2a et b   Émissions de gaz à effet de serre de plusieurs pays de l'Annexe I
au Protocole de Kyoto pour la période 1990-2002 203

Figure 11.1   Projection des émissions annuelles de gaz carbonique permettant
la stabilisation des concentrations à 450, 550 et 1 000 ppm 229

Figure 11.2   Évolution des températures au Canada de 2020 à 2090 229

Figure 11.3   L'état des lieux en 1990-2001 233

Figures 13.1a et b Tendances de la production d'électricité dans le monde
entre 1970 et 2020. 293

Figure 14.1   Température et niveau de la mer et concentrations de gaz carbonique 320

Liste des tableaux

Tableau 2.1 Albédo de quelques surfaces 15

Tableau 2.2 Composition approximative de l'atmosphère terrestre 17

Tableau 2.3 Concentration de quelques gaz causant l'effet de serre
dans l'atmosphère terrestre, en parties par milliard 20

Tableau 2.4 Capacité d'absorption relative des gaz causant l'effet de serre 29

Tableau 2.5 Contribution relative des gaz causant l'effet de serre 29

Tableau 2.6 Temps de dégradation des gaz à effet de serre 30

Tableau 2.7 Potentiel de réchauffement des gaz à effet de serre en fonction
de leur temps de dégradation 30

Tableau 2.8 Potentiel de réchauffement global des principaux gaz à effet de serre
dans le Protocole de Kyoto 31

Tableau 2.9 Bandes d'absorption des gaz à effet de serre 35

Tableau 3.1 Principaux réservoirs de carbone 39

Tableau 3.2 Stock globaux de carbone dans la végétation et le sol
jusqu'à une profondeur de 1 mètre 45

Tableau 3.3 Bilan global du méthane issu de différentes études 53

Tableau 4.1 Production estimée de poissons dans les diverses zones océaniques 75

Tableau 6.1 Les institutions de recherche sur le climat 125

Tableau 7.1 Risques d'impacts sur la santé humaine liés
aux changements climatiques 145

Tableau 7.2 Scénarios d'augmentation des températures et des précipitations
pour le Québec, pour la période 2080 à 2100 par rapport
à la période 1960-1990 150

Tableau 9.1 Production de gaz à effet de serre par habitant
en 1995 et 2000 pour certains pays 200

Tableau 11.1 Prévisions d'émissions et répartition à l'horizon 2010 239

Tableau 13.1 Réduction souhaitée des émissions de CO_2 par année,
de 2008 à 2012 272

Tableau 13.2 Émissions globales de la chaîne de production par kWh d'électricité 283

Tableau 13.3 Bilan simplifié du carbone planétaire 312

Tableau 13.4 Stratégies disponibles pour réduire les émissions de 1 GtC/an ou 25 Gt de 2004 à 2054 314

Tableau 13.5 Estimation des réductions potentielles d'émissions de gaz à effet de serre en 2010 et 2020 317

Tableau 15.1 Les émissions de gaz à effet de serre reliées au transport 357

Liste des encadrés

Encadré 1.1 Faudra-t-il s'arrêter de respirer? 4

Encadré 1.2 Exeter: quand sera-t-il trop tard? 8

Encadré 1.3 *The Day After Tomorrow*: plus Hollywood que GIEC! 10

Encadré 2.1 L'albédo fait réfléchir 15

Encadré 2.2 La Terre: une source de chaleur? 17

Encadré 2.3 Le cas de la vapeur d'eau 21

Encadré 2.4 Un moteur froid pollue plus 25

Encadré 2.5 SACO *vs* GES 26

Encadré 3.1 Tonnes de carbone? 44

Encadré 3.2 Déforestation, afforestation, reforestation? 48

Encadré 3.3 Un enrichissement dangereux 50

Encadré 3.4 Le volcanisme a-t-il sauvé le monde vivant? 51

Encadré 3.5 Une nappe de pétrole? 53

Encadré 3.6 Un bémol sur la capacité des forêts à capter plus de carbone 59

Encadré 4.1 Petite histoire des changements climatiques 64

Encadré 4.2 Le piège des moyennes 66

Encadré 4.3 Le grand convoyeur peut-il s'arrêter? 73

Encadré 4.4 La productivité marine, une question de nutriments 74

Encadré 4.5 Les oscillations climatiques 78

Encadré 4.6 Des couvertures? 79

Encadré 5.1 L'optimum médiéval: phénomène local ou global? 86

Encadré 5.2 La valse des glaciers 87

Encadré 5.3 Adieu aux neiges du Kilimandjaro 88

Encadré 5.4 Quand le climat fait l'histoire 90

Encadré 5.5 Les glaces des pôles plus fiables 92

Encadré 5.6 La récolte des précieux glaçons 94

Encadré 5.7 900 000 ans! 95

Encadré 5.8 Une combinaison de cycles 100

Encadré 5.9 Un pavé dans la mare ? 102

Encadré 5.10 Une preuve déterminante de l'action humaine
sur le réchauffement climatique ? 110

Encadré 5.11 L'histoire inscrite dans le climat ? 111

Encadré 6.1 *What if?* 115

Encadré 6.2 Scénarios variés pour une même planète 116

Encadré 6.3 La « sensibilité climatique » 123

Encadré 6.4 Un modèle à la maison 132

Encadré 7.1 + 2,7 degrés + 3 000 ans de fonte = 11 mètres de hausse 138

Encadré 7.2 Une grande crise d'extinction des espèces ? 141

Encadré 7.3 Qu'adviendra-t-il du bassin des Grands Lacs et du Saint-Laurent ? 151

Encadré 7.4 Des inquiétudes pour la forêt du Québec 155

Encadré 8.1 Les ingrédients d'une catastrophe 167

Encadré 8.2 Le corail, un drôle d'animal ! 178

Encadré 10.1 Comment fonctionne le GIEC ? 212

Encadré 10.2 Le Fonds pour l'environnement mondial (FEM) 216

Encadré 10.3 Les conventions sœurs de la CCNUCC 217

Encadré 10.4 Le Protocole de Montréal : un exemple à suivre ? 220

Encadré 11.1 L'ornithorynque, fruit d'une négociation internationale ? 224

Encadré 11.2 De Berlin à Buenos Aires 226

Encadré 11.3 La règle du double 55 228

Encadré 11.4 Annexe 1 ou Annexe B ? 230

Encadré 11.5 Des chiffres ? 232

Encadré 12.1 Tech Central Station 249

Encadré 12.2 Il était une fois dans l'Est… 251

Encadré 12.3 C'est mal parti ! 254

Encadré 12.4 Le credo de l'administration américaine 255

Encadré 12.5 *Different strokes for different folks !* 258

Encadré 12.6 Mettez-vous à leur place ! 262

Encadré 13.1 L'efficacité de la taxation 270

Encadré 13.2 Le marché européen 273

Encadré 13.3   Les échanges, c'est payant? 274

Encadré 13.4   Les énergies renouvelables et le développement durable 277

Encadré 13.5   L'énergie éolienne, filière en forte croissance 278

Encadré 13.6   La production décentralisée 281

Encadré 13.7   *Clean Coal!* 284

Encadré 13.8   Un appel des villes 287

Encadré 13.9   En France: le programme PRIVILÈGES 287

Encadré 13.10 Énergie-Cités: un réseau de villes européennes en action 288

Encadré 13.11 Le fonds Ekon: modèle mondial 290

Encadré 13.12 Le coût de l'hydrogène 298

Encadré 13.13 Et si on roulait au gaz naturel 299

Encadré 13.14 Une expérience pilote: la Fazenda São Nicolau 309

Encadré 13.15 La forêt boréale ouverte: un potentiel mésestimé 310

Encadré 13.16 Des options pour stabiliser les émissions d'ici à 2054 314

Encadré 14.1   Si on arrêtait tout de suite? 321

Encadré 14.2   La préadaptation 325

Encadré 14.3   Un exemple de problème de complémentarité 332

Encadré 14.4   Comment adapter la conservation des espèces à un monde en changement. . 338

Encadré 14.5   Les effets inattendus d'une canicule 342

Encadré 14.6   Garmish-Partenkirchen, s'adapter ou disparaître 343

Encadré 14.7   Vulnérabilité ou opportunité? 347

Encadré 15.1   STOP & START 354

Encadré 15.2   Vitesse limitée. 356

Encadré 15.3   Les marchandises prennent le train 357

Encadré 15.4   Achetons local 358

Encadré 15.5   Du *fast food* au *slow food* 359

Encadré 15.6   La revanche de la pédale! 364

Encadré 15.7   Même en ville 368

Encadré 15.8   Immeubles en fête 369

Encadré 15.9   Ne vous faites pas surprendre. 370

Liste des abréviations et des sigles utilisés

$\Delta T2x$	Hypothèse de variation de température dans un scénario de doublement de CO_2
ADN	Acide désoxyribonucléique
ADP	Adénosine diphosphate
AIE	Agence internationale de l'énergie
AOSIS	Alliance des petits États insulaires (Alliance of Small Island States)
ARN	Acide ribonucléique
ATP	Adénosine triphosphate
BAU	Scénario «Comme d'habitude» (*Business as usual*) signifiant que les tendances observées récemment se poursuivent sans influence apparente des nouvelles données.
$CaCO_3$	Carbonate de calcium
CaO	Oxyde de calcium, chaux vive
CCmaC	Centre canadien de modélisation et d'analyse climatique
CCNUCC	Convention-cadre des Nations Unies sur les changements climatiques
CDP	Conférence des Parties à la Convention-cadre des Nations Unies sur le changement climatique (le chiffre qui suit indique le numéro de la réunion)
CF_4	Tétrafluorométhane
C_2F_6	Hexafluoroéthane
CFC	Chlorofluorocarbone
CGCM	Coupled Global Climate Model
CH_4	Méthane
CITES	Convention sur le commerce international des espèces de faune et de flore sauvages menacées d'extinction (Convention on International Trade of Endangered Species of Wild Fauna and Flora)
CO	Monoxyde de carbone
CO_2	Dioxyde de carbone, gaz carbonique
EACL	Énergie Atomique du Canada Limitée
EDF	Électricité de France
ENOA/ENSO	El Niño-Oscillation Australe/El Niño-Southern Oscillation
EPA	Environmental Protection Agency, le ministère de l'Environnement des États-Unis
ESB	Encéphalopathie spongiforme bovine
FAO	Organisation des Nations Unies pour l'alimentation et l'agriculture

FEM	Fonds pour l'environnement mondial
G8	Le groupe des huit pays les plus industrialisés: France, Allemagne, États-Unis, Canada, Italie, Royaume-Uni, Japon, auquel s'est jointe la Russie en 1998
GCC	Global Climate Coalition
GES	Gaz à effet de serre
GFDL	Geophysical Fluid Dynamics Laboratory
GIEC	Groupe intergouvernemental d'experts sur l'évolution du climat
GISP	Greenland Ice Sheet Projet
GISS	Goddard Institute for Space Studies
HFC	Hydrofluorocarbone, remplace les hydrochlorofluorocarbones (HCFC)
IISD	Institut international du développement durable (International Institute for Sustainable Development)
IOA	Indice d'oscillation australe
JUSSCANNZ	Japan, United States, Canada, Norway, New-Zealand; groupe de pays d'intérêts communs dans le cadre des négociations sur le climat
MCG III	Modèle de circulation générale de 3e génération
MIT	Massachussetts Institute of Technology
N_2O	Oxyde de diazote, oxyde nitreux
NASA	National Aeronautics and Space Administration
NGDC	National Geophysical Data Center
NO	Monoxyde d'azote
NO_2	Dioxyde d'azote
NOAA	National Oceanic and Atmospheric Administration
O_3	Ozone
OCDE	Organisation de coopération et de développement économiques
OGM	Organisme génétiquement modifié
ONG	Organisation non gouvernementale
ONU	Organisation des Nations Unies
PICO	Polar Ice Coring Office
PNB	Produit national brut
PNUD	Programme des Nations Unies pour le développement
PNUE	Programme des Nations Unies pour l'environnement
SBI	Organe subsidiaire de mise en œuvre (Subsidiary Body for Implementation)
SBSTA	Organe subsidiaire du conseil scientifique et technologique (Subsidiary Body for Scientific and Technical Advice)

SF$_6$	Hexafluorure de soufre
SO$_2$	Dioxyde de soufre
SO$_3$	Sulfate
SRES	Special Report on Emissions Scenarios
TRE	Troisième Rapport d'évaluation du GIEC (Third Assessment Report)
UDEBM	Upwelling Diffusion Energy-Balance Model
UICN	Union Internationale pour la Conservation de la Nature
UNESCO	Organisation des Nations Unies pour l'éducation, la science et la culture (United Nations Educational, Scientific and Cultural Organization)
WWF	Fonds mondial pour la nature (World Wildlife Fund)
ZLEA	Zone de libre-échange des Amériques

Liste des unités de mesure et leur abréviation

10^3 (K, kilo, mille)

10^6 (M, méga, million)

10^9 (G, giga, milliard)

10^{12} (T, tera, billion)

centimètre (cm)

centimètre cube (cm^3)

degré Celsius (°C)

exajoule (EJ) (10^{18} joules)

gigagramme (Gg) – un gigagramme égale 1 000 t

gigatonne (Gt) – une gigatonne égale un milliard de tonnes (10^9 t)

gigatonne de carbone (GtC)

gramme (g)

hertz (Hz)

joule (J)

kilogramme (kg)

kilomètre (km)

kilomètre carré (km^2)

kilowatt (kW)

litre (L)

mégahertz (MHz)

mégajoule (MJ)

mégawatt (MW)

mégawattheure (MWh)

mètre (m)

mètre carré (m^2)

mètre cube (m3)

mètre par seconde (m/s)

millimètre (mm)

mole (mol)

parties par milliard (ppb)

parties par million (ppm)

térawattheure (TWh)

tonne (t) – une tonne de carbone est l'équivalent de 3,75 t de CO$_2$

tonne équivalent pétrole (tep) – quantité d'énergie équivalant à celle contenue dans une tonne de pétrole

watt par mètre carré (W/m^2)

Remerciements

La réalisation de cet ouvrage n'aurait pu être possible sans la collaboration d'un grand nombre de personnes qui ont répondu aux questions des auteurs, discuté des enjeux spécialisés, fourni des documents complémentaires et lu de manière critique le manuscrit. Enfin, il a fallu un entourage compréhensif et dédié pour supporter (dans tous les sens du mot) des auteurs souvent occupés à leur clavier et moins disponibles que jamais pendant presque toute l'année qu'a duré le processus d'écriture et de relecture.

Nous tenons à remercier nos éditeurs, Jean-Marc Gagnon et Lise Morin pour leur travail et leurs encouragements, nos épouses Suzanne et Lydia et en particulier les réviseurs scientifiques, Alain Bourque, climatologue, directeur par intérim du consortium OURANOS, Claude Camus, biologiste et géologue, professeur retraité de l'IUFM de Lons le Saunier (France), Jean-Claude Génot, écologue au Parc naturel régional des Vosges du Nord (France) et membre actif du réseau scientifique des Réserves de la Biosphère et du MAB-France, Gaëtan Lafrance, ingénieur Ph D et professeur à l'INRS Énergie, Bernard Saulnier, ingénieur de recherche à l'IREQ d'Hydro-Québec, spécialiste de l'énergie éolienne et enfin Ghislain Théberge et toute l'équipe de CO_2 Solution qui ont bien voulu lire le manuscrit, commenter le texte et corriger nos lacunes. Merci enfin au professeur Francesco di Castri, directeur de recherches émérite au CNRS à Montpellier (France) qui a bien voulu nous accompagner tout au long du processus par ses conseils et qui a accepté de signer la préface.

Notre ouvrage s'est enrichi des questions posées par de très nombreuses personnes, étudiants, journalistes ou grand public. Nous tenons à les remercier de leur intérêt pour le sujet des changements climatiques et pour notre travail. Le résultat que vous pouvez apprécier leur est redevable et nous remercions à l'avance tous ceux et celles qui voudront nous faire part de leurs commentaires et questions. Tout sujet scientifique possède une beauté intrinsèque qui séduit d'emblée le spécialiste. Notre objectif est de faire partager ce plaisir par le plus de gens possible.

Claude Villeneuve
et François Richard

Préface

Depuis plus de quarante ans, j'ai pu participer à l'avancement des sciences écologiques comme chercheur, mais aussi au sein des grandes organisations internationales comme l'UNESCO. J'ai vu naître la préoccupation écologiste globale à la fin des années soixante et se mettre en place les outils scientifiques destinés à mieux comprendre les phénomènes qui expliquent l'impact qu'on peut aujourd'hui observer de l'humanité sur la planète, que ce soit dans le domaine de la biodiversité ou dans celui des changements climatiques. D'innombrables colloques et réunions scientifiques ont ramené sur le plancher politique la dégradation de l'environnement mondial et ses conséquences probables sur l'avenir de l'humanité. C'est ce qui a permis, à partir des années 1970, l'adoption un peu partout dans le monde de législations permettant de contrôler à l'échelle locale les impacts de l'activité industrielle. La responsabilité globale n'était pourtant pas interpellée. Il a fallu attendre le rapport Brundtland pour que les Nations Unies, maladroitement, se dotent d'instruments de gestion des impacts globaux de l'humanité. Comme responsable du programme scientifique de la Conférence de Rio en 1992, j'ai vu dans les coulisses négocier les conventions cadres sur la biodiversité et celle sur les changements climatiques, une illustration remarquable de la façon dont la politique à l'échelle mondiale se donne bonne conscience par un déluge verbal d'oxymores et de déclarations d'intentions qui soi-disant permettront d'éviter les catastrophes annoncées par les écologistes.

L'histoire de l'humanité est constellée de crises face auxquelles les populations ont dû réagir pour s'adapter ou disparaître. Malgré tout ce qu'on voudra nous faire croire, les périodes de stabilité ont été l'exception. Pas un siècle de calme dans l'histoire du monde: les guerres, les famines liées aux conditions climatiques défavorables, les épidémies ont frappé à chaque génération. Résistants dans l'adversité, nos ancêtres ont déployé des trésors d'imagination et d'inventivité pour survivre et tenter de préparer un monde meilleur pour leurs enfants. Cette constante adaptation aux conditions locales et à leurs fluctuations explique la richesse des cultures et leur diversité. Aujourd'hui, globalement, l'humanité se porte mieux que jamais, et la transition de l'ère industrielle à l'ère de l'information et de la connaissance laisse présager plus d'espoir que de morosité pour une amélioration des conditions de vie de l'homme dans la biosphère. Comme nos ancêtres, nous devrons lutter pour léguer à nos enfants un monde que nous voulons meilleur. À la différence de ceux-ci toutefois, nous sommes mieux équipés que jamais sur le plan de l'information et de la circulation des idées, de la puissance de calcul et de la capacité de comprendre le fonctionnement des systèmes qui entretiennent la vie.

La vision déterministe qui tient lieu de paradigme dominant depuis la révolution industrielle peut nous laisser croire que le progrès a un sens, que la croissance est une condition nécessaire du développement et que le futur serait une reproduction du passé en mieux. Le constat des changements climatiques induits par l'activité humaine laisse entrevoir une situation diamétralement opposée car il est d'ores et déjà acquis que l'humanité, où qu'elle vive devra assumer les conséquences de son succès écologique. Les signes de dégradation des écosystèmes à l'échelle planétaire incitent les partisans de l'écologie à prédire que l'humanité court au désastre. Contrairement à ce qu'affirment les alarmistes (tout aussi déterministes que les partisans du progrès continu), l'humanité ne court pas à sa perte, mais elle devra s'adapter à un monde global en changement accéléré. Cette situation est porteuse de crises, mais aussi d'opportunités.

C'est le message que ce livre de Claude Villeneuve et François Richard nous propose à travers une synthèse unique dans la littérature scientifique, alliant une vulgarisation rigoureuse mais très accessible à un portrait complet et actualisé des dimensions biophysiques, écono-

miques, politiques et sociales qui nous interpellent comme citoyens planétaires. Le livre s'attarde à décrire, illustrer, expliquer les liens entre le développement humain et ses conséquences sur la composition de l'atmosphère, qui influe ensuite sur la répartition de l'énergie entre les compartiments de l'écosphère, ce qui détermine le climat d'aujourd'hui et de demain. On explique les mécanismes tant physico-chimiques que biologiques dans un langage clair et accessible, on établit les incertitudes et la façon dont les modèles prédictifs les prennent en compte, les prévisions et les observations, les sources et les impacts des émissions, les outils internationaux mis en place pour coordonner l'action des pays et les solutions avec leurs limites.

Dans leur approche pragmatique, les auteurs préconisent des solutions locales, à la portée des citoyens tout en les informant sur les impacts de leurs gestes de consommation et en établissant clairement le lien entre les problèmes que nous rencontrons déjà, ceux que nous laissent entrevoir les modèles et l'efficacité de l'action individuelle et collective. Sans alarmisme, ils nous permettent de comprendre la nature des dangers, les mécanismes de leur prédiction, les incertitudes qui sont inhérentes à la science des changements climatiques et l'efficacité relative des solutions préconisées pour y faire face.

Pas de dogmatisme, pas de prêchi-prêcha, les auteurs établissent dans un langage sobre et quelquefois avec humour les faits, laissant au lecteur de juger. Surtout, ils ne présentent jamais un problème sans évoquer les éléments de solution qui sont à la portée du citoyen conscient de sa responsabilité. Balisant clairement les étapes des négociations internationales, on situe les acteurs et on donne les outils nécessaires pour comprendre leur discours, leurs hésitations et leurs prises de position politiques.

Ce livre représente un outil précieux pour comprendre et agir. Il constitue un appel à toutes les forces positives de l'humanité, aux scientifiques, aux jeunes, aux professeurs et aux politiciens qui se respectent. Sa portée élargie par rapport au précédent ouvrage des mêmes auteurs en fait un outil qui pourra être utilisé partout dans le monde.

C'est au début des années 1980, lorsqu'on voyait l'expansion de mouvements dogmatiques et non scientifiques sur l'environnement, qui s'étendaient partout et s'infiltraient même à l'UNESCO et d'autres agences du système des Nations Unies, que j'ai eu l'occasion tellement rafraichissante de connaître Claude Villeneuve, à l'UNESCO, à Paris. Quelle différence de langage, dépourvu de toutes considérations politiques et dogmatiques! Dès ce moment, nos idées, nos convictions et nos actions ont pris un caractère complémentaire et opérationnel, alimentés par un flux incessant d'e-mails (courriels).

Combien d'activités auxquelles nous avons collaboré! La «Région–Laboratoire» du Saguenay–Lac-Saint-Jean, quelques Réserves de la Biosphère du programme MAB, et une activité qui était absolument pionnière face aux activités qui se développent à présent : les congrès NIKAN où participaient les vrais acteurs mondiaux du développement local durable, y compris et surtout les populations autochtones locales en tant qu'organisatrices.

Après beaucoup d'activités, entre lesquelles plusieurs livres, Claude Villeneuve a voulu poursuivre sa carrière par un vrai chef-d'œuvre: l'organisation des cours pour l'obtention d'un DESS en Éco-Conseil et de la Chaire de recherche et d'intervention en Éco-Conseil. Tous les ans, étudiants et professionnels des plus diverses nationalités se réunissent à Chicoutimi pour suivre des cours intensifs et approfondir chacun un thème spécifique. La réussite et l'esprit de groupe sont extraordinaires. Dans mes activités d'enseignement, qui ont couvert la plupart des pays du monde, je n'ai jamais eu l'occasion de constater une telle organisation originale et un groupe d'une telle qualité. Ces cours d'éco-conseillers devraient être recommandés et visités par les responsables de tous les cours internationaux, y compris de l'UNESCO, pour voir comment les étudiants étrangers et locaux arrivent à une aussi grande convivialité, comment les notions théoriques ne sont que la base pour découvrir les réalités du terrain. C'est un cours à base locale qui atteint les limites de l'universalité.

Francesco di Castri
Directeur de recherches émérite
CNRS, Montpellier, France

Ce texte est le dernier écrit public du professeur di Castri. Nous l'avons reçu le 18 juin 2005. Francesco di Castri est décédé le 6 juillet 2005.

Présentation

Vous est-il déjà arrivé de vous demander où allait l'essence que vous mettez chaque semaine dans le réservoir de votre automobile? Peu de gens veulent réellement le savoir, plus préoccupés qu'ils sont par le prix affiché à la pompe que par les impacts de leurs choix de locomotion. Pourtant, une automobile qui consomme 10 litres de carburant pour parcourir 100 kilomètres rejette chaque année dans l'atmosphère 5 à 6 tonnes de gaz carbonique (CO_2 ou dioxyde de carbone), pour ne mentionner que ce polluant qui est étroitement associé au problème des changements climatiques.

Ce livre, qui s'adresse aux citoyens de tous âges, concerne notre avenir commun et montre jusqu'à quel point celui-ci est lié à la qualité de notre environnement planétaire. Il décrit l'impact majeur sur notre planète de gestes en apparence anodins qui sont posés par des milliards de personnes. Il explique comment les scientifiques proposent et les hommes politiques disposent, mais surtout comment, en bout de ligne, le citoyen peut exercer un réel pouvoir par ses choix quotidiens de consommateur.

Le phénomène des changements climatiques me préoccupe depuis de nombreuses années et j'y ai consacré une bonne part de mes lectures scientifiques. Auteur d'un premier livre sur le sujet en 1990, membre du défunt Programme canadien sur les changements à l'échelle du globe et ancien rédacteur en chef de la revue *Écodécision*, j'ai eu le plaisir de voir évoluer la science des changements climatiques et j'ai pu voir les preuves s'accumuler, les problématiques se préciser et les outils de lutte aux émissions de gaz à effet de serre se développer. La mise en œuvre du Protocole de Kyoto le 16 février 2005 marque le début d'une grande expérience pour l'humanité. Celle-ci n'est pas que scientifique et il est probable que la science y jouera un rôle important, mais somme toute mineur, par rapport à la politique et aux intérêts économiques.

Les changements climatiques constituent un dossier d'une grande complexité, mais les principes qui permettent de les aborder et d'en saisir l'importance sont à la portée du citoyen si on lui en donne les moyens. Il ne s'agit pas ici d'un endoctrinement, d'une répétition de slogans ou d'une profession de foi, mais d'un appel à l'intelligence et au jugement de chacun. Devant le succès de la première édition de *Vivre les changements climatiques* et les très nombreuses questions qui nous sont venues tant des journalistes que des collègues, des étudiants et du grand public, nous avons, dans cette nouvelle version, repris les explications qui étaient claires, précisé celles qui laissaient des ambiguïtés et intégré le maximum de nouvelles données qui sont parues au cours des quatre dernières années. Nous sommes fiers de proposer aux citoyens un outil leur permettant de comprendre les changements climatiques et d'agir dans une optique de développement durable pour réduire leur contribution au problème et s'adapter à ce qui se dessine comme le plus grand défi écologique de l'humanité dans son histoire. Nous avons aussi élargi la perspective pour nous ajuster à une clientèle plus internationale. De nombreux exemples sont issus de travaux européens et d'autres continents. Nous avons aussi fait place à des analyses de programmes de lutte aux changements climatiques un peu partout dans le monde.

Notre but n'est pas de faire de la morale ou de critiquer sans démontrer ou proposer de solutions. Le professeur di Castri qui a participé à tous les sommets des Nations Unies depuis Stockholm insite à juste titre: «Il ne faut pas se limiter à critiquer un système, mais il faut le critiquer sans cesse pour l'améliorer tout en faisant des choses concrètes sur le terrain, en utilisant les opportunités du système.» Cet appel à la recherche-action, nous l'avons suivi au cours des années et le présent livre s'illustre du résultat

de plusieurs de nos travaux et interventions que nous laisserons au lecteur le soin d'apprécier et de suivre en consultant le site Internet de la Chaire de recherche et d'intervention en Éco-Conseil de l'Université du Québec à Chicoutimi (http://dsf.uqac.ca/eco-conseil).

Dans ce livre, nous tenterons systématiquement de présenter l'état des connaissances, décrire les conséquences appréhendées, identifier les activités et les pays responsables au premier chef du problème et, surtout, proposer des solutions réalistes et gagnantes sur plus d'un plan. Ainsi, si les changements climatiques se révélaient n'être qu'une erreur scientifique, ceux qui auraient agi avec précaution ne seraient pas pénalisés pour autant.

Quoi de neuf? reprend la structure du premier *Vivre les changements climatiques. L'effet de serre expliqué* avec toutefois de nombreux ajouts et quelques chapitres nouveaux. Soulignons en particulier le chapitre 7 qui se consacre aux prévisions, le chapitre 8 aux observations et les chapitres 10, 11 et 12 qui traitent beaucoup plus en profondeur des aspects politiques de la Convention cadre des Nations unies sur les changements climatiques du Protocole de Kyoto et des relations entre les pays et, enfin, le chapitre 14 sur l'adaptation. De très nombreuses références ont été consultées, les données ont été actualisées au mieux de notre connaissance et le tout constitue en soi un nouvel ouvrage qui, nous l'espérons, permettra au lecteur de disposer d'un outil à jour en attendant la prochaine série de rapports du GIEC prévue pour 2007.

Agir pour prévenir les changements climatiques est à la portée de tous et de toutes. Prenons l'exemple de la consommation de carburant : en choisissant une voiture qui consomme 2 litres de moins par 100 kilomètres, chacun d'entre nous peut éviter d'envoyer dans l'atmosphère 1 tonne[1] de dioxyde de carbone chaque année sans restreindre sa mobilité. Appliquée aux quatre millions de véhicules immatriculés au Québec, par exemple, cette simple économie dépasserait les objectifs de réduction des émissions qui sont dévolus au Québec par le Protocole de Kyoto, en plus des sommes épargnées chaque semaine par les consommateurs de carburant. Et il y a, comme cela, des centaines de petits gestes que pourraient faire chacun et chacune pour limiter les émissions de gaz à effet de serre. Vous en découvrirez quelques-uns dans ce livre et sur son site Internet.

Mais, attention ! il n'y a pas de place pour la pensée magique, ici, et il n'est pas question d'un retour nostalgique au bon vieux temps. Il s'agit plutôt de préparer les esprits à comprendre les défis reliés aux changements climatiques dans une société de l'information mondiale et de favoriser des choix éclairés, tant sur le plan politique que dans le domaine de la consommation.

La plupart des mesures qui permettront de contrer les changements climatiques et leurs conséquences appréhendées présentent des avantages parallèles pour ceux et celles qui les mettront en œuvre. Ce livre vous invite à les découvrir.

Claude Villeneuve

---

1. Ce calcul est basé sur une distance annuelle parcourue de 20 000 km et une production moyenne de 2,5 kg de CO_2 par litre d'essence (essence : 2,35 kg ; gazole (carburant diesel) : 2,77 kg).

Hommage
à Francesco di Castri

La parution de ce livre est assombrie par le décès du professeur Francesco di Castri. Mon ami depuis plus de vingt ans, il était une inspiration, un maître et un confident. Il était de tous mes projets depuis 1983, et son regard critique me rassurait sur leur valeur.

J'étais privilégié de cette empathie naturelle que nous avons éprouvée l'un envers l'autre dès notre première rencontre et qui, au fil du temps, a créé entre nous une véritable complicité malgré l'immense fossé de notoriété qui nous séparait.

C'était un homme simple et un esprit résolument anticonformiste qui a toujours cherché au-delà des apparences et des slogans pour faire émerger, dans le domaine des sciences écologiques comme dans les problèmes de développement, les véritables mécanismes, les facteurs clés et les pièges.

Théoricien brillant en écologie, il a su très tôt identifier l'importance de l'humain et de sa culture dans la conservation des espèces et des écosystèmes. On lui doit en grande partie le concept de Réserves de la biosphère dont l'UNESCO a fait un réseau mondial de laboratoires grandeur nature. Sa contribution aux grandes conférences des Nations Unies, en particulier à celle de Stockholm (1972) et de Rio (1992) et son rôle de conseiller auprès de nombreux chefs d'État et d'entreprises mondiales ont probablement plus fait pour une conservation efficace que ce que tout autre universitaire pourrait revendiquer dans ce domaine. Il aimait par-dessus tout les gens de terrain, les autochtones de la forêt boréale, les Polynésiens ou les Argentins des bidonvilles avec qui il montait des projets qui ont apporté un véritable développement et une amélioration de leur environnement. Il nous faudra continuer à tracer le chemin dans la direction que nous indiquent ses pas.

Claude Villeneuve

Quoi de neuf?

Les changements climatiques ont fait couler beaucoup d'encre depuis la parution de notre ouvrage *Vivre les changements climatiques: l'effet de serre expliqué*. De nombreuses études probantes ont été publiées dans des revues scientifiques, 132 pays ont ratifié le Protocole de Kyoto[1] qui est entré en vigueur le 16 février 2005, la carte géopolitique du pétrole a été «sécurisée» par l'invasion américaine de l'Irak et General Motors a mis sur le marché son véhicule Hummer qui parcourt environ 4 kilomètres avec 1 litre d'essence. Par-dessus tout, les caprices du climat ont continué de s'amplifier: sécheresse record dans l'Ouest canadien en 2001, en 2002 et en 2003, feux dévastateurs en Colombie-Britannique, au Portugal et en Australie, canicule meurtrière en Europe, saison exceptionnelle de tornades aux États-Unis, smog à répétition à Toronto, à Montréal et même à Québec, les médias ont eu du beau matériel à se mettre sous la dent; 2002, 2003 et 2004 sont, à part 1998, les années les plus chaudes des 100 dernières années[2] au niveau mondial et octobre 2004 a été le plus chaud de l'histoire de la météo. Nous commençons à vivre les changements climatiques. Alors, quoi de neuf?

GES
Gaz à effet de serre.

Nous sommes en retard!

Bien sûr, la vitesse d'augmentation des gaz à effet de serre (GES) dans l'atmosphère terrestre n'a pas ralenti depuis le début du 3e millénaire et nous suivons en cela les scénarios pessimistes qui ont alimenté les modèles du Groupe intergouvernemental d'experts sur l'évolution du climat (GIEC). Selon ceux-ci, nous aurons doublé la concentration préindustrielle de gaz carbonique ou dioxyde de carbone (CO_2) dans l'atmosphère vers 2050 et peut-être même avant. Les conséquences d'un tel doublement ne se feront pas sentir directement en fonction de l'augmentation, c'est-à-dire que nous ne subirons pas 1% d'augmentation de la température globale chaque

---

1. Issu de la Convention-cadre des Nations Unies sur les changements climatiques adoptée au Sommet de la Terre en 1992 à Rio de Janeiro, au Brésil. Les représentants de 160 pays se sont réunis en 1997 à Kyoto, au Japon, pour échanger sur les dispositions en vue de contenir le réchauffement de la planète.

2. Source : www.ncdc.noaa.gov/oa/climate/research/2004/ann/global.html

année, ce serait trop simple! Il est plus probable que le système climatique évoluera par à-coups, des secousses en quelque sorte qui nous feront passer d'une année chaude à deux moyennes, puis à une froide, suivie de trois très chaudes, avec d'importantes variations locales. Les tendances au réchauffement seront plus marquées dans les latitudes élevées. En effet, si les causes du changement climatique sont globales, ses effets en revanche sont locaux et il n'y a pas de lien direct entre les responsables et les victimes, ni dans l'espace, ni dans le temps. Pis encore, les changements climatiques, en raison de la durée de vie des gaz à effet de serre déjà émis, de la capacité tampon de l'océan et du système écologique, se continueront encore pendant des siècles, même si nous parvenions à stabiliser nos émissions d'ici à 2030 ou 2040. Le climat de demain est un inconnu et nous apprendrons à en vivre les conséquences au gré des extrêmes pour plusieurs générations à venir.

Un monde à géométrie variable

Nous sommes donc en retard sur les intentions déclarées et les promesses politiques faites à l'issue des sommets internationaux. Il faut blâmer l'inertie du système économique, cette fois-ci, et l'ineptie de la politique internationale. Quant aux politiques nationales, elles sont aussi diversifiées que les situations particulières des pays (et même des régions ou provinces au sein d'un même pays). Même les pays qui font apparemment bloc dans les négociations internationales ne poursuivent finalement que leurs intérêts immédiats. Cela nous porte à croire que le défi de contenir nos émissions s'accroît exponentiellement chaque

année qui passe. L'année 2008, première année de référence du Protocole de Kyoto, approche et il est d'ores et déjà acquis que l'atteinte des objectifs très modestes de ce premier pas sera très difficile, voire impossible à l'échelle planétaire en raison du refus des États-Unis de se donner des objectifs à court terme pour la lutte aux changements climatiques. Les mesures de réduction demandées par le Protocole de Kyoto aux pays signataires qui ont ratifié l'accord touchent, grâce à la ratification de la Russie, 62 % des émissions mondiales de gaz à effet de serre (GES). Malgré cela, la réduction globale qu'on peut espérer en cette année n'influencera vraisemblablement pas de façon marquante la vitesse d'augmentation des concentrations de ces gaz dans l'atmosphère. Au mieux, peut-on espérer une diminution de leur vitesse d'accroissement si tout va bien et si chacun des signataires fait les efforts auxquels il s'est engagé. Si la Russie a exprimé sa volonté de faire sa part, les pays en développement, quant à eux, refusent toujours pour la plupart de restreindre la progression de leurs émissions. La Chine et l'Inde s'allient aux plus petits pays pour réclamer des mesures d'exception qui ne correspondent pas à leur taux de croissance exceptionnel. Ainsi, il n'y a ni altruisme, ni candeur et surtout pas de préoccupation pour les générations futures dans ce dossier, sauf peut-être pour le groupe des petits pays insulaires qui ont à juste titre à prévoir des temps difficiles avec l'augmentation annoncée du niveau des océans.

L'Europe en avance

La démarche de l'Europe tranche sur celle des autres continents industrialisés. L'Europe a non seulement ratifié le Protocole de Kyoto sans hésitation apparente, mais elle s'est dotée d'un système interne de répartition des réductions d'émissions et a adopté des politiques énergétiques et des outils permettant à ses membres de jouer le jeu de Kyoto dans les règles à partir de 2005. Doit-on pour autant penser que les dirigeants européens ont été touchés par la grâce? Comme nous le verrons au chapitre 12, c'est une hypothèse à laquelle on ne doit pas accorder trop de crédit. Dans les faits cependant, l'Europe a des chances de respecter ses engagements internationaux sans sacrifier sa croissance économique, ce qui n'est pas le cas de l'Amérique du Nord.

Gardons l'espoir!

Il faut se rendre à l'évidence. Nous connaîtrons toujours des changements climatiques et il nous faudra vivre avec. Plus encore, la lutte aux changements climatiques est une affaire de plusieurs générations. Trois ou quatre ans de retard à cette échelle n'annoncent pas la fin du monde. Kyoto, dans cette perspective, n'est qu'un premier pas qu'il faut absolument faire pour aller plus loin. Le problème est beaucoup plus de nature politique. En effet, qui de nos jours se sent interpellé par le long terme? Les échéances électorales, bien sûr, mais aussi les contraintes des crédits budgétaires font que nos politiciens doivent éteindre les feux et gérer l'immédiat à la demande du public même. Il est donc difficile de croire que la solution viendra d'eux.

Paradoxalement, le salut nous viendra plutôt de l'entreprise et des citoyens. Ce sont les deux entités qui motivent le système. Les citoyens, par leurs choix de consommation, les entreprises, parce qu'elles doivent s'adapter ou disparaître.

Dans le présent ouvrage, nous expliquons de façon vulgarisée les concepts scientifiques qui permettent de comprendre le phénomène des changements climatiques et nous approfondissons certains points qui avaient été effleurés ou simplement évoqués dans la première édition. Nous faisons aussi état des derniers progrès et des nouvelles hypothèses, s'il y a lieu. Enfin, nous faisons référence à certains éléments de l'actualité, à certaines déclarations politiques pour revenir sur des concepts qui ont déjà été expliqués, mais qui méritent d'être revus à la lumière des questionnements auxquels nous ont soumis des étudiants ou des journalistes au cours des trois dernières années Ces questions sont présentées dans des encadrés (comme l'encadré 1.1 qui suit), où l'on répond à un auditeur de l'émission *Les Années lumière* de Radio-Canada.

Un peu d'histoire

Au printemps 2001 paraissait le troisième rapport d'évaluation des groupes de travail du GIEC (Groupes de travail I, II et III). Lors de la Conférence de Shanghai, en janvier de cette même année, les centaines d'experts des pays membres du Groupe de travail I avaient fait état de leurs principales conclusions au terme de cinq années de recherche suivant leur deuxième rapport. Ces conclusions étaient accablantes: non seulement les prévisions de changements climatiques présentées dans les rapports précédents s'étaient-elles avérées, mais la situation semblait empirer de jour en jour. À mesure que les données et les

D.D. = dév. durable
C.C. = changement climatique

recherches s'accumulaient, l'incertitude se dissipait : le climat de la planète se réchauffait plus vite que ne le prévoyaient les modèles quinze ans auparavant. Cette amplification du réchauffement pourrait avoir été exacerbée par un épisode El Niño majeur. La couverture de glace de l'Arctique et les glaciers de montagne se rétrécissaient de plus en plus rapidement, la température superficielle de l'océan accusait un réchauffement correspondant au transfert d'énergie de l'atmosphère et le niveau de la mer s'était élevé de 15 cm à 20 cm au 20ᵉ siècle.

Les travaux du GIEC montraient une remarquable corrélation entre ces phénomènes mesurables et les variations de la composition de l'atmosphère attribuables, pour l'essentiel, à l'activité humaine. Il était désormais difficile de croire qu'il n'y avait pas de relation de cause à effet. Cela est d'autant plus important que les experts ont aussi amélioré de façon tangible la fiabilité des modèles de prévision du climat et que les incertitudes quant aux tendances prédites se sont réduites en proportion.

On considère par exemple, avec un intervalle de confiance de plus de 90 %, qu'on connaîtra au cours du 21ᵉ siècle :

◎ une hausse des températures moyennes et maximales, et une augmentation du nombre de jours de canicule sur l'ensemble des continents ;

◎ une augmentation des températures minimales et une diminution du nombre de jours de froid intense sur l'ensemble des continents ;

◎ une réduction des écarts de température diurnes.

Les glaciers sont des indicateurs du climat planétaire. Lorsqu'il fait froid, ils s'épaississent et avancent. Quand il fait chaud, ils fondent et reculent.

Encadré 1.1

Faudra-t-il s'arrêter de respirer ?

Au plus fort du débat sur la ratification du Protocole de Kyoto, Ralph Klein, premier ministre de l'Alberta, province canadienne productrice de pétrole, lançait : « Si le Canada adopte le Protocole de Kyoto, il faudra respirer seulement une fois sur deux pour éviter d'émettre du CO_2 ! » Cette affirmation a été reprise par certains des opposants et on l'entend encore quelquefois dans des arguments à l'emporte-pièce. Quels fondements y a-t-il derrière cette crainte ?

Bien sûr, tout le monde sait que les animaux consomment de l'oxygène et qu'ils rejettent du CO_2. Ce phénomène de la respiration aérobie est essentiel pour la plupart des formes de vie qui sont au contact de l'atmosphère. Ce qui est moins connu, c'est d'où vient ce gaz carbonique que nous rejetons dans l'atmosphère. La plupart des gens ignorent que c'est à partir du carbone contenu dans leur nourriture que le CO_2 est formé. Or, ce carbone provient lui-même du CO_2 fixé par les plantes grâce à la photosynthèse. Cela implique donc que toute molécule de CO_2 provenant de la respiration des humains, des animaux ou des plantes elles-mêmes a été captée dans l'atmosphère par un organisme photosynthétique il y a peu de temps. Par exemple, le CO_2 qui a été capté par le plant de pomme de terre l'été dernier va retourner dans l'atmosphère lorsque vous aurez digéré votre cornet de frites. On suppose que, pour faire à nouveau des frites ou du maïs l'été prochain, il faudra que ce même CO_2 soit à nouveau capté par les cultures et ainsi de suite. Ce CO_2 ne s'accumule donc pas dans l'atmosphère et ne contribue pas au réchauffement planétaire. Il n'est donc en aucune façon visé par le Protocole de Kyoto. C'est une hypothèse que les lecteurs du chapitre 3 n'auraient jamais imaginée !

M. Klein aurait dû prendre une grande respiration et tourner la langue sept fois dans sa bouche avant de parler ou encore lire notre ouvrage avant de proférer de telles inepties !

Les glaciers sont des indicateurs du climat planétaire. Lorsqu'il fait froid, ils s'épaississent et avancent. Quand il fait plus chaud, ils fondent et reculent.

Jacques Prescott

Ces tendances ont été observées de manière encore plus claire depuis 2001, comme en fait foi le chapitre 8.

Le 16 février 2001, à Genève, le Groupe de travail II du GIEC, chargé d'étudier la vulnérabilité et l'adaptation aux changements climatiques, déposait lui aussi un rapport dans lequel les spécialistes concluaient que les changements climatiques avaient déjà des impacts mesurables et qu'il y avait peu de chances que tous ces changements soient le fruit du hasard. Il craignait principalement que les changements climatiques affectent le cycle de l'eau et la disponibilité de l'eau potable, l'agriculture et la sécurité alimentaire, ainsi que les écosystèmes terrestres, dulcicoles et côtiers. Le rapport soulignait que la santé humaine pourrait être touchée également, de même que les milieux de vie,

certains secteurs industriels et le secteur de la production énergétique, en particulier la production hydroélectrique. Enfin, les experts envisageaient la possibilité de difficultés dans le domaine des assurances et des services financiers. De nombreuses recherches ont depuis ce moment confirmé ces affirmations; nous en faisons état au chapitre 7.

Pour sa part, le troisième groupe de travail, chargé d'étudier les avenues permettant d'atténuer les impacts du changement, a déposé son rapport au cours d'une conférence tenue à Accra, au Ghana, le 3 mars 2001. Reconnaissant que les changements climatiques représentent un problème global aux multiples ramifications dans tous les domaines, tant économique, politique et institutionnel que social, écologique et individuel, il proposait des pistes pour chacun

DULCICOLE
Qui a rapport à l'eau douce.

L'hydroélectricité produit relativement peu de GES. Cependant, à l'exception de la Norvège, du Québec et du Manitoba, elle représente une faible portion du parc de production énergétique dans les pays industrialisés.

de ces domaines et concluait en affirmant qu'il y a de l'espoir, mais aussi beaucoup de travail à accomplir. Le chapitre 13 donne une idée des progrès dans ce domaine.

Depuis le troisième rapport du GIEC, le consensus scientifique est beaucoup plus solide et chaque semaine de nouvelles études viennent étayer les prédictions qui y étaient faites ou réfutent les arguments des opposants. Une unanimité pareille est peu commune dans l'histoire des sciences et peut-être faudrait-il s'en inquiéter, mais les faits sont confirmés par des approches scientifiques très diverses, allant de la météorologie à la biologie, en passant par l'océanographie et la glaciologie. Lorsque tous les indicateurs pointent dans une même direction, il serait mal venu de ne pas appliquer le principe de précaution !

Dès le dépôt des rapports du GIEC, à l'initiative du gouvernement du Québec, d'Hydro-Québec et du Service météorologique d'Environnement Canada, a été créé le consortium OURANOS constitué de partenaires de l'industrie et des gouvernements. Créé sur papier en 2001, le corsortium fut annoncé officiellement en 2002. Ce groupe de chercheurs avait pour objectif de tenter de prévoir les impacts des changements climatiques sur une base régionale et de recommander des mesures d'adaptation permettant d'éviter les catastrophes climatiques. On pensait aussi tirer parti de certaines occasions qui pourraient s'offrir au Québec au cours des prochaines décennies. À la même époque, l'Europe a créé le consortium PRUDENCE pour les mêmes fins. Le chapitre 14 fait état des derniers avancements des programmes de recherche sur l'adaptation aux changements climatiques. Comme nous le verrons dans d'autres chapitres (dont le sixième), d'autres centres internationaux de grande réputation, aux Pays-Bas, en Allemagne, en Angleterre et même aux États-Unis ont consacré beaucoup d'énergie à examiner et à critiquer les modèles et les conclusions du GIEC, ce qui donne un effort de recherche d'une ampleur inégalée pour un problème environnemental.

La prépondérance américaine

Pourquoi alors devant tant d'unanimité chez les scientifiques le dossier avance-t-il si peu sur le plan politique ? Comme nous le verrons au chapitre 9, les émissions de gaz à effet de serre sont en étroite corrélation avec la production d'énergie et le transport qui à leur tour sont à la source de la vigueur économique des pays industrialisés.

Parmi ceux-ci, le pays le plus puissant, et en même temps le plus grand émetteur de gaz à effet de serre, toutes catégories confondues : les États-Unis. Politiquement aux mains d'une présidence républicaine depuis 2000, les tenants de la droite conservatrice exacerbés par les attentats terroristes de septembre 2001 ont vu leur pouvoir s'accroître, et leur position déjà hostile aux négociations multilatérales s'est radicalisée[3]. Cela s'est traduit par une paralysie des négociations sur le Protocole de Kyoto et un affaiblissement continu de celui-ci. La dixième conférence des Parties à la CCNUCC, comme nous le verrons au chapitre 11, marque un point tournant pour le Protocole de Kyoto et s'est terminée sur une impasse. Il serait toutefois simpliste de blâmer les États-Unis comme seuls responsables… En effet, dans les négociations internationales aussi bien que dans la compétition entre industries, il n'y a rien de gratuit ou d'altruiste, tout se joue sur les intérêts à court terme et sur l'image. Les mesures mises en place dans les pays développés, les alliances des pays en développement, les tergiversations qui ont précédé la ratification par la Russie, tout est basé sur les gros sous et aucun ne souhaite se mettre en difficulté pour le mieux-être des autres. C'est le sujet du chapitre 12.

En attendant, les États-Unis sont un joueur clé sans lequel il est irréaliste de penser s'attaquer efficacement au problème. À la fois par leur capacité à innover et leur puissance économique, ils seront obligatoirement une partie de la solution s'il doit en exister une. Malheureusement, la forte dépendance de leur économie par rapport aux combustibles fossiles constitue un obstacle

Les centrales au charbon sont la principale forme de production d'énergie dans les pays industrialisés. Outre leur faible efficacité (35 %), on leur reproche l'émission de nombreux polluants dont le CO_2 et les gaz précurseurs des précipitations acides.

3. On peut s'amuser à lire les arguments des conservateurs américains contre l'existence des changements climatiques et le Protocole de Kyoto au site de l'American Policy Institute www.amricanpolicy.org. Ces groupes de pression faussent le débat, car leurs publications sont recensées dans les revues de presse et les recherches par mots clés, et en multipliant leur présence dans Internet, ils donnent l'impression à une personne non avertie qu'il y a une forte opposition scientifique au consensus du GIEC, ce qui est faux.

comprendre

Encadré 1.2

Exeter : quand sera-t-il trop tard ?

Du 1er au 3 février 2005, au Hadley Center for Climate Studies à Exeter, en Angleterre, se tenait une conférence réunissant près de deux cents scientifiques de renom pour répondre à la question piège: À quel niveau devrions-nous stabiliser les émissions de gaz à effet de serre pour éviter les effets dangereux du réchauffement planétaire? Cette conférence*, convoquée à la demande du premier ministre Tony Blair, servira à éclairer le G8 dont M. Blair est le président pour 2005 et, on l'espère, à faire pression sur les États-Unis pour que ce pays pose des gestes plus énergiques dans sa stratégie de lutte aux changements climatiques.

La question réfère bien sûr à la notion de «stabilisation des niveaux de gaz à effet de serre à un niveau qui ne soit pas dangereux pour le système climatique», ce qui est l'objectif de la Convention-cadre des Nations-Unies sur les changements climatiques (CCNUCC). C'est un peu comme si un fumeur demandait à son médecin jusqu'à quand il pourra fumer avant que cela ne nuise à sa santé. La réponse n'est pas simple et soulève une foule d'autres questions qui demandent toujours plus d'informations complémentaires. Pour y répondre, en effet, le médecin devra connaître l'âge et le poids du patient, ses habitudes de vie, sa consommation d'alcool. Il devra savoir s'il travaille dans un environnement pollué, quels sont ses antécédents familiaux, et ainsi de suite. De plus, il faudra aussi se demander quel danger il court. Une diminution de sa performance respiratoire? Des problèmes cardiaques? Le risque de développer un cancer? Finalement, il faudra aussi se demander s'il y a danger pour quelqu'un d'autre? Son habitude augmente-t-elle les risques de la fumée secondaire

pour ses enfants? Fume-t-il au lit?, ce qui augmente le risque d'incendie dans son immeuble.

Toutes ces questions permettront peut-être au médecin d'évaluer la situation et de donner une réponse, mais celle-ci sera nécessairement vague et pleine de conditionnels. Parions de plus que, si le chiffre est relativement précis, par exemple, vous en avez encore pour dix ans au rythme actuel, notre fumeur accro voudra continuer sa mauvaise habitude jusqu'à la limite! C'est humain. Le médecin, en revanche fera tout son possible pour le convaincre d'arrêter de fumer en lui expliquant les dangers de sa pernicieuse habitude et en lui montrant les malheurs auxquels il s'expose. Le serment d'Hippocrate ne dit-il pas qu'il faut d'abord ne pas nuire au patient?

C'est exactement ce qui s'est produit à Exeter. M. Blair s'est fait répondre que sa question pouvait être interprétée de diverses façons. Pour le mode de vie traditionnel des Inuits, il est déjà trop tard. Le réchauffement dans l'Arctique est si rapide qu'on craint que ce milieu change profondément au niveau écologique et des espèces, comme l'Ours polaire, pourraient bien avoir disparu d'ici le milieu du siècle sur la majeure partie du territoire qu'il occupe actuellement. Pour les courants marins, on pense que le puits par lequel s'amorce le grand convoyeur océanique au large du Labrador pourrait s'arrêter d'ici à 2020. L'effet de refroidissement qui s'ensuivrait par la réduction du débit du Gulf Stream serait compensé par l'augmentation des températures attribuables aux gaz à effet de serre. Pour la fonte totale du Groenland, les pronostics l'estiment à 300 ans alors que pour le Kilimandjaro, sa célèbre calotte glaciaire sera disparue dans moins de 15 ans.

D'autres scientifiques ont procédé de manière différente, dévoilant un cortège de calamités en fonction du degré de réchauffement:

- Avec une augmentation de 1°C, le blanchiment du corail s'accélérera. Les quatre cinquièmes des émissions qui provoqueront ce réchauffement ont été faites au cours des dix dernières années. Il est donc virtuellement trop tard. On s'attend à ce que cela se produise avant 2025, Kyoto ou pas.

- Entre 1 et 2°C, on verrait augmenter la fréquence des feux dans les écosystèmes méditerranéens, le Lemming à collier serait menacé dans le Nord du Canada, mettant ainsi en péril le Harfang des neiges et le Renard arctique. La disparition des glaces de mer dans l'océan Arctique mettrait l'Ours polaire et le Morse en danger de disparition.

- Plus de 2°C signifierait la disparition des récifs coralliens comme écosystèmes et la perte de très grandes portions de la forêt amazonienne. Au rythme actuel, on parle de 2060 pour cette éventualité.

- Avec un réchauffement de 3°C, on assisterait à des pertes catastrophiques de biodiversité et d'immenses territoires agricoles seraient trop secs pour être cultivables.

De nouveaux éléments se sont aussi ajoutés dans le corpus de connaissances. L'équipe du professeur Chris Rapley a découvert que la partie ouest de l'Antarctique pourrait brutalement se retrouver dans l'eau et ainsi fondre et augmenter rapidement le niveau de la mer de l'ordre de 5 m, une nouvelle donnée qui change carrément les prévisions d'augmentation du niveau des océans.

Naturellement, ce cortège de plaies d'Égypte comporte sa part d'incertitudes qui sont de plus en plus grandes à mesure qu'on essaie de voir plus loin dans le temps, et toute cette science est basée sur des hypothèses dont on alimente les modèles. Toutefois, ceux-ci se sont révélés remarquablement constants dans leurs prédictions, comme les sceptiques qui les critiquent.

Jusqu'où puis-je aller sans aller trop loin docteur?

* Plusieurs travaux présentés à l'occasion de la conférence d'Exeter ont été recensés et leurs résultats sont intégrés aux chapitres pertinents du présent ouvrage.

majeur. L'alternance politique étant une bien faible garantie, c'est probablement lorsqu'on y verra un avantage économique ou devant une catastrophe meurtrière comme l'ont imaginée les scénaristes du film *The Day After Tomorrow* (*Le jour d'après*) que les Américains joindront les rangs.

Toujours plus!

La Terre compte en 2005 un milliard et demi d'habitants de plus que lorsque *Vers un réchauffe-ment global?* a été publié en 1990[4]. La plupart des données qui ont servi de base aux travaux du Sommet de Rio sont désormais obsolescentes en raison de la mondialisation des marchés et des entreprises, de l'accélération du développement dans certaines parties du monde, de l'effondrement du bloc soviétique, de la guerre au terrorisme à l'échelle mondiale aussi bien que de la révolution des communications et le développement du réseau Internet et de

---

4. C. Villeneuve et L. Rodier, *Vers un réchauffement global?*, Québec, Éditions MultiMondes; Montréal, Environnement Jeunesse, 1990.

Encadré 1.3

The Day After Tomorrow : plus Hollywood que GIEC !

À l'été 2004 sortait sur les écrans le film de fiction *The Day After Tomorrow* (*Le jour d'après*) dans lequel on imaginait la catastrophe climatique causée par un dérèglement des courants océaniques à la suite de l'augmentation soutenue des gaz à effet de serre. Le scénario est simple : l'Administration américaine fait face à un phénomène planétaire qui combine à la fois la montée fulgurante du niveau de l'océan, des tornades dévastatrices et le déclenchement d'un nouvel âge glaciaire, tout cela dans un délai d'environ dix jours. Ce scénario, même s'il met en vedette des scientifiques dans le rôle des « bons » et des politiciens dans le rôle des « méchants », ne rend pas justice au travail et aux prévisions du GIEC. Outre des invraisemblances, la probabilité de combinaison des événements climatiques extrêmes sur une aussi courte période et avec une telle intensité dépasse tout ce que des modèles pourraient prédire, comme nous le verrons au chapitre 7. La scène la plus invraisemblable demeure toutefois celle où les Américains demandent refuge au Mexique… Dans la réalité, l'armée américaine aurait traversé le Rio Grande bien avant les réfugiés.

DENGUE
Maladie infectieuse virale transmise par la piqûre d'un moustique.

ENDÉMIQUE
Qui ne se retrouve que dans un lieu précis.

nouvelles technologies inimaginables à la fin des années 80. La Déclaration du Millénaire des Nations Unies reste un vœu pieux, le Sommet de Johannesburg n'a pas suscité beaucoup d'enthousiasme, de promesses chiffrées ou d'échéanciers. La croissance mondiale de l'économie et la vague de libéralisation des échanges qui déferle sur le monde depuis une décennie remettent en cause la crédibilité des modèles alternatifs de développement. On pourrait penser que l'idée de développement durable est battue en brèche.

Mais, au-delà de la politique et de l'économie, le monde a réellement changé. Malgré la signature et la ratification de la Convention sur la diversité biologique, la déforestation s'est poursuivie, la disparition des espèces s'est accélérée, la situation des pêcheries s'est détériorée et la plupart des problèmes environnementaux planétaires se sont amplifiés. Comme le prédisait James Hansen, du Goddard Institute for Atmospheric Science de la National Aeronautics and Space Administration (NASA) devant un comité du Sénat américain en 1998, les années 90, à l'exception de 1994, ont sans cesse battu des records de chaleur à l'échelle planétaire. Les années 2000 sont dans la même lignée. Les événements climatiques catastrophiques se sont multipliés, les zones de malaria et de dengue se sont étendues au-delà des régions où elles étaient autrefois endémiques et les températures dans l'Arctique se sont élevées de plus de 2 °C à 4 °C, retardant la formation de la banquise, si bien qu'on envisageait, en 2000, d'établir des liaisons maritimes régulières entre l'Europe et l'Asie par le légendaire passage du Nord-Ouest, maintenant libre de glaces pendant une bonne partie de l'année. Le voilier *Sedna IV* l'a d'ailleurs franchi sans encombre à l'été 2003 pour tourner un film sur les changements du climat dans cette région. Les chercheurs de l'Arctic Net ont publié leur premier rapport à l'automne 2004 et les résultats sont pires que ce que les scénarios laissaient croire.

Le climat a réellement changé et nous nous y habituons. Lorsqu'une année normale se présente, nous trouvons qu'il fait froid. Les grands millésimes de bordeaux et de bourgogne se succèdent. Les ventes de piscines extérieures et d'appareils de climatisation ne cessent de progresser. Les épisodes de canicule causant des morts, les incendies de forêt incontrôlables, les sécheresses interminables et les ouragans à répétition sont devenus monnaie courante et soulèvent l'intérêt de la presse qui veut y voir le début de la fin, mais passe à autre chose aussi vite. Les modèles climatiques des experts du GIEC prédisent que cela va continuer de s'accentuer dans les prochaines décennies, même si nous réussissons à atteindre les objectifs du Protocole de Kyoto, c'est-à-dire stabiliser les émissions mondiales des pays industrialisés autour de 95 % de leur niveau de 1990, en moyenne entre 2008 et 2012. L'analyse des prédictions de ces modèles pour les années 1990-2004 montre rétrospectivement qu'ils ont été conservateurs par rapport à la réalité. Or, les émissions mondiales de gaz à effet de serre augmentent selon le scénario pessimiste... À quoi donc doit-on s'attendre?

En juin 2005, le G8 recevait une proposition à l'effet que le temps n'était plus à s'interroger sur la réalité des changements climatiques. Les modèles sont assez solides, les évidences tangibles, les observations cohérentes; il est temps d'agir. À la demande des États-Unis, même si le 6 juillet 2005 le président Bush reconnaissait finalement le lien entre les émissions de GES anthropiques et les changements climatiques, la proposition a été adoucie et on préconisera encore une fois des mesures de type volontaire.

Malgré tout, il se trouve encore des gens pour nier les changements climatiques. Et il est sain qu'il en soit ainsi. La science doit affronter tous les faits qui contredisent les théories existantes. Une hypothèse n'est valable que si elle explique les observations. Cependant le citoyen

moyen – comme le journaliste d'ailleurs – est mal outillé pour discriminer les opinions intéressées et les résultats de recherches revus par les pairs. C'est pourquoi nous nous adressons dans le présent ouvrage à la femme et à l'homme de la rue, à l'étudiant comme aux artisans des communications pour expliquer le mieux possible la base scientifique de nos affirmations.

En 1990, l'ouvrage *Vers un réchauffement global?* portait en conclusion: «En attendant de mieux connaître le temps qu'il fera demain, il est important de réviser notre mode de consommation, dans l'optique d'une réduction de la pollution globale, de la préservation de la diversité génétique et de l'amélioration de la qualité de vie de la majeure partie de l'humanité de même que dans le respect de l'environnement et des générations futures. C'est ainsi que nous parviendrons à trouver la solution du développement durable.»

En 2001, *Vivre les changements climatiques* invitait les citoyens à se mettre au travail pour apprendre à vivre les changements climatiques et à faire leur part pour éviter d'y participer.

Ces conclusions sont toujours d'actualité, mais les preuves à l'appui d'un réchauffement attribuable aux activités humaines se sont accumulées et sont maintenant incontournables. Il ne s'agit plus de savoir si le climat se modifie, mais à quelle vitesse il se modifie. Nous devrons donc apprendre à nous accommoder du réchauffement planétaire et à en vivre les conséquences. Il faudra aussi prendre les décisions et les mesures qui s'imposent pour éviter que de telles conséquences remettent en cause la qualité de vie des six milliards et demi d'habitants de notre planète, dont près du tiers éprouvent déjà des difficultés à se nourrir convenablement. Après tout, la nature a commencé à s'adapter aux nouvelles règles du jeu, comme l'illustre la migration des espèces vers les latitudes et les altitudes plus élevées[5].

Par-dessus tout, les changements climatiques nous offrent une occasion extraordinaire d'apprendre à gérer la planète comme un tout, et non plus comme une mosaïque de pays indépendants, défendant farouchement leurs prérogatives territoriales. La protection du climat planétaire nous oblige à tenir des négociations internationales, à nous fixer des objectifs communs, à nous serrer les coudes pour aider les pays qui doivent s'industrialiser pour répondre aux besoins croissants de leur population. Les changements climatiques nous obligent aussi à une réflexion sur le rôle de la science dans notre société et sur ses relations avec le pouvoir politique et économique. En somme, c'est l'occasion de nous donner un projet de solidarité humaine planétaire.

Le livre s'adresse à un large public désireux de comprendre les causes et les enjeux des changements climatiques. Il s'attache à définir les termes les plus couramment employés, à expliquer les phénomènes écologiques planétaires en cause, à reconnaître les principaux acteurs, ainsi qu'à trouver les solutions à la portée de tous et de chacun pour atteindre les objectifs de la Convention-cadre des Nations Unies sur les changements climatiques. Les spécialistes y trouveront un intérêt par sa large portée qui touche plusieurs disciplines et établit des liens entre elles.

Vivre les changements climatiques, c'est d'abord savoir et comprendre, pour ensuite pouvoir agir. Il nous faudra en effet limiter les dégâts et profiter des occasions offertes par les nouvelles conditions climatiques. Les élus ont besoin de signaux clairs de la part de leurs électeurs, sans quoi on risque de les voir tergiverser encore longtemps.

Le siècle qui s'amorce ne pourra pas être une simple réplique ou la poursuite des tendances du siècle précédent, car les systèmes qui entretiennent la vie sur la planète sont rendus de plus en plus fragiles par les changements accélérés que leur imposent les contraintes d'origine humaine. Sans vouloir être pessimistes à outrance, il est permis de croire que des points de rupture menacent d'entraîner des conséquences néfastes sur la qualité de vie de nos descendants. Il faudra donc adopter, à l'échelle planétaire, des stratégies qui engagent l'humanité, comme espèce vivante, dans la conservation de la biosphère.

Déjà, l'augmentation de la population humaine s'est ralentie et nous pouvons espérer une stabilisation de la démographie d'ici à 2050 environ. De nouvelles technologies nous permettent d'espérer satisfaire nos besoins tout en respectant les capacités de renouvellement des écosystèmes. Si nous réagissons tout de suite en vue de leur assurer les marges de manœuvre nécessaires, au moment opportun, les générations qui nous suivent pourront mieux gérer l'équité intergénérationnelle des ressources de la planète. C'est à nous de rendre le développement plus durable.

---

5. C. Parmesan et G. Yohe, «A globally coherent fingerpoint of climate change impacts across natural systems», *Nature*, vol. 421, 2003, p. 37-42.

Chapitre 2

Rien ne se perd

R ien ne se perd, rien ne se crée, «tout se transforme!» Cette formule attribuée à Lavoisier définit bien la nature du phénomène de l'effet de serre. La Terre baigne dans un flux d'énergie lumineuse venant du Soleil, son étoile de référence. Jour après jour, des vagues d'énergie lumineuse entrent en interaction avec la matière terrestre et sont absorbées, puis réémises dans l'espace sous forme de chaleur. Le flux d'énergie a simplement changé de longueur d'onde.

Le Soleil émet dans un large spectre dont la lumière visible fait partie. L'énergie qui provient du Soleil sous forme de lumière visible traverse facilement l'atmosphère. Par contre, le rayonnement infrarouge qui retourne de la Terre vers l'espace est absorbé beaucoup plus facilement par les gaz atmosphériques. La perméabilité de l'atmosphère à la lumière solaire et sa capacité de retenir la chaleur sont à l'origine de l'expression «effet de serre», car, à l'instar des parois translucides d'une serre, l'atmosphère laisse passer la lumière mais retient la chaleur. Mais, si la lumière pénètre dans le système seulement pendant le jour, la chaleur, elle, est piégée par l'atmosphère

L'énergie utilisée pour faire voler un avion aujourd'hui provient du Soleil. Elle a été captée par les plantes il y a des millions d'années et stockée dans les formations géologiques sous forme de combustibles fossiles.

Figure 2. 1
Longueurs d'onde des radiations solaires

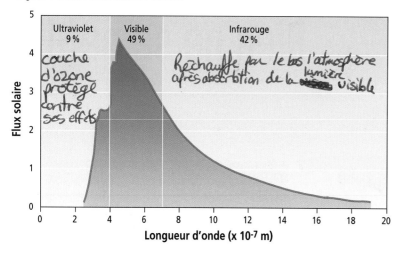

couche d'ozone protège contre ses effets

Réchauffe par le bas l'atmosphère après absorption de la lumière visible

Comme le montre le graphique, la majorité des radiations solaires se situent dans le proche ultraviolet, le visible et le proche infrarouge.

Source: Adapté de J.-C. Pecker, *La nouvelle astronomie, Science de l'univers*, Paris, Hachette, 1971.

encore une fois de niveau énergétique… Cette énergie se dissipe lentement dans le système qu'elle traverse, puis quitte l'atmosphère et voyage dans l'espace[1].

La radiation solaire est composée d'ondes électromagnétiques de différentes longueurs, visibles ou invisibles. Les ondes visibles forment la lumière blanche du Soleil, laquelle peut être décomposée en diverses couleurs par un prisme ou par de minuscules gouttes d'eau formant l'arc-en-ciel. Chacune des longueurs d'onde de la radiation est porteuse d'une énergie particulière. Plus sa fréquence d'oscillation est rapide, plus l'onde est porteuse d'énergie. Aux extrémités du spectre de la lumière visible, on trouve les ultraviolets, à haut niveau énergétique, et les infrarouges, de plus grande longueur d'onde et dont l'énergie est transmise sous forme de chaleur. La figure 2.1 montre le spectre du rayonnement solaire. La lumière visible est au centre du spectre et est composée de longueurs d'onde de couleurs distinctes.

Une grande partie du rayonnement solaire est absorbée en altitude dans l'atmosphère, et l'énergie y est dissipée sous forme de chaleur. Le reste est réfléchi sur les nuages ou sur des particules fines en haute atmosphère et retraverse la haute atmosphère sans encombre. Ainsi, la majeure partie du spectre solaire n'atteint pas la surface et ne contribue pas au climat dans la troposphère, c'est-à-dire la partie la plus basse de l'atmosphère, où nous vivons.

le jour comme la nuit. Il importe de comprendre ces phénomènes physiques pour bien saisir la problématique de l'effet de serre, puisqu'ils sont à la base du transfert d'énergie entre les ondes électromagnétiques et la matière, phénomène sans lequel la vie ne pourrait exister parce que la température moyenne à la surface de notre planète serait de –18 °C.

L'énergie du Soleil peut donc, lorsqu'elle est réémise dans l'atmosphère sous forme de rayonnement infrarouge, exciter des atomes et des molécules qu'elle avait d'abord traversés sans encombre sous forme lumineuse et y changer

---

1. Pour en apprendre davantage sur les phénomènes physiques particuliers aux ondes électromagnétiques et à leur absorption par les gaz à effet de serre, voir «Les ondes du Soleil et les gaz de l'atmosphère» au site: http://www.changements-climatiques.qc.ca.

Le substrat terrestre absorbe différentes longueurs d'onde du spectre visible total et les réémet sous forme de chaleur. Cela constitue environ 43 % de l'énergie envoyée par le flux solaire et c'est uniquement cette partie du rayonnement, très inégalement répartie sur la surface de la planète, qui contribue au climat. Les substances noires sont celles qui absorbent le plus de radiations du spectre de la lumière visible. Lorsque le rayonnement solaire touche le sol, la fraction visible est absorbée par les substances colorées et son énergie est ensuite dégagée sous forme de chaleur. On peut faire soi-même l'expérience de ce phénomène en portant des vêtements sombres par une belle journée d'été ou en essayant de s'asseoir sur une surface noire éclairée par le Soleil.

La capacité de réflexion d'un corps coloré se nomme « albédo ». Les corps noirs absorbent au maximum l'énergie lumineuse et ont donc un albédo nul, alors que les substances blanches la reflètent au maximum. C'est pourquoi l'asphalte de nos rues ramollit pendant les journées chaudes d'été. C'est d'ailleurs en grande partie l'albédo plus faible de ces surfaces artificielles qui explique la différence de température observable entre le centre des villes et les banlieues.

De nombreuses études sur le climat doivent se référer à l'albédo, et les modèles climatiques l'incluent dans leurs variables. Les modifications apportées à l'albédo des surfaces par l'activité humaine provoquent souvent des changements climatiques locaux. Ainsi, en transformant une prairie en parc de stationnement, on réduit l'albédo de la surface touchée de 20 % à 25 %.

Encadré 2.1

L'albédo fait réfléchir

La notion d'albédo est essentielle à la compréhension de l'effet de serre. En effet, la quantité d'énergie de rayons solaires retenue dans l'atmosphère à partir de la surface de la Terre ou des nuages est une fonction inverse de l'albédo des surfaces touchées par ces rayons. L'albédo, qui signifie « blancheur » en latin, correspond à la capacité de réflexion des surfaces ou des corps que frappe la lumière du Soleil. On le mesure en calculant la fraction de la radiation solaire réfléchie par une surface. L'albédo d'un corps parfaitement noir sera donc nul et celui d'un corps parfaitement blanc sera total.

Comme il arrive que certains auteurs se réfèrent à l'albédo par son inverse, c'est-à-dire la portion du rayonnement solaire absorbée par un corps ou une surface, il suffit de se rappeler que, généralement, les surfaces claires ont un fort albédo (elles réfléchissent l'énergie solaire) et que les surfaces foncées ont un faible albédo (elles absorbent l'énergie). Le tableau 2.1 liste quelques surfaces et leur albédo.

Tableau 2.1
Albédo de quelques surfaces

Surface	Albédo
Neige fraîche, Soleil haut	80-85 %
Neige fraîche, Soleil bas	90-95 %
Vieille neige	50-60 %
Sable	20-30 %
Herbe	20-25 %
Terre humide	10 %
Terre sèche	15-25 %
Forêt	5-10 %
Eau, Soleil horizontal	50-80 %
Eau, Soleil au zénith	3-5 %
Nuage épais	70-80 %
Nuage mince	25-50 %
Albédo planétaire moyen	30 %

Source : Traduit de Morris Neiburger, *Understanding our Atmospheric Environment*, W.H. Freeman and Company, 1982, 453 p.

ALBÉDO
Mesure de la lumière réfléchie par un objet. Les objets clairs ont un albédo plus élevé, les objets sombres, un albédo plus faible.

Exposé au Soleil, ce parc de stationnement sera donc beaucoup plus chaud que la prairie environnante. Cela a un effet sur le microclimat.

C'est l'énergie de la radiation infrarouge réémise par les corps colorés après absorption de la lumière visible qui réchauffe l'atmosphère. En somme, le Soleil éclaire par le haut et réchauffe par le bas.

Ces quelques données constituent l'essentiel de ce qu'il faut comprendre pour apprécier le phénomène de l'effet de serre. Dans les faits, la réalité est plus complexe et mérite des explications supplémentaires[2].

L'effet de serre, phénomène naturel

La température de l'espace intersidéral dans lequel se déplace la Terre est de l'ordre de −270°C. Normalement, la chaleur dégagée par la radioactivité naturelle des roches ferait en sorte que la surface de la Terre, même isolée dans l'espace, serait un peu plus chaude d'environ 30°C. Mais la Terre reçoit du Soleil, sous forme de radiations, un flux énergétique qui, théoriquement, en élève la température de 6°C en moyenne. Une bonne partie de cette énergie est perdue dans l'espace par la réémission immédiate des radiations reçues, réfléchies en particulier par les corps blancs, comme la neige ou la glace, de sorte que la température moyenne d'équilibre que permettrait d'atteindre le Soleil, à l'échelle de la planète, serait de −18 °C, ce qui correspond à une belle journée de janvier au Canada ou en Russie.

Figure 2.2
Les flux énergétiques du Soleil

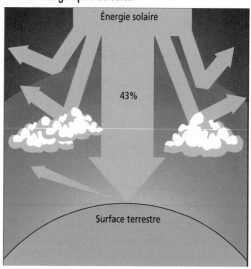

Environ 43 % de l'énergie solaire parvient à la surface de la Terre sous forme de radiations. Le reste est réfléchi par la partie inférieure de l'atmosphère, les nuages ou les particules atmosphériques, se dissipe dans la partie basse de l'atmosphère ou encore y retourne après avoir atteint la surface de la Terre et avoir été réfléchi par elle.
Source: Adapté de NASA/GSFC.

La figure 2.2 illustre la répartition des flux énergétiques reçus du Soleil.

Sans l'atmosphère, notre planète n'aurait jamais vu naître la vie. L'atmosphère est composée de divers gaz, plus particulièrement l'azote, (N) l'oxygène, l'argon, l'ozone, la vapeur d'eau, le dioxyde de carbone (CO_2), le méthane (CH_4), l'oxyde de diazote ou oxyde nitreux (N_2O) et les

---

2. Robert Kandel donne une excellente explication de la façon dont l'atmosphère influence le climat dans son livre *Le réchauffement climatique*, Paris, PUF, collection «Que sais-je?», 2002, 127 p.

Tableau 2.2
Composition approximative de l'atmosphère terrestre

à examen

Gaz	Pourcentage
Azote	78,09
Oxygène	20,95
Argon	0,93
Dioxyde de carbone	0,04
Tous les autres gaz	moins de 0,003

Source: Adapté de M. Bisson, *Introduction à la pollution atmosphérique*, Québec, ministère de l'Environnement du Québec, 1986, 135 p.

Encadré 2.2

La Terre : une source de chaleur?

À plusieurs endroits dans le monde, on exploite l'énergie géothermique, c'est-à-dire la chaleur du sol ou du sous-sol qu'on transfère dans un bâtiment ou dans une centrale électrique selon la température à laquelle se trouve la formation dans laquelle on fait circuler le fluide caloporteur. Quelle est la contribution du rayonnement tellurique (la chaleur de la Terre) sur le bilan d'énergie de l'atmosphère? Dans les faits, c'est une contribution infime.

D'abord, l'énergie géothermique des faibles profondeurs est en réalité de l'énergie solaire accumulée par le sol. L'énergie tellurique proprement dite est celle qui est issue du volcanisme lorsque du magma provenant des profondeurs du manteau terrestre fait irruption près de la surface et diffuse sa chaleur dans le roc environnant et, surtout, à l'échelle globale, de la chaleur produite par la décomposition des isotopes radioactifs présents dans la croûte terrestre. Même si au niveau local, par exemple en Islande où le volcanisme explique l'existence même de l'île, cette énergie peut apparaître très concentrée, à l'échelle globale le phénomène est insignifiant. On estime que l'énergie géothermique est cinq mille fois inférieure au rayonnement solaire comme source de réchauffement de l'atmosphère.

Si cette énergie est négligeable en tant qu'apport de chaleur à l'atmosphère, elle joue un rôle indirect important sur le climat, par le volcanisme, dont les aérosols en fines poussières repoussent une partie importante du rayonnement solaire en haute atmosphère, provoquant des refroidissements qui durent parfois plusieurs années. L'énergie tellurique conditionne le mouvement des plaques qui est à l'origine de la dérive des continents, élève des montagnes et modifie la géographie de façon telle que les climats locaux en sont profondément transformés au cours des millénaires.

Enfin, la géothermie permet d'exploiter une forme d'énergie renouvelable qui ne produit pas de gaz à effet de serre et de ce fait représente une façon efficace de lutter contre les changements climatiques!

autres gaz sous forme de traces. Tous ces gaz absorbent une partie de l'énergie solaire réémise à partir du sol sous forme de radiations infrarouges, en retournent une fraction au sol et laissent s'échapper lentement le reste dans l'espace. Toute molécule gazeuse comportant plus de trois atomes est un gaz à effet de serre.

L'atmosphère est une couche ténue de gaz maintenus autour de la Terre par la gravité. Elle a une épaisseur maximale d'une centaine de kilomètres et plus de la moitié des gaz qui la composent se trouvent à une altitude inférieure à deux kilomètres de la surface. C'est de là qu'on dit que l'air «se raréfie» en altitude.

Comme nous le disions plus tôt, le Soleil éclaire «par le haut», mais réchauffe l'atmosphère «par le bas». C'est pourquoi l'air est plus froid à mesure qu'on s'éloigne du sol, comme chacun peut le constater en escaladant une montagne, par exemple. Ce phénomène est aussi lié à la quantité de gaz qui se trouve dans un mètre cube d'air au niveau de la mer et qui diminue de façon importante quand on s'éloigne en altitude. Il y a moins de molécules par mètre cube, donc moins de gaz à effet de serre, en particulier de la vapeur d'eau qui joue un rôle primordial dans la conservation de la chaleur atmosphérique.

Figure 2.3
Contributions au bilan radiatif terrestre

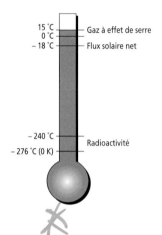

L'atmosphère retient donc la chaleur solaire de la même façon que les parois en matière plastique ou en verre des serres laissent passer la radiation visible, mais retiennent la chaleur. C'est cette propriété de l'atmosphère qui maintient la température moyenne à la surface de la planète à 15 °C, c'est-à-dire 33 °C de plus que ce que permettrait d'atteindre le bilan radiatif, sans la présence des gaz à effet de serre, comme l'indique la figure 2.3.

L'effet de serre permet d'équilibrer la température moyenne du globe à un degré suffisant pour que la majeure partie de l'eau demeure sous forme liquide. Comme la plupart des formes de vie ont absolument besoin d'eau sous forme liquide pendant au moins une partie de leur cycle vital, l'effet de serre est nécessaire au maintien de la vie sur la Terre.

La figure 2.4 schématise le phénomène de l'effet de serre et sa relation avec le réchauffement global.

Effet de serre ou réchauffement global?

L'effet de serre est un phénomène physique propre à la matière. Pas plus que la loi de la gravitation universelle, l'homme ne peut modifier la thermodynamique de l'effet de serre, mais il contribue, en modifiant la composition de

Figure 2.4
Effet de serre et réchauffement global

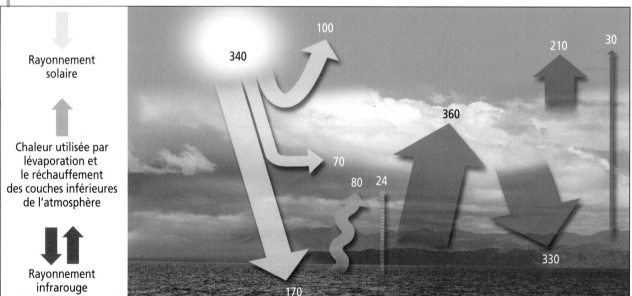

Source: P. Dubois et P. Lefèvre, *Un nouveau climat*, Paris, Éditions La Martinière, 2003, p. 142.

l'atmosphère, à augmenter la quantité d'énergie retenue par elle. C'est pourquoi nous devrions parler de «réchauffement global de l'atmosphère terrestre», plutôt que d'«effet de serre» pour désigner le phénomène de déséquilibre climatique transitoire auquel nous faisons référence tout au long du présent ouvrage. Même si cette approche tend à masquer certains effets de refroidissement ou des modifications des régimes de précipitations qui ne se traduisent pas nécessairement par un réchauffement des températures à l'échelle locale, elle a le mérite de la simplicité en ne renvoyant qu'à un seul élément mesurable: l'augmentation de la température annuelle moyenne de l'atmosphère terrestre.

Dans les rapports du GIEC, on emploie « climate change » ou « changements climatiques », pour désigner les transformations observables dans le temps, qu'elles soient causées par l'activité humaine ou par la variabilité naturelle du climat, alors que dans la Convention-cadre sur les changements climatiques, le terme « climate change » renvoie uniquement aux changements attribuables directement ou indirectement aux activités humaines qui modifient la composition de l'atmosphère et qui s'ajoutent à la variabilité naturelle. C'est le genre de petites nuances qui montrent la différence culturelle entre les scientifiques et le monde politique.

En anglais, on utilise l'expression « radiative forcing » ou « forçage radiatif » en français, pour désigner le déséquilibre du bilan énergétique Terre-atmosphère. On le mesure en watts par mètre carré. Cette expression est plus exacte que le terme « réchauffement », car elle implique que les changements climatiques n'entraînent pas qu'un réchauffement. On peut en effet observer des zones de refroidissement et des phénomènes complexes liés à la dissipation du flux d'énergie, comme nous le verrons plus loin. On devrait donc parler, pour être précis, de « déséquilibres climatiques » causés par l'accumulation dans l'atmosphère de gaz à effet de serre d'origine anthropique. Tout un programme!

Il convient donc de distinguer l'effet de serre, caractéristique de certains gaz de l'atmosphère, le réchauffement global, résultat à l'échelle de la température moyenne de la planète de l'augmentation des concentrations de gaz à effet de serre dans l'atmosphère, du forçage radiatif, qui correspond à l'accumulation ou à la perte d'une quantité supplémentaire d'énergie par mètre carré de surface terrestre, et les changements climatiques, qui résultent du forçage radiatif à l'échelle locale. Enfin, la notion de forçage radiatif traduit la portion du réchauffement dont chacun des gaz à effet de serre peut être tenu responsable.

Parties par milliard, parties par million

Les gaz à effet de serre sont présents en très faibles quantités dans l'atmosphère. Comme l'indique le tableau 2.3, le dioxyde de carbone (CO_2) est de loin le plus abondant, représentant en 2005 plus de 380 parties par million (ppm)[3], alors qu'il dépassait à peine 310 ppm dans les années 50 et 353 ppm en 1990. Cette augmentation de près de 10% en moins de 15 ans justifie les inquiétudes

ANTHROPIQUE
Qui provient de l'action humaine.

EFFET DE SERRE
Phénomène naturel de rétention de la chaleur dans l'atmosphère par les gaz qui la composent.

RÉCHAUFFEMENT GLOBAL
Augmentation de la température terrestre moyenne.

CHANGEMENT CLIMATIQUE
Modifications qualitatives des paramètres normaux moyens du climat planétaire. Le terme désigne aussi bien une variation dans la température moyenne planétaire qu'un changement dans la fréquence d'événements climatiques extrêmes, tels que les inondations, les tornades ou autres, dans un endroit donné.

FORÇAGE RADIATIF
Modification du bilan radiatif causée par une substance ou une modification de l'albédo.

---

3. Cette donnée représente l'extrême lié aux pointes à l'hiver 2005.

Tableau 2.3
Concentration de quelques gaz causant l'effet de serre dans l'atmosphère terrestre, en parties par milliard (1 ppb = 0,001 ppm)

Gaz	Concentration
Dioxyde de carbone	380 000*
Méthane	1 700
Oxyde nitreux	315
Chlorofluorocarbones	
Perfluorocarbones	± 3
Hexafluorure de soufre	
Ozone troposphérique	Abondance locale très faible

* En 1990, cette valeur était de 353 000 ppb.
Source : Adapté de C. Villeneuve et L. Rodier, *Vers un réchauffement global?*, Québec, Éditions MultiMondes ; et Montréal, ENJEU, 1990, p. 43.

des scientifiques, car elle est en accélération depuis le début de la révolution industrielle.

Les principaux gaz à effet de serre sont présentés notamment au site http://www.changements-climatiques.qc.ca, avec leur structure chimique et quelques notes sur leur histoire et leur provenance. Il suffit de résumer ici ces caractéristiques pour bien saisir la suite de notre propos.

Pour connaître les concentrations de gaz à effet de serre dans l'atmosphère globale de la Terre, il faut aplanir de nombreuses difficultés méthodologiques. En effet, une mesure prise sur un échantillon physique subit par nature l'influence des conditions locales, surtout lorsqu'on doit mesurer d'aussi faibles concentrations. Par exemple, l'azote constitue 78 % de l'air ; personne ne s'inquiétera si un échantillon montre une concentration de 78,0001 %. Or, cette variation de 0,0001 % correspond à plus de la moitié de la concentration de méthane moyenne de l'atmosphère… On comprendra que la proximité d'une importante source de méthane, comme un marais ou un site d'enfouissement sanitaire, pourrait facilement fausser les mesures.

Les conditions locales, telles que la proximité d'une ville, l'altitude, le volcanisme ou même les saisons, entraînent des variations importantes dans les mesures, qui sont annulées par les moyennes obtenues dans de très nombreuses stations d'échantillonnage réparties sur l'ensemble de la planète. Il faut donc des réseaux scientifiques internationaux pour réunir les mesures, fixer des normes permettant d'obtenir des valeurs représentatives à l'échelle régionale et établir les moyennes qui annulent les variations locales.

En théorie, il est possible de mesurer la composition de l'atmosphère à partir de satellites, mais la précision de telles mesures n'est pas suffisante actuellement pour suivre les variations annuelles attribuables à l'activité humaine.

Le dioxyde de carbone : entre photosynthèse et respiration

À l'échelle globale, le principal gaz à effet de serre après la vapeur d'eau est le dioxyde de carbone, ou CO_2. Il est à la fois le plus abondant dans l'atmosphère et celui qui contribue le plus aux changements climatiques.

Encadré 2.3

Le cas de la vapeur d'eau

La vapeur d'eau est le principal gaz à effet de serre présent dans notre atmosphère, et l'homme contribue à en augmenter la concentration par des activités comme le refroidissement des centrales thermiques, la combustion, l'irrigation, etc. Alors, pourquoi ne pas en traiter dans l'étude des changements climatiques?

En réalité, ce gaz ne constitue pas un enjeu pour les deux raisons suivantes: le cycle de l'eau transporte chaque jour des quantités si énormes d'eau dans l'atmosphère que l'activité humaine apparaît très marginale à l'échelle globale, et même un doublement de son activité actuelle n'influencerait pas ces quantités de l'ordre de 1%. Mais c'est surtout parce que l'eau, une fois dans l'atmosphère, a un temps de séjour très court que cette augmentation n'inquiète pas les scientifiques sauf certains «extrêmes sceptiques». En effet, une molécule d'eau dans l'atmosphère a une durée de vie moyenne de neuf jours avant de précipiter sous forme de pluie ou de neige. Ainsi, la contribution humaine n'est pas problématique, puisque le système se remet très rapidement à l'équilibre.

Pour en savoir plus sur le rôle du cycle de l'eau dans le climat, voir R. Kandel, *Le réchauffement climatique*, Paris, PUF, collection «Que sais-je?», 2002.

Le CO_2 est un gaz très stable. En fait, c'est la forme la plus stable du carbone dans l'atmosphère terrestre. Solide à –76 °C, cette molécule simple, alors appelée «glace sèche», se transforme spontanément en gaz à des températures supérieures lorsqu'elle est à la pression atmosphérique, sans passer par la forme liquide[4]. Mis en solution dans l'eau, le CO_2 forme spontanément l'ion bicarbonate ($HCO_3{-}$) qui libère un proton, ce qui acidifie la solution. C'est sous cette forme qu'on le retrouve dans les boissons gazeuses. Comme il est maintenu en surpression dans la bouteille, il a tendance à s'échapper en faisant des bulles lorsqu'on ouvre celle-ci, d'où leur effervescence.

Le CO_2 est le produit final de la combustion des matériaux contenant du carbone et la destinée ultime des composés carbonés digérés par les cellules vivantes en présence d'oxygène.

À certaines époques de l'histoire de la planète, le CO_2 a été beaucoup plus présent qu'aujourd'hui dans l'atmosphère. Par exemple, au Carbonifère, il y a 390 millions d'années, la concentration de l'air en CO_2 aurait été des dizaines de fois supérieure à celle que nous connaissons actuellement. La température était aussi beaucoup plus chaude…

La photosynthèse, qui est l'ensemble des réactions caractéristiques des végétaux et de certaines bactéries, permet de combiner le CO_2 aux ions hydrogène de l'eau pour former des sucres et autres hydrates de carbone. Le processus produit un déchet, l'oxygène, qui retourne dans l'atmosphère. Grâce à la photosynthèse, le carbone peut être intégré dans les molécules du vivant, dont il est un constituant essentiel. Une forêt, par exemple, est majoritairement constituée de molécules carbonées provenant de la fixation du CO_2 de l'atmosphère par la photosynthèse.

---

4. Le CO_2 peut exister en phase liquide à certaines conditions de température et de pression, mais il est instable à la pression atmosphérique.

L'atmosphère est donc le principal réservoir de carbone assimilable pour les organismes vivants. Une molécule de CO_2 peut demeurer des milliers d'années dans l'atmosphère, mais on estime qu'elle y passera en moyenne de 3 à 200 ans avant d'être captée par une autre partie de l'écosphère.

Le méthane : gaz putride

Certaines bactéries qui font la fermentation en l'absence d'oxygène rejettent du méthane, ou CH_4, comme résidu de leur métabolisme, au lieu du CO_2. Le méthane est donc un gaz abondant dans les endroits où l'oxygène est rare, comme les sédiments des lacs ou des océans, le sol des rizières, ainsi que dans les endroits où l'on stocke de grandes quantités de matière organique, tels les sites d'enfouissement sanitaire. Il est le principal composant du gaz naturel. On en trouve ainsi d'énormes quantités dans les gisements pétroliers, où il est le produit de la dégradation par les bactéries des molécules organiques précédant la formation de pétrole. C'est aussi le «grisou» des mines de charbon, où il forme des poches qui ont été la cause d'explosions meurtrières depuis qu'on exploite ce minerai.

Il existe des bactéries méthanogènes qui vivent dans le tube digestif des vertébrés, en particulier des ruminants. Ces archéobactéries facilitent la dégradation de la cellulose qui compose l'alimentation de ces animaux et permet à ces derniers de tirer profit de leur nourriture, pauvre en sucres et en protéines.

Le méthane est une composante mineure de l'atmosphère; pourtant on en trouve de plus en plus en raison de l'activité humaine, mais aussi du réchauffement climatique qui, en faisant fondre le pergélisol de l'Arctique, provoque la libération de microbulles de ce gaz qui y étaient enfermées. À terme, comme l'atmosphère contient une grande quantité d'oxygène, les molécules de méthane ont tendance à s'oxyder au contact de radicaux hydroxyles et se transforment ainsi naturellement en CO_2 et en eau. On estime à 12 ans la durée de vie moyenne d'une molécule de méthane dans l'atmosphère. Son potentiel de réchauffement est 21 fois plus puissant que celui du CO_2. La concentration de méthane est passée de 700 à 1 750 parties par milliard (ppb) au cours des 150 dernières années.

Considéré comme peu important comme gaz à effet de serre au début des travaux sur le climat dans les années 70, il est aujourd'hui l'objet de très grandes préoccupations à mesure que les recherches montrent son rôle présumé dans les changements climatiques du passé.

Le plus grand réservoir de méthane demeure les hydrates de méthane présents dans les sédiments marins (en particulier dans les estuaires froids et sur les marges continentales). Ces hydrates de méthane solides ou clathrates sont retenus prisonniers dans des conditions de température et de pression adéquates, mais le méthane peut en être libéré rapidement si ces conditions changent, ce qui risque de se produire dans l'hypothèse d'un réchauffement du climat et des océans.

L'ozone troposphérique : exceptionnel, mais destructeur

La troposphère, partie la plus dense de l'atmosphère, est située à moins de 12 km de la surface terrestre. Dans cette couche atmosphérique,

ÉCOSPHÈRE
Ensemble formé par l'atmosphère (gaz), l'hydrosphère (liquide), la lithosphère (solide) et la biosphère (vivant).

ARCHÉOBACTÉRIES
Nouvelle classification de bactéries, telles que les méthanogènes et les extrémophiles. Elles se distinguent des eubactéries par la structure de leur membrane et par d'autres variations d'ordre biochimique.

l'oxygène se trouve essentiellement sous forme de dioxygène (O_2). Cependant, dans de forts champs électriques ou encore dans des réactions catalysées par la lumière en présence de monoxyde de carbone (CO), de composés organiques volatils, d'oxydes d'azote (NO_x) et d'hydrocarbures, il se forme des molécules instables de trioxygène (O_3), aussi appelé « ozone ». L'ozone troposphérique se forme surtout dans les grandes villes à l'heure de pointe, près des axes de circulation importants ou dans les zones de raffinage du pétrole ou d'activités pétrochimiques.

L'absorption des rayons solaires par le dioxyde d'azote (NO_2) produit de l'oxygène atomique, qui réagit ensuite avec l'oxygène moléculaire pour produire de l'ozone. Un équilibre dynamique se crée ensuite entre le NO_2 et l'ozone. En basse altitude, l'ozone contribue à former le smog photochimique.

Le smog d'été est un brouillard constitué non pas d'eau, mais de l'agglomération de molécules gazeuses provenant surtout de la mauvaise combustion du carburant consommé par les automobiles et les camions. La formation de brouillard photochimique tel qu'on peut en observer au-dessus de plusieurs grandes villes nord-américaines et européennes est attribuable à la présence de concentrations importantes d'hydrocarbures qui, oxydés par l'oxygène atomique, réagissent avec l'oxyde d'azote (NO) pour former du NO_2. Il se produit donc un déséquilibre qui favorise l'augmentation de la quantité d'ozone à basse altitude. Les centrales thermiques au charbon sont d'importants producteurs de précurseurs du smog photo-

oxydant, mais aussi de smog d'hiver qui, lui, est provoqué par les particules de sulfates issus de la combustion. Les moteurs diesel et la combustion du bois dans les appareils de chauffage ménager peuvent aussi contribuer localement, de façon très importante, à la formation de ce smog très pernicieux pour la santé respiratoire.

Il ne faut pas confondre l'ozone stratosphérique et l'ozone troposphérique. La figure 2.5 nous montre l'emplacement de la couche d'ozone stratosphérique et de l'ozone troposphérique.

SMOG
Terme provenant de la contraction des mots anglais *smoke* et *fog*.

Figure 2.5
La couche d'ozone et l'ozone troposphérique

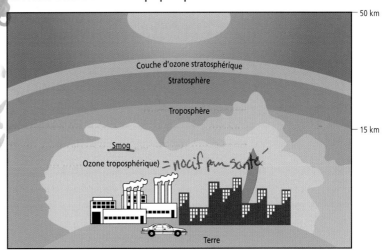

La couche d'ozone qui protège les organismes vivants des effets néfastes des rayons ultraviolets du Soleil est située dans la stratosphère, entre 15 km et 50 km d'altitude. L'ozone troposphérique, qui se forme au sol et jusqu'au-dessus des édifices urbains, par suite des réactions chimiques causées par la pollution, est nocif pour la santé.

Source: Adapté de Environmental News Network, 1999.

L'ozone est une molécule très instable et tend à se débarrasser de son troisième atome d'oxygène en oxydant d'autres molécules qu'il rencontre. Cette propriété d'oxydant fort en fait un gaz particulièrement dangereux, car il peut briser des molécules organiques complexes et causer des irritations ou même des lésions dans le système respiratoire, sans compter qu'il a un effet nocif sur la cuticule des feuilles et entraîne le vieillissement prématuré des organismes vivants et des matériaux exposés[5].

La quantité d'ozone troposphérique est en augmentation constante depuis une quarantaine d'années. En basse atmosphère, l'ozone subsiste en concentrations minimes et pendant un court laps de temps. Sa grande réactivité chimique fait qu'il se combine rapidement avec d'autres molécules, par exemple les hydrocarbures non brûlés s'échappant des moteurs à combustion interne dans des réactions d'oxydation. Sa contribution à l'effet de serre est secondaire par rapport à celle des autres gaz majeurs, en raison de sa faible concentration et de sa durée de vie limitée, qui va de quelques heures à quelques jours. C'est pourquoi il ne figure pas dans les gaz à effet de serre visés par les négociations internationales. En revanche, il constitue une préoccupation majeure pour la santé humaine. Comme la combustion d'hydrocarbures est la première cause du smog, la réduction de celle-ci par des actions visant à réduire le réchauffement planétaire permettra certainement d'en diminuer la fréquence et l'intensité.

Dans la partie de l'atmosphère recouvrant la troposphère, l'air est beaucoup plus rare et le rayonnement solaire plus intense. Dans cette zone située entre 15 et 50 km d'altitude se trouve la stratosphère. L'ozone y est plus abondant et forme un filtre naturel qui nous protège des rayons ultraviolets. Il ne faut pas confondre cet ozone stratosphérique, utile, avec l'ozone troposphérique, nuisible. En absorbant les ultraviolets, la couche d'ozone contribue aussi à l'effet de serre naturel. Le forçage radiatif provoque cependant des mouvements atmosphériques qui contribuent à amplifier l'effet destructeur des chlorofluorocarbones sur la couche d'ozone stratosphérique et amplifient le trou qui se forme chaque année dans la couche d'ozone au-dessus de l'Antarctique. En résumé, il faut rétablir la quantité d'ozone stratosphérique et réduire les émissions de polluants qui sont les précurseurs de l'ozone troposphérique.

Le protoxyde d'azote : il n'y a pas de quoi rire !

Le protoxyde d'azote ou oxyde de diazote, ou encore oxyde nitreux (N_2O), comme l'indique sa formule chimique, est une molécule simple formée de deux atomes d'azote et d'un atome d'oxygène. Au début du 20e siècle, on utilisait le protoxyde d'azote comme gaz anesthésiant. C'est à son effet euphorisant qu'on doit son surnom de «gaz hilarant».

L'agriculture est la principale source d'oxyde nitreux, avec plus de la moitié (52%) des émissions.

---

5. Signalons que l'ozone est largement utilisé dans les grandes villes, à la place du chlore, pour stériliser l'eau potable. Cet usage particulier devrait suffire à démontrer son caractère agressif envers la matière vivante.

La majorité (92 %) résulte d'une nitrification incomplète, favorisée par l'utilisation d'engrais chimiques azotés et l'épandage de fumier.

Les plantes ont en effet besoin d'azote pour fabriquer leurs protéines, mais elles ne peuvent pas se procurer cet élément directement dans l'atmosphère. Elles doivent le capter sous forme de nitrates (NO_3^-) ou d'ammoniac (NH_3^+) en solution dans l'eau. C'est pourquoi les agriculteurs utilisent les engrais azotés contenant d'importantes quantités de nitrates pour fertiliser leurs cultures. Dans un sol naturel, la fixation de l'azote est assurée par des associations complexes de bactéries qui fabriquent des nitrates à partir de l'azote atmosphérique ou de l'ammoniac provenant de la décomposition des résidus organiques. Lorsqu'on ajoute des nitrates en grandes quantités, les bactéries nitrifiantes sont défavorisées au profit des bactéries dénitrifiantes dont l'un des intermédiaires métaboliques est le N_2O, qui s'échappe vers l'atmosphère.

L'industrie, pour sa part, produit 27 % des rejets totaux d'oxyde nitreux, alors que le secteur énergétique est responsable de 16 % des émissions. Le protoxyde d'azote (N_2O) est particulièrement inquiétant en raison de son fort potentiel d'effet de serre (310 fois celui du CO_2) et de sa longévité (plus d'un siècle).

Les fluorocarbones : des gaz qui donnent froid dans le dos !

Les chlorofluorocarbones (CFC) sont des molécules qui n'existent pas à l'état naturel. Elles ont été synthétisées par l'industrie chimique au début du 20e siècle. Leur rôle dans la dégradation

Encadré 2.4

Un moteur froid pollue plus

Une source non négligeable d'oxyde nitreux est associée à l'automobile. Lorsqu'on laisse tourner un moteur pour le réchauffer, celui-ci émet des oxydes d'azote (NOx) et de l'oxyde nitreux, jusqu'à ce que le convertisseur catalytique du pot d'échappement ait atteint sa température de fonctionnement. Cette source de pollution est courante dans les pays nordiques où l'on utilise des démarreurs à distance pour faire chauffer le véhicule avant de partir pour le bureau, par exemple. Cette pratique est à proscrire, puisqu'un moteur qui tourne au ralenti se réchauffe moins vite (et son pot catalytique aussi) qu'un moteur qu'on fait travailler immédiatement. Laisser tourner le moteur de son véhicule au ralenti plus d'une minute est inutile et préjudiciable pour l'environnement.

de la couche d'ozone troposphérique a forcé leur retrait et leur remplacement par les hydrofluorocarbones (HFC) et hydrochlorofluorocarbones (HCFC) dont le potentiel destructeur de l'ozone est moindre, mais dont le potentiel de réchauffement climatique est encore très important. Dans le dossier des changements climatiques, on doit aussi considérer les perfluorocarbones (PFC).

Les CFC ont connu leur heure de gloire quand ils sont venus remplacer l'ammoniac dans les systèmes de réfrigération au début du 20e siècle. Ils ont été utilisés à grande échelle et sur tous les continents, principalement comme caloporteurs dans les réfrigérateurs et les climatiseurs, mais aussi

SACO *vs* GES

Un rapport spécial du GIEC, dévoilé en avril 2005, montre la relation entre la lutte à la réduction des substances affectant la couche d'ozone (SACO) et les changements climatiques. On y apprend que:

- Les substituts des CFC sont pour la plupart de puissants gaz à effet de serre;

- Même si les CFC sont actuellement en concentration stabilisée, les HCFC et les HFC connaissent des augmentations annuelles respectives de 3 % à 7 % et de 13 % à 17 %;

- Au cours des 250 dernières années, les substances affectant la couche d'ozone et leurs substituts sont responsables d'environ 14 % du forçage radiatif total dû aux GES d'origine anthropique;

- Il existe actuellement en circulation l'équivalent de 21 $GtCO_2$éq de CFC, HCFC, HCFC et PFC (autres que ceux produits par les alumineries). Cela représente presque l'équivalent d'une année complète d'émissions totales planétaires de GES;

- Les émissions de HFC de HCFC, selon le scénario BAU (*Business as usual*), seraient de l'ordre de 2,3 $GtCO_2$éq. en 2015, ce qui représente une contribution très significative au réchauffement global;

- On devrait remplacer dans une optique de lutte aux changements climatiques ces substances par l'ammoniaque ou des hydrocarbures, comme le butane, qui peuvent aussi servir dans la réfrigération et comme agents moussants, mieux confiner les substances, réduire leur charge dans les appareils et les détruire en fin de vie des appareils qui en contiennent.

En voulant régler le problème de la réduction de la couche d'ozone, on a créé une nouvelle source de gaz à effet de serre… Espérons que nous pourrons rapidement en maîtriser l'usage!

Source: IPCC, *Safeguardin the ozone layer and the global climate system: issues related to hydrofluorocarbons and perfluorocarbons*, 2005, http://www.ipcc.ch

comme agent gonflant dans la fabrication de mousse de polystyrène, comme gaz propulseur dans les bombes aérosol, comme solvant dans l'industrie des microprocesseurs, etc.

À la fin des années 70, alors qu'il était devenu évident qu'ils causaient, en s'échappant dans l'atmosphère, une importante dégradation de la couche d'ozone stratosphérique, le Protocole de Montréal relatif aux substances qui appauvrissent la couche d'ozone a banni la fabrication et l'utilisation de ces composés, qui ont été remplacés dans les nouveaux appareils et pour la plupart de leurs utilisations. Toutefois, il en existe encore des stocks considérables, et ils font toujours l'objet d'une contrebande très active. De plus, le parc de réfrigérateurs et de climatiseurs d'avant 1994 fonctionne encore aux CFC, même si ceux-ci doivent être retirés de la circulation et ne sont pas ciblés par le Protocole de Kyoto. Malheureusement, la plupart des pays sont dépourvus de mécanismes de récupération obligatoire. Pis encore, les anciens CFC (fréon 12, notamment) ont un potentiel de réchauffement global jusqu'à 10 720 supérieur à celui du CO_2 et ils demeurent de 45 à 1700 ans dans l'atmosphère! Dans le cas des HFC, leur potentiel est moindre, variant de 140 à 11 700 fois celui du CO_2, selon la CCNUCC

Les perfluorocarbones pour leur part sont des gaz dont toutes les valences du carbone sont occupées par du fluor. Ils proviennent principalement des effets d'anode dans les alumineries et ont un potentiel de réchauffement global de 6 500 et de 9 200 fois celui du CO_2 pour les deux plus communs, le tétrafluorométhane (CF_4) et l'hexafluorure de carbone (C_2F_6). Le C_6F_{14} pour sa part cote 7 400 fois le CO_2

Figure 2.6
Augmentation relative des gaz à effet de serre dans l'atmosphère au 20ᵉ siècle

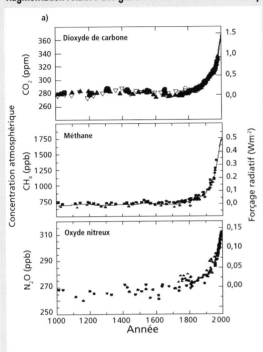

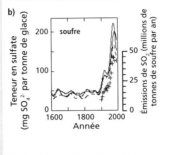

Source: R. Kandel, *Le réchauffement climatique*, Paris, PUF, collection «Que sais-je», 2002.

Caractéristiques des principaux gaz à effet de serre émis par l'activité humaine

	Gaz carbonique	Méthane	Oxyde nitreux	Chlorofluoro-carbures
Concentration préindustrielle	280 ppm	700 ppb	270 ppb	0
Concentration en 1998	365ppm	1 745 ppb	314 ppb	14 ppt
Augmentation annuelle	1,5 ppm	7 ppb	0,8 ppb	–1,4 ppt
Effet de serre additionnel en W/m²	1,46	0,48	0,15	0,34
Efficacité effet de serre par rapport au CO_2*	1	40	200	20000
Durée de vie dans l'atmosphère	5 à 200 ans	12 ans	114 ans	3-260 ans

* Ces données sont des moyennes. Pour le détail, voir le tableau 2.8.
Note: ppm: partie par million; ppb: partie par billion; ppt: partie par trillion
Source: IPCC, 2001.

Un sixième complice

Un dernier gaz, l'hexafluorure de soufre (SF_6) est aussi visé par le Protocole de Kyoto. C'est un gaz neutre, plus lourd que l'air, qu'on utilise dans certains procédés industriels et comme gaz de coulée pour certains alliages. Le SF_6 a un potentiel de réchauffement climatique de 23 900 fois celui du CO_2. À eux seuls, ces trois derniers gaz, tous d'origine industrielle, pourraient contribuer de 4 % à 5 % des contributions anthropiques aux changements climatiques d'ici à 2010.

L'ensemble des potentiels de réchauffement global tels que calculés par le GIEC pour une durée de 100 ans figurent au tableau 2.8.

Des facteurs aggravants

D'autres substances contribuent aussi aux changements climatiques. Par exemple, les fines particules que sont les aérosols et les poussières en suspension dans l'air peuvent avoir un effet refroidissant parce qu'elles réfléchissent la lumière vers l'espace, alors que les fines particules de suie émises par les camions et les cheminées d'usine[6] contribuent au réchauffement en diminuant l'albédo des nuages. Le changement de vocation des terres a aussi un effet local important à la fois parce qu'il influence l'albédo et que la destruction des forêts remet en circulation du dioxyde de carbone et élimine un puits de carbone.

Il est très difficile de déterminer avec précision l'effet de ces facteurs, qui rendent incertaines les prévisions quant au rythme de réchauffement. C'est d'ailleurs en partie pour ces raisons qu'il est si difficile d'établir des scénarios concernant le changement climatique aux niveaux local et régional, sans compter que la puissance de calcul nécessaire à modéliser les interactions entre la terre, l'atmosphère et l'eau sur des cellules régionales de petite dimension est énorme et accapare les ordinateurs les plus puissants pendant des mois, comme nous le verrons au chapitre 6.

Les particularités d'absorption des gaz à effet de serre

L'impact de l'augmentation d'un gaz atmosphérique sur l'effet de serre n'est pas nécessairement linéaire. Son efficacité dépend de sa concentration effective et de ses bandes d'absorption en présence d'autres gaz. Par exemple, l'ajout d'un kilogramme de CO_2 dans l'atmosphère n'augmente pas beaucoup l'absorption des radiations dans une période où, comme c'est le cas actuellement, la concentration est déjà élevée. Par contre, on n'a à ce jour observé aucun effet de saturation chez les autres gaz à effet de serre, à l'exception de la vapeur d'eau. C'est ce qui explique que James Hansen et ses collègues[7], dans un article publié en 2000, aient proposé pour la lutte aux gaz à effet de serre un nouveau scénario qui met l'accent sur la réduction des gaz autres que le CO_2. Cette position se défend d'autant mieux que certains des gaz à effet de serre très mineurs ont une vitesse d'augmentation supérieure à celle du CO_2, qu'ils

---

6. Comme l'indique la figure 2.6b, ces particules qui étaient en augmentation rapide avant 1970 ont commencé à diminuer rapidement dans les années 1980 en raison des nombreux règlements sur la qualité de l'atmosphère dans les pays industrialisés.

7. J. Hansen, M. Sato, R. Ruedy, A. Lacis et V. Oimas, «Global warming in the twenty-first century: An alternative scenario», *Proceedings of National Academy of Science*, n° 97, 2000, p. 9875-9880.

ont un potentiel de réchauffement beaucoup plus important et qu'ils sont émis par des sources beaucoup plus ponctuelles, ce qui les rend plus faciles à contrôler.

Le tableau 2.4 donne les valeurs généralement reconnues de la capacité d'absorption relative de l'infrarouge par les gaz à effet de serre, selon la masse, c'est-à-dire kilogramme pour kilogramme, et selon la masse molaire, c'est-à-dire mole pour mole.

Quand on combine la capacité d'absorption avec la concentration effective dans l'atmosphère d'un gaz donné, on obtient le pourcentage de contribution à l'effet de serre pour ce gaz, comme le montre le tableau 2.5.

Les différences observées entre les deux types de mesures correspondent au fait que les masses molaires des gaz diffèrent considérablement. Ainsi, dans 1 kg, il y a beaucoup plus de moles de méthane (CH_4) dont la masse molaire est de 16 g que de moles de CO_2 dont la masse molaire est de 44 g. Le pouvoir absorbant dans la bande des infrarouges ne dépend pas de la masse molaire, mais bien de la stabilité des liaisons chimiques.

Ces valeurs comportent beaucoup d'incertitudes, particulièrement en ce qui a trait à l'ozone troposphérique. Il est intéressant de constater que le CO_2, même s'il est moins efficace que les autres gaz si l'on compare la masse molaire, est le principal responsable de l'augmentation de température appréhendée.

Il faut aussi prendre en compte, dans l'évaluation de la contribution d'un gaz à l'effet de serre, le temps qu'il faudra pour qu'il soit récupéré dans l'environnement par les réactions naturelles de recyclage ou de transformation chimique.

Le tableau 2.6 donne ces temps, calculés à partir de l'équation de la demi-vie. Les données représentent le temps nécessaire pour diminuer de moitié la quantité de gaz présente dans l'atmosphère.

Tableau 2.4
Capacité d'absorption relative des gaz causant l'effet de serre

Gaz	Poids moléculaire (g/mole)	Absorption/ masse	Absorption/ mole
CO_2	44	1	1
CH_4	16	70	25
N_2O	46	200	200
O_3 troposphérique	48	1800	2000
CFC-11	137	4000	12 000
CFC-12	120	6000	15 000

Source: Traduit de H. Rodhe, «A comparison of the contribution of various gases to the greenhouse effect», *Science*, n° 248, 8 juin 1990, p. 1217-1219.

Tableau 2.5
Contribution relative des gaz causant l'effet de serre

Gaz	Concentration effective en ppbv	Taux d'augmentation annuelle (%)	Contribution relative (%)
CO_2	372×10^3	0,5	60
CH_4	$1,7 \times 10^3$	1	15
N_2O	310	0,2	5
O_3 troposphérique	10-50	0,5	8
CFC–11	0,28	4	4
CFC–12	0,48	4	8

Source: Traduit de H. Rodhe, «A comparison of the contribution of various gases to the greenhouse effect», *Science*, n° 248, 8 juin 1990, p. 1217-1219.

PPBV
Parties par milliard en volume (1×10^{-9}).

Tableau 2.6
Temps de dégradation des gaz à effet de serre

Gaz	Demi-vie (années)
CO_2	120
CH_4	10
N_2O	150
O_3 troposphérique	0,1
CFC-11	65
CFC-12	120

Source: Traduit de H. Rodhe, «A comparison of the contribution of various gases to the greenhouse effect», *Science*, nº 248, 8 juin 1990, p. 1217-1219.

DEMI-VIE
Mesure statistique qui permet de déterminer le moment où la moitié des molécules d'une substance sera disparue d'un milieu donné. Selon les substances, il faut trois demi-vies ou plus pour que disparaisse complètement le produit.

Selon le calcul de H. Rodhe, la contribution relative de chacun des gaz à l'effet de serre est différente de ce qu'on pouvait évaluer en se basant uniquement sur la capacité d'absorption, comme le montre le tableau 2.7.

Tableau 2.7
Potentiel de réchauffement des gaz à effet de serre en fonction de leur temps de dégradation

Gaz	Potentiel de réchauffement par	
	masse	molécule
CO_2	1	1
CH_4 (effets directs)	15	5
CH_4 (effets directs et indirects)	30	10
N_2O	300	300
O_3 troposphérique	3	4
CFC-11	4 000	11 000
CFC-12	8 000	20 000

Source: Traduit de H. Rodhe, «A comparison of the contribution of various gases to the greenhouse effect», *Science*, nº 248, 8 juin 1990, p. 1217-1219.

MÉTHANE
Au cours de sa dégradation atmosphérique par des réactions photochimiques, le méthane produit du CO_2, de l'ozone et de la vapeur d'eau, trois gaz qui contribuent aussi à l'effet de serre.

Comme on peut le constater, il n'est pas simple d'évaluer la contribution de certains gaz à l'effet de serre, et le portrait que la science fait des «suspects» n'est pas d'une précision absolue. Le tableau 2.8 présente les potentiels de réchauffement global retenus par le GIEC pour des intervalles de 20 ans, 100 ans et 500 ans.

Toutefois, les tendances qui se dégagent de cette étude tracent les grandes lignes de la problématique:

◎ Les gaz d'origine anthropique qui contribuent au réchauffement du climat planétaire sont plus efficaces en groupe qu'isolés, car ils absorbent tous des longueurs d'onde différentes. Leur effet est complémentaire.

◎ Selon la demi-vie de ces gaz dans l'atmosphère, leur contribution à l'effet de serre peut être plus considérable que ne le laissent soupçonner leur coefficient d'absorption et leur concentration instantanée.

Grâce aux travaux de la NASA, il a été possible d'établir un bilan des contributions des divers gaz à effet de serre, aérosols et particules aux changements climatiques. Ces facteurs provoquent soit un refroidissement, soit un réchauffement de l'atmosphère.

La figure 2.7 à la page 32 présente la contribution relative des gaz à effet de serre et d'autres facteurs influençant le climat planétaire.

Les activités industrielles, le transport, la combustion de biomasse et les changements de vocation des terres, réduisant la couverture forestière, envoient dans l'atmosphère des gaz ainsi que des particules solides formant ce que l'on appelle «les aérosols». La présence de ces aérosols dans l'atmosphère, empêchant une partie des radiations solaires d'atteindre la surface de la Terre, occasionne un forçage radiatif négatif.

La contribution au forçage radiatif des gaz est mesurée en watts par mètre carré (ou en mégawatts par kilomètre carré). Cette mesure synthétise les tableaux précédents et correspond à la contribution en énergie conservée annuellement ou renvoyée vers l'espace en supplément ou en déficit de l'effet de serre naturel. L'ajout d'un watt par mètre carré correspond à la chaleur que dégagerait sur chaque mètre carré une petite ampoule de 1 watt, comme celles qui ornent les arbres de Noël. Ce forçage radiatif est lié aux impacts des activités humaines sur la composition de l'atmosphère depuis 1850.

Comme on peut le constater dans cette figure, le CO_2 est de loin le principal agent de réchauffement, suivi du méthane. Les auteurs ont combiné les effets directs et indirects pour bien montrer la contribution relative et l'importance de chacun des phénomènes concernés.

On remarque aussi que le degré d'incertitude qui caractérise les facteurs de refroidissement est beaucoup plus élevé que celui des facteurs de réchauffement, ce qui montre bien les limites des prédictions quant à la direction d'un éventuel changement climatique. De plus, il faut considérer les effets locaux des concentrations d'ozone troposphérique et des nuages contenant des poussières. Enfin, le volcanisme peut avoir des effets temporaires dramatiques, telle l'éruption

Tableau 2.8
Potentiel de réchauffement global des principaux gaz à effet de serre dans le Protocole de Kyoto

Gaz		Durée de vie (années)	Potentiel de réchauffement global (intervalle de temps en années) globe (horizon de temps)		
			20 ans	100 ans	500 ans
Dioxyde de carbone	CO_2	–	1	1	1
Méthane[a]	CH_4	12,0[b]	62	23	7
Oxyde nitreux	N_2O	114[b]	275	296	156
Hydrocarbures fluorés					
HFC-23	CHF_3	260	9400	12000	10000
HFC-125	CHF_2CF_3	29	5900	3400	1100
Fluorés					
SF_6		3200	15100	22200	32400
CF_4		50000	3900	5700	8900
C_2F_6		10000	8000	11900	18000

Note: Potentiels directs de réchauffement global (PRG) par rapport au dioxyde de carbone (pour des gaz dont la durée de vie a été déterminée de façon satisfaisante). Le PRG est un indice servant à évaluer la contribution relative au réchauffement de la planète d'une émission dans l'atmosphère de 1 kilogramme d'un gaz à effet de serre particulier par comparaison avec l'émission de 1 kilogramme de dioxyde de carbone. Les PRG calculés pour différents intervalles de temps illustrent les effets des durées de vie des différents gaz dans l'atmosphère.

a. Les valeurs du PRG du méthane prennent en compte une contribution indirecte résultant de la production de H_2O et de O_3 dans la stratosphère.

b. Les valeurs indiquées pour le méthane et l'oxyde nitreux sont des temps d'ajustement, qui tiennent compte des effets indirects de l'émission de chaque gaz sur sa propre durée de vie.

Source: *Bilan 2001 des changements climatiques: les éléments scientifiques*, Rapport du Groupe de travail du GIEC, Résumé technique, 1995.

du Pinatubo aux Philippines en 1991 qui a réduit la température terrestre jusqu'en 1993-1994, alors que les cendres volcaniques en haute altitude réfléchissaient la lumière du Soleil. On peut d'ailleurs identifier, dans l'histoire du dernier millénaire, des épisodes de climat très froid associés à des éruptions volcaniques majeures.

Figure 2.7a

Contribution relative des facteurs de forçage radiatif depuis 1850

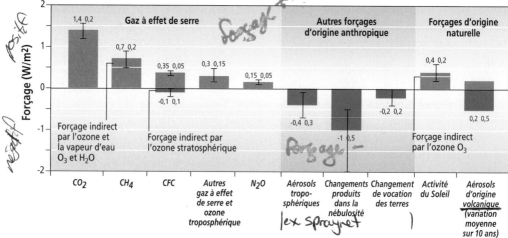

Le forçage radiatif le plus important est causé par le CO_2 (1,4 W/m²). Le forçage produit par le méthane est de moitié inférieur à celui du CO_2 (0,7 W/m²), alors que le forçage associé à l'ensemble des autres gaz à effet de serre (1,4 W/m²) équivaut à celui du dioxyde de carbone. Lorsqu'on compare les valeurs de forçage associées à diverses activités, on note que la combustion des carburants fossiles, largement responsable des émissions de CO_2, est aussi une source importante d'aérosols.

Source : Traduit et adapté de J. Hansen, M. Sato, R. Ruedy, A. Lacis et V. Oimas, « Global warming in the twenty-first century : An alternative scenario », *Proceedings of National Academy of Science*, 2000, 97, p. 9875-9880.

Une étude publiée par l'équipe de James Hansen le 3 juin 2003 conclut que la Terre absorbe 0,85 ± .15 W/m² du Soleil de plus qu'elle n'en réémet vers l'espace. Cette donnée tient compte des gaz à effet de serre, des aérosols, des modifications de l'albédo et des changements d'affectation des terres attribuables à l'humain. En conséquence, les auteurs recommandent de modifier les paramètres d'opération des modèles climatiques. Ils en tirent trois conclusions :

- la température moyenne augmentera au minimum de 0,5° de plus que prévu ;

Figure 2.7b

Forçage radiatif net utilisé comme paramètres pour le modèle du GISS pour la période 1880-2003

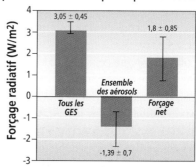

Source : D'après Hansen, J. *et al.*, Earth Energy Imbalance : Confirmation and Implications, *Science*, vol. 308, juin 2005, p. 1431-1435.

- on a là une preuve que le climat s'adapte aux changements de la composition de l'atmosphère;

- la fonte de la glace de mer et le rehaussement du niveau de la mer seront plus rapides que prévu.

La figure 2.8 résume l'effet des aérosols et des particules de suie sur le forçage radiatif. En gros, les aérosols reflètent la lumière en haute altitude, ce qui entraîne un déficit d'énergie pour le réchauffement de l'atmosphère. La lumière, en effet, ne peut parvenir jusqu'au sol et s'y transformer en rayonnement infrarouge, lequel est lui-même retenu par les gaz à effet de serre. Les particules de suie, pour leur part, absorbent la lumière et la réémettent sous forme de chaleur dans les nuages. La chaleur est donc transférée dans les précipitations et demeure dans l'atmosphère, où elle se dissipe. Ces quelques explications simplifiées permettent de mieux comprendre pourquoi la météorologie et la climatologie diffèrent. La variété des conditions locales est telle que prévoir avec exactitude le temps qu'il fera dans trois jours relève de l'exploit. L'observation des températures et des précipitations moyennes sur 30 ans, en revanche, permet de prédire les grands paramètres, comme la température moyenne mensuelle, avec un certain degré de confiance.

Un «travail d'équipe»

Dans ce deuxième chapitre, nous avons présenté les principaux gaz qui contribuent à l'effet de serre et qui sont susceptibles de participer au changement du climat de la planète dans les prochaines décennies. Ces gaz sont en constante augmentation dans l'atmosphère en raison de

Figure 2.8
Effet des aérosols et des particules de suie

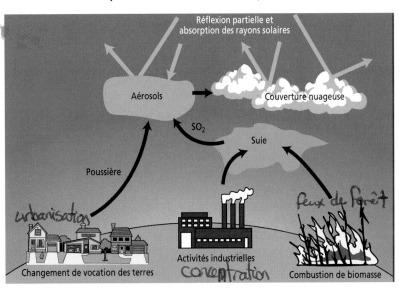

Les activités industrielles, le transport, la combustion de biomasse et les changements de vocation des terres envoient dans l'atmosphère des gaz ainsi que des particules solides formant ce que l'on appelle les aérosols. La présence de ces aérosols dans l'atmosphère, empêchant les radiations solaires d'atteindre la surface de la Terre, occasionne un forçage radiatif négatif.

Source : Adapté de U.S. Dept. of Commerce/NOAA/OAR/ERL/PMEL/Atmospheric Chemistry.

l'activité humaine. On se rend compte que l'effet de serre ne peut être attribué au seul dioxyde de carbone qui tient la vedette actuellement dans les médias.

Les ondes électromagnétiques absorbées varient d'un gaz à l'autre. Voilà pourquoi, au total, plusieurs de ces ondes seront absorbées et la portion d'énergie pouvant s'échapper de l'atmosphère terrestre sera moindre si cette atmosphère était composée d'un seul gaz en plus grande concentration. Si l'atmosphère contenait 50 fois plus de dioxyde de carbone, mais ne

On se rend compte que l'effet de serre ne peut être attribué au seul dioxyde de carbone qui tient la vedette actuellement dans les médias.

chances que la majorité des ondes émises par la Terre soient absorbées seront grandes.

Nous assistons actuellement à une augmentation de la concentration du dioxyde de carbone et du méthane dans l'atmosphère terrestre, en raison d'une utilisation croissante des combustibles fossiles comme source d'énergie, de la prolifération du bétail ruminant, de la culture du riz et de l'enfouissement des matières organiques. Le carbone contenu dans ces deux gaz circule normalement entre l'atmosphère, la lithosphère, la biosphère et l'hydrosphère, ce que les scientifiques appellent le «cycle du carbone».

Les autres gaz sont étroitement liés aux deux premiers, en ce sens que l'ozone troposphérique est produit en grande partie par la combustion du pétrole et la circulation automobile, qui sont également la source principale des particules de suie. L'oxyde nitreux, pour sa part, provient en majeure partie de l'agriculture industrielle. Quant aux fluorocarbones, ils forment une classe à part, que nous traitons comme telle.

Le chapitre 3 est consacré à l'étude plus approfondie du cycle du carbone, puisque c'est là que se jouent les augmentations de méthane et de dioxyde de carbone à l'échelle planétaire.

contenait que ce gaz, certaines ondes de longueurs différentes de celles qui appartiennent au spectre d'absorption du dioxyde de carbone pourraient en effet être renvoyées vers l'espace sans interaction avec l'atmosphère. Par ailleurs, les concentrations de certains de ces gaz sont naturellement régulées dans l'atmosphère, alors que d'autres gaz sont totalement artificiels et ont une demi-vie beaucoup plus longue.

RADIATION MONOCHROMATIQUE
Radiation qui montre un ensemble de longueurs d'onde d'une seule couleur, donc très voisines.

L'effet de serre est donc le fruit d'un «travail d'équipe»[8]. La diversité des gaz en cause entraîne la multiplicité des ondes, de différentes longueurs, absorbées. Comme la Terre n'émet pas son énergie sous forme de radiation monochromatique, plus les molécules constituant l'atmosphère sont de nature variée, plus les

---

8. Voir les bandes d'absorption des gaz à effet de serre au tableau 2.9 et consulter le site http://www.changementsclimatiques.qc.ca.

Tableau 2.9
Bandes d'absorption des gaz à effet de serre*

Longueur d'onde (m)	CO_2	O_2	Eau	Ozone	Méthane	N_2O
$1,80e^{-7}$				•		
$2,60e^{-7}$				•		
$3,20e^{-7}$				•		
$3,40e^{-7}$				•		
$3,60e^{-7}$				•		
$4,40e^{-7}$				•		
$5,38e^{-7}$		•		•		
$7,20e^{-7}$		•	•	•		
$7,40e^{-7}$		•		•		
$7,62e^{-7}$		•				
$7,80e^{-7}$	•					
$8,10e^{-7}$	•		•			
$9,40e^{-7}$	•		•			
$1,07e^{-6}$	•	•				
$1,10e^{-6}$	•		•			
$1,19e^{-6}$	•					
$1,24e^{-6}$	•					
$1,27e^{-6}$		•				
$1,40e^{-6}$	•					
$1,40e^{-6}$			•			
$1,57e^{-6}$						
$1,60e^{-6}$	•					
$1,90e^{-6}$			•			
$2,35e^{-6}$						
$2,38e^{-6}$						
$2,60e^{-6}$			•			
$2,70e^{-6}$	•		•			
$2,70e^{-6}$			•	•		
$3,27e^{-6}$			•	•		
$3,30e^{-6}$			•			
$3,30e^{-6}$					•	
$3,59e^{-6}$				•		
$4,20e^{-6}$	•					
$4,30e^{-6}$	•					
$4,40e^{-6}$	•					
$4,50e^{-6}$						•
$4,67e^{-6}$						
$4,75e^{-6}$				•		
$5,75e^{-6}$			•	•		
$6,30e^{-6}$			•			
$7,50e^{-6}$			•			
$7,70e^{-6}$					•	
$7,80e^{-6}$						•
$9,00e^{-6}$				•		
$9,40e^{-6}$	•					
$9,60e^{-6}$				•		
$1,04e^{-5}$	•					
$1,35e^{-5}$	•					
$1,41e^{-5}$	•			•		
$1,50e^{-5}$	•					
$1,65e^{-5}$	•					
$1,70e^{-5}$						•
$2,50e^{-5}$						
$2,90e^{-4}$				•		
$1,00e^{-3}$			•	•		
$1,20e^{-3}$				•		•
$1,30e^{-3}$				•		
$1,60e^{-3}$			•	•		
$1,90e^{-3}$				•		
$2,50e^{-3}$		•				
$2,50e^{-3}$				•		
$2,60e^{-3}$						
$2,90e^{-3}$				•		
$3,00e^{-3}$		•				
$3,10e^{-3}$		•				
$4,00e^{-3}$		•				
$4,00e^{-3}$						•
$6,00e^{-3}$						•
$6,80e^{-3}$				•		•
$1,20e^{-2}$				•		•
$1,34e^{-2}$				•	•	
$3,30e^{-2}$				•		

* La longueur des ondes constituant le spectre visible ne s'étend qu'entre les bornes suivantes : 4×10^{-7} m et 7×10^{-7}. Dans le tableau, la notation adoptée est la suivante : $4,00e^{-7}$ et $7,00e^{-7}$.

Source : Réalisé à partir de données tirées de *Handbook of Applied Meteorology*.

Chapitre 3

Du puits au réservoir

L' *& déf.* écosphère est un système complexe comprenant la lithosphère, l'hydrosphère, l'atmosphère et la biosphère. Cette dernière est la mince couche de vie qui recouvre la planète et agit comme facteur de transformation à l'interface des trois autres systèmes physiques. Les bactéries, les plantes et les animaux transforment le milieu physique et font circuler les matériaux essentiels à la vie d'un système à l'autre en une série de cycles biogéochimiques. Le carbone, l'azote, le phosphore, le soufre et le calcium se déplacent ainsi entre les organismes vivants, par des réseaux alimentaires, de la photosynthèse à la décomposition, et sont emmagasinés dans des formations géologiques qui feront, à terme, à nouveau partie de la lithosphère, origine et destinée des éléments minéraux. Les autres parties de l'écosphère sont des lieux de transition qui contiennent, pendant un temps plus ou moins long, des composés de ces éléments indispensables à la vie. En l'absence d'organismes vivants, la planète se transformerait, mais ces transformations seraient beaucoup moins complexes et rapides.

Le carbone de l'atmosphère est stocké dans des végétaux, tels les arbres, sous forme de cellulose et accumulé à l'échelle géologique dans les sédiments organiques, par exemple dans les tourbières et les marais.

Y. Derome/Publiphoto

Parmi les éléments qui circulent ainsi à l'échelle planétaire, le carbone revêt une importance particulière. D'abord, parce qu'il constitue la base des molécules caractéristiques du vivant. Les molécules de carbone formant le squelette de nos molécules fondamentales (sucres, lipides et protéines), tous les êtres vivants doivent pouvoir en trouver suffisamment dans leur environnement pour satisfaire leurs besoins vitaux. Les molécules de carbone servent aussi à stocker l'énergie qu'elles retiennent dans les liens qui les unissent. Elles sont donc recherchées universellement par le vivant. Par ailleurs, tant le dioxyde de carbone que le méthane, les deux principaux gaz à effet de serre, sont des composés du carbone. Le premier sert de matériau de base à la photosynthèse, et l'un et l'autre résultent de la décomposition de la matière organique. Le CO_2, enfin, est le produit de la respiration de l'ensemble des cellules vivantes.

Ce chapitre nous permettra de mieux comprendre le cycle du carbone dans l'écosphère et les perturbations anthropiques auxquelles il est soumis.

Une circulation complexe à l'échelle planétaire

Le cycle du carbone représente les étapes du passage d'un immense stock de carbone de l'atmosphère aux roches et à la mer, en passant par la végétation, les animaux et… les volcans. On ne peut isoler le cycle du carbone d'un ensemble d'autres cycles biogéochimiques, par exemple ceux de l'oxygène et de l'eau. De plus, c'est un cycle qui a cours depuis des milliards d'années et qui possède ses propres mécanismes

de régulation. Tous les ingrédients sont réunis pour donner des maux de tête aux scientifiques les plus ambitieux – et aux négociateurs internationaux les plus acharnés –, car il manque encore beaucoup de réponses et il faudra vraisemblablement attendre encore longtemps avant de les obtenir. Étant donné leur ampleur et leur durée dans le temps, il faudra en effet des moyens considérables et des années de recherches multidisciplinaires pour identifier ou observer les phénomènes et les processus impliqués.

Beaucoup de scientifiques ont tenté d'étudier le cheminement d'un atome individuel dans les diverses étapes de sa circulation à travers un processus biochimique ou géologique. En biologie, on a utilisé à cette fin notamment des traceurs radioactifs. Cette démarche, toutefois, même si elle est élégante du point de vue technique, reste très limitée du point de vue pratique. En effet, les processus qu'on peut ainsi étudier sont infiniment simples en comparaison de la complexité des divers phénomènes qui se produisent dans les grands cycles biogéochimiques. Il faut donc mettre à contribution les géologues, les géochimistes, les spécialistes des volcans, de l'atmosphère et des courants marins pour comprendre et quantifier une à une les étapes du cycle du carbone. De nombreuses précisions nous sont ainsi venues, depuis le début des années 90, de ces travaux multidisciplinaires. Il demeure toutefois que même si les stocks de carbone enregistrés sont des approximations, les mécanismes par lesquels ils se transforment et se transportent font l'unanimité et ne sont pas remis en question dans la communauté scientifique qui cherche constamment à en

TRACEURS RADIOACTIFS
Atomes possédant un ou plusieurs neutrons excédentaires qu'ils perdent dans un dégagement d'énergie qu'on peut capter grâce à une plaque photographique ou un scintillateur liquide (appareil comptant les désintégrations nucléaires). Le carbone 14, par exemple, est un isotope du carbone qui possède deux neutrons excédentaires.

préciser l'ampleur et le fonctionnement. Par exemple, on sait que les océans sont un puits de carbone, mais c'est seulement avec la campagne de recherche de l'*Amundsen* dans l'Arctique canadien à l'hiver 2004 qu'on a compris le rôle et l'importance de la migration annuelle des copépodes (crustacés du zooplancton) dans ce phénomène.

Faute d'explication idéale pour illustrer le cycle du carbone, il faut d'abord définir les principaux mécanismes qui en assurent la circulation entre les diverses parties de l'écosphère.

Réservoirs, sources et puits de carbone

Voyons d'abord le principe général. Les éléments de la biosphère réagissent naturellement avec d'autres éléments pour former des molécules plus ou moins stables. Ces molécules possèdent des caractéristiques physiques qui les amènent à se retrouver en plus ou moins grandes concentrations dans l'une ou l'autre des parties de l'écosphère. Le carbone, comme d'autres éléments chimiques de notre planète, se trouve dans ce qu'il est convenu d'appeler des « réservoirs », c'est-à-dire des lieux où il est potentiellement disponible en grande quantité, sous une forme stable. Le tableau 3.1 indique la répartition du carbone dans les différents réservoirs de l'écosphère.

On constate, à la lecture de ce tableau, que l'immense majorité du carbone de la planète se trouve dans les fonds océaniques, sous forme de sédiments calcaires, d'hydrates de méthane et de carbonates dissous. À l'opposé, la quantité de carbone disponible dans l'atmosphère est de beaucoup inférieure à celle qui est contenue dans

Tableau 3.1
Principaux réservoirs de carbone

Partie de l'écosphère	Réservoir	Quantité de carbone (en gigatonnes)
Atmosphère	CO_2	770
	CH_4	3
Biosphère	Forêts	610
	Sols	1580
Hydrosphère	Surface océanique	1020
	Profondeurs océaniques (carbonates dissous)	38 100
Lithosphère	Charbon	4000
	Pétrole	500
	Gaz naturel	500
	Sédiments calcaires	20 000 000

Source : Traduit et adapté de J.F. Kasting, « The carbon cycle, climate, and the long-term effects of fossil fuel burning », *Consequences*, vol. 4, n° 1, 1996, et de J.C. Duplessy et P. Morel, *Gros temps sur la planète*, Paris, Odile Jacob, 1990, p. 158.

les carburants fossiles (charbon, pétrole et gaz naturel) de la lithosphère, ainsi que dans la biomasse (organismes vivants) et dans la matière organique en décomposition de la biosphère. Lorsqu'on brûle une forêt, par exemple, une partie de ce carbone se retrouve dans l'atmosphère et le reste est incorporé aux sols sous forme de charbon de bois.

Pour transiter d'une partie à l'autre de l'écosphère, le carbone passe par des processus chimiques ou biologiques qui le transforment chimiquement tout en lui donnant une stabilité maximale. Ce qui est préoccupant, actuellement, c'est l'augmentation constante de la quantité de carbone dans le réservoir atmosphérique, puisque le CO_2 est un gaz à effet de serre.

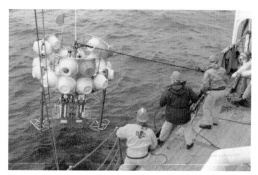

C'est dans l'océan que la majeure partie du carbone passe à la lithosphère sous forme de calcaire.

IGBP Science

Les échanges à l'intérieur des écosystèmes

Les organismes vivants jouent un rôle fondamental dans les processus de transformation de la Terre. De la modification de la composition atmosphérique primitive à la formation des sols, en passant par la constitution des carburants fossiles, subsistent des traces du vivant dans la plupart des grandes transformations qu'a subies la surface de la planète depuis son origine.

La nature atomique du carbone, constituant de base des molécules essentielles du vivant, permet d'associer cet élément de façon répétitive en longues chaînes et de briser ces chaînes ou de les reconstituer en utilisant un minimum d'énergie.

La figure 3.1 présente la formule chimique de quelques molécules importantes pour les organismes vivants. À remarquer, en particulier, les longues chaînes qui constituent les glucides et les lipides. Le carbone s'associe à d'autres atomes, comme l'hydrogène, l'oxygène, l'azote, le phosphore et le soufre, pour former la majorité des molécules caractéristiques de l'ensemble des êtres vivants.

Pour caractériser les mouvements du carbone de l'atmosphère, de l'hydrosphère et de la lithosphère vers l'atmosphère, les scientifiques ont proposé les notions de source et de puits. Une source de carbone est un processus qui a pour résultat net d'augmenter la quantité de carbone dans l'atmosphère. Un volcan, par exemple, projette dans l'atmosphère d'énormes quantités de CO_2 à chaque éruption devenant ainsi une source de carbone. Le puits, au contraire, est un processus par lequel une quantité nette de carbone est retirée de l'atmosphère. La captation et la dissolution du CO_2 à la surface des océans et la sédimentation des carbonates dans les fonds océaniques constituent des puits de carbone. Normalement, les puits équilibrent les sources, et la concentration de CO_2 de l'atmosphère tend à demeurer stable. Par la photosynthèse et la respiration cellulaire, les organismes vivants illustrent bien le fonctionnement du cycle du carbone à court terme.

La source de carbone pour tous les êtres vivants est le dioxyde de carbone atmosphérique, constituant mineur de l'atmosphère. On en retrouve en effet actuellement seulement 380 ppm dans l'air, c'est-à-dire 0,038 %. À titre de comparaison, l'argon, gaz inerte, compte pour près de 1 % de l'atmosphère, qui contient aussi 20,95 % d'oxygène et environ 78 % d'azote. La concentration préindustrielle de CO_2 était encore plus faible, avec seulement 280 ppm !

Figure 3.1
Quelques molécules formées d'atomes de carbone

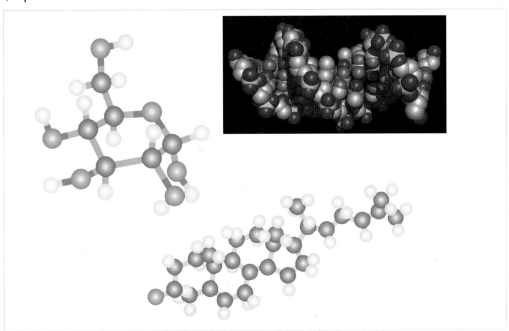

À gauche, une molécule de glucose $C_6H_{12}O_6$ (les atomes de carbone sont en gris), en haut, une molécule d'ADN et en bas, une molécule de cholestérol caractérisée par de longues chaînes de carbone.

Sources : James Wescott, de la Bristol University (Angleterre) pour la molécule de glucose, et Richard B. Hallick, de l'University of Arizona (États-Unis) pour la molécule de cholestérol.

Le CO_2 provient de la combustion, des éruptions volcaniques et de la respiration des êtres vivants. Sa concentration a beaucoup varié dans l'histoire de l'atmosphère terrestre, mais il est aujourd'hui plus abondant qu'au cours des 150 000 dernières années.

Le cycle du carbone s'effectue par des échanges rapides dans la biosphère, grâce à la fixation du CO_2 par les plantes et à sa réémission par la respiration des êtres vivants en présence d'oxygène. La dégradation des molécules contenant du carbone dans les milieux d'où l'oxygène est absent, comme le fond des marais, produit un autre gaz : le méthane (CH_4). Celui-ci est présent en très faible quantité dans l'atmosphère terrestre, puisqu'il est généralement oxydé par des réactions photochimiques et les radicaux hydroxyles, et se retrouve transformé en CO_2.

interesting

Les végétaux captent l'énergie du Soleil depuis plus de trois milliards d'années grâce à la photosynthèse.

PHYTOPLANCTON
Ensemble de végétaux et de bactéries photosynthétiques, souvent microscopiques, qui vivent en suspension à la surface des eaux douces ou salées.

La photosynthèse : grand fixateur de carbone

Au début de la vie sur la Terre, l'atmosphère était très différente de ce qu'elle est aujourd'hui. Avec l'apparition de la photosynthèse, elle s'est lentement transformée pour atteindre les paramètres de sa composition actuelle.

À l'origine, la présence de l'oxygène dans l'atmosphère était liée à la photosynthèse. L'atmosphère terrestre primitive ne contenait à peu près pas d'oxygène moléculaire. Comme la photosynthèse libère un excédent d'oxygène par rapport aux besoins métaboliques des plantes, l'atmosphère s'est graduellement enrichie de cet élément. On estime que l'atmosphère contenait, il y a un milliard d'années, environ 1 % de la quantité actuelle d'oxygène. C'est grâce à l'activité photosynthétique du **phytoplancton**

que la quantité d'oxygène atmosphérique est devenue suffisante pour que se forme la couche d'ozone. Celle-ci, en diminuant la pénétration du rayonnement ultraviolet, a rendu possible la vie en dehors de l'eau et la conquête du milieu terrestre.

La photosynthèse est l'une des caractéristiques fondamentales qui ont permis à la vie telle que nous la connaissons aujourd'hui de se développer. Les êtres vivants qui recourent à ce processus fixent le CO_2 atmosphérique et l'assemblent sous forme de molécules de glucose (sucre simple). La photosynthèse s'effectue à partir d'une source d'énergie fiable et presque inépuisable : l'énergie lumineuse du Soleil. Pour tous les organismes photosynthétiques, le problème de l'alimentation est ainsi résolu : la lumière, l'eau, le CO_2 et quelques sels minéraux font qu'ils peuvent fabriquer eux-mêmes leur nourriture. Ces organismes, particulièrement les plantes et les algues, possèdent une molécule spéciale, la chlorophylle, qui leur permet d'absorber de façon sélective certaines longueurs d'onde de la lumière visible. L'énergie contenue dans ces ondes est utilisée par la plante pour fabriquer des molécules carbonées plus complexes (amidon, cellulose, protéines, etc.), qui serviront ensuite à son alimentation, à sa structure ou à ses fonctions métaboliques. Lorsque la plante sera mangée par des animaux, ceux-ci retireront, grâce à la digestion, les molécules dont ils tireront leur énergie et les éléments constitutifs nécessaires à leur subsistance et à leur croissance.

Grossièrement, l'équation de la photosynthèse se résume ainsi :

$$6CO_2 + 6H_2O + \text{lumière} \longrightarrow C_6H_{12}O_6 \text{ (glucose)} + 6O_2$$

La plante fixe d'abord l'énergie solaire en associant six molécules de CO_2 pour former une molécule de glucose dont les liens contiennent de l'énergie chimique utilisable par toutes les cellules vivantes. Lorsqu'elles en ont besoin, les cellules récupèrent cette énergie en dégradant la molécule de glucose par la respiration cellulaire. En présence d'oxygène, la respiration cellulaire se fait selon une équation qui est apparemment l'inverse de la photosynthèse, c'est-à-dire :

$$C_6H_{12}O_6 \text{ (glucose)} + 6O_2 + 36ADP + 36PO_3^- \longrightarrow$$
$$6CO_2 + 6H_2O + 36ATP + \text{chaleur}$$

L'adénosine triphosphate, ou ATP, est un intermédiaire énergétique essentiel pour les réactions enzymatiques cellulaires. Comme une pile rechargeable, elle est alternativement chargée en énergie sous sa forme ATP et déchargée sous sa forme ADP (adénosine diphosphate). L'énergie lumineuse du Soleil est maintenant disponible pour assurer l'énergie chimique de l'ATP aux cellules qui s'en serviront pour faciliter leur métabolisme.

En l'absence d'oxygène, les cellules peuvent quand même utiliser l'énergie du glucose ou d'autres molécules organiques par diverses formes de fermentation. Ces processus sont moins efficaces que la respiration cellulaire et produisent, comme déchets, du méthane et du CO_2 ou d'autres composés organiques volatils à l'odeur caractéristique. Ces molécules produites en l'absence d'oxygène sont oxydées à plus ou moins long terme lorsqu'elles sont en contact avec l'atmosphère.

Comme nous l'avons vu plus tôt, le méthane est produit en grande quantité dans les marais, dans les accumulations de matière organique, comme les fosses à fumier et les dépôts d'ordures, dans les sédiments marins ou lacustres ainsi que dans l'estomac des ruminants. Ces derniers, en effet, produisent du méthane par l'intermédiaire des bactéries qui décomposent la matière organique contenue dans leur alimentation. Ils digèrent ensuite les bactéries qui se sont multipliées dans leur estomac. Pour la plupart des animaux, les fibres végétales, constituées de cellulose, ne sont pas digestibles. Par contre, certains microorganismes digèrent assez bien ce matériau. En fait, les nutritionnistes recommandent une alimentation riche en fibres justement parce que nous ne pouvons à peu près pas les dégrader et qu'elles servent ainsi à remplir l'intestin et à accélérer le transit intestinal. Les bactéries qui vivent dans l'intestin décomposent partiellement la cellulose et en utilisent les sucres simples par fermentation[1]. Les bactéries du tube digestif produisent, entre autres gaz, des acides gras, du méthane et du CO_2, qui s'échappent par l'orifice le plus proche lorsque la pression devient trop grande. Chez les bovins, la fermentation de la cellulose se produit dans l'estomac et, par

CELLULOSE
Grosse molécule formée de longues chaînes de glucose. Ses propriétés chimiques en font une matière très difficile à dégrader. Le bois est essentiellement composé de cellulose, laquelle sert à faire le papier.

1. Pour en savoir plus, voir D. Lairon, «Les fibres alimentaires», *La Recherche*, vol. 21, n° 219, mars 1990, p. 284-292, et C. Villeneuve et S. Lambert, *La Biosphère dans votre assiette*, Montréal, ENJEU, 1989.

conséquent, les vaches éructent, alors que chez les chevaux, la fermentation se fait dans le cæcum, partie de l'intestin située juste devant le côlon, et les gaz sont évacués par l'arrière.

Encadré 3.1

Tonnes de carbone ?

Les scientifiques utilisent la tonne de carbone pour qualifier les flux dans le cycle du carbone. Selon le type de molécule dans lequel les atomes de carbone se trouvent, ils sont sous forme de CO_2, de méthane ou de matière organique. Une tonne de carbone représente l'unité d'échange. Voici quelques exemples:

- 3,67 tonnes de CO_2 = 1 tonne de carbone
- 1,3 tonne de méthane = 1 tonne de carbone
- 2,5 tonnes de cellulose (bois matière sèche) = 1 tonne de carbone
- 1,17 tonne d'hydrocarbures = 1 tonne de carbone

La photosynthèse constitue un excellent moyen de régulation de la quantité de dioxyde de carbone atmosphérique. En effet, c'est plus de 130 milliards de tonnes de carbone (un sixième de tout le CO_2 atmosphérique) qui sont fixées annuellement par la seule photosynthèse. Cette quantité se partage en 60 milliards de tonnes de carbone pour les végétaux terrestres et 70 milliards de tonnes de carbone intégrées aux écosystèmes marins par les algues et le phytoplancton océanique. Les quantités de carbone ainsi évaluées par une étude approfondie[2] représentent les flux naturels entre l'atmosphère et les organismes photosynthétiques. Remarquons toutefois que la quantité de carbone qui reste fixée dans la végétation est environ de l'ordre du centième seulement de la quantité qui a été captée par les organismes photosynthétiques (tableau 3.2).

Comme le montre la figure 3.2, le carbone circule de façon cyclique entre les écosystèmes grâce aux effets combinés de la photosynthèse, de la respiration cellulaire et de la décomposition. C'est toutefois un cycle à court terme, faisant passer les atomes de carbone d'une partie à l'autre de l'écosystème.

La photosynthèse n'a pas d'effet net sur l'accumulation ou la diminution du CO_2 atmosphérique à long terme. Le carbone fixé par les plantes est en effet retourné à l'atmosphère, à plus ou moins longue échéance, par la décomposition des résidus végétaux des sols, par la respiration des animaux et des plantes ou par les incendies. Les effets saisonniers de la photosynthèse sont toutefois remarquables, comme l'indique la figure 3.3.

Pour bien comprendre la figure 3.3, il faut savoir que la plus grande partie des terres émergées de la planète et le second plus grand biome forestier mondial, la forêt boréale, sont situés dans l'hémisphère Nord. Au printemps et en été, les végétaux terrestres sont actifs et réalisent la photosynthèse. On peut donc voir diminuer rapidement la concentration de CO_2, qui remonte par la suite d'une proportion presque équivalente pendant l'hiver, quand la photosynthèse s'arrête. On parle d'une variation

2. J.L. Saramiento et N. Gruber, «Sinks for anthropogenic carbon», *Physics Today*, 2002. Aussi dans Internet: www.physicstoday.org

Tableau 3.2
Stocks globaux de carbone dans la végétation et le sol jusqu'à une profondeur de 1 mètre

Biome	Surface (en millions de km²)	Stocks de carbone (en millions de tonnes de C)		
		Végétation	Sol	Total
Forêt tropicale	1,76	212-340	216-213	428-553
Forêt tempérée	1,04	59-139	100-153	159-292
Forêt boréale	1,37	88-57	471-338	559-395
Savane tropicale	2,25	66-79	264-247	330-326
Prairie tempérée	1,25	9-23	295-176	304-199
Déserts et semi-déserts	4,55	8-10	191-159	199-169
Toundra	0,95	6-2	121-115	127-117
Zones humides	0,35	15	225-240	–
Terres cultivées	1,60	3-4	128-165	131-169
Total	15,12	466-654	2011-1567	2477-2221

Note: Les deux chiffres correspondent à des études différentes qui n'aboutissent pas tout à fait aux mêmes évaluations. Des incertitudes pèsent sur ces chiffres qui ont le mérite de donner une idée de l'importance des grands puits de carbone.
Source: Rapport IPCC, 2001.

interannuelle d'environ 6 ppm, correspondant à la fixation d'environ 13 gigatonnes (Gt) de carbone dans la végétation terrestre des continents de l'hémisphère Nord. La contribution de l'hémisphère Sud et celle de la zone tropicale sont à peu près invisibles sur ce graphique, puisqu'il n'y a pas d'arrêt de la photosynthèse dans la zone tropicale humide et qu'il y a très peu de terres émergées au sud du 30e parallèle.

Les forêts ne sont pas les poumons de la planète

Malgré l'efficacité des végétaux terrestres et des grandes forêts tropicales dans la réalisation de la photosynthèse, il est largement exagéré de les considérer comme des «poumons de la planète». En effet, pour 130 milliards de tonnes de carbone fixées chaque année, la photosynthèse mondiale (y compris les algues et le phytoplancton) remet en circulation environ 347 milliards de tonnes d'oxygène. De cette quantité, les forêts et les animaux utilisent à peu près la même proportion. Le bilan photosynthétique des forêts est à peu près égal, c'est-à-dire qu'elles consomment autant d'oxygène qu'elles en produisent. Il n'y a donc pas de gains nets. De plus, quand une forêt vieillit, elle consomme plus d'oxygène qu'elle n'en produit, car la croissance végétale diminue et l'importance de la biomasse des décomposeurs dans la litière augmente. Le stockage

Figure 3.2
Circulation du carbone dans les écosystèmes terrestres

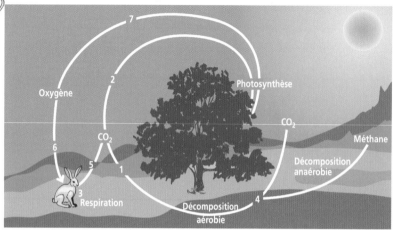

1. Le CO_2 est disponible dans l'atmosphère.

2. Le CO_2 est absorbé par les plantes, qui s'en servent pour fabriquer les sucres et les fibres qui leur sont nécessaires.

3. Les herbivores mangent les plantes et utilisent l'énergie et les matériaux qui leur permettront de croître et de se reproduire.

4. Les décomposeurs transforment les matières carbonées provenant des tissus animaux et végétaux. Dans certains cas, cette décomposition est incomplète, d'où la formation de combustibles fossiles. De plus, la décomposition en l'absence d'oxygène (anaérobie) produit du méthane (CH_4).

5. La respiration de tous les animaux, des plantes terrestres et de certains décomposeurs renvoie du CO_2 dans l'atmosphère.

6. Pour que puisse s'effectuer cette respiration, il faut la présence d'oxygène (O_2) dans l'atmosphère.

7. L'oxygène est en grande partie fourni par les plantes, qui effectuent la photosynthèse durant la journée; il est respiré par tous les organismes qui en ont besoin.

Source: Claude Villeneuve

du carbone est de l'ordre de moins de 1 % de ce qui est fixé par la photosynthèse. La contribution nette des végétaux est donc de 3,5 Gt d'O_2 à l'échelle globale.

Malgré leur importance historique pour la présence d'oxygène dans l'atmosphère, les végétaux contribuent très peu au maintien de la concentration atmosphérique de ce gaz aujourd'hui.

L'oxygène que nous respirons vient de toutes les formes de photosynthèse, c'est-à-dire du milieu marin (190 milliards de tonnes) aussi bien que de l'ensemble des cultures vivrières. Mais, surtout, les quantités dont nous parlons sont minimes par rapport à la proportion d'oxygène présente dans l'atmosphère, soit près de 21 %, c'est-à-dire 210 000 ppm, ou encore 210 millions de ppb, pour comparer avec les gaz à effet de serre présentés au chapitre 2. Enfin, les quantités d'oxygène échangées chaque année de manière physique entre l'atmosphère et les océans sont beaucoup plus grandes que celles qui résultent de l'activité photosynthétique. En effet, l'océan est infiniment plus dense que l'atmosphère et si sa masse contenait seulement 8 ppm en moyenne d'oxygène dissous, il y aurait trois fois plus d'oxygène dissous dans l'océan que ce qu'il y a au total dans l'atmosphère.

Bref, s'il est vrai que les forêts produisent de l'oxygène quand elles font la photosynthèse, il est tout à fait faux d'affirmer que la déforestation menace notre approvisionnement en oxygène comme s'entête à le répéter trop de monde. Le diagramme nous indique que la proportion nette du carbone atmosphérique fixée par *l'ensemble des écosystèmes terrestres* est de moins de 0,1 % des échanges, c'est-à-dire de l'ordre de 1×10^{-3} du CO_2 total dans l'atmosphère et de 1×10^{-6} de l'oxygène présent dans l'atmosphère. Ainsi, en 1 000 années sans photosynthèse terrestre, toute chose étant égale par ailleurs, la concentration d'oxygène dans l'atmosphère ne varierait pas plus de 1 %.

Si les forêts mondiales disparaissaient totalement, la quantité d'oxygène atmosphérique ne s'en trouverait pas modifiée de façon importante à court terme. Par contre, le CO_2 atmosphérique augmenterait très rapidement, et on assisterait à d'autres types de catastrophes, en particulier une crise d'extinction massive des espèces vivantes et une perturbation dramatique du cycle de l'eau.

Comme la photosynthèse permet de stocker pendant quelques siècles du carbone sous forme de bois dans les arbres, nous pourrons cependant considérer les forêts, sous certaines conditions de gestion, comme des puits de carbone. C'est d'ailleurs une des façons dont le GIEC reconnaît qu'un pays peut répondre à une partie de ses obligations dans le Protocole de Kyoto.

Considérons donc nos forêts comme de précieux puits de carbone, une réserve de matières premières pour satisfaire les besoins de l'humanité, un régulateur de précipitations à l'échelle régionale et, surtout, un réservoir de biodiversité irremplaçable. Chacune de ces qualités est une raison bien suffisante pour en prendre soin et les gérer avec prudence et circonspection.

Le réservoir océanique

Normalement, la principale source de CO_2 atmosphérique est liée au volcanisme, et le principal puits, à la fixation océanique des

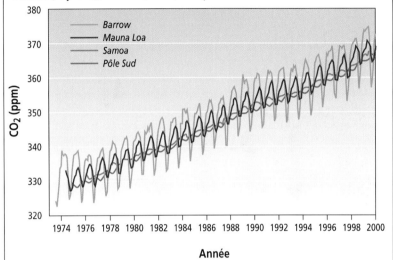

Figure 3.3
Variation des concentrations de CO_2 observées depuis 1958 à Mauna Loa (Hawaï), à Samoa (Polynésie), à Barrow (Alaska) et au pôle Sud

Les courbes en couleurs correspondant aux mesures prises au pôle Sud et à Samoa illustrent bien le peu de variation saisonnière de la concentration de CO_2 en raison de la quasi-absence de terres émergées aux latitudes élevées dans l'hémisphère Sud. À l'inverse, la station de Barrow présente d'importantes modulations, qui peuvent s'expliquer par la différence d'intensité saisonnière de la photosynthèse dans l'hémisphère Nord qui abrite les immenses forêts boréales.

Source : National Oceanic and Atmospheric Administration (NOAA), Climate Monitoring and Diagnostics Laboratory (CMDL), Carbon Cycle-Greenhouse Gases.

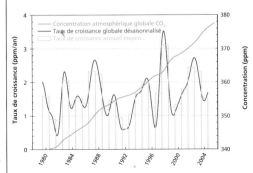

Évolution de la concentration de CO_2 globale à partir des données du réseau d'échantillonnage du Climate Monitoring and Diagnostics Laboratory (NOAA)

Source : cmdl.noaa.gov/ publications/pdf_2005/ Wednesday/hofmann.pdf

Encadré 3.2
Déforestation, afforestation, reforestation?

Déforestation, afforestation, reforestation, ces trois termes sont importants quand on veut considérer la forêt comme un puits de carbone (voir page 308). La *déforestation* signifie la transformation de l'usage d'un territoire sur lequel se trouvait une forêt lorsqu'on le transforme, par exemple, en prairie pour l'élevage, qu'on y construit des routes ou qu'on y aménage des zones urbanisées ou industrielles. Ces territoires sont perdus et doivent être soustraits du potentiel de stockage du CO_2 d'un pays.

On parle de *reforestation* lorsque des territoires forestiers sont récoltés, puis régénérés en forêts productives. Ces territoires peuvent, selon les uns, être considérés comme des sources de carbone, en raison de la décomposition accélérée de la litière, ou comme des territoires neutres, car les jeunes arbres ont une croissance beaucoup plus rapide que les vieux et auront donc tendance à terme à capter l'équivalent du carbone émis. Selon les autres, ils constituent des puits de carbone : le bois qui est utilisé pour des usages durables correspond dans les faits à une certaine quantité de carbone séquestré.

L'*afforestation*, enfin, correspond au reboisement d'un territoire qui avait une autre vocation, généralement agricole. Ces territoires sont considérés comme des puits de carbone à condition qu'ils soient protégés contre les incendies. L'afforestation se fait généralement à des fins commerciales pour en exploiter le bois.

Dans les pays industrialisés, la tendance est à la reforestation et à l'afforestation plutôt qu'à la déforestation, alors que c'est l'inverse dans les pays en voie d'industrialisation. La France, par exemple, compte énormément sur la croissance de ses forêts et sur la séquestration du carbone dans les usages durables du bois dans sa stratégie pour atteindre les objectifs du Protocole de Kyoto. L'afforestation dans les pays en développement peut rendre de nombreux services et être admissible au mécanisme de développement propre du Protocole de Kyoto.

CATIONS
Ions qui ont au moins une charge positive nette lorsqu'ils sont dissociés dans l'eau. Le calcium forme un ion ca++, qui possède deux charges positives.

carbonates. Contrairement au cycle de la photosynthèse-respiration-décomposition, le cycle physique est bouclé sur de très longues périodes de temps, de l'ordre de plusieurs centaines de millions d'années, voire de milliards d'années. Pour simplifier[3], il suffit de dire que le CO_2 se transforme en ion bicarbonate (HCO_3^-) et libère un proton (H^+) lorsqu'il est en présence d'eau. Cette réaction réversible se produit dans un sens ou dans l'autre, selon l'équilibre des concentrations de CO_2 dans l'air et de bicarbonate dans l'eau. À la surface des océans, le dioxyde de carbone tend donc à se mêler à l'eau et à former des carbonates lorsqu'il rencontre des **cations**, comme le calcium. Il forme alors des carbonates qui sont plus ou moins solubles dans l'eau de mer. Les organismes vivants peuvent aussi incorporer les carbonates dans leur squelette ou leur coquille. Par exemple, la coquille des huîtres et autres mollusques est composée de carbonates de calcium. C'est ce qu'on peut appeler la «pompe chimique». Les océans agissent aussi par l'effet de pompe physique qui s'explique par la solubilité plus grande du CO_2 dans les eaux plus froides et par la pompe biologique qui se produit au moment des floraisons de phytoplancton. Cette dernière absorbe une quantité phénoménale de carbone par la photosynthèse pour fabriquer sa biomasse. Une partie de celle-ci est par la suite perdue dans les profondeurs océaniques[4].

---

3. Le lecteur intéressé peut trouver une explication plus complète au site http://www.ggl.ulaval.ca/personnel/bourque/s3/captage.CO2.html

4. Voir L. Bopp *et al.*, «La pompe à carbone va-t-elle gripper?» *La Recherche*, numéro spécial, juillet-août 2002, p. 48-51.

Les eaux de pluie entrent aussi en réaction avec le CO_2 atmosphérique et forment de l'acide carbonique, ce qui contribue à acidifier légèrement les pluies naturelles (pH 5,6). Ces pluies peuvent donc plus aisément solubiliser les carbonates présents dans les roches calcaires et les entraîner dans leur ruissellement vers les océans.

Les carbonates présents dans les océans finissent, sous la pression de l'eau, par former des roches calcaires. Et ils se retrouvent dans les fonds marins, soit par les réactions chimiques qui les font précipiter ou fixés dans les coquilles des animaux marins qui s'accumulent sur les fonds après la mort de leurs occupants.

Ainsi, tant par la dissolution chimique que par l'action des êtres vivants, un déséquilibre chimique amène le CO_2 à se mêler naturellement à l'eau de mer, surtout si elle est froide. En effet, la solubilité des gaz dans l'eau diminue à mesure qu'on réchauffe cette dernière. En général, à l'équateur, l'océan perd du CO_2 au profit de l'atmosphère alors que, dans les eaux froides du Groenland, du Pacifique nord ou de l'Antarctique, le CO_2 est entraîné vers le fond par les courants créés par l'augmentation de la densité de l'eau. La figure 3.5 montre la courbe de solubilité du CO_2 dans l'eau.

Il est maintenant plus facile de comprendre que les océans jouent un rôle crucial dans la régulation du CO_2 atmosphérique, puisqu'une augmentation de quelques degrés des eaux de surface pourrait se traduire par un dégazage et une perte de CO_2 qui viendrait accentuer l'effet des activités humaines.

Figure 3.4
Carbonates et organismes marins

Les coquilles des mollusques marins sont formées de carbonates de calcium.
Germain Fortin @ Le Québec en images, CCDMD

Figure 3.5
Solubilité du dioxyde de carbone dans l'eau

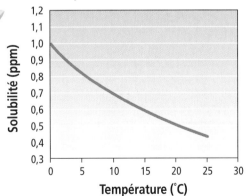

La courbe de solubilité illustre bien la caractéristique du dioxyde de carbone, qui est plus facilement soluble dans l'eau froide que dans l'eau chaude.

Source : C. Villeneuve et L. Rodier, *Vers un réchauffement global ?*, Québec, Éditions MultiMondes; Montréal, ENJEU, 1990, p. 71.

Encadré 3.3

Un enrichissement dangereux

Des études exhaustives publiées à l'été 2004 dans la revue *Science* montrent que plus de la moitié du CO_2 émis par l'humanité depuis le début de l'ère industrielle a abouti dans les océans, ce qui illustre bien l'effet de puits de carbone océanique. Cependant, les scientifiques craignent que cet enrichissement ne soit pas sans conséquences*.

Le problème, c'est que la dissolution de quantités énormes de CO_2 provoque une acidification, ce qui diminue la capacité d'organismes vivants comme le corail à mobiliser les carbonates. Selon les prévisions des chercheurs, si l'augmentation des émissions se poursuit selon les scénarios prévus par le GIEC, les eaux de surface devraient devenir suffisamment acides pour diminuer la capacité de fixation des carbonates des coraux, des mollusques et des organismes planctoniques de 20 % à 50 %. Il va sans dire que cela entraînera de graves perturbations écologiques pour ces espèces**.

* C. Sabine *et al.*, *Science*, n° 305, 2004, p. 367-371.
** R. Feely *et al.*, *Science*, n° 305, 2004, p. 362-366.

Ce n'est pas la foi qui soulève les montagnes !

La naissance d'une montagne est un processus qui se produit lors de la collision de plaques continentales. Les massifs montagneux comme les Alpes ou l'Himalaya sont nés du soulèvement du plancher océanique à la suite de tels événements. Une chaîne de montagnes jeunes constitue une barrière aux nuages et le climat de sa face océanique est généralement très arrosé. Cela favorise la solubilisation du CO_2 et son transport vers les océans par l'érosion, et permet de transporter de 70 à 100 millions de tonnes par année de carbone vers les océans, ce qui représente approximativement la quantité émise dans l'atmosphère par les volcans[5].

Un équilibre maintenu par le volcanisme

Les échanges entre l'océan et l'atmosphère conduisent à une accumulation nette de carbone dans l'océan, qui contient d'ailleurs environ 50 fois plus de CO_2 dissous que l'atmosphère. Ainsi, en l'absence d'une source de gaz carbonique frais, l'atmosphère se serait suffisamment appauvrie en CO_2, en moins d'un million d'années, pour que disparaisse toute forme de vie dépendant de la photosynthèse. Heureusement, la principale source naturelle de gaz carbonique atmosphérique est le volcanisme, comme nous le verrons un peu plus loin.

L'équilibre du gaz carbonique dépend donc essentiellement des sources volcaniques, de l'érosion et des variations de température globales de la Terre. En effet, lorsque le climat planétaire se rafraîchit, le CO_2 atmosphérique se dissout plus abondamment dans l'eau de mer, provoquant un appauvrissement de l'atmosphère. Une période glaciaire est caractérisée par un bas niveau de CO_2, donc par une diminution de l'effet de serre, qui cause à son tour un refroidissement encore plus important. Par

5. P. Dubois et P. Lefèvre, *Un nouveau climat*, Paris, Éditions La Martinière, 2003.

contre, comme les surfaces recouvertes de glace mobilisent une bonne partie des précipitations qui ne retournent pas à la mer, le climat général est plus sec, ce qui diminue la solubilisation du CO_2 atmosphérique et la dissolution des carbonates.

Le volcanisme n'étant pas soumis aux fluctuations de température, le CO_2 a tendance à s'accumuler lentement, produisant un effet de serre qui réchauffe progressivement la planète et la ramène à des conditions interglaciaires. Pendant ces périodes chaudes, la température monte parallèlement à la surface des océans, libérant une quantité plus grande de CO_2 et de méthane; le cycle de l'eau s'accélère et le climat se réchauffe, jusqu'à ce que l'absorption chimique du CO_2 l'emporte sur les émissions volcaniques, ce qui relance le cycle du refroidissement. Ces modifications climatiques se font toutefois de façon très progressive, sur une période d'environ 10 000 ans. L'augmentation de la concentration de CO_2 observée au cours des 150 dernières années est infiniment plus rapide que tout phénomène naturel enregistré dans le passé.

Les très grandes quantités de carbone qui circulent entre l'atmosphère, la lithosphère et l'hydrosphère par le volcanisme, l'érosion et la dissolution océanique sont souvent invoquées par certains géologues pour remettre en doute l'importance de la contribution anthropique au réchauffement observé du climat au 20e siècle. En effet, les émissions attribuables à l'humain sont de 30 à 50 fois inférieures à ces phénomènes naturels que nous ne maîtrisons pas. Cependant,

Encadré 3.4

Le volcanisme a-t-il sauvé le monde vivant?

Il y a 400 millions d'années, la température terrestre aurait diminué de façon draconienne en raison d'un appauvrissement de l'atmosphère en gaz à effet de serre (CO_2 et vapeur d'eau), provoquant une gigantesque ère glaciaire. Selon plusieurs scientifiques, la couverture de glace sur la planète aurait été presque totale à l'apogée du phénomène et la température moyenne serait descendue à –50 °C (contre +15 aujourd'hui).

Comment est-ce possible? En théorie, par la séquestration du CO_2 de l'atmosphère vers les océans et la lithosphère, provoquant presque complètement l'arrêt de la photosynthèse et par l'augmentation de l'albédo de la surface de la planète. Ces phénomènes s'amplifient les uns et les autres, ce qui entraîne un assèchement de l'atmosphère et une diminution des précipitations. En effet, la diminution du CO_2, en faisant s'abaisser la température, favorise la persistance des glaces sur de vastes zones continentales et océaniques. Ces surfaces blanches reflètent l'énergie du Soleil vers l'espace, ce qui contribue encore à refroidir l'atmosphère et réduit l'évaporation, donc la quantité de chaleur qui peut être transportée et retenue dans l'atmosphère.

Selon cette hypothèse*, c'est la lente accumulation du CO_2 provenant du volcanisme qui aurait finalement renversé la tendance et permis aux espèces vivantes qui avaient réussi à survivre dans les océans et dans les quelques eaux tropicales libres de glace de recoloniser la planète libérée de ses glaces. La concentration de CO_2 à la déglaciation aurait été 350 fois supérieure à celle que nous connaissons aujourd'hui. Au Carbonifère, il y a 350 millions d'années, cette concentration était encore presque 100 fois plus élevée que maintenant**.

* P. Dubois et P. Lefèvre, *Un nouveau climat*, Paris, Éditions La Martinière, 2003.

** Voir aussi J.L Kirsschvink, «Quand tous les océans étaient gelés», *La Recherche*, numéro spécial, juillet-août 2002, p. 26-31.

la contribution humaine s'ajoute, et ce, de façon continuellement accélérée aux phénomènes naturels. Elle intervient donc dans un système en équilibre et est susceptible de le modifier rapidement.

La formation des carburants fossiles

On appelle «carburants» fossiles les matières minérales carbonées dont la combustion peut fournir de l'énergie. L'existence de ces matériaux (pétrole, charbon, tourbe et gaz naturel) s'explique par l'incapacité historique des décomposeurs de dégrader toute la matière organique accumulée dans les profondeurs océaniques ou enfouie à la suite d'inondations.

Dans certains écosystèmes, la matière organique s'accumule sans être décomposée. Dans les tourbières, par exemple, l'acidité est trop forte pour que la matière organique se décompose totalement. En effet, les mousses qui recouvrent les lacs se transformant en tourbières échangent avec l'eau des ions calcium contre des ions hydrogène responsables de l'acidification[6]. L'acidité des tourbières est telle que celles-ci peuvent conserver pendant des centaines d'années des cadavres en parfait état de momification[7]. Cette décomposition lente est attribuable au fait que l'acidité des tourbières empêche la plupart des décomposeurs d'y vivre et favorise l'accumulation de matière organique.

Dans les marais, l'accumulation de matière organique se fait très rapidement dans un milieu où l'eau s'oxygène mal. La décomposition en absence d'oxygène étant moins efficace, les sédiments recouvrent rapidement la matière organique, qui peut ainsi se conserver très longtemps. On pense actuellement que les réserves mondiales de charbon ont été formées à partir de la végétation de marais immenses d'une période appelée «Carbonifère». C'était il y a 350 millions d'années, longtemps avant l'âge d'or des dinosaures. Comme le montre la photo ci-dessous, cette époque était caractérisée par la dominance de fougères arborescentes qui poussaient à la bordure des continents. Les conditions de sédimentation étaient telles, dans les marais côtiers, que de très grandes quantités de matière organique s'accumulaient dans l'eau et étaient rapidement recouvertes, ce qui les soustrayait à l'action des décomposeurs.

Représentation de ce que devait être un paysage du Carbonifère. Les océans, les lacs et les rivières étaient bordés d'imposantes forêts de fougères arborescentes.

Source: UC. Berkeley Museum of Paleontology

Enfin, au fond des océans ou des lacs profonds, la majeure partie de la matière organique échappe aux décomposeurs et est recouverte par des sédiments. C'est ainsi que s'est formé, par exemple, le pétrole par l'accumulation de cadavres de petits animaux et de petites plantes marines

---

6. Voir C. Villeneuve, *Des animaux malades de l'homme?*, Québec, Québec Science Éditeur, 1983, 345 p.

7. Voir L.E. Levathes, «Mysteries of the bogs», *National Geographic*, vol. 171, nº 3, 1987, p. 397-420.

contenant chacune un peu d'huile. Les pressions géologiques ont créé des nappes d'huile enfermées entre les formations rocheuses qui s'y prêtaient[8].

Le pétrole se forme dans des sédiments marins contenant d'importantes quantités de matière organique, comme les deltas qui se forment à l'embouchure des grands fleuves. Lorsque ces sédiments sont enfouis à des profondeurs de 1 000 à 3 000 m, la chaleur transforme alors la matière organique en gaz et en pétrole. Contrairement à ce qu'on imagine souvent, le pétrole n'est pas toujours contenu dans une espèce de lac souterrain où il suffit de le pomper. En fait, les gisements pétroliers sont des zones de roches pétrolifères, souvent formées par des anciens récifs coralliens, ou des sables bitumineux correspondant à une formation géologique où le pétrole occupe les interstices. Comme le pétrole est liquide, il se déplace en fonction de la pression qui s'exerce sur la formation où il est logé. Ainsi, les pompes permettent de favoriser le passage du pétrole le long d'un puits de forage. Lorsque la pression ne suffit plus à faire sortir le pétrole par un puits, le gisement est abandonné, à moins qu'on puisse artificiellement augmenter la pression. Cela peut se faire en injectant du CO_2 dans le sous-sol, comme nous le verrons au chapitre 13.

Dans le cas des sables bitumineux, les hydrocarbures forment une espèce de colle qui lie des grains de sable. Il est très difficile d'extraire ce pétrole, ce qui en augmente le coût, puisqu'il faut utiliser de la vapeur pour le liquéfier. Toutefois, les réserves de sable bitumineux sont immenses.

Les combustibles fossiles dont on tire aujourd'hui les carburants se sont formés par minéralisation, c'est-à-dire par lente décomposition chimique et stabilisation dans les couches géologiques. Ces carburants représentent de l'énergie solaire fixée par les plantes il y a plusieurs centaines de millions d'années, après que la photosynthèse ait fixé le CO_2 atmosphérique sous forme de matière vivante. Cela revient à dire que nos voitures carburent à l'énergie solaire fossilisée.

Tableau 3.3
Bilan global du méthane issu de différentes études

	Quantité en millions de tonnes par an
Sources naturelles	
Terrains humides	225-115
Termites	20
Océan	10-15
Hydrate	5-10
Sources anthropiques	
Énergie	109-75
Gaz et charbon (fuite de gaz des gisements)	40-73
Ruminants	80-115
Décharges	14-25
Rizières	53-100
Incendies (feux de forêt)	23-55
Total	
Total des sources	**600-500**
Puits	
Sols	10-44
Troposphérique	450-510
Stratosphérique	40-46
Total	**460-580**

Source : IPCC, 2001.

---

8. Voir J.-M. Carpentier, *L'énergie en héritage*, Montréal, Éditions du Méridien, 1989, 216 p.

Le processus de minéralisation, encore actif dans les océans, les marais et les tourbières, peut aussi être considéré comme un puits de carbone. Ce processus est cependant si lent que ce sont des quantités négligeables de carbone qui sont ainsi fixées chaque année. Nous consommons donc annuellement des quantités de carburant qui auront mis plus d'un million d'années à se former.

Les plus récentes évaluations permettent de croire qu'il existe, sous forme de charbon, de pétrole et de gaz naturel, l'équivalent de 5 000 milliards de tonnes de carbone fixées dans la lithosphère, dont 80 % sous forme de charbon.

Des réservoirs à l'atmosphère

Pour compléter son cycle, le carbone circule entre la lithosphère et l'hydrosphère, puis retourne dans l'atmosphère par le volcanisme et la consommation de combustibles fossiles. Cette partie du cycle du carbone comporte encore de nombreuses inconnues du point de vue scientifique, car l'ampleur des quantités de carbone échangées, en particulier par les processus de subduction des fonds marins et la circulation dans le manteau terrestre, est encore difficile à évaluer.

De la lithosphère à l'atmosphère : la patiente érosion

Certaines roches de la surface émergée des continents présentent une forte concentration de carbonates. Ces roches ont généralement une origine marine. Elles sont dégradées par l'action des climats, en particulier l'érosion, et par l'action biologique ; elles contribuent, elles aussi, au recyclage du carbone.

À l'échelle des temps humains, la surface de la Terre nous paraît immuable. Les côtes que décrivaient Jacques Cartier et les navigateurs qui l'ont suivi, les montagnes à l'aide desquelles les explorateurs faisaient le point dans le Saint-Laurent ainsi que les rivières qui alimentent le fleuve ont peu changé au cours des quatre derniers siècles. De même, les pèlerins qui se rendent en Terre sainte s'attendent toujours à retrouver intacts les lieux où est censé avoir séjourné Jésus-Christ, il y a 2 000 ans. Les sommets des Alpes qu'Hannibal regardait avec ses éléphants sont toujours les mêmes.

Pourtant, ces événements ne représentent qu'un instant à l'échelle géologique, et l'histoire des hommes ne tient aucun registre des paysages qui existaient il y a 10 000 ans, à l'époque de l'invention de l'agriculture, ou il y a 20 000 ans, en plein cœur de la dernière glaciation. Naturellement, l'écriture n'existant pas à cette époque, il faut se fier aux peintures rupestres pour établir, par exemple, que les mammouths et les caribous ou rennes, de même que les chevaux fréquentaient le sud de la France. Mais il est probable que le mont Blanc était déjà le plus haut sommet d'Europe à cette époque et qu'il avait la même apparence qu'aujourd'hui avec toutefois une couverture de glace beaucoup plus étendue.

Certains facteurs climatiques (pluie, vent, gel et dégel) contribuent à adoucir le relief, à creuser des vallées et à rendre les sols aptes à accueillir la végétation, mais il faut pour cela des centaines de milliers d'années, voire des millions d'années.

La majeure partie du carbone terrestre est enfermée dans des roches sous forme de calcaire ou dans des sédiments qui se transformeront à la longue en roches calcaires. Plusieurs formations géologiques contiennent du calcaire ou des carbonates provenant de réactions chimiques entre l'air et les roches, et surtout de la précipitation des carbonates dans les fonds marins. Lorsque le calcaire est exposé aux facteurs atmosphériques, les carbonates sont entraînés par l'érosion et ruissellent en solution jusque dans les milieux marins, là où se déroule le grand processus de transformation chimique et de formation des roches sédimentaires.

Au cours des millénaires, les mouvements de la croûte terrestre poussent les formations sous-marines vers la surface des continents, où elles sont à nouveau érodées sous l'action des facteurs climatiques. Il se fait ainsi une circulation constante des carbonates présents dans les roches continentales, qui sont mis en solution et transportés vers la mer, puis ramenés vers la terre ferme par l'action tellurique.

De l'hydrosphère à l'atmosphère : circulation marine

Lorsqu'on observe la concentration de dioxyde de carbone dans les carottes de glace prélevées dans l'Antarctique ou au Groenland, on remarque une correspondance étroite entre la quantité de CO_2 présente dans les microbulles d'air enfermées dans la glace et la température qui régnait sur la Terre au moment de leur formation. Ce phénomène n'est pas l'effet du hasard. Il existe en effet un mécanisme d'ajustement entre la concentration de CO_2 atmosphérique et la température, qui met en jeu la solubilité du dioxyde de carbone dans l'eau froide, la circulation des courants marins et le cycle de l'eau.

Le dioxyde de carbone, comme l'oxygène d'ailleurs, est beaucoup plus facilement soluble dans l'eau froide que dans l'eau chaude (revoir la figure 3.5), de telle sorte que l'eau de surface des mers froides se charge constamment de CO_2 et d'oxygène. Comme elle est plus dense que l'eau chaude, l'eau froide s'enfonce, formant ainsi des courants marins de fond riches en oxygène et en dioxyde de carbone, qui descendent du nord vers le sud ou à l'inverse dans l'hémisphère Sud. Le courant du Labrador, qui pénètre dans le golfe du Saint-Laurent par le détroit de Belle-Isle, est un exemple de ce type de courant. Il contribue de façon importante à la productivité de la rive nord du golfe. Par contre, il refroidit sensiblement le climat de Terre-Neuve et de la région de la Côte-Nord, sur la rive gauche du Saint-Laurent. De même, le courant de Humbolt remonte de l'Antarctique vers la côte ouest du Chili.

À mesure que les eaux circulent dans les courants de profondeur, les matières organiques tombant de la surface sont utilisées par les organismes vivant au fond de l'océan, lesquels en retirent l'oxygène pour leur respiration et relâchent le CO_2. En se déplaçant du nord vers le sud, les courants marins de profondeur s'enrichissent donc en CO_2 et s'appauvrissent en oxygène.

Dans les mers chaudes et les zones de remontée des courants profonds (au bord des continents ou dans des régions géographiquement définies), les eaux riches en CO_2 rendent ce gaz à l'atmosphère en se rééquilibrant en fonction de la température superficielle.

Le volcan Popocatepelt, au Mexique. De tout temps, les éruptions volcaniques ont perturbé le climat planétaire.

Jacques Prescott

PHÉNOMÈNE DE SUBDUCTION
Mouvement du plancher océanique qui s'enfonce sous les plaques continentales.

De la lithosphère à l'atmosphère : le volcanisme

L'essentiel du carbone, dans la lithosphère, se présente sous forme de roches riches en carbonates et de combustibles fossiles. Voyons comment il passe directement dans l'atmosphère.

Lors de la formation de notre planète, l'activité volcanique fut la source première de CO_2 atmosphérique. Même si nous vivons actuellement une période pendant laquelle le volcanisme est relativement peu actif, celui-ci n'en joue pas moins un rôle très important dans le cycle du carbone. Il permet le retour dans l'atmosphère du CO_2 fixé dans les roches par la formation des carbonates en milieu marin.

Le volcanisme est la plus grande source naturelle de CO_2 dans l'atmosphère. Comme nous l'avons vu, cependant, son action est équilibrée par la capacité de captage des océans.

Les continents sont supportés par de larges plaques qui se déplacent sur le magma formant le cœur de la Terre. Aux zones de jonction des plaques, une partie du plancher océanique s'enfonce sous les plaques continentales et la remontée de magma dans les dorsales océaniques, à l'autre extrémité des plaques, permet un lent déplacement des continents. Dans ces zones, le volcanisme est très actif. Une partie des formations calcaires est ainsi entraînée sous les continents par le phénomène de subduction des plaques tectoniques. Une fois en profondeur, ces roches sont chauffées et s'incorporent au magma, qui sera à la longue expulsé vers l'atmosphère par le volcanisme. Or, quand le fond marin s'enfonce dans le magma, les roches qui le composent subissent un véritable grillage, en raison des températures élevées qui règnent à cette profondeur. Ainsi, leurs éléments plus légers, principalement le CO_2 provenant du grillage des carbonates et l'eau d'hydratation des différents minéraux, sont expulsés par l'activité tectonique, en particulier par les volcans.

Ce phénomène contribue au recyclage à long terme (environ 200 millions d'années) du CO_2 atmosphérique. Mais comme ce ne sont pas toutes les roches calcaires qui sont entraînées dans le magma, on peut considérer que la majeure partie du carbone fixé dans la lithosphère y restera captive, sauf si l'homme s'en mêle…

Les perturbations anthropiques du cycle du carbone

En pratique, la concentration atmosphérique de CO_2 est liée à des phénomènes géologiques et climatiques. Elle a varié dans l'histoire de la planète, mais depuis la révolution industrielle, l'action humaine constitue une source majeure de CO_2 dont l'augmentation s'accélère constamment depuis près de deux siècles, principalement en raison de l'exploitation des combustibles fossiles, pour la production d'énergie, et de la déforestation. L'activité humaine entraîne aussi des modifications dans l'activité de certains puits de carbone. Le chapitre 9 reprend en détail les activités humaines qui contribuent à l'augmentation des concentrations de gaz à effet de serre dans l'atmosphère. Nous ne brosserons ici qu'un tableau de l'influence de l'humanité sur le cycle du carbone.

La combustion des carburants fossiles

La révolution industrielle a commencé avec l'invention de la machine à vapeur et le remplacement du bois par le charbon comme principal combustible, tant pour le chauffage que pour l'énergie motrice. Depuis le début du 19e siècle, dans les industries, les transports et le chauffage urbain, le charbon, le pétrole et le gaz naturel sont devenus incontournables[9]. Présents en grandes quantités dans des formations géologiques superficielles, charbon, pétrole et gaz ont soutenu la croissance de l'industrie manufacturière et ont permis la concentration des

Forêt tropicale du Brésil. La surface occupée par les forêts tropicales primaires a été réduite de moitié au 20e siècle.

Jacques Prescott

populations dans les villes et l'expansion du commerce à l'échelle mondiale. Cette disponibilité nouvelle de l'énergie pour produire du travail mécanique a décuplé la puissance transformatrice de l'humanité sur la biosphère, permettant à la fois d'augmenter la production de biens et de services et la rapidité de leur distribution. Les progrès concomitants de la chimie et des sciences médicales ont permis une expansion sans précédent de la population humaine qui est passée de 1 milliard d'individus en 1850 à près de 6 milliards et demi aujourd'hui. Sans les combustibles fossiles, il est probable que notre espèce subirait une baisse dramatique de son effectif.

---

9. Pour en savoir plus sur les combustibles fossiles, voir G. Lafrance, *La boulimie énergétique, suicide de l'humanité*, Québec, Éditions MultiMondes, 2003.

Comme nous l'avons expliqué auparavant, les combustibles fossiles proviennent du stockage, dans des couches géologiques propices, de grandes concentrations de matière organique. Celle-ci se minéralise, c'est-à-dire qu'elle perd ses molécules les plus légères par biodégradation et est déshydratée par la pression. On obtient donc des hydrocarbures (molécules formées de carbone et d'hydrogène) de différentes longueurs, qui dégagent de l'énergie sous forme de chaleur lorsqu'on les brûle. C'est ainsi qu'on en a fait la source d'énergie privilégiée de l'humanité. Or, le résidu de la combustion des hydrocarbures, comme celui de la respiration des organismes vivants, c'est le CO_2.

Ainsi, en extrayant et en brûlant des combustibles fossiles, nous provoquons un court-circuit dans le cycle du carbone, qui se traduit par une augmentation soutenue de la concentration atmosphérique de ce gaz à effet de serre. D'environ 280 ppm qu'elle était à l'époque préindustrielle, la concentration de CO_2 atmosphérique a aujourd'hui dépassé 380 ppm, soit une augmentation de près du tiers. Et cela continue. Chaque année, la combustion des carburants fossiles envoie dans l'atmosphère plus de 6 milliards de tonnes de carbone, c'est-à-dire plus de 20 milliards de tonnes de CO_2! En conséquence, la concentration de l'atmosphère s'enrichit de 1,5 à 2,5 ppm de CO_2, et cette tendance s'accentue.

La destruction des forêts tropicales

La moitié des forêts tropicales de la planète ont disparu au cours des cinquante dernières années; elles ont été remplacées par des zones agricoles, des friches ou des développements urbains. En général, lorsque la forêt est remplacée par des cultures végétales, qui accumulent le carbone, ou lorsqu'elle se régénère, sa capacité de fixer le CO_2 est compensée, mais c'est rarement ce qui se produit. Le changement de vocation des terres au profit de l'urbanisation ou des pâturages pour l'élevage bovin entraîne une perte nette de la capacité de fixation du CO_2. De plus, comme les arbres coupés sont souvent brûlés sur place, la destruction des forêts tropicales constitue une source nette de carbone évaluée annuellement à environ 1 milliard et demi de tonnes de carbone supplémentaire.

Les émissions de méthane

Le méthane est le deuxième en importance parmi les gaz à effet de serre dont la concentration dans l'atmosphère est influencée par l'activité humaine. Produit naturellement par la décomposition de la matière organique en l'absence d'oxygène, le méthane provient surtout des milieux humides et des sédiments lacustres.

C'est l'agriculture, en particulier l'élevage et la production de riz, qui constitue la principale source anthropique de méthane, suivie par la décomposition dans les sites d'enfouissement sanitaire et les fosses à fumier. Ces sources représentent deux fois la production naturelle de méthane[10].

Comme nous l'avons mentionné auparavant, le méthane finit par se retrouver oxydé dans l'atmosphère, où sa demi-vie est d'une dizaine d'années, avant d'être transformé en CO_2.

---

10. J. Hansen *et al., op. cit.*

Bilan des perturbations anthropiques

Les émissions liées aux activités humaines ne semblent pas près de diminuer d'intensité. En effet, la population humaine est en pleine croissance et nous atteindrons 7 milliards de personnes avant 2015. Comme ces nouveaux habitants naissent surtout dans les pays en développement, où le riz constitue la céréale nourricière de base, il faut considérer que les émissions de méthane ne cesseront d'augmenter. Par ailleurs, les habitants des pays industrialisés ou en voie d'industrialisation consomment de plus en plus de bœuf, d'où une augmentation considérable de méthane de source bovine.

Enfin, les besoins en énergie, les ventes de véhicules et les distances parcourues continuent d'augmenter tous les ans, ce qui entraîne une consommation à la hausse des produits pétroliers, du charbon et du gaz naturel, et l'accroissement des émissions de CO_2.

L'augmentation de gaz à effet de serre est compensée en partie par des phénomènes naturels comme la dissolution dans les océans et une efficacité accrue de la photosynthèse. Le CO_2 est en effet généralement considéré comme un facteur limitatif de la photosynthèse pour les plantes annuelles. Lorsqu'on augmente sa concentration jusqu'à 2 % (20 000 ppm), la croissance des plantes s'en trouve favorisée, si par ailleurs elles ne manquent ni d'eau, ni de sels minéraux, ni de lumière. L'augmentation de CO_2 devrait donc être en partie captée par une meilleure croissance des végétaux. Mais cela est bien insuffisant pour compenser l'augmentation annuelle des émissions !

Encadré 3.6

Un bémol sur la capacité des forêts à capter plus de carbone

Les producteurs en serre connaissent bien l'effet fertilisant d'un ajout de CO_2 pour les plantes qu'ils y cultivent. Dans ces environnements contrôlés où il ne manque ni de lumière, ni d'eau, ni de sels minéraux, les plantes grandissent plus vite et en meilleure santé si on enrichit l'atmosphère, car le CO_2 est un facteur limitant leur croissance.

La fertilisation des forêts par une quantité accrue de CO_2 dans l'atmosphère a suscité de nombreux espoirs dans les années 90, mais les connaissances scientifiques n'étaient pas à jour pour étayer cette hypothèse. En 2003, à la suite de travaux sur tous les types de forêts et à toutes les latitudes, celle-ci a été fortement remise en question*. Il semble en effet que la croissance des forêts n'est pas strictement limitée par les concentrations actuelles de CO_2, mais par d'autres facteurs comme la disponibilité de l'eau à un moment précis de leur croissance. L'auteur conclut que les données actuellement disponibles sur la physiologie des arbres de l'équateur à la limite nordique des arbres indiquent qu'il y a peu, voire aucune possibilité d'une augmentation de l'activité photosynthétique des arbres par un effet fertilisant du CO_2 d'origine anthropique.

Par ailleurs, Körner et son équipe expliquent que les arbres en forêt tempérée possèdent des réserves de sucres qui leur permettent pendant la période printanière de ne pas être limités par la concentration atmosphérique de carbone. C'est le seul moment dans l'année où les arbres pourraient avoir besoin d'une plus grande quantité de CO_2**.

À l'inverse, des études américaines utilisant un enrichissement artificiel en CO_2 semblent démontrer une augmentation du volume de bois. Il reste encore du travail à faire pour répondre à cette question de façon définitive.

* C. Körner, « Carbon limitation in trees », *Journal of Ecology*, n° 91, 2003, p. 4-17.
** G. Hoch, A. Richter et C. Körner, « Non structural carbon compounds in temperate forest trees », *Plant, Cell and Environment*, n° 26, 2003, p. 1067-1081.

Selon des évaluations réalisées dans les années 90 (Kasting, 1996), des 7,1 Gt de carbone d'origine anthropique envoyées dans l'atmosphère chaque année, à peu près la moitié s'y

Figure 3.6
Schéma du cycle du carbone intégrant l'activité humaine

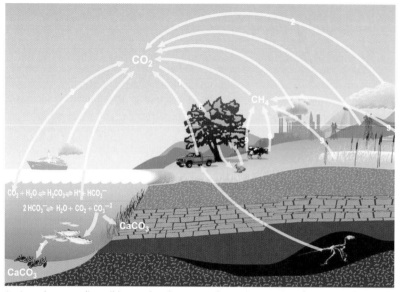

1. Le carbone est disponible pour les plantes sous forme de CO_2 dans l'atmosphère.

2. À l'origine, le CO_2 provenait des volcans, mais de nos jours s'ajoute le CO_2 provenant des diverses formes de combustion….

3. …particulièrement des combustibles fossiles, charbon, pétrole et gaz naturel…

4. …pour les besoins de l'industrie, du transport et du chauffage domestique.

5. Les animaux et les plantes rejettent du CO_2 dans l'atmosphère pendant une phase de leur respiration.

6. Les plantes, lorsqu'elles font la photosynthèse, absorbent le CO_2 atmosphérique et le transforment en sucres.

7. Les plantes et les animaux marins rejettent aussi du CO_2 au cours de leur respiration, mais la plus grande partie de ce CO_2 est transformée en carbonates (sels), qui s'accumuleront dans la coquille de plusieurs animaux marins et finiront par former des dépôts, dont on extrait, entre autres, la craie.

8. Une énorme quantité de CO_2 atmosphérique se dissout dans l'eau de mer, diminuant de façon importante l'accumulation de ce gaz dans l'atmosphère et réduisant ainsi l'effet de serre. En fait, il se crée un équilibre entre la concentration de CO_2 atmosphérique et celle de CO_2 marin.

9. Le méthane est formé dans les marais lors de la décomposition anaérobie des produits originellement vivants. Depuis l'avènement de l'élevage intensif, le bétail est une source importante de ce gaz dans l'effet de serre. La moitié du méthane produit sera lentement (sur environ 10 ans) oxydé sous forme de CO_2 atmosphérique.

10. L'oxygène produit au cours de la photosynthèse est utilisé par les organismes aérobies, comme l'homme et les animaux.

Source: Claude Villeneuve

accumule, causant une augmentation moyenne de 1,7 ppm de la concentration atmosphérique de CO_2. En 1998, toutefois, cette augmentation a été de 2,7 ppm. Ces variations s'expliquent par des changements, par exemple, de la température superficielle des océans, 1998 ayant été l'année la plus chaude enregistrée au 20e siècle. Le dégazage des océans est une explication plausible.

La figure 3.6 présente le bilan des perturbations du cycle du carbone causées par l'activité humaine et l'augmentation de la concentration atmosphérique qui résulte chaque année de l'incapacité des systèmes naturels de prendre en charge cet excédent.

Un modèle intégrateur du cycle du carbone

Les mécanismes de circulation du CO_2 dans la biosphère sont complexes et mettent en jeu les divers systèmes chimiques, biologiques et physiques qui caractérisent la planète. Le recyclage du carbone, sur des millions d'années ou à court terme, est très étroitement lié aux variations climatiques observables à l'échelle globale. On peut donc s'attendre à ce que des perturbations dans le cycle du carbone se traduisent à terme par des répercussions climatiques difficiles à prévoir ou à gérer, étant donné l'ampleur des phénomènes appréhendés et la complexité des solutions qu'il faudrait appliquer. La figure 3.7 représente une vision synthétique du cycle du carbone, tel que nous l'avons expliqué dans le présent chapitre, et intègre les activités humaines. Elle est tirée d'une mise à jour réalisée en 2002 par Sarmiento et Gruber.

Il est important de bien voir les différentes voies que peut emprunter le carbone dans sa circulation entre l'océan, l'atmosphère et la

Figure 3.7
Cycle du carbone global

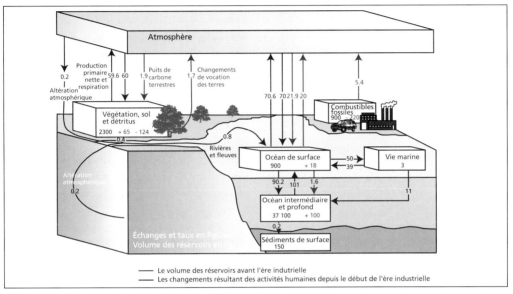

La figure illustre clairement les sources naturelles (en noir) ainsi que celles qui sont d'origine humaine (en rouge). Les industries et le transport sont représentés dans le bilan par la combustion des carburants fossiles. Les changements de vocation des terres constituent des sources, mais également un potentiel intéressant de puits de carbone. Toutefois, nous pouvons constater que ce potentiel a des limites et, surtout, que les activités comme la déforestation retournent à l'atmosphère presque autant de carbone que la quantité fixée par la photosynthèse de la végétation terrestre. Les réservoirs de carbone sont représentés dans la figure par des boîtes et à l'intérieur de ces dernières les chiffres en noir sont les quantités préindustrielles alors que les chiffres en rouge représentent ce qui a été ajouté ou retiré depuis le début de l'industrialisation et des perturbations anthropiques du cycle naturel du carbone.

Source : D'après *Physics Today* : http://www.aip.org/pt/vol-55/iss-8/captions/p30cap1.html

lithosphère et qui constituent des cycles d'une durée variable. La circulation du carbone dans les êtres vivants est toutefois la plus rapide, de l'ordre d'une journée à quelques centaines d'années.

Nous verrons, dans les prochains chapitres, comment est déterminé le climat planétaire et quelles conséquences l'augmentation des gaz à effet de serre peut nous faire craindre à cet égard.

Comment faire la pluie et le beau temps

Le climat est une machine d'une énorme complexité. Le temps qu'il fait quelque part est influencé certes par les conditions locales, mais aussi par la présence des glaces, les interactions entre l'atmosphère et les océans, la circulation des masses d'air et des nuages au-dessus des océans et des continents, le relief et, bien sûr, de manière prépondérante par le flux solaire qui varie selon les saisons, le cycle des taches solaires et les cycles astronomiques. Pendant longtemps, les scientifiques ont cru que le climat terrestre évoluait très lentement, au fil des millénaires. Les travaux réalisés depuis le début des années 70 ont changé cette perspective. Le climat peut évoluer beaucoup plus rapidement qu'on ne le croyait autrefois et le réchauffement que nous observons aujourd'hui en témoigne éloquemment.

Le climat se définit comme un ensemble de paramètres caractérisant l'état de l'atmosphère en un point précis de la planète pendant une période de temps déterminée. Cette période étant généralement longue (jusqu'à quelques milliers d'années), il s'agit donc de l'ensemble des conditions météorologiques à long terme d'une région donnée. Naturellement, les conditions climatiques varient selon l'échelle spatiale et temporelle. L'Organisation météorologique mondiale a défini 30 ans comme échantillon raisonnable pour constituer des moyennes représentatives.

Les principales composantes du climat sont la température et les précipitations. Ces deux facteurs s'influencent mutuellement et déterminent les conditions dans lesquelles la vie pourra s'épanouir à un endroit particulier du globe. Par exemple, de fortes précipitations sous forme de pluie supposent que l'air est chargé de vapeur d'eau, ce qui réduit l'ampleur des fluctuations de température et contribue à maintenir une température moyenne annuelle plus élevée, car la vapeur d'eau est un gaz à effet de serre. Le vent est aussi un facteur climatique important qui, outre son effet mécanique sur les êtres vivants, contribue à accélérer l'évaporation et amplifie ainsi l'effet de sécheresse qui peut résulter de la combinaison de faibles précipitations et d'une forte insolation.

Encadré 4.1

Petite histoire des changements climatiques

Même si Pascal Acot fait remonter l'histoire des observations sur le climat à Aristote il y a 2 400 ans, les auteurs s'entendent généralement avec Jean Jouzel pour situer les débuts de la science du climat au 18e siècle avec l'invention de l'héliothermomètre par Horace Bénédict de Saussure, naturaliste suisse qui, vers 1770, mesurait avec son appareil les températures dans les vallées et sur les sommets des Alpes. Toutefois, on attribue en général le titre de pionnier à Joseph Fourier, physicien français, qui publia en 1824 un important article « Remarques générales sur les températures du globe terrestre et des espaces planétaires », dans lequel il appliquait sa théorie aux sources de chaleur de la Terre et identifiait la manière dont le rayonnement solaire se transforme en chaleur au contact du sol et représente la principale source de chaleur sur la planète. Il identifiait le rôle de l'atmosphère et de l'océan sur la répartition de la chaleur et indiquait que « [...] les effets de l'industrie humaine sont propres à faire varier dans le cours de plusieurs siècles, le degré de la chaleur moyenne ».

1778 : Premier réseau d'observations météorologiques standardisées de la Société royale de médecine.

1837 : Louis Agasssiz conçoit la théorie des glaciations.

1842 : Le mathématicien français Joseph Adhémar émet l'idée que le climat peut être influencé par des phénomènes célestes.

1861 : John Tyndall attribue l'effet de serre à la vapeur d'eau et au CO_2. Il propose que des variations dans la composition de ces gaz pourraient modifier le climat.

1873 : Premier congrès à Vienne des directeurs de services météorologiques nationaux.

1896 : Svante Arrhénius calcule que le doublement du CO_2 provoquerait une augmentation de la température terrestre de 4 °C et un quadruplement ajouterait 8 °C. Il propose que cette situation pourrait retarder la venue d'un prochain âge glaciaire.

1903 : Arrhénius obtient le prix Nobel de chimie.

1924 : Théorie des glaciations de Milankovitch.

1950 : Création de l'Organisation météorologique mondiale.

1972 : Le Club de Rome s'interroge sur la possibilité d'un réchauffement climatique induit par l'homme.

1979 : Première conférence mondiale sur le climat.

1988 : Création du GIEC.

1990 : Première série de rapports du GIEC.

1992 : Convention cadre des Nations Unies sur les Changements Climatiques.

1995 : Deuxième série de rapports du GIEC « Un faisceau d'évidences indiquent une influence de l'activité humaine sur le climat ».

1997 : Adoption du Protocole de Kyoto.

2001 : Troisième série de rapports du GIEC « Consensus scientifique sur l'influence de l'homme sur le réchauffement du climat au 20e siècle ».

2005 : Entrée en vigueur du Protocole de Kyoto.

Le climat se mesure à l'échelle locale (on parle alors de «microclimat»), à l'échelle régionale et à l'échelle mondiale. La nature des divers climats joue un rôle essentiel dans l'ajustement des caractéristiques écologiques des écosystèmes. La combinaison des températures moyennes et des précipitations détermine les grands types de végétation sur les continents et explique la répartition des biomes terrestres.

Comme le montre la figure 4.1, des biomes comme le désert et la prairie sont situés dans des zones de faible pluviosité, alors que les forêts de tous types se trouvent dans les zones de pluviosité plus intense. Plus la température moyenne est faible, moins il faut de pluviosité pour trouver des écosystèmes forestiers. À l'inverse, plus la température moyenne est élevée, plus il faut de pluie pour que les forêts se maintiennent. Cela s'explique par l'évaporation. Une température moyenne annuelle plus élevée suppose plus d'évaporation; il faut donc des précipitations plus abondantes pour maintenir des conditions favorables à certaines formes de végétation plus exigeantes. On estime qu'il y a aridité lorsque les précipitations mensuelles moyennes ne dépassent pas deux fois la hauteur en millimètres de la température moyenne mensuelle mesurée en degrés Celsius. Cette figure nous montre bien l'effet potentiel des changements climatiques sur les ressources biologiques et agricoles. Une zone semi-aride, où l'agriculture est possible, peut rapidement devenir aride ou semi-désertique où l'agriculture sera impossible si l'on ne dispose pas de ressources hydriques pour l'irrigation.

Figure 4.1
Distribution des grands biomes en fonction de la température et de la pluviosité

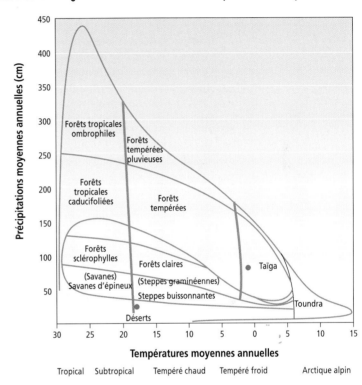

Le type de végétation qu'on retrouvera sur un territoire est principalement déterminé par la combinaison de la température moyenne annuelle et des précipitations totales moyennes annuelles. Un biome est une grande formation végétale dominée par un certain type de végétation. On peut voir que plus la température moyenne annuelle est élevée, plus il faut de précipitations pour maintenir une forêt. Une modification du climat, même mineure, peut provoquer d'importantes transformations des biomes. (La figure 4.2 illustre la répartition mondiale des biomes.)

Source: Adapté de F. Ramade, *Dictionnaire encyclopédique de l'écologie et des sciences de l'environnement*, Paris, Édiscience International, 1993, p. 77.

Encadré 4.2

Le piège des moyennes

On donne les valeurs climatiques sous forme de moyennes ou de normales. La normale constitue la moyenne des mesures climatiques sur une période de 30 ans. Ainsi, si on dit que le jour *x* est plus chaud ou plus froid que la moyenne, on veut dire qu'il est comparé avec la température moyenne calculée à partir des observations faites au même endroit, le même jour, au cours des 30 années de référence. Mais les moyennes sont souvent trompeuses, car elles effacent la variabilité naturelle du climat.

Ainsi, une valeur moyenne de 20 °C pour le 20 juin d'une année en particulier, par exemple, ne signifie pas qu'il est anormal qu'il fasse 18° ou 25° le 20 juin de l'année suivante. Cela fait partie de la variabilité naturelle du climat. Pour chaque moyenne, il existe des valeurs record ou extrêmes, en plus et en moins. C'est de ce type de valeur dont on parle quand on dit que le record a été battu pour un jour donné. Par exemple, s'il fait 37° un 20 juin dans un endroit où la moyenne se situe à 20°, il est possible que le record soit battu.

Les moyennes journalières tiennent compte du maximum et du minimum qui ont été atteints au cours d'une journée. Ainsi, une journée claire et ensoleillée où le maximum est de 30° et le minimum nocturne de 10° donnera une moyenne de 20°. La même moyenne sera atteinte par une journée pluvieuse où le maximum est à 22° et le minimum à 18°.

Les moyennes mensuelles sont établies à partir des moyennes journalières. Elles servent à calculer les normales mensuelles et annuelles. Une moyenne mensuelle qui diffère de la normale par un degré indique un mois en moyenne plus chaud, mais ne dit rien sur les précipitations pendant ce mois. Il faut donc combiner les éléments principaux du climat pour le comprendre.

Quant aux moyennes et aux normales annuelles, elles bougent beaucoup moins, car elles intègrent les données pour toute l'année dans un lieu précis. Une toute petite variation de la moyenne annuelle peut signifier beaucoup, mais ne dit pas à quelle saison l'augmentation de la température s'est produite, ni si c'est dans les minima nocturnes ou des maxima diurnes que la différence se trouve. Ainsi, une année où l'hiver est beaucoup plus doux que la normale pourra avoir une moyenne plus élevée, même si l'été a été plus frais.

À l'échelle planétaire, la moindre variation peut signifier un grand changement. Ainsi, même si l'on considère que la moyenne annuelle des températures planétaires a augmenté de 0,6 degré au 20e siècle, ce changement est majeur. Cela ne veut pas dire qu'il n'y a pas des endroits sur la planète où il a fait plus froid. Ces quelques éléments devraient toujours être considérés lorsqu'on parle du climat. Malheureusement, ils sont un peu longs à expliquer dans un bulletin météo…

La courbe normale ou courbe de Laplace-Gauss représente une distribution de données reportées également autour d'une valeur moyenne. Cela donne une courbe en forme de cloche dont on peut facilement déduire les probabilités de rencontrer une valeur en fonction de son écart à la moyenne.

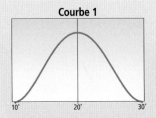
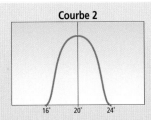
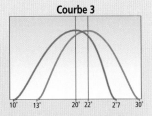

Par exemple, la courbe 1 représente une distribution «normale» autour d'une moyenne de 20°. La variabilité climatique va de 10° à 30° et on a une probabilité beaucoup plus faible d'avoir une température de 27° qu'une température de 18°. La probabilité d'avoir 13° est toutefois égale à celle d'avoir 27°.

La courbe 2 représente aussi un climat dont la moyenne est de 20° mais dont la variabilité est moindre. Dans ce cas, une température de 27° serait un record.

La courbe 3 montre l'effet d'un réchauffement de 2°. La probabilité d'avoir une température de 27° devient beaucoup plus importante que dans la normale (courbe 1), mais la probabilité d'avoir une température de 13° est très faible. Ainsi, dans l'hypothèse d'un déplacement même modéré de la moyenne, les températures extrêmes deviennent plus probables.

C'est un élément important à retenir, car même si la température terrestre est supposée augmenter dans les prochaines décennies, il n'est pas certain que les précipitations suivront de manière équivalente. Or, pas de précipitations, pas de production forestière ni agricole. De plus, les experts du changement climatique prévoient que les précipitations se produiront plus souvent sous forme d'événements violents et localisés, ce qui pourrait aussi entraîner des différences majeures dans la disponibilité de l'eau à l'échelle locale et régionale en certains points de la planète. Un orage violent qui déverse 300 mm d'eau une fois par mois n'est pas l'équivalent d'une pluie de 30 mm tous les trois jours, en termes climatiques, même si le total de précipitations est le même à la fin du mois. De même, la température moyenne doit être interprétée en fonc-

tion d'extrêmes. En général, les climats humides sont moins contrastés, alors que les climats des lieux éloignés des océans et des grands plans d'eau qu'on appelle «climats continentaux» sont plus secs et présentent de plus fortes variations saisonnières. La végétation doit s'adapter à ces conditions.

Le Soleil, moteur climatique

L'essentiel de l'énergie disponible pour expliquer les phénomènes météorologiques à l'échelle planétaire provient du rayonnement lumineux du Soleil. Ce flux constant d'énergie réchauffe l'atmosphère et crée des mouvements de convection où l'air chaud, plus léger, tend à monter jusqu'à une altitude où il refroidira et où sa densité le fera redescendre, formant ainsi des cellules de circulation d'air, comme l'illustre la figure 4.3.

Qu'est ce qui un biome? + les identifier.

Figure 4.2
Carte mondiale des biomes

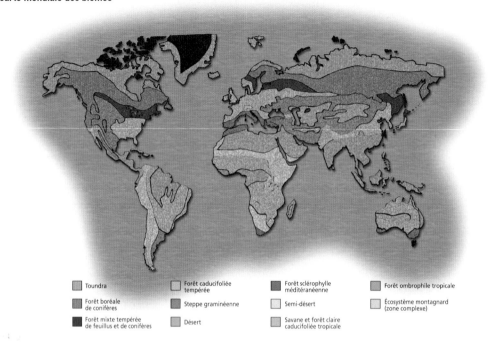

Toundra	Forêt caducifoliée tempérée	Forêt sclérophylle méditerranéenne	Forêt ombrophile tropicale
Forêt boréale de conifères	Steppe graminéenne	Semi-désert	Écosystème montagnard (zone complexe)
Forêt mixte tempérée de feuillus et de conifères	Désert	Savane et forêt claire caducifoliée tropicale	

Les biomes de la planète sont de grandes zones délimitées en fonction du climat et du type de végétation qu'on y retrouve à l'état naturel. Les biomes sont les suivants: toundra, forêt boréale, forêt tempérée, steppe semi-désert, désert, savane, forêt tropicale, écosystème montagnard.

Comme on peut le voir dans cette figure, c'est la combinaison de la position sur un continent, de la proximité des océans, de la latitude et de l'altitude qui expliquent la température moyenne et les précipitations annuelles, lesquelles, à leur tour, expliquent les types de végétation terrestre.

Source: Adapté de F. Ramade, *Dictionnaire encyclopédique de l'écologie et des sciences de l'environnement*, Paris, Édiscience International, 1993, p. 76.

Chaque mètre carré de la surface terrestre qui est éclairé par le Soleil reçoit en théorie 1 368 W d'énergie lumineuse; c'est ce qu'on appelle, faussement, la «constante solaire». En effet, comme chacun l'a constaté, l'énergie reçue au sol varie selon la position de la Terre par rapport au Soleil. Ainsi, si l'équateur reçoit un ensoleillement direct, les zones situées aux latitudes plus élevées sont moins bien nanties. On peut donc considérer que l'énergie annuelle moyenne reçue du Soleil se situe plutôt à 350 W/m^2.

C'est la zone équatoriale qui profite, sur une année, du maximum d'ensoleillement direct. Cela provoque, au niveau de la mer, une intense évaporation d'eau qui sera transportée dans les nuages vers les continents et un échauffement des eaux de surface, ce qui a un impact majeur, puisque l'océan accumule ainsi une très grande quantité de chaleur qui sera répartie, par l'action des courants marins tel le Gulf Stream, dans les latitudes moyennes.

L'air chargé d'humidité qui s'évapore des zones équatoriales s'élève et se refroidit, ce qui provoque la condensation de l'eau sous forme de nuages qui seront transportés par les vents d'altitude. Ceux-ci sont mus par l'effet de la rotation de la Terre et, en vertu de l'effet de Coriolis, prédominent de l'ouest vers l'est dans l'hémisphère Nord et de l'est vers l'ouest dans l'hémisphère Sud. Ainsi, la côte ouest d'un continent est généralement mieux arrosée que la côte est dans l'hémisphère Nord, alors que c'est le contraire dans l'hémisphère Sud. De même, les flancs est et ouest d'une haute chaîne de montagnes ne reçoivent pas la même quantité de précipitations.

Les zones situées entre l'équateur et les tropiques sont donc abondamment arrosées et ce sont les endroits où l'on trouve les luxuriantes forêts tropicales humides. Pendant leur périple en altitude, les masses d'air se sont progressivement asséchées et l'air refroidi redescend aux environs de 30° de latitude nord et sud, où il provoque des vents alizés desséchants allant en direction opposée des vents d'altitude. Ce mouvement cyclique forme ce qu'on appelle la «cellule de Hadley».

Aux pôles, à l'inverse de l'équateur, la radiation solaire est faible, voire nulle pendant la moitié de l'année. La température de l'air est donc

Figure 4.3
Schéma général de la circulation des masses d'air

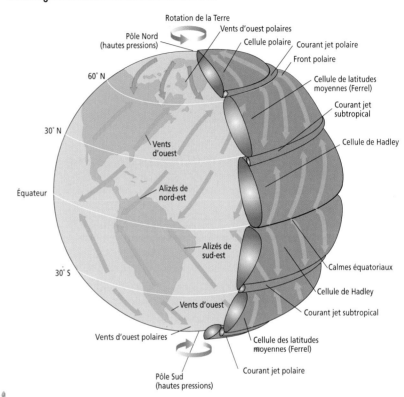

Du pôle Nord en descendant vers l'équateur et, à l'inverse, du pôle Sud en remontant vers l'équateur, on rencontre les vents dominants d'ouest au-dessus du 60e parallèle, suivis des vents dominants d'ouest entre le 30e et le 60e parallèle, puis les alizés, qui convergent du nord-est et du sud-est vers l'équateur et qui sont à l'origine de la formation des cellules de Hadley, de part et d'autre de l'équateur. Les mouvements ascendant et descendant des masses d'air entre le 30e et le 60e parallèle forment les cellules de Ferrel. Au-delà du 60e parallèle, tant dans l'hémisphère Nord que dans l'hémisphère Sud, ces mouvements constituent les cellules polaires. Ce schéma présente une situation idéalisée, la réalité étant très variable. Notez que les phénomènes observables au sud du 60e sud ne sont pas illustrés.

Source: Adapté de University of Illinois, Urbana-Champaign.

EFFET DE CORIOLIS
L'effet de Coriolis faussement appelé «force de Coriolis» s'exerce sur tout corps qui se déplace sur un solide en rotation. Cela a pour effet d'imprimer à ce corps une trajectoire courbe.

Forêt de la Réserve du Dja, au Cameroun. Les forêts tropicales humides nécessitent des pluies très abondantes, qui peuvent atteindre 10 mètres par année dans certaines localités.

Jacques Prescott

très froide, ce qui crée des masses d'air sec et dense qui tendent à se diriger près de la surface du sol, du pôle vers les latitudes moyennes. Cet air sec et dense forme le front polaire, qui est porté, selon les saisons, à se déplacer plus ou moins loin vers les latitudes moyennes. Lorsque les masses d'air du front polaire rencontrent l'air chargé d'humidité des latitudes moyennes, elles provoquent des précipitations et s'élèvent à nouveau, retournant vers les pôles. C'est ce qui forme la cellule polaire, qui explique qu'il y ait très peu de précipitations sous les très hautes latitudes. L'île d'Ellesmere, au nord du Canada, reçoit moins de précipitations en moyenne chaque année que le Sahara. Toutefois, l'insolation y étant beaucoup moindre, on retrouve de la neige et de l'eau.

À l'interface des cellules de Hadley et des cellules polaires, les masses d'air ont tendance à être entraînées indirectement dans une circulation qui forme une cellule de Ferrel. Celle-ci est caractérisée par des mouvements d'air ascendants au nord et descendants au sud.

L'air s'humidifie du sud vers le nord. Cela explique pourquoi les vents de surface sont dirigés du sud vers le nord à ces latitudes intermédiaires, amenant de fortes charges d'humidité à la rencontre du front polaire.

Naturellement, ces cellules ne sont pas fixes. Au gré des saisons, les cellules polaires s'étendent vers les latitudes moyennes en hiver et retraitent vers les pôles en été. Cela explique, par exemple, pourquoi la rive nord de la Méditerranée connaît des étés secs et des hivers pluvieux, alors que sur la rive sud le climat est beaucoup plus sec. De même, les vents alizés peuvent être observés beaucoup plus près des latitudes moyennes en été qu'en hiver. Ces phénomènes étaient connus d'expérience des navigateurs à voile des 16e et 17e siècles qui utilisaient des routes situées plus au sud, avec des vents alizés les amenant vers l'ouest pour traverser en Amérique au printemps, et qui revenaient à la faveur des vents soufflant vers l'est par des routes situées plus au nord, lorsqu'ils voulaient regagner les ports européens à l'automne.

Les masses d'air sec qui redescendent aux environs de 30° de latitude de chaque côté de l'équateur expliquent aussi pourquoi les plus grands déserts (Sahara, Gobi et d'Australie) sont situés sous ces latitudes, l'effet combiné de la radiation solaire et de l'air sec provoquant une évaporation rapide de l'eau des rares précipitations.

Les vents distribuent une partie importante de l'énergie solaire sous forme de chaleur, mais l'atmosphère est si ténue que l'air se refroidit dès la nuit venue. Ce sont les océans qui mettent

Glace est dense que l'eau

en réserve la plus grande partie de l'énergie solaire et qui la redistribuent à la grandeur de la planète, influant à leur tour sur les climats.

La circulation océanique planétaire

L'océan mondial, avec ses 362 000 000 km², occupe la plus grande partie de la Terre. Sa profondeur moyenne est de 4 000 m et il couvre 71 % de la surface de la planète, ce qui en fait la plus importante composante de l'écosphère, à la fois en surface et en volume[1].

Les masses d'eau océaniques ont un comportement complexe. D'abord, l'eau atteint sa densité maximale[2] à une température de 4 °C. La figure 4.4 montre la courbe de variation de la densité en fonction de la température de l'eau. Dans la mer, la présence de sel vient compliquer les choses, car celui-ci augmente la densité de l'eau. Les eaux plus salées seront donc plus denses et auront tendance à s'enfoncer plus rapidement quand elles atteignent une température proche de 4°.

Cela signifie que les eaux froides et salées auront tendance à s'enfoncer dans la mer, créant ainsi un courant descendant. Une eau plus chaude ou moins salée sera portée à rester plus près de la surface. Selon la région océanique, l'évaporation, les précipitations ou l'effet des glaces expliqueront la température et la salinité de l'eau de surface. La glace, quant à elle, est beaucoup moins dense que l'eau et flotte.

Figure 4.4
Évolution de la densité de l'eau en fonction de la température

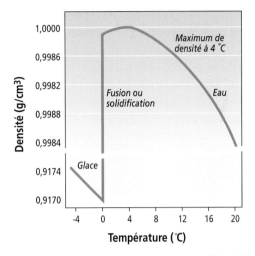

La densité de l'eau est à son maximum entre 4°C et 1°C. Elle diminue ensuite avec l'augmentation de la température. Sa densité minimum se situe toutefois à 0°C, son point de congélation.

Source : C. Villeneuve, *Eau secours!*, Québec, Éditions MultiMondes, 1996, p. 12.

Lorsque l'eau salée gèle, le sel ne reste pas dans la glace, ce qui crée un effet de densification de l'eau salée sous-jacente à la banquise. En effet, la glace s'épaissit par le dessous, à partir de la solidification de l'eau de mer qui perd son sel en devenant de la glace de mer.

---

1. L'océan mondial contient $1,4 \times 10^{21}$ kg d'eau et la croûte terrestre a une masse de $2,36 \times 10^{22}$ kg, mais seule la partie superficielle compose la lithosphère et abrite la vie alors que celle-ci est distribuée dans l'ensemble de l'océan.

2. Voir C. Villeneuve, *Eau secours!*, Québec, Éditions MultiMondes, 1996.

Ainsi, de part et d'autre de l'équateur, les eaux de surface sont chaudes et légères, car les précipitations sont abondantes, et elles voyagent en fonction des courants de surface. Des courants sont produits par l'expansion de l'eau de surface, qui tend à occuper plus d'espace en se dilatant sous l'effet de la chaleur emmagasinée et par les vents qui soufflent en raison de l'effet combiné de la rotation de la Terre et des cellules atmosphériques. Ces eaux tièdes sont transportées vers le nord-est dans l'Atlantique et vers le sud-ouest dans le Pacifique et l'océan Indien. À mesure qu'elles s'éloignent de la zone tropicale, ces eaux s'évaporent et transfèrent leur énergie à l'atmosphère. Elles deviennent progressivement plus froides et plus salées, donc plus denses, jusqu'à ce que leur densité les fasse couler littéralement vers le fond en produisant un courant froid qui suit les accidents géographiques sous-marins.

Ce phénomène de convection océanique planétaire crée une circulation sous-marine qui se comporte comme un véritable «tapis roulant» ou convoyeur, comme l'indique la figure 4.6. Ce tapis roulant qui prend naissance dans l'Atlantique Nord à l'est du Groenland voyage vers le sud où il rejoint le courant froid de profondeur circumpolaire antarctique qui est alimenté de la même façon. Une branche de cet immense convoyeur revient en surface dans l'océan Indien entre Madagascar et l'Inde, et revient ensuite en sens contraire vers l'Atlantique en doublant le cap de Bonne Espérance. La seconde branche du grand convoyeur prend la direction du Pacifique nord et surgit à l'est du Japon, pour revenir ensuite sous forme de courant chaud entre l'Australie et l'Indonésie. Elle se divise en deux branches: l'une va

Figure 4.5
Carte simplifiée des courants océaniques

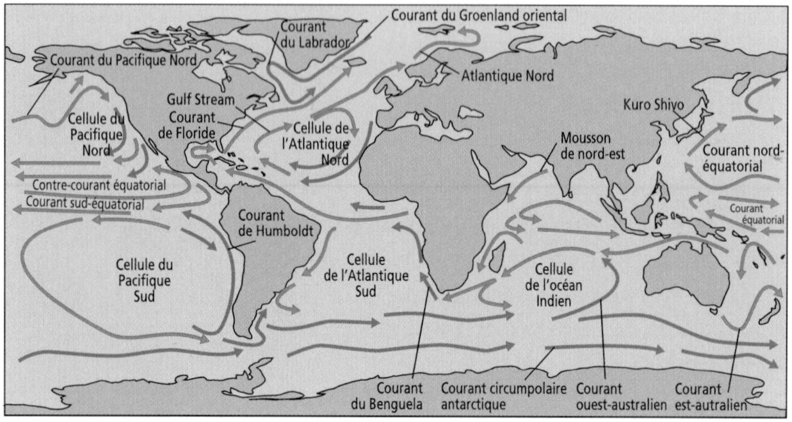

Les courants froids sont en bleu et les courants chauds, en rouge. On observe un phénomène giratoire, une rotation, de part et d'autre de l'équateur, dans chacun des océans. Comme pour la direction des vents, cette rotation est causée par l'effet de Coriolis.

Source: IGBP (International Geosphere-Biosphere Programme), décembre 2000, n° 2, p. 9.

Figure 4.6
Courant de convection océanographique planétaire

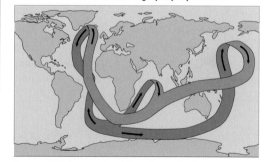

Source: IGBP (International Geosphere-Biosphere Programme), décembre 2000, n° 2, p. 9.

rejoindre le courant de l'océan Indien et l'Atlantique ; l'autre circule autour du globe au sud de l'Amérique du Sud et de l'Australie. Ce courant n'est pas continu, il est alimenté par intermittence par des cheminées de convection qui se forment sous des conditions favorables à la fin de l'hiver dans des zones restreintes dans les mers du Labrador, du Groenland et de Norvège[3].

C'est la faute à El Niño !

Naturellement, les courants océaniques ne sont pas d'une constance parfaite. Comme tous les phénomènes naturels, ils sont l'objet de fluctuations périodiques plus ou moins cycliques. Ces variations sont associées avec des phénomènes atmosphériques de grande ampleur. L'une de ces fluctuations, parmi les plus importantes et qui influence le climat planétaire, est le phénomène connu sous le nom d'« El Niño ». Ce phénomène périodique, qui arrive en moyenne deux ou trois fois par décennie, se traduit par un blocage de la remontée des eaux profondes du Pacifique par suite de l'inversion des courants du Pacifique équatorial. Comme la remontée des eaux froides cesse le long de la côte du Pérou autour de Noël, les pêcheurs locaux ont surnommé le phénomène « El Niño », c'est-à-dire, l'« Enfant Jésus » en espagnol. Pour eux, cependant, ce n'est pas un phénomène heureux, puisque les populations de poissons dont ils dépendent pour leurs pêches sont rapidement menacées par l'appauvrissement des eaux marines superficielles, une situation qui dure plusieurs mois. Au-delà

Encadré 4.3
Le grand convoyeur peut-il s'arrêter ?

Depuis la fin des années 90, les chercheurs ont mis l'accent sur l'analyse de l'effet des changements climatiques sur le grand convoyeur océanique. Des travaux ont en effet démontré que la circulation thermohaline s'était déjà arrêtée dans le passé lors de la dernière déglaciation, notamment. Ce genre de phénomène, appelé « catastrophe thermohaline », s'est produit à plusieurs reprises au cours des 500 000 dernières années. En particulier, à la faveur d'une débâcle massive des glaciers continentaux il y a 17 000 ans, l'apport massif d'eau douce a provoqué l'arrêt du phénomène de convection puisque l'eau de surface océanique n'atteignait plus la densité suffisante pour s'enfoncer. Que se passe-t-il lorsque cela se produit ?

Toutes les conjonctures sont permises, les courants océaniques étant aussi liés à des phénomènes atmosphériques, mais il semble certain que le Gulf Stream serait ralenti, voire arrêté, ce qui provoquerait un refroidissement de l'Europe. Ces phénomènes sont très rapides et se produisent sur une période de quelques décennies. On est loin toutefois du film « *The Day After Tomorrow* » qui fait arrêter le grand convoyeur en quelques jours seulement et déclenche une ère glaciaire en une semaine ! Le film s'est probablement inspiré d'études scientifiques crédibles, mais on a exagéré l'ampleur et la rapidité des événements de façon spectaculaire. Cela ne tient plus la route pour les scientifiques, mais peut avoir le mérite de souligner le danger des effets « non linéaires » des changements climatiques.

Il reste de nombreuses inconnues et le phénomène est d'une grande complexité. Cependant, des équipes mondiales d'océanographes et de climatologues s'attaquent à résoudre cette partie de la grande équation des changements climatiques. Le programme international Geosphere-Biosphere suit les recherches sur le sujet.

Voir le site www.IGBP.se

de cette baisse de productivité océanique, El Niño engendre des changements climatiques à l'échelle mondiale, illustrant bien l'interdépendance de l'atmosphère et des courants marins, et la nature globale du climat planétaire.

---

3. Voir P. Delecluse, « Quand le tapis roulant a des ratés », *La Recherche*, numéro spécial, juillet-août 2002, p. 42-45.

Encadré 4.4

La productivité marine, une question de nutriments

Les grands courants océaniques froids sont aussi responsables de l'approvisionnement des fonds marins en oxygène dissous. Sans cet apport, les communautés animales qui vivent en profondeur seraient privées de ce gaz qui se dissout à la surface de l'océan avant d'être entraîné vers les profondeurs et de se diffuser dans la masse océanique.

Rorqual commun dans le fleuve Saint-Laurent, au large de l'île Verte.

Pierre-Henry Fontaine

Au cours de leur périple au fond des océans, les courants froids se chargent d'éléments nutritifs, comme les phosphates, le fer et divers sels, qui sont souvent un facteur limitatif pour le phytoplancton océanique. Lorsque les courants remontent du fond, à la faveur de forts vents, d'obstacles sous-marins ou à proximité des côtes, ces éléments sont utilisés par le phytoplancton, qui connaît alors une véritable explosion, engendrant une intense activité biologique. Le phytoplancton est ensuite consommé par le zooplancton qui sert d'aliment aux petits poissons, et ainsi de suite, jusqu'aux plus grands prédateurs océaniques.

Pour réaliser la photosynthèse, les plantes et les algues ont besoin de lumière, d'eau et de CO_2, bien sûr, mais aussi de quelques molécules qu'elles ne peuvent fabriquer elles-mêmes. Parmi celles-ci, les nutriments qui leur permettent de satisfaire leurs besoins en azote, en phosphore et en potassium (que les jardiniers connaissent par les lettres N, P et K), en soufre, en fer et en magnésium, pour ne mentionner que ceux-là. Comme les végétaux ne consomment pas d'autres êtres vivants, ils doivent trouver ces éléments dans leur milieu sous une forme soluble. Lorsqu'un de ces éléments vient à manquer, même si tous les autres sont présents, la croissance végétale est impossible et l'élément absent ou déficitaire devient un facteur limitatif pour la plante.

Dans l'océan, les minéraux viennent de la décomposition de la matière organique, des roches solubles ou des substances minérales drainées par les fleuves à partir de continents. C'est pourquoi les zones côtières, les estuaires des grands fleuves et les zones peu profondes situées au-dessus du plateau continental sont riches en plancton végétal. On y trouve en effet, outre l'eau et la lumière, les sels minéraux constamment renouvelés. Ces zones forment un peu moins de 10 % de la surface océanique.

Ainsi, 90 % des océans sont un désert biologique où les organismes vivants réussissent à fixer à peine l'équivalent de deux cuillers à thé de matière organique par mètre carré et par année. Les zones de remontée de courants marins font toutefois exception, alors que les eaux froides et chargées de minéraux qui remontent à la surface à partir des profondeurs, en raison d'un accident géographique ou de la rencontre d'un autre courant, ont l'effet d'un véritable fertilisant pour le phytoplancton. Malgré qu'elles n'occupent que 0,1 % de la surface des océans, ces zones d'*upwelling* produisent près de la moitié des poissons, grâce à une productivité végétale six fois plus élevée et à une efficacité de transfert de la biomasse deux fois meilleure que celle des zones océaniques, comme le montre le tableau 4.1.

Tableau 4.1
Production estimée de poissons dans les diverses zones océaniques

Zone	Pourcentage de la surface océanique	Productivité primaire moyenne annuelle* (gms C/m²/an)	Productivité primaire totale (10^9 t C organique)	Nombre de niveaux trophiques	Efficacité du transfert énergétique	Production de poissons (10^5 tonnes)
Surface océanique ouverte	90	50	16,3	5	10	16
Zone côtière	9,9	100	3,6	3	15	12×10^2
Zones de remontée de courants profonds	0,1	300	0,1	1,5	20	12×10^2
Total						24×10^7

* La productivité primaire est le résultat de l'activité photosynthétique. Malgré l'étendue neuf fois supérieure des surfaces océaniques ouvertes, leur production de poissons est presque cent fois moindre que celle des zones côtières, qui est égale à celle des zones de remontée de courants profonds (*upwelling*).

Source : Adapté de J.R. Ryther, «Photosynthesis and fish production in the sea», *Science*, n° 166, 1969, p. 74-76.

Comme l'indique la figure 4.7a, en temps normal, les vents soufflent d'est en ouest dans le Pacifique équatorial, entre la côte ouest de l'Amérique du Sud et l'Australie et l'Indonésie à l'ouest. Cela provoque la formation d'un courant chaud superficiel qui entraîne en sens contraire un courant sous-marin d'eau froide, lequel remonte vers la côte ouest de l'Amérique du Sud chargé d'éléments nutritifs. Ces vents entraînent aussi une quantité importante de vapeur d'eau qui provient des eaux chaudes de surface et qui arrose abondamment l'Indonésie et la côte est de l'Australie.

Le phénomène El Niño est désormais jumelé à un autre phénomène observé dans l'océan Pacifique, découvert plus récemment et que l'on nomme «oscillation australe». On désigne le tout sous l'appellation «El Niño – oscillation australe» (ENOA) ou El Niño – Southern Oscillation» (ENSO) en anglais.

L'oscillation australe est une variation de la pression atmosphérique à la surface de l'océan Pacifique entre la région tropicale sud-est et la région de l'Australie-Indonésie. Dans des conditions normales, l'atmosphère au-dessus du Pacifique sud-est est dominée par une zone de haute pression à l'est, alors qu'une basse pression domine à l'ouest, ce qui provoque des vents dominants d'est en ouest. On calcule un indice d'oscillation australe (IOA) en soustrayant la pression au niveau de la mer, à l'ouest, de celle à l'est. Durant les épisodes El Niño, l'IOA a une valeur négative, ce qui a pour effet d'inverser la direction des vents, causant ainsi les sécheresses en Californie et des hivers chaotiques où les vagues de froid succèdent à des températures presque estivales. La Niña a des effets presque opposés à ceux d'El Niño.

Figures 4.7a et b
Diagrammes simplifiés du phénomène El Niño

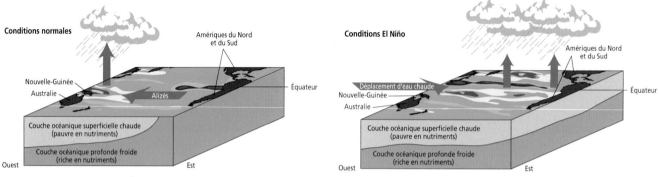

Dans des conditions normales, les vents alizés au-dessus du Pacifique poussent les masses d'air vers l'ouest et l'eau chaude en surface s'accumule dans le Pacifique ouest, où l'humidité est élevée en raison de l'évaporation. Lors des épisodes El Niño, les alizés faiblissent, l'eau chaude s'étend tout au long de l'équateur, il n'y a plus de remontée d'eau froide le long de la côte du Pérou et cette région normalement aride devient très arrosée, alors que les terres à l'ouest du Pacifique subissent des sécheresses.

Lorsque les températures sont plus chaudes, les eaux chaudes superficielles sont poussées vers l'est et, avec elles, les nuages qui donnent des précipitations au-dessus du Pacifique ou sur la côte ouest de l'Amérique du Sud, provoquant des inondations et des événements climatiques extrêmes. Cela réduit la température du côté est du Pacifique et les courants reviennent à la normale.

Source: Adapté de NASA, 2001

Au 20ᵉ siècle, le phénomène El Niño s'est accentué. Il se produit beaucoup plus fréquemment et les épisodes de grande intensité se multiplient. En 1999, les scientifiques du National Center for Atmospheric Research (NCAR) des États-Unis ont émis l'hypothèse[4] que cela était lié aux changements climatiques, puisque le phénomène répond aux augmentations de la température moyenne terrestre observées pendant cette période. Pour sa part, le *Troisième Rapport d'évaluation* du GIEC, même s'il ne prévoit pas d'augmentation de la fréquence du phénomène El Niño au cours du nouveau siècle, n'en prédit pas moins une intensification de ses effets et des extrêmes climatiques qui l'accompagnent.

Les années où sévit El Niño sont fertiles en rebondissements climatiques des deux côtés de l'océan Pacifique. En 1982-1983, par exemple, lors d'un épisode particulièrement fort, il est tombé en moins de 6 mois plus de 2 500 mm de pluie dans les déserts côtiers de l'équateur et du nord du Pérou, ce qui les a littéralement

---

4. Environnemental Protection Agency, *El Niño-Southern Oscillation, Climate Change*, Fact Sheet, 2000.

transformés en prairies luxuriantes. De leur côté, l'Australie et l'Indonésie vivaient de cruelles sécheresses. En 1997-1998, à l'occasion d'un autre phénomène El Niño, de très importantes tempêtes, dont le verglas qui paralysa Montréal et la Montérégie plusieurs jours, firent rage aux États-Unis et au Canada, laissant par endroits plus de 10 cm de glace et privant par le fait même des millions de personnes d'électricité, dans certains cas durant plus de trois semaines.

Un autre phénomène, de moindre envergure, influence le climat en sens contraire d'El Niño. C'est La Niña, qui se produit lorsque la température des eaux de surface du Pacifique équatorial est plus froide que la normale à l'est. La Niña affecte le régime des précipitations sur la côte ouest des États-Unis, provoquant des phénomènes décrits plus haut le long de la côte ouest de l'Amérique du Sud et jusque dans l'est du Canada.

De la mer à la montagne

Il n'y a pas que la mer qui contrôle le climat. Les accidents topographiques sont aussi un facteur important dans la vie sur les continents.

Chacun a pu remarquer que l'air se rafraîchit lorsqu'on escalade une montagne. Cela est attribuable à la densité plus faible de l'atmosphère en haute altitude. En effet, 50 % du poids de l'atmosphère est situé dans les deux premiers kilomètres au-dessus du niveau de la mer. Une atmosphère plus rare signifie une moindre capacité de retenir la chaleur par l'effet de serre, surtout que la vapeur d'eau, gaz à effet de serre très important, se raréfie en altitude puisque l'air

Bernard Saulnier

froid ne peut pas contenir autant d'humidité qu'un air chaud. Lorsqu'un nuage rencontre une montagne, il a tendance à précipiter, sous forme de pluie ou de neige. L'eau ainsi tombée empruntera naturellement le réseau hydrographique jusqu'à la mer.

La vie ne serait pas possible sur les continents sans l'apport des précipitations, et cette partie du cycle de l'eau est particulièrement importante pour l'espèce humaine, car toute notre production agricole dépend du régime des précipitations dans les zones cultivées, la disponibilité de l'eau étant souvent le facteur limitatif de la productivité végétale. De même, pour notre approvisionnement en eau potable, nous dépendons du réseau hydrographique et des nappes souterraines, où l'eau des précipitations s'accumule et séjourne pendant des périodes plus ou moins longues. Distillée, l'eau qui s'évapore des continents et des océans ne contient pas de sels minéraux. C'est cette eau douce qui est indispensable à tous les organismes, végétaux ou animaux, qui vivent sur les continents.

Encadré 4.5

Les oscillations climatiques

On observe plusieurs phénomènes d'oscillations climatiques qui changent les conditions climatiques locales. Parmi celles-ci, l'oscillation arctique, qui influence le couvert de glaces dans l'Arctique, et la North Atlantic Oscillation (NAO) ou l'oscillation nord-atlantique, qui détermine les hivers européens et ceux du centre du Québec.

La NAO mesure l'écart de pression entre l'anticyclone des Açores et la dépression islandaise. Elle gouverne le régime des vents d'ouest au-dessus de l'Europe et de l'est sur l'océan Atlantique. Lorsque la NAO est en position positive, la pression est très haute sur les Açores et très basse sur l'Islande. Cela engendre des hivers doux ponctués de fortes tempêtes sur l'Europe. Au contraire, quand la NAO est en position négative, les deux centres sont affaiblis et les vents d'ouest sont moins actifs; les hivers européens sont alors froids et secs.

Bien qu'elle soit insuffisante pour expliquer l'ensemble du climat européen, la NAO est déterminante pour les tendances. Les chercheurs ont remarqué au cours des dernières décennies que l'indice positif de la NAO prédominait nettement. Cela donne des hivers doux en Europe et des précipitations hivernales violentes qui expliquent plusieurs anomalies climatiques et inondations qui ont affecté ce continent au cours des dernières années.

Comme on ne sait pas ce qui fait passer la NAO d'un mode positif à un mode négatif, il est difficile de déterminer comment les changements climatiques influenceront ce phénomène. Les conséquences économiques d'une prédominance de l'un ou l'autre mode de la NAO incitent cependant les gouvernements à vouloir en savoir plus sur le sujet.

L'océan, qui occupe 71% de la surface de la planète, est la source de la majeure partie de l'eau qui s'évapore et se retrouve dans l'atmosphère. C'est aussi là que retombe 89% de l'eau évaporée, le reste (36000 km^3)[5] étant transporté par les vents au-dessus des continents. Cet apport constitue le tiers des précipitations que reçoit la terre ferme alors que les deux autres tiers proviennent de l'évaporation des eaux continentales et de l'évapotranspiration des végétaux. La présence d'une chaîne de montagnes contribue à retenir l'humidité sur le versant qui fait face aux vents dominants. On observe donc beaucoup plus de précipitations sur le côté ouest des montagnes dans l'hémisphère Nord et, à l'inverse, sur le côté est dans l'hémisphère Sud. C'est pourquoi on trouve des déserts côtiers à l'ouest du Chili et de la cordillère des Andes, alors qu'aux États-Unis et au Canada, c'est le flanc est des Rocheuses qui abrite les zones désertiques ou semi-désertiques.

À mesure qu'il circule au-dessus des continents, l'air a tendance à s'assécher, ce qui donne des climats continentaux plus secs et donc plus contrastés que les climats maritimes à la même latitude.

Et les gaz à effet de serre?

Les gaz à effet de serre n'empêchent pas l'énergie de quitter la surface de la Terre, mais en retardent simplement le départ. Toute l'énergie reçue du Soleil, plus l'énergie produite par la radioactivité naturelle des roches, est émise vers l'espace. Au total, la Terre doit émettre autant d'énergie qu'elle en reçoit et qu'elle en produit. Le système

---

5. Un kilomètre cube représente 10^{12} litres d'eau à 20 °C.

climatique doit s'adapter pour équilibrer son bilan radiatif, et la température globale de la planète reflète cet équilibre. Si le Soleil arrêtait de nous fournir de l'énergie, la planète ne se refroidirait pas immédiatement. Il y aurait une période d'ajustement pendant laquelle l'eau des océans perdrait progressivement de l'énergie en se refroidissant, mais la vie sur les continents deviendrait rapidement impossible, en raison de l'arrêt du cycle de l'eau et de l'incapacité des plantes à effectuer la photosynthèse.

En transportant l'énergie d'un point à l'autre de la planète, les gaz à effet de serre comme la vapeur d'eau contribuent à rendre la planète habitable dans son ensemble. Ils agissent comme un édredon qu'on place sur son lit en hiver. L'édredon ne produit pas de chaleur, mais permet de conserver plus longtemps celle du corps et de la répartir.

Les montagnes Rocheuses. L'atmosphère moins dense à mesure qu'on s'éloigne du niveau de la mer explique les fluctuations plus marquées du climat dans les zones montagneuses.
Anne-Marie Guay

Encadré 4.6
Des couvertures?

Le potentiel de réchauffement global d'un gaz à effet de serre peut se comparer au pouvoir isolant des couvertures. Ainsi, le CO_2 pourrait se comparer à un drap de coton, le méthane à un drap de finette, le protoxyde d'azote à une couverture de laine et les CFC, PFC, HFC et SF_6 à un édredon... C'est la chaleur du corps qui se dissipe à travers les couvertures, comme la chaleur réémise par la surface terrestre diffuse à travers l'atmosphère. Même si la quantité d'énergie réémise par la surface terrestre est la même, il est facile de comprendre que l'accumulation des «couvertures» rendra la situation inconfortable très rapidement.

Or, depuis près de deux siècles, les humains ont émis dans l'atmosphère de grandes quantités de gaz à effet de serre tels que le CO_2, ajoutant une couverture supplémentaire à l'édredon existant. La quantité de chaleur retenue dans l'atmosphère est plus grande, et cette énergie devra être dissipée dans l'espace ou stockée temporairement dans l'écosphère, c'est-à-dire dans la couche superficielle des océans et de la lithosphère.

Même si la pluie nous semble moins agréable que le soleil, elle est indispensable au maintien de la vie sur les continents.

L'océan est ainsi *le* grand accumulateur d'énergie, et sa température superficielle augmente depuis un siècle sous l'effet de la chaleur supplémentaire retenue dans l'atmosphère par la quantité grandissante de gaz à effet de serre, ce qui explique d'ailleurs le réchauffement marin observé au 20e siècle[6]. L'atmosphère, qui répond beaucoup plus rapidement, s'est aussi réchauffée de façon notable, soit de plus de 0,6 °C au 20e siècle. C'est pourquoi on parle de «réchauffement global»: il n'y a pas que l'atmosphère qui se réchauffe, mais aussi l'océan, ce qui fait craindre qu'il soit impossible d'éviter les impacts des gaz à effet de serre déjà émis dans l'atmosphère.

Mais le réchauffement n'est pas la seule façon par laquelle le climat ajuste son bilan radiatif. Plus de chaleur signifie plus d'évaporation, donc des changements dans l'abondance et la répartition des précipitations. C'est aussi plus d'énergie dans l'air, donc plus de vents violents, d'orages et ainsi de suite.

Certains des effets escomptés, comme la plus grande quantité de nuages, peuvent masquer l'effet du réchauffement, puisque ceux-ci reflètent une partie de la lumière du Soleil, sans qu'elle puisse transférer son énergie à la Terre. D'autres impacts, au contraire, tel ce réchauffement des océans, vont amplifier le réchauffement par une libération accrue du CO_2 contenu dans les eaux qui remontent des fonds océaniques. Enfin, en libérant le méthane présent dans le pergélisol, le réchauffement nous réserve sans doute encore bien des surprises dans le futur.

Comment le climat évoluera-t-il au cours du prochain siècle? Pour répondre à cette question, il faut s'intéresser à ce qui est arrivé dans le passé. Après tout, notre planète en a vu d'autres!

---

6. Ce réchauffement, mesuré au moyen de 7 millions d'échantillons, a été clairement attribué à l'influence anthropique par un groupe du Scripp's Institution of Oceanography en février 2005. Voir le chapitre 6.

À la recherche du climat passé

e même vieillard me raconte que, dans sa jeunesse, les hivers étaient infiniment plus froids que ceux de maintenant, et l'on peut dire qu'il s'est produit depuis lors un changement très notable. Il tombait autrefois beaucoup plus de neige que maintenant. Il se rappelle bien des années où les concombres, les citrouilles, etc. ont été anéantis par la gelée à la Saint-Jean d'été [en suédois : midsommar] ; il affirme en outre que les étés de maintenant sont beaucoup plus chauds que ceux de beaucoup d'années antérieures. Il y a 30 ans s'est produit l'hiver le plus froid qu'il ait jamais subi et dont il puisse se souvenir. De nombreux oiseaux sont morts de froid[1].

Cette citation, tirée des chroniques de voyage du Suédois Peter Kalm dans la vallée du Saint-Laurent, pourrait bien être racontée encore aujourd'hui en parlant des années 60-70 au Québec. Pourtant, elle relate une conversation qui a été consignée en 1749.

Les archives climatiques inscrites dans la glace permettent de retracer le climat de plusieurs dizaines de milliers d'années dans le passé.
Ève-Lucie Bourque

---

1. Jacques Rousseau et Guy Béthune, *Voyage de Pehr Kalm au Canada en 1749. Traduction annotée du journal de route*, Montréal, Pierre Tisseyre, 1977, p. 421. Feuillet 835, Entre Québec et Trois-Rivières, samedi 2 septembre.

La plupart des gens ont tendance à oublier d'une année à l'autre les variations du climat, retenant à peine les extrêmes. Beaucoup se rappellent la canicule en Europe en juillet et août 2003, mais combien se souviennent que l'été 2000 a été frais et pluvieux dans la même région?

Parler de changements climatiques suppose que nous sachions ce que peut être un climat «normal». Or, nous l'avons déjà dit, les variations interannuelles du climat sont relativement grandes. En quelques décennies, en un point précis de la planète, la température annuelle moyenne peut varier de plusieurs degrés, à la hausse ou à la baisse. Une année exceptionnellement froide ou chaude peut, à l'échelle planétaire, varier de 1 °C ou 2 °C par rapport à la moyenne, cachant ainsi des variations plus fines. Pour détecter une tendance telle que le réchauffement de 0,6 °C du climat planétaire sur un siècle, il faut consulter des séries historiques les plus longues possibles, établir des moyennes et déterminer l'écart des données climatiques disponibles aujourd'hui par rapport à ces moyennes. Ce qui diffère aujourd'hui, c'est qu'on peut vérifier dans les archives les données climatiques mesurées dans les années 60 et au cours de la décennie suivante, alors que c'était impossible en 1749 de se fier à autre chose que la mémoire d'un témoin qui avait vécu le début du 18e siècle.

LACUSTRE
Qui a trait aux lacs.

Malheureusement, on ne prend des mesures climatiques fiables que depuis un siècle environ. Pourtant, le climat a varié dans le passé. L'histoire de la planète fournit en effet de nombreux exemples de variations climatiques considérables, qui se sont traduites par des glaciations ou des transformations écologiques d'envergure. Alors, comment savoir si les variations que nous observons aujourd'hui sont exceptionnelles?

Ces variations n'avaient pas d'autre origine que des causes naturelles. En effet, l'espèce humaine n'a commencé à atteindre un effectif important, à l'échelle de la biosphère, qu'au début du 20e siècle. Nous verrons comment on a pu déduire les fluctuations passées du climat de la Terre et comment les observations nous permettent de distinguer les variations naturelles des influences humaines, ce que l'on nomme le «signal anthropique». Pour ce faire, nous nous attarderons entre autres choses à quelques épisodes de réchauffement climatique passés, clairement identifiés. Nous verrons qu'aucun de ces épisodes n'équivaut, ni en intensité ni en vitesse, à celui dont nous sommes les témoins depuis quelques décennies.

Dans la boîte à outils des paléoclimatologues et autres explorateurs du climat, on trouve des techniques et des méthodes en constante évolution et dont le plein potentiel est encore loin d'être atteint, d'où la controverse qui émerge à l'occasion autour de certaines découvertes. L'analyse des carottes de glace, de la composition des sédiments marins et lacustres et des anneaux de croissance des arbres ainsi que les techniques d'archéologie sont parmi les méthodes dont nous ferons le survol ici, avant de présenter, au chapitre 6, un aperçu des modèles climatiques qui permettent, dans une certaine mesure, de superposer les observations récentes aux données historiques. Ce domaine de la science du climat est des plus intéressants, puisqu'il sert de base à la prévision des climats à venir.

Enfin, l'étude du passé et son lien avec la modélisation du futur nous aident à comprendre pourquoi on doit s'inquiéter des conséquences du réchauffement global. Les hypothèses portant sur ces conséquences sont basées, comme nous le verrons, sur les scénarios officiels proposés par l'autorité en la matière, c'est-à-dire le Groupe intergouvernemental d'experts sur l'évolution du climat (GIEC)[2]. Depuis 2001, la puissance des ordinateurs aidant, quelques équipes de scientifiques ont réussi à bâtir des modèles régionaux du climat qui ont une définition beaucoup plus fine que les modèles globaux. Nous évoquons ce sujet au prochain chapitre.

Dans le présent chapitre, nous verrons comment diverses méthodes issues de la chimie, de la glaciologie, de la géologie, de l'histoire et de la dendrologie permettent des recoupements qui nous donnent de précieuses indications cohérentes sur les climats du passé.

L'histoire et les climats

L'histoire est pleine d'éléments qui permettent de déduire de l'information sur les climats du passé. Bien sûr, on peut obtenir des mesures de température précises pour le dernier siècle[3], mais cela est plus difficile pour l'époque précédant l'invention des instruments scientifiques de mesure du climat. On peut toutefois s'aider en étudiant l'ampleur de l'expansion géographique de certaines cultures et l'histoire de la colonisation des territoires. Sur des bases plus anecdotiques, les dates de certaines récoltes, ou des vendanges, la qualité ou la quantité du vin ont souvent été consignées par les autorités qui en prélevaient une portion à titre d'impôt ou de dîme. Les famines, lorsqu'elles s'expliquaient par des conditions climatiques exceptionnelles, les témoignages sur l'avancée ou le recul des glaciers sont des éléments dont l'historien peut déduire des tendances climatiques. Ces mesures demeurent toutefois locales ou régionales et ne sont pas suffisantes pour qualifier le climat à l'échelle planétaire. Par ailleurs, l'humanité n'étant pas motivée uniquement par le climat, il ne faut pas négliger les aspects politiques qui peuvent constituer un élément déterminant dans les expansions territoriales, les famines, etc. Quant à la qualité du vin, la discussion reste ouverte !

Par exemple, l'histoire nous apprend qu'en 982 Erik le Rouge découvrit le Groenland et en amorça la colonisation à partir de l'Islande. C'était l'époque où les Vikings régnaient sur la Scandinavie et effectuaient des expéditions un peu partout au nord de l'Europe. On sait également qu'une agriculture et un élevage de subsistance furent pratiqués au Groenland pendant quelques siècles, ce qui laisse supposer que le climat y était à l'époque semblable à celui du nord de l'Écosse aujourd'hui. Cependant, il ne faut pas oublier qu'à l'époque on punissait d'exil les criminels, ce qui explique sans doute une

---

2. Voir le chapitre 10 (encadré 10.1) pour la description détaillée de cette organisation internationale composée de scientifiques de partout et de tous les domaines.

3. Les services climatiques américains ont mis à la disposition du public, en 2001, une base de données sur les températures enregistrées dans les stations météorologiques de ce pays depuis 1895. On peut les consulter à l'adresse http://www.ncdc.noaa.gov/ol/climate/research/cag3/cag3.html

partie de la motivation d'Erik à aller fonder une colonie loin des siens.

Cette occupation humaine hâtive, à une époque où les capacités techniques étaient réduites, donne à penser que le climat était, au temps des Vikings, plus clément qu'aujourd'hui. Cela est vrai en partie, comme semblent le démontrer les reconstitutions les plus récentes du climat de l'hémisphère Nord. On pensait effectivement, jusqu'à récemment, que la température globale de l'époque était plus élevée que de nos jours. Or, cet «optimum médiéval», comme on l'a appelé, s'est révélé de nature beaucoup plus régionale que globale, ce qui tend à confirmer que le réchauffement accéléré que nous observons depuis la fin du 20e siècle constitue un événement sans précédent au cours des 1 000 dernières années[4].

TERRE VERTE
Groenland signifie «terre verte» en norvégien.

L'occupation de la « Terre verte » par les Vikings ne fut jamais bien importante, si l'on se fie aux découvertes archéologiques effectuées depuis. Elle se termina vers 1347, en raison de difficultés croissantes dans les échanges de biens et de personnes avec la mère patrie, lesquels étaient par ailleurs absolument nécessaires, ce qui démontre que l'autarcie de la colonie était sans cesse remise en question. Il semble que les conditions de glace dans les eaux entourant le Groenland, vers cette époque, rendirent la communication de plus en plus difficile. L'arrivée d'une période de températures plus froides, que l'on a appelée le «Petit Âge glaciaire», aurait ainsi

AUTARCIE
Caractère de celui qui se suffit à lui-même.

contribué à l'interruption forcée de la colonisation du Groenland, dont on sait que la population, au début du millénaire, entretenait des contacts réguliers avec la métropole. Cela laisse supposer des conditions plus favorables avant 1303, début officiel du Petit Âge glaciaire en Europe.

Après un abandon de presque quatre siècles, les Danois sont revenus au Groenland vers 1721, peut-être à la faveur d'un réchauffement qui a marqué la période de 1717 à 1740 telles que l'attestent des vendanges de qualité et en quantité tant en France qu'en Suisse à cette époque[5], ainsi que le témoignage que nous vous présentons au tout début du chapitre. Aujourd'hui, ce territoire autonome du Danemark, d'une population estimée à environ 55 500 habitants, possède une économie essentiellement dépendante de l'extérieur, en raison du déclin de la pêche. On n'y pratique, plus qu'ailleurs, ni culture céréalière ni élevage, ce qui pourrait nous inciter à croire que les conditions climatiques actuelles du Groenland sont encore moins favorables qu'il y a 1 000 ans. En fait, les exigences des populations actuelles sont différentes de celles des populations de l'époque et l'autosuffisance des collectivités, en cette ère de mondialisation, n'est plus une nécessité aussi vitale qu'au 10e siècle.

Par ailleurs, les conditions ayant prédominé durant les quelques siècles où les Vikings ont eu des colonies au Groenland étaient vraisemblablement liées à un réchauffement climatique régional dans l'Atlantique Nord. Cela vient de

---

4. On trouve un résumé de quelques études récentes à ce sujet au site Internet du US Global Change Research Program : http://www.usgcrp.gov

5. E. Leroy-Ladurie, *Histoire humaine comparée du climat*, vol. 1, *Canicules et glaciers, XIII au XVIIIe siècle*, Paris, Fayard, 2004, 740 p.

ce que les effets d'un réchauffement, même mineur, du climat planétaire se font d'abord sentir aux latitudes élevées, comme l'illustrent l'ouverture du passage du Nord-Ouest[6] et la diminution du couvert de glace de l'océan Arctique ces dernières années.

La figure 5.1 montre les écarts de température du dernier millénaire, mesurés par diverses méthodes indirectes, par rapport à la moyenne calculée pour la période de 1902 à 1980, où l'on disposait de données instrumentales fiables. Malgré les marges d'incertitude considérables pour les données provenant de mesures indirectes, il est facile de repérer les basses moyennes caractéristiques du Petit Âge glaciaire (de 1400 à 1850 approximativement) de même que l'envolée du mercure correspondant au réchauffement des dernières décennies. On voit clairement que la variabilité dans les mesures se réduit au 20e siècle en raison de méthodes de calcul plus efficaces. Cependant, l'augmentation de la température annuelle moyenne dépasse la variabilité des mesures reconstituées à partir des données historiques, ce qui incite d'autant plus à prendre au sérieux l'hypothèse d'un changement climatique.

Plusieurs autres indices de nature historique portent à croire qu'il y a eu, dans l'histoire récente de l'humanité, des fluctuations assez importantes du climat terrestre, à tout le moins à l'échelle

Figure 5.1
Reconstitution des températures moyennes annuelles depuis le Moyen Âge

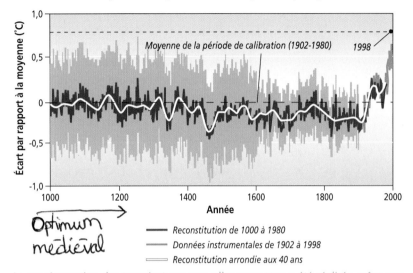

La représentation des températures annuelles moyennes a été réalisée grâce aux reconstitutions obtenues par la dendrochronologie, l'analyse de carottes de glace et la lecture d'instruments divers. Cette reconstitution des températures moyennes montre que l'année 1998 a été plus chaude de deux fois l'écart type de n'importe quelle année depuis 1000 ans. Les écarts types sont illustrés en jaune (l'écart type représente, en quelque sorte, l'étendue caractéristique d'une mesure au-dessous et au-dessus de la moyenne). Les lignes représentent chacune (de haut en bas):

- La reconstitution (de 1000 à 1980);
- Les données instrumentales (de 1902 à 1998);
- La moyenne de la période de calibration (de 1902 à 1980);
- La reconstitution arrondie aux 40 ans (pour réduire l'incertitude);
- La tendance linéaire (de 1000 à 1850).

Les calculs faits à partir de données reconstruites ont été calibrés en fonction des observations directes au XXe siècle.

Source: National Oceanic and Atmospheric Administration (NOAA)

---

6. Ce passage a acquis une dimension presque mythique pour les navigateurs, les explorateurs et les commerçants du 18e au 20e siècle. Il devait exister une voie maritime permettant de relier les riches marchés asiatiques en passant par le nord du Canada, au lieu de devoir contourner le cap de Bonne-Espérance, en Afrique, ou le cap Horn, à la pointe de l'Amérique du Sud. On mettait en moyenne deux ans pour parcourir la distance, dans des conditions souvent très difficiles. L'ouverture du canal de Panama et les progrès de la marine ont permis de raccourcir le trajet mais le voyage restait très long. Vers 1990, alors que le passage fut libéré de ses glaces suffisamment longtemps pour réduire la traversée à moins de deux semaines, on a commencé à envisager cette option. À l'été 2003, le voilier *Sedna IV* a franchi le passage sans encombre pour y tourner un film sur les impacts du réchauffement.

régionale. Dans le sud de l'Europe, même avant l'invention de l'écriture, les dessins retrouvés sur les parois des grottes où vivaient les hommes préhistoriques il y a des dizaines de milliers d'années représentaient des animaux typiques des écosystèmes arctiques. On chassait par exemple, à cette époque, le renne et le bœuf musqué dans le sud de la France. Ces animaux sont aujourd'hui l'apanage de l'Arctique. Des peintures rupestres datant de 10 000 ans, dans le Sahara, montrent des paysages verdoyants et une faune abondante sur les rives de grands plans d'eau. L'Afrique du Nord n'était-elle pas le grenier de l'Empire romain il y a moins de 2 000 ans?

Encadré 5.1

L'optimum médiéval : phénomène local ou global ?

Entre 800 et 1200 de notre ère, l'Europe a connu une période chaude appelée «optimum médiéval», comparable à celle que nous vivons et marquée par des hivers doux et des étés chauds et secs. Cette période donna lieu à un retrait glaciaire qui, dans les Alpes, semble avoir été semblable à celui que nous observons aujourd'hui. À partir de 1350 et jusqu'à 1850, le climat européen et nord-américain se refroidit pour donner ce que nous appelons le «Petit Âge glaciaire». Bien sûr, nous avons appris cela par le recoupement de sources indirectes. Pour l'Europe, ce furent en particulier les récits historiques; pour les autres continents, la tâche est beaucoup plus difficile. La mise en relation des événements et des températures de l'optimum médiéval et du Petit Âge glaciaire en Europe avec les récits des historiens a été relatée par Brian Fagan dans un livre publié en 2000*. Pourtant, les courbes de Mann (figure 5.1) de la reconstruction du climat du dernier millénaire ne portent pas trace de l'optimum médiéval, ce qui pourrait laisser croire qu'il s'agit d'une variation climatique locale. Cette opinion n'est cependant pas partagée par l'ensemble de la communauté scientifique, ce qui alimente bien sûr l'idée qui circule dans les médias à l'effet que les scientifiques ne sont pas tous d'accord avec la théorie des changements climatiques.

Dans un article paru à l'été 2001**, Wallace Broeker de l'Université Columbia, à New York, souligne la grande incertitude au sujet des températures de la reconstruction de Mann et indique que l'optimum médiéval pourrait avoir été un réchauffement semblable à celui que nous observons aujourd'hui et relèverait d'un phénomène naturel qui influencerait le climat planétaire tous les 1 200 ans environ. Cela expliquerait selon lui pourquoi les températures moyennes ont commencé à s'élever rapidement à la fin du 19e siècle, sans que les concentrations de CO_2 aient crû de façon marquée à cette époque. Broeker ne remet toutefois pas en doute la contribution anthropique au réchauffement climatique et se contente de souligner que la rapidité de l'augmentation observée pourrait être attribuable à la combinaison des deux phénomènes. Pour déterminer si l'optimum médiéval était une variation locale du climat de l'Atlantique Nord ou correspondait à une augmentation globale de la température terrestre, il propose d'étudier les traces d'avancée et de recul des glaciers dans les deux hémisphères.

Mann a révisé les données de sa reconstruction et y a effectivement trouvé quelques erreurs mineures. Celles-ci corrigées, ses conclusions demeurent toutefois exactement les mêmes.

* B. Fagan, *The Little Ice Age. How Climate Made History*, New York, Basic Books, 2000, 246 p.
** W.S. Broeker, «La fonte des glaces au Moyen Âge», *La Recherche*, n° 343, 2001, p. 34-38.

Encadré 5.2

La valse des glaciers

Les glaciers sont formés par l'accumulation au fil des siècles de neige qui ne fond pas au cours des étés successifs. Sous le poids des nouvelles précipitations, la vieille neige se transforme en névé, une forme de glace fluide qui se déplace lentement au gré des pentes. L'avancée des glaciers, ou leur recul, n'est pas liée uniquement aux températures moyennes. Par exemple, une augmentation des précipitations neigeuses causera une accumulation plus grande et accélérera l'avancée de la bordure ou langue du glacier. Une diminution de la quantité de neige en revanche exposera une glace salie par les débris arrachés par le vent à la roche, ce qui accélérera la fonte. À la bordure, le glacier est sensible à deux facteurs: la température et la chaleur réémise par les roches qui le bordent. En période de réchauffement, un petit glacier reculera beaucoup plus vite qu'un grand. Enfin, les eaux de fonte circulent à l'intérieur des glaciers, formant de véritables rivières et des lacs quelquefois impressionnants. Dans l'histoire, des glaciers connus comme la mer de Glace, près de Chamonix, ont avancé et reculé quelquefois de plusieurs centaines de mètres.

Dans l'ensemble, les glaciers de la planète ont reculé au 20e siècle. Les grands glaciers dans les parcs nationaux aux États-Unis ont été réduits des deux tiers depuis 1850. Le glacier qui recouvre le mont Kilimandjaro, en Tanzanie, a perdu 82 % de sa superficie depuis 1912 et d'ici une quinzaine d'années pourrait avoir disparu, comme la grande majorité des glaciers de la zone intertropicale. Les glaciers de l'Himalaya sont aussi touchés. Mais ces phénomènes, tous inquiétants qu'ils soient, ne peuvent pas être directement liés au changement climatique, ce qui ne veut pas dire cependant qu'il n'y ait pas de lien indirect déterminant.

Par exemple, les glaces du Kilimandjaro sont situées au-dessus de l'isotherme zéro, mais elles reculent tout de même. Le retrait des glaciers alpins et nord-américains a commencé après le Petit Âge glaciaire, avant qu'on commence à enregistrer une hausse importante du CO_2 dans l'atmosphère.

Dans les glaciers andins de basse altitude, le recul a été associé à une fréquence accrue des événements El Niño, mais même si c'est une hypothèse plausible, on n'a pas déterminé de façon certaine si ceux-ci sont liés aux changements climatiques récents.

Aux hautes latitudes, les données sont moins claires, le Groenland subit une perte nette de ses glaces, comme l'Antarctique d'ailleurs, mais il y a avancée des glaciers sur un côté et perte sur l'autre de ces continents glacés. Plusieurs équipes scientifiques se penchent sur les mouvements des glaces et leur corrélation avec les changements climatiques. On s'entend cependant sur une perte nette de 20000 km² de glaciers dans l'Arctique au cours de la période 1965-2050.

Encadré 5.3

Adieu aux neiges du Kilimandjaro

En 2001, on prévoyait la disparition des glaciers qui recouvrent le mont Kilimandjaro en Tanzanie vers 2015-2020. Cette montagne de 5 895 m est la plus haute d'Afrique. Située à 200 km de l'équateur, son sommet enneigé fait partie des images les plus connues dans la littérature. Les glaciers qui en recouvraient le sommet n'ont cessé de reculer depuis le début du 20e siècle, à une vitesse constamment accélérée.

Cette vue aérienne montre qu'en 2005, le couvert de neige qui a donné le nom de la montagne est disparu presque entièrement. C'est la première fois depuis 11 000 ans que cela se produit au dire des scientifiques. La seule raison qui puisse expliquer ce phénomène est le réchauffement du climat observé au 20e siècle.

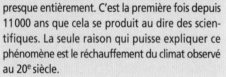

Magnum/Alex Majoli

Cette photographie fait partie d'un livre* qui a été offert aux ministres de l'énergie et de l'environnement de 20 pays industrialisés réunis à Londres en Angleterre le 15 mars 2005 pour discuter des impacts du changement climatique. Le livre illustre en photographies les effets du changement climatique à l'échelle mondiale.

* *NorthSouthEastWest: A 360° View of Climate Change,* Magnum Photo 2005 (Collectif de photographies).

Plus près de nous, des scientifiques[7] se sont intéressés au déclin soudain des populations précolombiennes, en particulier la très avancée civilisation maya, connue pour son alphabet, son architecture et le degré d'avancement de ses connaissances astronomiques. C'est vers l'an 800 de notre ère que cette civilisation, alors à son apogée, aurait subitement décliné. Plusieurs hypothèses ont été avancées pour tenter d'expliquer ce phénomène, entre autres les guerres, les maladies, le chaos social. Des découvertes récentes tendent cependant, sans nier l'importance des autres facteurs, à donner au climat un rôle clé dans la chute des cités mayas. En effet, l'étude de sédiments lacustres provenant de la péninsule du Yucatán permet de déduire qu'une sécheresse importante a sévi à cette époque. Il est donc tout à fait plausible que le stress causé par le manque d'eau ait contribué à précipiter la diminution soudaine de la population des Mayas. Jared Diamond[8] explique ce déclin qui a vu disparaître 90 % de la population maya par une dégradation de l'environnement associée à la déforestation, à l'érosion des sols et aux difficultés d'approvisionnement en eau qui se sont traduits par des pénuries alimentaires. Cela a donné lieu à une série de guerres et de révoltes qui sont venues à bout des élites et causé l'effondrement de la civilisation la plus avancée en Amérique avant l'arrivée de Christophe Colomb à la fin du 15e siècle.

---

7. L'équipe de David A. Hodell, de l'Université de Floride, a recueilli les échantillons de sédiments lacustres qui ont particulièrement intéressé l'archéologue expert de la civilisation maya, Jeremy A. Sabloff, directeur du Musée d'archéologie et d'anthropologie de l'Université de Pennsylvanie.

8. J. Diamond, « The Ends of the World As We Know Them », *The New York Times*, 1er janvier 2005.

Les peintres du passé ont aussi contribué par leurs œuvres à nous donner un témoignage sur les climats de leur époque. Ainsi, le tableau de Gabriel Bella montrant les Vénitiens patinant sur leur lagune gelée en 1708 tend à confirmer la rigueur des hivers en Europe au Petit Âge glaciaire. Cela serait bien sûr impensable aujourd'hui. Dans l'hémisphère Sud, les journaux de bord des navigateurs qui croisaient de nombreux icebergs en doublant le cap Horn sont aussi indicateurs de la rigueur du climat de l'époque, mais demeurent des indicateurs ponctuels et difficiles à interpréter, ces icebergs provenant possiblement de l'Antarctique ou de la Patagonie.

Il serait intéressant de multiplier les anecdotes historiques, telles que les mauvaises récoltes, les famines, des étés caniculaires, le gel permanent de lacs et de rivières, qui toutes peuvent indiquer des variations de quelques degrés dans les températures annuelles des contrées où l'on effectue des relevés historiques systématiques. Toutefois, cela allongerait inutilement notre propos, sans compter que les témoignages humains sont par définition sujets à controverse, vu leur nature régionale et anecdotique. Il est très difficile pour un scientifique de prendre en compte des données qui n'ont pas été collectées systématiquement, selon une méthode reproductible. Emmanuel Leroy-Ladurie a toutefois fait ce travail pour l'Europe dans sa magistrale *Histoire humaine et comparée du climat* dont les deux volumes couvrent l'analyse historique des températures entre les années 1200 et le 21e siècle. Le lecteur intéressé y trouvera une somme de faits et d'analyses qui rendent hommage à la

Une pyramide typique de la civilisation maya, disparue il y a plus de 1000 ans. Le temple 1 de Tikal, au Guatemala, est un vestige qui témoigne encore de l'impressionnante civilisation maya, dont le déclin précipité pourrait s'expliquer en partie par un climat devenu soudainement plus sec vers 800 après J.-C.
Paul G. Adam/Publiphoto

rigueur de cet historien et nous montrent bien l'influence du climat dans ses diverses manifestations sur l'humanité. Pour sa part, Pascal Acot a publié, en 2004, une histoire du climat qui montre à la suite de l'étude de nombreux événements historiques qu'il ne faut pas non plus tout attribuer au climat dans l'histoire, même si celui-ci joue parfois un rôle déterminant dans les aléas politiques[9]. Il faut toujours se méfier de ceux qui donnent une interprétation déterministe aux faits historiques. Les causes sont rarement simples et l'humain est beaucoup plus complexe à expliquer que le laissent entendre ceux qui attribuent à des changements climatiques la naissance ou le déclin des civilisations.

9. P. Acot, *L'histoire du climat*, Paris, Perrin, 2004, 313 p.

Il existe tout de même quelques méthodes permettant de remonter dans le temps, afin d'obtenir des indices climatiques indépendants des témoignages humains sur les époques où les instruments météorologiques, et par conséquent les relevés, étaient inexistants, imprécis ou moins systématiques qu'aujourd'hui.

Le secret est inscrit dans la glace

Les glaciers et les calottes polaires ont pour caractéristique de rester gelés toute l'année. Une partie des précipitations neigeuses qu'ils reçoivent s'y accumulent, année après année, et finissent par se transformer elles-mêmes en

---

Encadré 5.4

Quand le climat fait l'histoire

Dans *The Little Ice Age. How Climate Made History**, publié à l'automne 2000, Brian Fagan, professeur d'archéologie à l'Université de Californie, explore le rôle déterminant qu'a joué le climat dans l'histoire européenne au cours du Petit Âge glaciaire. Le chercheur recoupe des données concernant aussi bien les dates de vendanges et les états financiers des monastères que les éruptions volcaniques importantes, ainsi que les données dendroclimatologiques ou les observations des chroniqueurs de l'époque. Selon cet auteur, les changements climatiques typiques du Petit Âge glaciaire ont provoqué des famines et une misère sociale telles que la révolution industrielle et la Révolution française peuvent être attribuées en grande partie aux avatars climatiques. Fagan nous met en garde contre les changements climatiques à venir, qui pourraient engendrer un certain chaos, surtout dans les pays où l'on pratique encore une agriculture de subsistance et là où les populations peuvent être menacées par les caprices de la météo. Leroy-Ladurie quant à lui établit des relations beaucoup plus détaillées entre les événements climatiques communs, les famines et les événements politiques survenus en Europe. Ses conclusions sont tout à fait comparables avec celles de Fagan.

Les changements climatiques qui ont caractérisé le Petit Âge glaciaire montrent en effet que l'instabilité est la règle, alors que des décennies de temps chaud et sec étaient suivies de périodes extrêmement froides et pluvieuses. Leroy-Ladurie évoque trois hyper-petits âges glaciaires (hyper-PAG), soit 1303-1380, 1560-1600 et 1815-1860 avec des périodes chaudes, par exemple de 1500 à 1560 et de 1718 à 1738**.

Or, la présence d'une plus grande quantité de gaz à effet de serre dans l'atmosphère devrait augmenter cette instabilité, et même l'accentuer. Fagan craint par-dessus tout que la circulation océanique globale ne s'arrête en raison de la fonte des glaciers arctiques, ce qui placerait l'ensemble de l'Europe dans des conditions presque glaciaires, semblables à celles de l'ère du Dryas lors d'un tel événement (épisode de la déglaciation entre 12 000 et 10 000 ans avant aujourd'hui). Qu'adviendrait-il des centaines de millions de personnes qui peuplent ce continent si l'agriculture y devenait impossible et que le climat se mettait à ressembler à celui du nord du Canada? La perspective donne froid dans le dos! Les études présentées en février 2005 à Exeter par le Hadley Center for Climate Studies se font toutefois rassurantes sur l'horizon auquel cette catastrophe pourrait se produire comme on le verra au chapitre 7.

* B. Fagan, *op. cit.*
** E. Leroy-Ladurie, *op. cit.*

glace. Dans les épaisseurs de glace des calottes polaires et des glaciers en général sont ainsi enfermées des traces du climat passé. En effet, à mesure qu'elle s'accumule, la neige emprisonne les composantes de l'atmosphère qui s'y trouvent à ce moment. Chaque couche de neige transformée en glace sous la pression peut donc être considérée comme un bocal d'échantillonnage[10]. Mais comment fait-on pour y lire la température qu'il faisait à l'époque où la glace s'est formée?

Les principaux témoins du climat qui intéressent les scientifiques sont l'hydrogène et l'oxygène contenus dans l'eau de fonte de la glace. Les secrets de ces deux éléments sont en effet révélés par la mesure des concentrations relatives de leurs différents isotopes et permettent de statuer sur la température. Les bulles d'air emprisonnées entre les cristaux de glace révèlent quant à elles les concentrations de plusieurs éléments et composés atmosphériques dont les gaz comme le CO_2 et le méthane, les sels comme le sodium et le calcium, et les aérosols comme les sulfates.

Pour déterminer la température à partir de l'oxygène, les deux isotopes recherchés sont respectivement l'oxygène-16 (^{16}O) et l'oxygène-18 (^{18}O). Ces deux isotopes peuvent constituer des molécules d'eau; une petite fraction de celles-ci proviendra du ^{18}O ($H_2^{18}O$), tandis que la très grande majorité viendra du ^{16}O ($H_2^{16}O$).

Physiquement, ces deux types de molécules d'eau diffèrent, bien que très légèrement, par leur température d'ébullition ou par leur facilité d'évaporation ou de condensation. La différence fondamentale entre ces deux formes d'oxygène tient en fait à leur poids, qui est 12 % plus élevé pour le ^{18}O.

Quand le Soleil chauffe la mer, des molécules d'eau s'évaporent. On s'en doute bien, celles qui contiennent du ^{18}O ont besoin d'un peu plus d'énergie, pour passer en phase gazeuse, que les molécules contenant du ^{16}O. En conséquence, lorsqu'il fait plus chaud, la quantité de ^{18}O dans l'eau qui constitue les nuages est légèrement plus élevée. À son tour, la neige provenant de ces nuages associés à des périodes chaudes sera caractérisée par une teneur en ^{18}O plus importante. Lorsqu'il fait plus froid, au contraire, le rapport entre la concentration de ^{18}O et celle de ^{18}O diminue, parce que l'énergie n'est pas suffisante pour vaporiser les molécules moins volatiles de ^{18}O.

ISOTOPES
Formes différentes d'atomes d'un même élément. Ils sont constitués d'un nombre égal de protons et d'électrons, mais leur noyau atomique contient un nombre variable de neutrons. À l'exception de leur poids atomique et de certaines propriétés physiques, ces différents isotopes possèdent les mêmes caractéristiques chimiques. On peut les séparer les uns des autres par différentes techniques qui exploitent leurs propriétés physiques, par exemple le point d'ébullition.

---

10. La glace des glaciers étant formée par la pression qui s'exerce sur la neige qui s'accumule chaque année, des microbulles d'air y sont enfermées et conservées. En analysant ces microbulles, on peut reconstituer directement la composition de l'atmosphère à une époque donnée. C'est ainsi qu'a été déterminée la concentration de CO_2 atmosphérique de l'époque préindustrielle, évaluée à 280 ± 5 ppm pour l'année 1750. On peut trouver un résumé des méthodes d'extraction et d'analyse des gaz enfermés dans les glaces dans A. Neftel, H. Friedli, E. Moor, H. Lötsher, H. Oeschger, U. Siegenthaler et B. Stauffer, «Historical CO_2 Record from the Siple Station Ice Core». *Trends: A Compendium of Data on Global Change*, Carbon Dioxide Information Analysis Center, Oak Ridge (Tennesssee), National Laboratory, U.S. Department of Energy, 1994.

Comme la neige qui forme les calottes glaciaires provient principalement de l'eau évaporée des océans, les glaces permettent de connaître la composition isotopique des océans au fil du temps et sont donc un reflet de la température globale. Ainsi, au cours des périodes froides, la concentration de l'isotope ^{18}O dans la glace sera faible, et le rapport $^{18}O/^{16}O$ moins élevé que pendant les périodes chaudes.

L'hydrogène est l'autre élément dont les isotopes peuvent être utilisés pour «lire» la température passée. L'hydrogène-2, mieux connu sous le nom de «deutérium», ou «hydrogène lourd», est la forme qui se retrouve en plus faible concentration dans la glace d'épisodes froids. Comme dans le cas de l'oxygène, le rapport de la forme lourde ($^2H^-$) à la forme normale (H^-) d'hydrogène sera plus faible en période froide, toujours en raison du fait qu'il faut plus d'énergie pour évaporer une molécule plus lourde. Les isotopes d'hydrogène sont utilisés comme repères climatiques entre autres par l'équipe dirigée à l'époque par Jean Jouzel[11], du Laboratoire de modélisation du climat et de l'environnement de France, pour l'analyse des glaces de l'Antarctique.

L'analyse des glaces peut aussi donner des indices sur des changements dans la végétation continentale, car elles contiennent des pollens transportés par les courants atmosphériques et des poussières issues du volcanisme. Elle peut même fournir des indices de pollution atmosphérique ancienne. Par exemple, les glaces du Groenland montrent l'importance que pouvait avoir la pollution par le plomb à l'apogée de l'Empire romain. Ce sont d'importants témoins pour les scientifiques. Les traces de poussière atmosphérique servent d'ailleurs de point de repère pour la datation des échantillons de glace en permettant de situer dans le temps des événements connus, comme l'éruption de volcans.

Depuis les années 80, des forages dans la glace se déroulent à Summit, au Groenland. Des équipes européennes, le Greenland Ice Core

Encadré 5.5

Les glaces des pôles plus fiables

Pourquoi voit-on toujours des reconstructions du climat à partir de carottes de glace provenant des pôles, soit au Groenland ou en Antarctique? La raison est simple. Les glaces des pôles sont constamment sous le point de congélation et elles ne sont jamais éclairées directement par le Soleil, ce qui fait qu'elles ne fondent pas et se subliment peu. La lecture qu'on peut y faire de la température peut être étroitement corrélée avec l'année où la neige s'est déposée, alors que dans les glaciers de montagne, cette datation est plus imprécise. De plus, au cours des dernières années, la fonte accélérée des glaciers de montagne a créé une détérioration de la glace et mélangé les couches, ce qui en rend la lecture impossible.

---

11. Le professeur J. Jouzel a publié en collaboration avec A. Debroise un ouvrage de vulgarisation qui traite de façon détaillée de l'analyse des climats passés par les rapports isotopiques: *Le climat, jeu dangereux*, Paris, Dunod, 2004, 212 p. Jean Jouzel travaille actuellement à l'Agence de l'énergie atomique française.

Project (GRIP) et américaine, le Greenland Ice Sheet Project (GISP2), y sont à l'œuvre. À l'autre bout de la planète, l'Antarctique constitue également un terrain exceptionnel pour l'étude du climat à partir des glaces. La station russe de Vostok était jusqu'à récemment le seul site de forage sur le vaste continent de glace mais depuis quelques années des équipes japonaises et européennes se sont lancées dans l'exploration de plusieurs nouvelles stations.

Les analyses des diverses équipes de scientifiques qui ont étudié les carottes de glace provenant de l'Antarctique et du Groenland permettent de tracer des courbes de concentration de dioxyde de carbone et de température estimées à partir des isotopes de l'oxygène ou de l'hydrogène. Ces analyses ont permis jusqu'à maintenant de révéler à partir du forage de Vostok l'existence d'une très forte relation entre les variations climatiques et la concentration des gaz à effet de serre au cours des 200 000 dernières années. Ce même type d'analyse effectué sur les forages du centre du Groenland (GRIP et GISP2) a démontré que la dernière période glaciaire et la transition vers l'Holocène (il y a environ 10 000 ans) ont été marquées par des variations climatiques globales très rapides, c'est-à-dire à l'échelle d'une vie humaine.

Non seulement les courbes de température et de concentration de gaz à effet de serre se suivent de façon remarquable pour chacun des forages, mais qui plus est, la similitude entre les courbes du Groenland et celles de l'Antarctique est étonnante. D'ailleurs, la chronologie des carottes de glace extraites en Antarctique est validée par la comparaison avec les forages du Groenland.

Un peu plus creux, beaucoup plus loin…

Le projet de forage qui retient le plus l'attention ces derniers temps est sans doute celui du projet EPICA, qui a permis de réaliser de très intéressantes avancées dans le décryptage du climat ancien.

À partir d'une station, le Dome C, situé à 1 000 kilomètres de la côte et à près de 500 km de la célèbre station de Vostok, dans l'est de l'Antarctique, l'équipe de chercheurs européens a réussi à creuser jusqu'à plus de 3 000 m de profondeur dans la glace. Cette épaisseur de glace permet de retracer l'histoire du climat des 740 000 dernières années. Ce forage dont les secrets ne sont pas encore tous révélés est étonnant à plusieurs points de vue. D'abord, il s'agit de la plus vieille glace extraite de tous les forages réalisés à ce jour. Ensuite, il couvre trois glaciations de plus que les forages les plus anciens extraits précédemment de Vostok et du Groenland, dont l'âge était d'environ 400 000 ans. Rappelons que les glaciations[12] sont des périodes caractérisées par de longues périodes glaciaires que viennent interrompre des épisodes de réchauffement de plus courte durée. Les forages de Vostok et du Groenland couvraient quatre de ces glaciations. Enfin, le forage du projet EPICA couvre au complet la période interglaciaire

---

12. Depuis 500 000 ans environ, les cycles de glaciations ont une périodicité approximative de 100 000 ans qui serait associée au cycle d'eccentricité de l'orbite terrestre.

Encadré 5.6

La récolte des précieux glaçons

Les chercheurs de dix pays européens composent l'équipe du projet EPICA, en cours de réalisation au Dome Concordia (Dome C) en plein Antarctique. Ces scientifiques travaillent à des températures oscillant entre –50 °C et –25 °C selon la saison. Ils bénéficient heureusement d'installations leur offrant loisirs et confort, avec en prime l'eau chaude à volonté !

Les forages dans la glace nécessitent de l'équipement très spécialisé, compte tenu des conditions dans lesquelles se déroulent les opérations et de la précision exigée pour l'analyse des échantillons. L'équipement utilisé par les chercheurs pour extraire les carottes de glace consiste essentiellement en une tête foreuse munie d'un tube de 3,5 m de longueur et de 10 cm de diamètre. Les carottes sont remontées à coups de 1, 2 ou 3 m de longueur à la fois, selon l'état de la glace, qui varie en fonction de la profondeur. Par exemple, à 3000 m, la pression intense agit sur la glace et la maintient dans un état près du point de congélation. Des techniques particulières sont alors nécessaires pour forer et remonter les carottes en bon état et sans bris d'équipement.

Il va de soi que la manipulation de ces précieux glaçons et la préservation de l'information qu'ils renferment exigent des vêtements et des instruments spéciaux qui préviennent toute contamination. Une fois à la surface, les échantillons sont soigneusement identifiés, emballés et stockés avant d'être acheminés vers les laboratoires qui en dévoileront les secrets. Certaines analyses peuvent tout de même être faites sur place, comme le profil diélectrique et la conductivité électrique permettant de déterminer en continu l'acidité et les concentrations en sels de la glace. L'examen des caractéristiques physiques des strates de dépôt permet aux chercheurs d'établir les variations annuelles d'accumulation de la neige. Des équipes déterminent les ratios entre les différents isotopes d'oxygène de façon très précise, par spectrométrie de masse. Les composés chimiques sont définis et mesurés par des analyses en flux continu et par chromatographie. D'autres chercheurs encore tentent de découvrir l'origine des poussières déposées en utilisant la microscopie à balayage électronique, cherchant par là à étudier les activités volcaniques passées. Il est même possible d'identifier les grains de pollen emprisonnés entre les couches de glace et d'obtenir ainsi des indices sur la composition végétale et, indirectement, sur les conditions climatiques de leur lieu d'origine.

Depuis 500 000 ans environ, les cycles de glaciation ont une périodicité approximative de 100 000 ans qui serait associée au cycle d'eccentricité de l'orbite terrestre.

Un historique ainsi que des résultats de recherche figurent dans le site Internet de la Fondation européenne de la science, qui chapeaute le projet EPICA : http://www.esf.org/. Par ailleurs, il est possible d'en savoir plus sur les projets réalisés au Groenland en consultant notamment le site du projet GISP réalisé par des chercheurs américains : http://www.gisp2.sr.unh.edu/GISP2/

Des carottes de glace recueillies à quelques milliers de mètres de profondeur et en plusieurs endroits de la planète sont utilisées pour l'étude des isotopes. On peut également y trouver de l'information sur les poussières atmosphériques, les transformations du couvert végétal, l'accumulation de glace et les émissions anthropiques.

Source : National Oceanic and Atmospheric Administration (NOAA) Paleoclimatology Program

s'étendant aux alentours de 430 000 ans avant aujourd'hui, ce que ne permettaient pas les glaces extraites des précédents forages. En cela, l'intérêt se trouve dans le fait que pendant cette période interglaciaire l'eccentricité[13] de la Terre était presque identique à celle où la planète se situe aujourd'hui et où la concentration de CO_2 atmosphérique était sensiblement la même que celle de notre ère préindustrielle. Or, si le climat qui régnait à l'ère interglaciaire d'il y a 430 000 ans ressemblait à celle d'aujourd'hui, cette ère a duré 28 000 ans alors que le nôtre n'est en place que depuis 12 000 ans.

Se pourrait-il que la période interglaciaire que nous vivons actuellement touche à sa fin avec le réchauffement en cours? C'est la question que les chercheurs du projet EPICA soulèvent dans un article publié dans la revue *Nature* en juin 2004[14]. Sachant que les variations de température moyennes entre les périodes glaciaires et interglaciaires sont d'environ 6 °C et que nous pourrions bien avoir atteint cet écart d'ici à la fin du 21e siècle, on pense que l'augmentation de température pourrait être associée au déclenchement d'une nouvelle ère glaciaire.

Les résultats à venir du projet EPICA devraient par ailleurs apporter un éclairage nouveau sur le phénomène d'hystérèse, «*bipolar see-saw*» observé par l'analyse des forages et des sédiments marins couvrant les quelque 100 000 dernières

années. Ce phénomène s'observe lorsqu'un déphasage des changements climatiques se produit entre l'hémisphère Sud et l'hémisphère Nord. Un délai de 1 000 à 3 000 ans peut en effet se dérouler entre un réchauffement au Groenland et la montée du mercure et du niveau de la mer en Antarctique. Une explication avancée pour ce phénomène relie la modification des patrons de circulation de l'eau des océans et l'apport d'eau douce dans l'Atlantique Nord. Les chercheurs n'ont donc pas fini de creuser!

Encadré 5.7
900 000 ans!

C'est le 21 décembre 2004 que l'équipe de l'Université de Berne, dans le cadre du projet EPICA, a complété l'extraction de la plus vieille glace de la calotte antarctique. Cette carotte longue de 3 270,2 mètres permettra de remonter à 900 000 ans pour y lire les fluctuations du climat. Il ne sera probablement pas possible d'aller plus loin, car les chercheurs ont peur de contaminer les nappes d'eau qui se trouvent sous la glace.

Vingt mille siècles sous les mers!

Les variations de température que révèle la glace des forages se confirment par l'analyse des sédiments marins accumulés depuis des centaines de milliers d'années. On utilise à cette fin des

---

13. L'eccentricité correspond à la forme de l'ellipse de l'orbite de la Terre qui se modifie sur des périodes de plus ou moins 100 000 ans (voir plus loin les cycles de Milankovitch).

14. Augustin, E.G. *et al.*, «Eight glacial cycles from an Antarctic ice core». *Nature*, vol. 429, 10 juin 2004, p. 623-628.

foraminifères[15] de l'espèce *Globigerinoides ruber*, récoltés sur un site où les courants océaniques déposent de grandes quantités de sédiments, comme le Bermuda Rise, par exemple. Les isotopes de l'oxygène se retrouvent dans les mêmes proportions dans la coquille de ces organismes que dans la glace formée à la même époque.

Parallèlement à cette composition isotopique, des prélèvements de glace et l'estimation des concentrations de différents gaz emprisonnés[16] ont permis de déceler des variations pour le CO_2. Selon ces mesures, les concentrations atmosphériques de CO_2 varient parallèlement à la température moyenne à l'époque de la formation de la glace. La figure 5.2 illustre bien la similitude des variations du CO_2 atmosphérique et de la température estimée à partir de la concentration en deutérium. Malgré la concordance des courbes, une relation directe de cause à effet, entre la variation de la concentration de CO_2 atmosphérique et la température moyenne, ne peut toutefois être établie à partir de ces mesures.

Fait tout aussi intéressant, selon les calculs, les variations de température seraient beaucoup plus importantes que celles que l'on serait disposé à associer à la variation de la concentration de CO_2 atmosphérique. Les «exagérations» entre les variations de température et les variations de concentration de CO_2 atmosphérique vont d'un facteur de 5 à un facteur de 14 à 1! Une étude fait même état d'une situation qui va complètement à l'encontre de toute la logique du réchauffement causé par l'accumulation de dioxyde de carbone (voir l'encadré 5.4). Une situation, il faut le préciser, qui était vécue à une époque reculée de plusieurs centaines de millions d'années, alors que même les continents avaient une tout autre configuration.

Les oscillations de température illustrées à la figure 5.2, qui correspondent à des périodes de réchauffement suivies de périodes de refroidissement, furent nombreuses pendant cet intervalle de 160 000 ans. Toutefois, cette période ne couvre en fait que deux grands modes climatiques que l'on qualifie de «glaciaire» et «interglaciaire». Il y a environ 150 000 ans, les

---

15. Les foraminifères sont des microorganismes zooplanctoniques de l'embranchement des protozoaires qui se forment une capsule calcaire avec les éléments contenus dans l'eau de mer. Chez les espèces qui vivent près de la surface, on retrouve dans la composition des coquilles les mêmes proportions d'isotopes de l'oxygène que dans l'eau de mer, dont la composition est elle-même directement influencée par le climat. En datant les couches de sédiments et en faisant correspondre les périodes de formation des capsules calcaires avec celles de la glace, on peut obtenir des renseignements concordants sur le climat de ces époques.

16. Lorsque la glace se forme, une petite quantité de tous les gaz atmosphériques s'y trouve emprisonnée. Des chercheurs estiment toutefois que l'air capturé devient complètement isolé seulement après 22 ans en moyenne. Cela s'explique en raison des échanges gazeux qui continuent de se produire à travers la surface poreuse de la neige pendant qu'elle s'accumule. Il existe donc une infime marge d'erreur sur les concentrations des gaz emprisonnés par rapport à l'âge de la glace.

températures moyennes étaient relativement froides. Aux alentours de –130 000 à –115 000 ans, au contraire, les températures auraient été parmi les plus chaudes de toutes celles qui ont été estimées selon les méthodes en usage. On a nommé cette période particulière l'« Éemien »; elle correspond à l'avant-dernière période interglaciaire, la dernière étant celle que nous vivons actuellement. Les températures estimées pour cette période auraient été de 1° à 2°C plus chaudes que celles d'aujourd'hui. Ce réchauffement serait associé à un changement de l'inclinaison de la Terre, appelé « précession des équinoxes », qui se produit régulièrement tous les 26 000 ans. Nous reviendrons plus loin sur ce phénomène astronomique.

Une alternance de chaud et de froid

Plus « récemment », il y aurait eu quatre glaciations et réchauffements subséquents de petite amplitude, se terminant il y a environ 25 000 ans par une période très froide : il faisait en moyenne 23 ± 2 °C plus froid que de nos jours[17] au-dessus du Groenland. Cette époque marque la fin de la dernière grande glaciation, alors que le réchauffement s'est effectué rapidement pour donner des températures moyennes semblables à celles que nous connaissons actuellement.

Figure 5.2

Comparaison des courbes de concentration du deutérium et du CO_2 depuis 160 000 ans

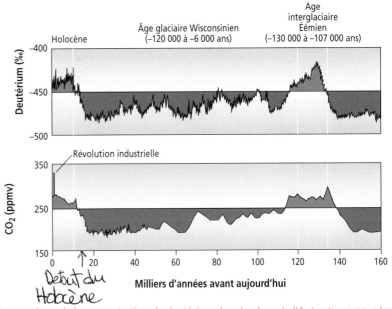

Les analyses de la concentration de deutérium dans la glace de l'Antarctique pour les 160 000 dernières années peuvent servir à expliquer les changements climatiques survenus au cours de cette période, qui couvre le dernier grand cycle glaciaire-interglaciaire. C'est ce qu'on peut observer sur la courbe du haut. Par ailleurs, la courbe du bas illustre les variations de la concentration atmosphérique de CO_2 telles que les révèlent les analyses de diverses carottes de glace de l'Antarctique.

Sources : Pour le deutérium : J. Jouzel, Laboratoire de modélisation du climat et de l'environnement, France. Pour le CO_2 : C. Keeling, Scripp's Institution of Oceanography ; A. Indermuhle et A. Neftal, Université de Berne ; J. Barnola *et al.*, Laboratoire de glaciologie et de géophysique de l'environnement, France. La figure est tirée de *American Scientist*, juillet-août 1999, vol. 87, n° 4.

---

17. Ces résultats proviennent d'une étude réalisée à partir de carottes de glace du Groenland et publiée par *Science*. (D. Dahl-Jensen, K. Mosegaard, N. Gundestrup, G.D. Clow, S.J. Johnsen, A.W. Hansen et N. Balling, « Past temperatures directly from the Greenland Ice Sheet », *Science*, n° 282, 1998, p. 268-271.) Ils montrent bien l'importance des variations locales du climat, car à cette époque la température globale de la planète était de moins de 2°C inférieure à celle d'aujourd'hui.

Figure 5.3
Variations de la température à la surface de l'océan

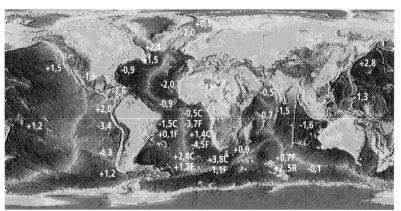

C = Coccolite   F = Foraminifère   R = Radiolaire

Les nombres indiquent la différence de température de surface de l'océan entre l'avant-dernière période interglaciaire (il y a 125 000 ans) et aujourd'hui. Les valeurs négatives signifient des températures de l'océan plus froides lors de l'Éémien, mais on constate que la plupart des valeurs équivalent à celles d'aujourd'hui. Les valeurs sont en degrés Celsius (°C) et sont estimées à partir de données d'analyses de foraminifères (F), de coccolites (C) et de radiolaires (R).

Source: National Geophysical Data Center (NGDC) Marine Geology and Geophysics Program

Les épisodes tels que le Petit Âge glaciaire sont d'une importance secondaire par rapport aux variations de température plus considérables qui accompagnent une grande glaciation ou une période interglaciaire.

L'humanité vit en ce moment la dernière des périodes interglaciaires à ce jour, c'est-à-dire une période de réchauffement séparant deux âges glaciaires. Commencée il y a environ 12 000 ans, la présente période, nommée «Holocène», a connu son apogée il y a 8000 ans, alors que les températures ont atteint jusqu'à 2,5 °C de plus que les valeurs actuelles. Ce réchauffement, tout comme celui d'il y a 125 000 ans, trouve son explication dans la position de la Terre par rapport à son orbite. En effet, par un lent mouvement d'oscillation sur son axe, la Terre change d'inclinaison selon un cycle de 26 000 ans, ce qui contribue à réduire ou à augmenter la quantité de rayonnement solaire atteignant les diverses latitudes de la planète. Mais le dernier réchauffement, mesuré grâce aux données paléoclimatiques, n'aurait pas été uniforme sur tout le globe, ni également réparti entre les saisons. Si le climat a été plus chaud il y a 8000 ans, cela ne s'est produit que dans l'hémisphère Nord et pour la saison estivale seulement. La théorie astronomique sur laquelle se fonde cette interprétation ne peut cependant pas servir à expliquer le réchauffement rapide qui s'observe depuis quelques décennies.

Les prévisions des scientifiques quant au réchauffement global sont donc d'autant plus inquiétantes que les périodes chaudes et froides alternent. Si l'on atteignait le réchauffement prévu par les modèles, on vivrait sans doute dans le prochain siècle la période la plus chaude que la Terre ait connue depuis 150 000 ans. Tout un programme quand on pense que dans l'épisode le plus chaud du passé récent il y avait des girafes dans la région parisienne!

Les penchants de la Terre

Nous savons donc que la planète connaît des fluctuations climatiques périodiques qui ne sont en rien liées à l'influence humaine. Comment s'expliquent ces fluctuations?

Le Soleil est la source d'énergie première de la Terre, et les interactions entre notre étoile et notre planète modulent le climat de façon marquante. Ainsi, les variations dans le déplacement de la Terre autour du Soleil modifient la quantité de radiations que la planète reçoit de l'astre chaque année. À leur tour, les variations dans la quantité de radiations, d'énergie de source solaire, reçues par la Terre peuvent amener, pour la planète, des réchauffements et des refroidissements moyens importants.

Même la variation du champ magnétique du Soleil influe sur la quantité de rayons cosmiques atteignant la Terre, ce qui pourrait, en retour, agir sur la couverture nuageuse à basse altitude. Nous y reviendrons à la section suivante.

Les premiers modèles mathématiques sur les caprices du mouvement terrestre ont été conçus au cours du 20e siècle et les recherches publiées entre 1924 et 1957. Évidemment, le modèle original n'était pas au point et il a été révisé par son auteur, Milankovitch, ainsi que par d'autres chercheurs.

La trajectoire de la Terre autour du Soleil est elliptique, mais cette ellipse n'est que très légèrement allongée. Par ailleurs, l'axe de rotation de la Terre n'est pas perpendiculaire au plan de l'ellipse. Enfin, l'influence des autres planètes sur ces mouvements fait que ni la forme de l'ellipse ni l'inclinaison de l'angle de rotation de la Terre ne sont constantes dans le temps. Ces perturbations produisent des changements dans la quantité d'énergie reçue du Soleil, donc dans les climats terrestres.

La figure 5.5 montre deux inclinaisons de la Terre, pour une même trajectoire planétaire. Bien que notre intention ne soit pas ici de donner un cours d'astronomie, signalons qu'en plus des

Figure 5.4
Carte du globe il y a 6 000 ans ; écart de température par rapport à aujourd'hui

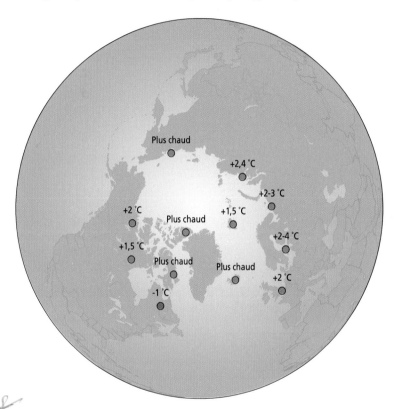

La figure montre des écarts estimés entre les températures d'il y a 6 000 ans dans l'hémisphère Nord et celles d'aujourd'hui. La différence peut atteindre 2,5 °C.
Source : National Oceanic and Atmospheric Administration

deux variations astronomiques présentées, il y en a une troisième selon laquelle les mêmes inclinaisons extrêmes ne se retrouvent pas toujours à la même position de la trajectoire principale de la Terre. Par exemple, actuellement, pendant l'été de l'hémisphère Nord, l'inclinaison assurant le maximum d'insolation correspond

Figure 5.5
L'inclinaison de la Terre par rapport au plan de l'ellipse

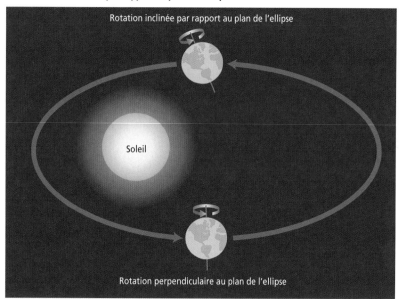

Rotation inclinée par rapport au plan de l'ellipse

Soleil

Rotation perpendiculaire au plan de l'ellipse

Il s'écoule environ 26 000 ans entre ces deux positions extrêmes de l'inclinaison de l'axe de rotation de la Terre. Aujourd'hui, cet axe occupe une position à peu près intermédiaire par rapport à celle qu'il avait à la fin du dernier âge glaciaire, il y a 11 000 ans. À cette époque, la Terre était au plus près du Soleil pendant l'été de l'hémisphère Nord. Actuellement, l'hémisphère Nord est plus près du Soleil en janvier, mais le faible angle d'incidence des rayons nous procure les températures froides et le climat rude de l'hiver.

Source: C. Villeneuve et L. Rodier, *Vers un réchauffement global?*, Québec, Éditions MultiMondes; Montréal, ENJEU, 1990, p. 100.

CHANGEMENT D'INCLINAISON DE LA TERRE
La variation de l'angle d'inclinaison de l'axe de rotation de la Terre s'appelle «nutation». Il correspond à une variation de 22 à 25°. Dans les figures 5.6a, b, et c, nous avons exagéré le phénomène pour favoriser la visualisation.

à l'éloignement presque maximum de la Terre par rapport au Soleil. Il y a environ 11 000 ans, l'inclinaison d'été coïncidait avec le rapprochement Terre-Soleil maximal. L'écart de température entre les saisons dans l'hémisphère Nord était alors plus grand, et l'on pense que cela aurait largement favorisé la fonte des glaciers.

Les figures 5.6a, 5.6b et 5.6c montrent comment le **changement d'inclinaison de la Terre** peut occasionner un supplément d'irradia-

Encadré 5.8
Une combinaison de cycles

Selon la théorie de Milankovitch, les paramètres qui décrivent la position de la Terre autour du Soleil varient de manière cyclique en raison de l'interaction gravitationnelle des planètes du système solaire. L'excentricité a une double périodicité, de 100 000 et 413 000 ans. La périodicité de l'obliquité est d'environ 41 000 ans. La précession axiale a une double périodicité de 19 000 et 23 000 ans. Les résultantes de ces cycles forcent le climat depuis les origines.

Variations de l'excentricité de l'orbite terrestre

Variations de l'obliquité de l'axe de rotation

N

Angle moyen: 23,3°

Précession de l'axe de rotation et rotation de l'orbite terrestre

Source: P. Acot, *Histoire du climat, Du Big Bang aux catastrophes climatiques*, Paris, Éditions Perrin, 2004. Dessin d'après Elsa Cortijo, CNRS

tion, lorsque la planète se trouve dans sa position d'été pour l'hémisphère Nord. Pour visualiser cet effet, le lecteur doit s'imaginer qu'il est placé directement entre la Terre et le Soleil.

soleil + froid à l'été

Figure 5.6a
Forte inclinaison de la Terre

Figure 5.6b
Inclinaison moyenne de la Terre

Figure 5.6c
Faible inclinaison de la Terre

Dans la figure 5.6a, l'angle d'inclinaison est grand. On peut facilement voir le dessus de la calotte polaire. En été, cette partie serait donc fortement «chauffée» par le Soleil. On peut présumer que les températures estivales seraient agréables et que les glaces auraient fortement tendance à «ramollir»!

À l'opposé, la figure 5.6c, montre une très faible inclinaison de l'axe de rotation de la Terre. Cette fois-ci, le nord du Canada recevrait un éclairage tangentiel et n'absorberait que peu d'énergie, et les étés nordiques seraient plutôt frais. Évidemment, nous avons largement exagéré ces variations de l'inclinaison terrestre. Dans la réalité, cette variation se fait entre 21,8° et 24,5°, selon un cycle d'environ 26 000 ans. Bien qu'elle soit modeste, l'inclinaison est de loin la variable astronomique la plus importante, faisant varier d'environ 14 % la quantité d'énergie solaire que peut recevoir l'hémisphère Nord.

Source: C. Villeneuve et L. Rodier, *Vers un réchauffement global?*, Québec, Éditions MultiMondes; Montréal, ENJEU, 1990, p. 101-102.

Tous ces cycles (variation de l'inclinaison, variation de la forme de l'ellipse et déplacement de la position d'ensoleillement maximale sur l'ellipse[18]), que l'on nomme «cycles de Milankovitch», du nom de l'auteur du modèle, sont d'une complexité telle qu'il a fallu 50 ans pour en arriver à un modèle satisfaisant. Résultat, il semble que l'on soit maintenant forcé de reconnaître une importance substantielle aux contraintes astronomiques sur les variations du climat (figure 5.8). Fait intéressant, selon ce modèle, nous devrions «bientôt» connaître un autre âge glaciaire[19].

L'étude des glaces polaires décrite ci-dessus a révélé que chacun des cycles de Milankovitch a eu une période d'influence plus marquée par rapport aux autres dans l'histoire du climat. Les 500 000 dernières années ont ainsi été caractérisées par des cycles de glaciation liés à la

---

18. Ce que nous présentions précédemment comme l'inclinaison «estivale», à une position rapprochée ou éloignée du Soleil.

19. Il n'y a pas de quoi s'alarmer, les variations d'inclinaison de la Terre se font sur des milliers d'années.

Encadré 5.9

Un pavé dans la mare?

« La science se trompe-t-elle? Le CO_2 ne serait pas la cause du réchauffement climatique.» Voilà le genre de titre que l'on voit régulièrement dans nos quotidiens et qui malheureusement témoigne d'une méconnaissance des méthodes scientifiques de la part des médias. Cette nouvelle est parue en décembre 2000 après la publication d'un article dans la revue *Nature*. Cet article scientifique (voir la source de la figure 5.7) a suscité de vives réactions, à tout le moins dans le milieu de la recherche sur le climat; à la façon dont il a été présenté dans les médias populaires, il a probablement semé des doutes profonds chez plusieurs lecteurs déjà perplexes. Est-il nécessaire de réduire les émissions de gaz à effet de serre? Voyons de quoi il retourne.

Figure 5.7
Anomalies détectées dans le climat des périodes géologiques anciennes

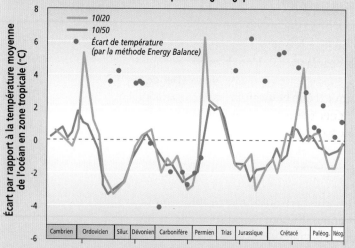

La figure montre les variations de la température de surface de l'océan, estimées à partir des concentrations de l'oxygène-18 dans les organismes marins accumulés dans les sédiments (les deux lignes), et les variations de cette température, calculées à l'aide d'un modèle basé sur les concentrations de CO_2 atmosphérique (les points).

Source: J. Veizer, Y. Godderis et L.M. François, «Evidence for decoupling of atmospheric CO_2 and global climate during the phanerozoic eon», *Nature*, vol. 408, p. 698-701.

Ce que les auteurs ont présenté, ce sont deux anomalies, entre deux courbes de la température de surface de l'océan, observées à deux époques distinctes le long de l'échelle phanérozoïque, c'est-à-dire au cours des derniers 540 millions d'années. Pour arriver à ces résultats, les chercheurs ont d'abord analysé la concentration relative des isotopes de l'oxygène dans les coquilles d'organismes marins, ce qui leur a permis de tracer la courbe de la température de surface de l'océan. C'est en effectuant de nombreux forages dans les sédiments marins du nord du Pacifique que les scientifiques ont pu recueillir des échantillons couvrant une aussi longue période. Les auteurs ont ensuite utilisé un modèle climatique pour tracer une courbe similaire, calculée cette fois en fonction des variations des concentrations de CO_2 atmosphérique (voir la figure 5.7).

On peut facilement constater la similitude des courbes sur au moins deux tiers de la période couverte. Deux anomalies se présentent toutefois durant des périodes froides, il y a 440 et 150 millions d'années; alors que les courbes à partir des données de l'isotope [18]O indiquent cette basse température, la courbe modélisée montre des températures bien au-dessus de la moyenne. Voici quelques hypothèses émises par les auteurs pour expliquer le phénomène:

◎ Le Soleil, à cette époque, aurait été 5% moins lumineux qu'aujourd'hui, et même une concentration de CO_2 à la

pas vrai

hausse n'aurait pas suffi à inverser le phénomène de glaciation déjà en place.

◎ Les estimations des concentrations de CO_2, pour ces époques éloignées, ne sont peut-être pas tout à fait précises, étant donné les difficultés d'interprétation des échantillons de sol et de matière organique disponibles.

◎ À l'échelle des temps géologiques, des facteurs autres que le CO_2 atmosphérique sont vraisemblablement responsables en partie des variations de température : le déplacement des continents entre les hémisphères, modifiant la circulation océanique, le cycle de l'eau, la couverture de glace et l'ennuagement influent sur la stabilité du climat.

On peut conclure, au sujet de ces hypothèses, que si l'on arrive à tenir compte de tous les facteurs influençant le climat dans nos modèles, on aura de moins en moins d'occasions de remettre en question la nécessité de réduire les émissions de gaz à effet de serre. Surtout lorsqu'on sait que les anomalies climatiques ont été observées à l'échelle des temps géologiques ! Les auteurs eux-mêmes ne remettent d'ailleurs pas en cause la nécessité de réduire les émissions de gaz à effet de serre, au contraire.

De telles études permettent de tester les modèles en faisant ressortir des anomalies entre les faits et les hypothèses. C'est là qu'elles trouvent toute leur pertinence, car, en sciences, l'exception ne confirme jamais la règle ; l'anomalie doit être expliquée pour qu'on puisse continuer de croire à la règle.

périodicité de l'eccentricité ou à la variation de la forme de l'ellipse, dont la durée est de 100 000 ans. La première partie du Quaternaire, soit entre 2 millions et 1 000 000 d'années avant aujourd'hui, était quant à elle marquée par des cycles glaciaires correspondant à la périodicité de l'obliquité de la Terre ou la variation de l'inclinaison, ce qui prend 41 000 ans. Pour ce qui est de la période située entre 1 million et 500 000 ans avant aujourd'hui, les épisodes glaciaires se sont produits suivant une combinaison des deux cycles d'eccentricité et d'obliquité, avec toutefois des écarts climatiques moins importants. Si ces phénomènes sont observés, il n'en demeure pas moins qu'ils ne sont pas encore tout à fait expliqués par la science. Une chose est certaine cependant, c'est que le rôle des gaz à effet de serre risque d'être beaucoup plus important à notre époque que lors des glaciations qui nous ont précédés.

Le cycle du Soleil

Au printemps de 1989, une panne d'électricité d'origine inconnue plongeait la ville de Montréal dans l'obscurité. Toutes sortes de scénarios furent alors imaginés pour expliquer le phénomène… Finalement, on conclut à une importante influence du champ magnétique du Soleil sur les installations de transport de l'électricité. L'année 2000 a été aussi une année de très forte activité solaire, comme ont pu l'observer les amateurs d'aurores boréales. Si le nombre de pannes du réseau d'Hydro-Québec a été réduit, c'est sans doute que la société d'État a réussi à bien sécuriser les lignes électriques. Après tout, on apprend des catastrophes !

TACHES SOLAIRES
Zones plus sombres et plus froides qui se créent par suite de la concentration des lignes de champ magnétique du Soleil. Leur fréquence varie selon un cycle de 11 ans et a atteint son maximum autour de 2000-2001.

Selon des études récentes[20], l'activité magnétique du Soleil pourrait non seulement agir sur notre approvisionnement en électricité, mais également sur le climat de la planète. Les résultats obtenus par le chercheur P. Brekke sont en lien avec trois aspects de l'activité du Soleil : le rayonnement solaire global, la variation du rayonnement ultraviolet et le magnétisme des taches solaires. La figure 5.9 illustre cette variation pour les 400 dernières années.

Considérés comme des sources externes de forçage radiatif, ces aspects sont estimés et mesurés selon les paramètres suivants :

◎ La variation du rayonnement solaire global depuis 1750 est estimée entre 0,3 et 0,6 W/m², alors que la moyenne est d'environ 1370 W/m².

◎ Les rayons ultraviolets (UV) joueraient, selon les chercheurs, un rôle dans le réchauffement de la stratosphère en raison de leur interaction avec l'ozone stratosphérique. Les changements attribuables au rayonnement UV depuis 1700 sont évalués entre 0,45 et 0,75 W/m².

◎ Enfin, le rayonnement cosmique d'origine galactique[21] modifierait la couverture de nuages à basse altitude dans l'atmosphère par le concours d'une série de réactions ioniques, et ces nuages causeraient un refroidissement. C'est ce que soutient entre autres une étude de Henrik Svensmark, du Danish Meteorological Institute de Copenhague, au Danemark (la figure 5.10 illustre ce phénomène).

Figure 5.8
Diagramme des variations d'insolation

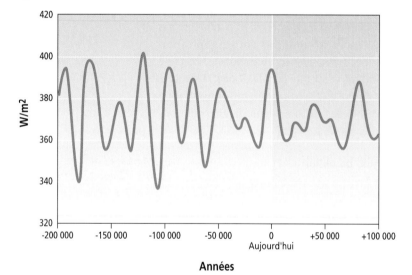

Années

Le diagramme ci-dessus montre les variations d'insolation en été, à 65 °N, d'après les calculs de l'astronome André Berger.

Source : C. Villeneuve et L. Rodier, *Vers un réchauffement global ?*, Québec, MultiMondes ; Montréal, ENJEU, 1990, p. 103.

---

20. On peut consulter dans Internet un document visuel résumant l'une de ces études, par P. Brekke, du Goddard Space Flight Center : http://zeus.nascom.nasa.gov/~pbrekke/presentations/Sun_and_climate_files/frame.htm

21. Le rayonnement cosmique d'origine galactique consiste en une pluie de particules hautement énergétiques, principalement des protons, en provenance de partout dans la Galaxie et qui arrive sur la Terre de toutes les directions. Le rayonnement cosmique d'origine galactique atteignant la Terre diminue d'intensité lorsque l'activité solaire s'intensifie selon un cycle de onze ans (le champ magnétique accru dévie alors les particules énergétiques du rayonnement cosmique).

Selon Svensmark[22], la couverture nuageuse au-dessus des océans analysée pour la période de 1980 à 1995 est en forte corrélation avec l'intensité du rayonnement cosmique d'origine galactique. Les données analysées par Svensmark couvrent seulement les régions océaniques comprises entre le 60e parallèle sud et le 60e parallèle nord. La période couverte par cette étude est par ailleurs de courte durée si on la compare avec des séries temporelles beaucoup plus longues, pour des analyses dendroclimatiques par exemple (la dendroclimatologie sera abordée à la section suivante). Quoi qu'il en soit, l'auteur a noté une augmentation de 3,5 % de la couverture nuageuse entre la valeur minimale du rayonnement cosmique d'origine galactique et son maximum. Il en a déduit que l'augmentation du rayonnement cosmique d'origine galactique provoquait l'augmentation de la couverture de nuages et que cette augmentation des nuages de basse altitude principalement induisait un refroidissement. Or, dans son article, Svensmark semble se contredire en attribuant à l'augmentation de la couverture de nuages un forçage radiatif de 1,5 W/m^2.

Ces résultats sont de nature à faire sourciller certains vétérans de la recherche sur le climat, alors que d'autres les jugent évidents. À propos de ces résultats, le Groupe de travail 1 du GIEC, chargé de réviser la base scientifique des changements climatiques, a d'ailleurs statué que l'impact du rayonnement cosmique sur la nébulosité restait à prouver. Quoi qu'il en soit,

même s'il était démontré de façon plus explicite que les variations du rayonnement cosmique d'origine galactique ont contribué au réchauffement global observé au cours des dernières décennies, les équipements de plus en plus complexes et perfectionnés des scientifiques tendent à confirmer l'importance des activités humaines par rapport aux phénomènes naturels.

Figure 5.9
Variation du rayonnement solaire global

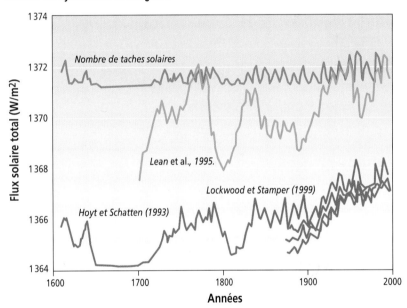

Le diagramme montre les variations de rayonnement solaire global (TSI) selon différents auteurs et la variation du nombre de taches solaires (en haut).

Source : http://zeus.nascom.nasa.gov/~pbrekke/presentation/USCAPITOL.

---

22. Svensmark, H. «Influence of cosmic rays on Earth's climate», *Physical Review Letters*, vol. 81, n° 22, 30 novembre 1998, p. 5027-5030.

Figure 5.10
Relation possible entre la couverture nuageuse et les vents solaires

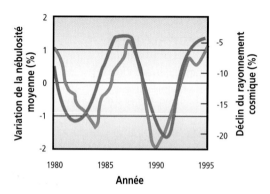

La figure met en parallèle des mesures de couverture nuageuse, ou nébulosité, faites par satellite (ligne en rouge) et les flux de rayons cosmiques (ligne en bleu).Le moins qu'on puisse dire, c'est qu'il semble y avoir une grande corrélation entre les minima et maxima enregistrés pour les deux paramètres.

Source: Adapté de Henrik Svensmark, « Influence of cosmic rays on Earth's climate », *Physical Review Letters*, vol. 81, n° 22, 30 novembre 1998, p. 5027-5030.

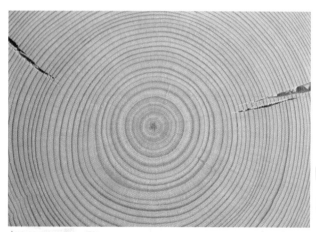

À la fin de l'été, la croissance d'un arbre en diamètre s'arrête, celui-ci passant en aoûtement. La largeur de l'anneau de croissance (bande claire) dépend directement d'un seuil de température et de la disponibilité de l'eau pendant la saison de croissance. La dendroclimatologie permet donc de caractériser seulement les étés.

La dendroclimatologie : lire le climat dans les arbres

À la fin de l'été, la croissance d'un arbre s'arrête, celui-ci passant en aoûtement. La croissance en diamètre se produit au début de l'été et les cellules qui donneront le bois se mettent en place de façon concentrique, à partir du cambium. La largeur de l'anneau de croissance (bande claire) dépend directement de la disponibilité de l'eau au début de la saison de croissance. Celle-ci est naturellement liée à la combinaison des précipitations, de la température et du drainage à l'endroit où se situe l'arbre. Ainsi, deux arbres qui ont germé la même année peuvent avoir une taille très différente et des cernes de croissance difficiles à comparer si l'un d'eux pousse sur un surplomb et l'autre dans un fond de combe. Cela explique une partie des différences de croissance entre les arbres qui sont dans une même forêt. Il est donc très périlleux de tenter de décrire la température qu'il faisait à un endroit à partir de l'examen de la largeur des cernes sur un arbre ou sur un morceau de bois, sauf dans des zones, comme à la limite nordique des forêts, où la température moyenne est le facteur limitant pour la disponibilité de l'eau au moment où l'arbre en a besoin. Même à ces latitudes, il faut être prudent, car d'autres phénomènes peuvent influer sur la largeur des anneaux de croissance. Par exemple, une épidémie d'insectes qui cause une défoliation totale ou partielle de l'arbre se traduira par une réduction de sa croissance en diamètre.

La dendroclimatologie est une discipline qui utilise les anneaux de croissance annuels des arbres comme indice des conditions climatiques. Un tronc d'arbre coupé montre en effet des anneaux concentriques, plus ou moins espacés, qui correspondent chacun à une année de croissance, comme le montre la figure 5.11. Durant les bonnes années climatiques, où la température et les précipitations sont favorables, la croissance de l'arbre est meilleure et la distance entre deux anneaux est plus grande. Il faut toutefois prendre soin de ne pas confondre les effets combinés et les effets de seuil. À partir d'une température minimale (seuil) l'eau devient disponible et l'arbre peut faire sa croissance si l'eau est disponible (effet combiné). Ainsi, un été frais et pluvieux sera excellent pour la croissance des arbres alors qu'un été chaud et sec sera médiocre.

Une autre façon plutôt inusitée de fouiller le passé des arbres consiste à creuser des carottes dans les poutres de bois des bâtiments anciens. Cela permet aux chercheurs de mesurer la croissance de ces troncs qui furent jadis des arbres bien vivants. En sachant d'où venait le bois et à quelle époque les bâtiments furent construits, les chercheurs peuvent en déduire le type de climat en ces temps.

Puisqu'il est possible de relier la croissance des arbres au climat, des chercheurs se sont attelés à la tâche de reconstituer les courbes de température du dernier millénaire à partir de données dendrochronologiques. L'un des experts en ce domaine, le Britannique K.R. Briffa, chercheur au Climatic Research Unit de l'Université d'East Anglia, en Angleterre, a rassemblé plusieurs courbes afin de les comparer entre elles. Il est intéressant de constater comment l'ensemble de ces études dendroclimatologiques parviennent à illustrer le refroidissement correspondant au Petit Âge glaciaire et le réchauffe-

Figure 5.11
Carottes de bois montrant les anneaux de croissance

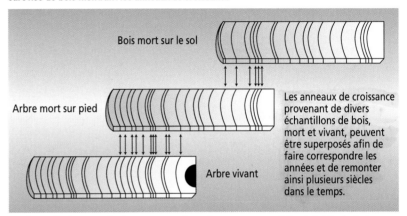

Bois mort sur le sol

Arbre mort sur pied

Arbre vivant

Les anneaux de croissance provenant de divers échantillons de bois, mort et vivant, peuvent être superposés afin de faire correspondre les années et de remonter ainsi plusieurs siècles dans le temps.

La chronologie à partir des anneaux de croissance peut se faire à l'aide de bois mort trouvé sur le sol ou dans l'eau, de troncs morts encore debout et d'arbres encore vivants. La superposition des anneaux correspondants de chaque carotte permet ainsi de remonter très loin dans le temps pour reconstituer les patrons de croissance.

Source : Leonard Miller. Information supplémentaire d'Henri D. Grissino-Mayer et du Laboratory of Tree-Ring Research, University of Arizona.

ment des dernières décennies. Les courbes présentées par Briffa sont illustrées à la figure 5.12. E. Leroy-Ladurie a aussi validé ses observations sur les printemps et étés pluvieux en vérifiant les anneaux de croissance des chênes en Europe.

Les **arbres de la forêt boréale** ne vivent pas beaucoup plus de 200 ans selon les espèces, et seulement s'ils ne sont pas victimes de maladies ou d'incendies. Comme la période de résurgence des feux ne dépasse normalement pas 200 ans, la lecture dendroclimatologique faite sur des arbres vivants ne peut pas informer sur ce qui s'est passé sous les latitudes nordiques avant les années 1900, sauf si l'on étudie des troncs d'arbres enfouis sous la mousse. Le bois des arbres, en effet, n'est pas nécessairement détruit par le feu

ARBRES DE LA FORÊT BORÉALE
Certains arbres vivent plus vieux, mais seulement dans des zones protégées des feux.

Figure 5.12
Variation de la largeur des anneaux de croissance de l'épinette noire dans la région du lac Bush

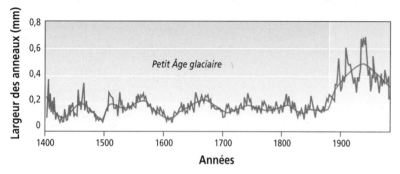

La figure montre l'évolution de la largeur des anneaux de croissance de l'épinette noire dans la région du lac Bush, au nord du Québec. On observe l'augmentation marquée de la croissance radiale des épinettes vers la fin du 19e siècle, qui coïncide avec l'amélioration des conditions climatiques après le Petit Âge glaciaire.

Source : C. Villeneuve et L. Rodier, *Vers un réchauffement global ?*, Québec, MultiMondes ; Montréal, ENJEU, 1990, p. 94.

NORD DU QUÉBEC
Dans cette région de froids hivernaux intenses, souvent, les parties non protégées par la neige meurent ou ne portent que rarement de branches.

LE PLUS ANCIEN HABITANT VIVANT DE LA TERRE
Cette affirmation doit être restreinte aux organismes eucaryotes, dont font partie les plantes et les animaux. Chez les bactéries, un individu enfermé dans un cristal de sel a récemment été mis en culture après 250 millions d'années de dormance.

et il se conserve pendant des siècles dans les lacs, les sédiments ou les tourbières. Les données dendroclimatologiques des troncs morts sont cependant moins fiables que celles qu'on tire des individus vivants. La figure 5.12 nous montre une telle courbe faite sur des épinettes noires (*Picea mariana*) de la région du lac Bush, près de la limite des arbres au nord du Québec.

La dendroclimatologie est utile par ailleurs pour constater le déplacement de la ligne des arbres, comme en font foi des études réalisées sur le terrain en Sibérie et dans d'autres régions circumpolaires comme la Suède, la Finlande, le Québec et l'Oural. De façon générale, les résultats de ces études ont relevé une tendance à la remontée vers le nord de la ligne des arbres en période de réchauffement. Même s'il peut exister des facteurs qui agissent sur l'avancée des arbres

vers le nord à une échelle plus localisée, le phénomène est tout de même observé dans tout l'hémisphère Nord, comme l'indique la figure 5.13.

Ces études, bien qu'elles soient très intéressantes, n'en demeurent pas moins limitées par leur peu de recul dans le temps qu'elles effectuent ; elles doivent de plus être interprétées avec une certaine prudence. Toutefois, en combinaison avec d'autres méthodes que nous avons vues dans le présent chapitre, elles amènent de l'information intéressante et complémentaire sur les conditions locales du climat.

Il existe, dans les White Mountains de Californie et dans les déserts de l'Arizona et du Nouveau-Mexique, notamment, des pins multimillénaires qui recèlent une mine de renseignements quant aux conditions climatiques du passé lointain. La chronologie des échantillons de Pin aristé (*Pinus aristata*) a en effet permis de reconstituer l'évolution du climat de 7000 ans av. J.-C. jusqu'à aujourd'hui ! Le plus âgé de ces arbres, véritable Mathusalem, a célébré en 2004 son 4770e anniversaire, méritant ainsi l'insigne honneur d'être le plus ancien habitant vivant répertorié de la Terre. Dans ces régions, les variations climatiques influençant la croissance des arbres sont surtout associées aux épisodes de sécheresse, mais chaque espèce d'arbre d'une même zone réagit à sa façon aux variations climatiques, et la dendroclimatologie doit tenir compte de ces différences. Cette jeune science, née au début des années 20 à l'initiative de A.E. Douglass et aujourd'hui en plein essor, a déjà permis d'associer les cycles de 11 ans des taches solaires et de 22 ans du magnétisme solaire à une variation de la croissance des arbres.

Il faudra sans doute suivre de près le développement de la dendroclimatologie comme outil d'interprétation du climat, mais les données qu'elle nous a fournies jusqu'à maintenant vont déjà dans le même sens que les autres méthodes d'analyse des climats du passé.

Quand un enquêteur voit tous ces indices pointer dans le même sens, il lui reste à les combiner pour faire accepter sa preuve devant le juge.

Le passé nous permet-il de prévoir l'avenir?

Quelle que soit la méthode de mesure utilisée pour scruter les variations du climat dans le passé, aucune fluctuation naturelle observable n'équivaut en intensité et en envergure au réchauffement observé au cours des dernières décennies du 20e siècle. Il est possible d'associer les périodes de variabilité climatique des 1000 ans précédant l'ère industrielle à des phénomènes naturels tels que le volcanisme ou l'activité du Soleil, mais aucune cause naturelle ne peut expliquer la vitesse du réchauffement actuel. En conséquence, la rapidité du changement de la concentration de CO_2 et des autres gaz à effet de serre est d'autant plus préoccupante pour le climat du nouveau siècle.

Dans un article publié à l'été 2000 dans la revue *Science*[23], Thomas J. Crowley et son collègue Michael E. Mann, de l'Université du Texas, démontraient qu'en éliminant l'effet de l'activité

Figure 5.13

Courbes de température du dernier millénaire réalisées à partir de reconstitutions climatiques

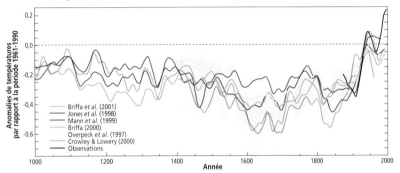

Sur ce graphique, on peut voir des courbes de température du dernier millénaire présentées par le chercheur K.R. Briffa et ses collègues. Ces courbes proviennent de reconstitutions climatiques réalisées par six équipes de chercheurs à partir de données dendrochronologiques et d'autres indicateurs calibrés sur la base de la température moyenne d'avril à septembre pour la période de 1881 à 1960 pour les surfaces terrestres situées au nord du 20e parallèle de latitude nord. Les courbes illustrent l'écart par rapport à la température moyenne de 1961 à 1990 (la ligne droite pointillée). On y observe également les températures mesurées entre 1871 et 1997 (la ligne en noir).

Source: K.R. Briffa, T.J. Osborn, F.H. Schweingruber, I.C. Harris, P.D. Jones, S.G. Shiyatov et E.A. Vaganov, «Low-frequency Temperature Variations from a Northern Tree Ring Density Network», *Journal of Geophysical Research*, 106 D3, 16 février 2001, p. 2929-2941. Cet article est consultable à: http://www.ngdc.noaa.gov/paleo/pubs/briffa2001/briffa2001.html

des taches solaires et celui du volcanisme, qui entraîne un refroidissement par la projection d'aérosols en haute atmosphère, le réchauffement climatique de la fin du 20e siècle correspond remarquablement à l'augmentation de la concentration de gaz à effet de serre. Le graphique qu'ils ont réalisé, aussi connu sous le nom du «*hockey stick*», a marqué un point tournant dans le ralliement des scientifiques de toutes disciplines au consensus qui a entouré la troisième série de rapports du GIEC.

---

23. T.J. Crowley et M.E. Mann, «Causes of climate change over the past 1000 years», *Science*, n° 289, 2000, p. 270-277.

Encadré 5.10

Une preuve déterminante de l'action humaine sur le réchauffement climatique ?

C'est ce que prétend avoir trouvé une équipe de chercheurs du Scripp's Institution of Oceanography de l'Université de Californie, à San Diego, qui a présenté ses travaux dans le cadre du congrès annuel de l'American Association for the Advancement of Sciences (AAAS) à Washington le 17 février 2005. Dans leur étude, conduite en collaboration avec des collègues du Laurence Livermore National Laboratory's Program for Climate Models Diagnosis and Intercomparison, Tim Barnett et David Pierce ont compilé plus de 7 millions de mesures prises dans les couches superficielles des océans (jusqu'à 700 m) au cours des 40 dernières années et ont comparé les courbes obtenues avec celles générées par deux modèles globaux du climat, le Parallel Climate Model américain (NCAR et DOE) et HadCM3 du Hadley Center for Climate Studies d'Angleterre en supposant diverses causes de changement climatique : effet des cycles solaires, volcanisme, et action humaine. Les comparaisons statistiques des courbes générées par les modèles ont ensuite été faites et c'est l'action humaine qui explique, avec plus de 95 % de corrélation, les tendances observées, et ce, pour les deux modèles.

Cette découverte montre bien comment les modèles peuvent être utiles aux chercheurs pour vérifier leurs hypothèses. En effet, il n'est pas possible dans une recherche comme celle des causes du changement climatique de disposer d'un modèle expérimental et d'un contrôle qui évoluerait indépendamment de l'action humaine. Les modèles nous permettent de générer les courbes qui pourraient être observées si nous disposions de plusieurs planètes identiques pour y conduire des expériences en conditions contrôlées.

Figure 5.14
Le climat des 10 derniers siècles et projection pour le 21ᵉ siècle

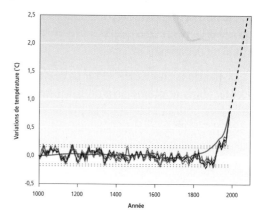

Le réchauffement climatique du 20ᵉ siècle peut s'expliquer par l'augmentation des gaz à effet de serre, indépendamment de l'activité solaire et du volcanisme. Les lignes pointillées après l'année 2000 correspondent à ce à quoi il faut s'attendre, si la tendance se maintient dans la croissance des émissions.

Source : T.J. Crowley et M.E. Mann, « Causes of climate change over the past 1000 years », *Science*, nº 289, 2000, p. 270-277.

Il est de plus en plus impensable, devant l'accumulation des preuves scientifiques, que l'on puisse expliquer la hausse observée de la température globale de la Terre uniquement par des phénomènes qui se superposeraient, de façon cyclique ou non, à la variabilité naturelle du climat. En revanche, cette tendance à la hausse s'accorde de mieux en mieux avec les prévisions climatiques basées sur l'augmentation des gaz à effet de serre dans l'atmosphère. Nous verrons, dans le prochain chapitre, comment les modèles permettent d'anticiper ce qui nous attend dans le futur.

Détail de *La Peste d'Asdod* de Nicolas Poussin, entre 1630 et 1631.

Les grandes épidémies qui ont affecté les populations européennes au Moyen Âge ont réduit la population de ce continent de près de 25 %, détruisant complètement les populations de certaines régions. À l'époque, le continent européen étant en grande partie déboisé et cultivé, le manque de main-d'œuvre a permis la reprise de la forêt dans plusieurs grandes régions. On estime qu'à la Renaissance, la forêt européenne était beaucoup plus étendue qu'à la fin du XIe siècle.

Encadré 5.11

L'histoire inscrite dans le climat?

Au cours des quatre derniers interglaciaires, les concentrations de méthane suivent des patrons réguliers qui sont en phase avec le cycle de précession des équinoxes. Quant au CO_2, son comportement est plus complexe, mais reste cyclique, même si les causes de ses variations sont mal comprises.

William F. Ruddiman est professeur au Département des sciences de l'environnement à l'Université de Virginie, à Charlotteville. Il s'est démarqué au cours des dernières années par une thèse plutôt inusitée. Après avoir étudié les concentrations des bulles de gaz recueillies dans les carottes de l'Antarctique et du Groenland, il les a comparées au cours des quatre derniers interglaciaires. Ce chercheur a formulé l'hypothèse que, dès le moment où l'homme a inventé l'agriculture et commencé à faire reculer la forêt, son impact s'est traduit par des incidences climatiques mesurables. Ainsi, dans un article publié dans *Climate Change**, il prétend que la déforestation explique une augmentation du CO_2 atmosphérique commençant il y a 8000 ans et que la riziculture irriguée explique une augmentation du méthane débutée il y a environ 5000 ans. Ces variations, selon lui anormales, peuvent être expliquées par l'activité humaine. Le réchauffement qui a résulté de ces activités aurait causé un réchauffement global de l'ordre de 0,8 °C et jusqu'à 2 °C aux latitudes élevées. Selon l'étude, cet effet de serre supplémentaire aurait pu arrêter un début de glaciation dans le nord du Canada.

Il voit même une cause du Petit Âge glaciaire dans les conséquences de la grande peste qui décima jusqu'à 25 % de la population européenne au Moyen Âge. On note en effet à cette époque une augmentation de l'ordre de 10 ppm de CO_2 dans les glaces, ce que Ruddiman attribue à la reforestation des terres abandonnées.

Bien que basées sur des travaux sérieux et bien documentés, ces hypothèses sont accueillies avec beaucoup de scepticisme par la communauté scientifique. En effet, si tel était le cas, la sensibilité climatique serait beaucoup plus grande qu'on l'imagine et les changements à venir seraient catastrophiques.

* William F. Ruddiman, «The anthropogenic greenhouse era began thousands of years ago», *Climate Change*, vol. 61, 2003, p. 261-293.

Top modèles

Comment peut-on prévoir le temps qu'il fera dans 100 ans et en déterminer les conséquences? Par quelles astuces les climatologues peuvent-ils prédire notre avenir? Ces questions bien légitimes doivent trouver une réponse si l'on veut comprendre ce qui nous attend! Nous verrons, dans le présent chapitre, comment fonctionnent les modèles de prévision du climat et au chapitre 7 ce qu'ils nous permettent d'entrevoir comme conséquences du réchauffement climatique en cours.

La boule de cristal technologique

Qui n'a jamais vu un beau week-end annoncé à la météo se transformer en malheureuse expérience sous de lourdes averses? Il n'y a pas de quoi s'étonner ensuite du peu de fiabilité accordée aux prévisions météorologiques! Comment alors donner de la crédibilité à des gens qui vous disent qu'il fera plus chaud dans 30, 50 ou 100 ans? Voilà une question récurrente dans le discours des opposants à la lutte aux changements climatiques pour discréditer le travail des scientifiques qui s'intéressent à la prévision du climat.

Pour répondre à cette question, il faut d'abord apprendre à distinguer la météo du climat, et surtout comprendre comment les prévisions sont établies, jour après jour, heure après heure pour l'une, et en tendance à long terme pour l'autre. La météo vous informe s'il pleuvra ici tout à l'heure, la climatologie prévoit que les hivers seront plus ou moins rigoureux dans le nord du Canada, en Alaska ou en Sibérie dans 30 ans. Les météorologues utilisent pour leurs prévisions des données d'observations en temps réel ou très récentes. Ils travaillent beaucoup à partir d'images satellites et de données ponctuelles. On peut dire que les gens qui font la météo sont des consommateurs de données fraîches qui sont cependant vite périmées pour leurs besoins. Les climatologues pour leur part peuvent être considérés comme les récupérateurs de ces données, à condition qu'elles soient d'une grande précision et qu'elles s'échelonnent sur de longues périodes. En plus des variations de température et de précipitations sur des périodes de 30 ans au moins, les climatologues tentent de quantifier les échanges d'énergie entre les composantes de la biosphère: l'atmosphère, les océans, les glaces, la surface terrestre. Ils doivent pour cela tenir compte des facteurs qui agissent à très long terme, comme la configuration des continents, et ceux qui varient à des échelles de temps plus ou moins étendues, tels le rayonnement solaire, la circulation océanique, les variations de l'orbite de la Terre, les éruptions volcaniques et la composition de l'atmosphère.

Comment évoluera la population mondiale au cours des prochaines décennies? Quelle utilisation des ressources feront ces habitants de la Terre? Quelles technologies seront mises au point et quelles formes d'énergie seront privilégiées? Voilà quelques-unes des questions difficiles auxquelles doivent tenter de répondre les scientifiques qui veulent étudier les climats de l'avenir et déterminer l'influence de l'activité humaine sur ceux-ci. Mais comment décrire ce que seront les conditions de vie à venir des habitants de notre planète?

Il est essentiel pour cela d'établir des scénarios, car de nombreux facteurs peuvent influencer les émissions futures de gaz à effet de serre. Et les prévisions du climat de demain doivent correspondre à la situation dans laquelle se retrouveront alors la planète et ses habitants. Le GIEC fait appel à des démographes, des économistes, des géographes, des biologistes et à d'autres types d'experts pour imaginer l'avenir de la Terre. À la base du troisième rapport du GIEC sur l'évolution du climat paru en 2001 et

en vue du quatrième de la série à paraître en 2007, les experts ont proposé quatre grandes catégories de scénarios[1] qui englobent près de 40 variantes. Ces familles de scénarios de la grande pièce de théâtre mettant en vedette l'humanité au cours du présent siècle ont tous pour point de départ l'année 1990 avec une population mondiale de 5,2 milliards de personnes et un développement basé sur les combustibles fossiles comme source prépondérante d'énergie. À partir de là, l'histoire peut prendre des tangentes très variées; c'est à l'humanité de faire son choix.

Nous présentons dans l'encadré 6.2 le canevas général de chacune des grandes familles de scénarios.

Il va de soi que les scientifiques de partout dans le monde qui travaillent à la modélisation du climat utilisent les scénarios prescrits par le GIEC. Ils ont ainsi des canevas leur permettant de travailler sur les mêmes bases, ce qui facilite les comparaisons et la validation de leurs résultats. Les résultats que permettent d'obtenir les modèles de ces chercheurs inspirent à leur tour les experts en élaboration de politiques. Tous ces échanges de données et les publications qui en découlent constituent la science officiellement reconnue par la Convention-cadre des Nations Unies sur les changements climatiques (CCNUCC) et par les décideurs des pays signataires. Nous y reviendrons au chapitre 10.

---

1. Le terme «scénario» est employé ici pour décrire les différentes situations qui résulteraient des multiples combinaisons et tendances possibles des paramètres déjà cités, soit la population mondiale, les choix énergétiques, le développement économique et l'évolution technologique. Il est important de distinguer ce type de scénario des scénarios de prévision climatique issus de la modélisation.

Le troisième rapport d'évaluation (TRE) du GIEC sur les impacts du réchauffement, paru au printemps 2001, constitue la base scientifique sur l'évolution du climat qui est la plus universellement acceptée. Bien entendu, et heureusement même, cela ne l'empêche pas d'être critiquée, mais nous y reviendrons plus loin. Pour l'instant, voyons à quels consensus en arrivaient les auteurs du rapport en 2001 et quelles sont les tendances qui émergent déjà le long du parcours vers le quatrième rapport du groupe de travail.

Comme on peut le voir à la figure 6.1, en englobant les valeurs calculées pour les quatre grands groupes de scénarios, on prévoyait en 2001 que la température en 2100 augmenterait au moins de 1,4 °C et au plus de 5,8 °C par rapport à ce qu'elle était en 1990. C'est donc dire que le climat planétaire aura au minimum gagné 2 °C en deux siècles, entre 1900 et 2100, la plus rapide croissance de température enregistrée dans l'histoire du vivant. Le scénario maximum est à proprement parler «catastrophique», car il suppose que les tendances amorcées au 20e siècle continueront de s'accélérer au 21e siècle. On imagine sans peine les bouleversements que cela pourra entraîner au sein des écosystèmes fragiles et l'ampleur des perturbations possibles pour l'équilibre des courants marins.

Quant au niveau de la mer, on prévoyait, selon les données des divers scénarios, une augmentation se situant entre 9 cm et 88 cm. Là encore, l'augmentation rapide du niveau de la mer calculée dans les scénarios les plus pessimistes pourrait signifier notamment la disparition complète de certains petits États insulaires. Et qu'adviendra-t-il de Venise, de New York et de Buenos Aires avec une telle montée du niveau de la mer?

Encadré 6.1
What if?

Toute prédiction se base sur des scénarios. Qu'adviendra-t-il si je fais telle ou telle chose? Cette question est cruciale, que ce soit pour consulter Mme Soleil ou pour prédire le climat. La différence est toutefois notable quand on demande à Mme Soleil d'expliquer pourquoi et comment elle fait ses prédictions alors que les scientifiques, eux, doivent documenter chacune de leurs hypothèses et soumettre leurs algorithmes à la sagacité vigilante de leurs pairs.

Supposons que vous voulez bâtir un modèle pour prédire le montant que vous rapportera un montant de 100$ déposé dans votre compte d'épargne. Vous prenez votre chiffrier favori et vous y faites trois hypothèses. Si j'ai un rendement de 4%, 8% ou 10% combien vaudra mon 100$ dans 10 ans, 25 ans, 50 ans? Voici les résultats.

	Taux		
Échéance	4%	8%	10%
10 ans	142$	20$	236$
25 ans	256$	634$	985$
50 ans	683$	4343$	10672$

On voit dans ce tableau que plus le temps passe, plus le modèle donne des résultats différents qui accentuent la marge et l'importance de la décision. Même si 10% est un multiple de 2,5 fois 4%, au bout de 50 ans, le résultat est presque 20 fois plus élevé.

Ce petit exercice montre le péril de prévoir à long terme et l'importance des erreurs qui peuvent résulter d'une mauvaise hypothèse. Les scientifiques qui modélisent le climat en sont très conscients. C'est pourquoi ils doivent expliciter les équations, les données de base et la portée de leurs prédictions. Malheureusement, cette partie de leur travail n'est que rarement retenue dans la communication au public.

Les précipitations constituent un élément du climat de nature plutôt imprévisible à l'échelle globale, car les systèmes qui les entraînent se développent à l'échelle régionale ou locale. Cela s'explique aussi en partie par la grande variabilité à court terme des facteurs qui «font la pluie». Les climatologues ont tout de même pu évaluer

Encadré 6.2

Scénarios variés pour une même planète

Les scénarios du GIEC sont des exercices de prospective qui ont le mérite d'identifier des futurs possibles, offrant une gamme de scénarios d'émissions qui vont de « très optimistes » à « très pessimistes ».

La famille A1. Dans cette famille de scénarios, le monde futur est caractérisé par une croissance économique très rapide, une population mondiale qui atteint son maximum au milieu du siècle pour diminuer ensuite et une évolution rapide de technologies nouvelles et plus efficaces. Une plus grande équité économique et sociale distingue ces scénarios. Trois groupes composent par ailleurs cette famille selon diverses hypothèses d'évolution technologique et énergétique: usage intensif de combustibles fossiles (A1F1), sources d'énergie autres que fossiles (A1T) et équilibre entre toutes les sources d'énergie (A1B).

La famille A2. Le canevas et la famille de scénarios A2 décrivent un monde très hétérogène, caractérisé par l'autosuffisance, le renforcement et la préservation des identités culturelles locales et des valeurs familiales. La population mondiale croît constamment jusqu'à un niveau élevé. Le développement économique et le progrès technologique sont moins rapides.

La famille B1. Selon ces scénarios, la population mondiale atteint son maximum au milieu du siècle pour diminuer ensuite (comme dans la famille A1), mais l'économie évolue rapidement vers un monde de services et d'information, où les activités productrices de matières ont une moindre importance et se basent sur des technologies propres et une utilisation efficace des ressources. Les solutions globales et durables sont recherchées face aux problématiques économiques, sociales et environnementales.

La famille B2. Le monde décrit par ces scénarios est un monde de solutions locales en matière de viabilité économique, sociale et environnementale. La population mondiale augmente régulièrement, à un rythme plus lent que dans la famille A2. Le développement économique est de niveau intermédiaire et la technologie évolue moins rapidement que dans les familles A1 et B1. La protection de l'environnement et l'équité sociale sont valorisées, et l'approche locale et régionale est privilégiée.

Source: GIEC, *Scénarios d'émissions, Rapport spécial du Groupe de travail III, Résumé à l'intention des décideurs*, Organisation météorologique mondiale (OMM) – Programme des Nations Unies pour l'environnement (PNUE), 2000, 27 p.

Venise est une ville construite sur pilotis dans une lagune. Un relèvement même modeste du niveau des océans pourrait détruire ce joyau touristique.

Jacques Prescott

des ordres de grandeur de la variation des précipitations pour au moins deux grandes familles de scénarios. Selon les scénarios A2 et B2, ils ont prévu une augmentation des précipitations de l'ordre de 1,2 % à 6,8 % en moyenne entre 2071 et 2100 par rapport à la moyenne de 1961 à 1990. Cette augmentation est liée à l'accélération du cycle de l'eau dans un système avec plus d'énergie, l'air chaud contenant plus d'humidité que l'air froid. Mais les précipitations sont un autre domaine où l'équité entre les régions fait défaut. Ainsi, l'Australie, l'Amérique centrale et l'Afrique australe subiraient une diminution régulière des précipitations hivernales alors que les latitudes élevées risqueraient de voir augmenter les précipitations été comme hiver. Il ne faut surtout pas oublier que les précipitations n'ont de répercussions sur le vivant que par leur abondance, comme nous l'avons vu au chapitre 4. Leur répartition saisonnière et l'intensité sont aussi des données importantes pour lesquelles

Figure 6.1

Prévisions d'augmentation de la température et du niveau de la mer calculées par les modèles climatiques en tenant compte des scénarios proposés par le GIEC

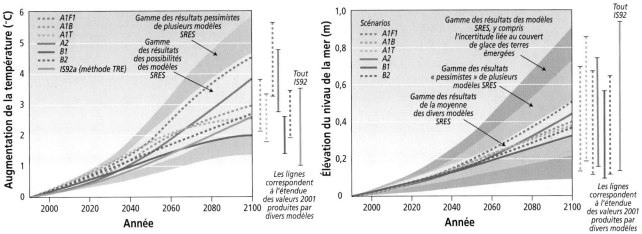

Augmentation de la température et du niveau de la mer pour la période 1990-2100 selon les modélisations effectuées sur la base des principaux scénarios. Sur le graphique illustrant l'augmentation de la température, la zone ombrée la plus large correspond aux prévisions calculées d'après plusieurs modèles «pessimistes»; la zone centrale correspond à la gamme complète des scénarios. Le graphique montrant l'élévation du niveau de la mer présente l'étendue des probabilités calculées pour tous les scénarios, y compris l'incertitude liée au couvert de glace des terres émergées (zone ombrée extérieure), l'incertitude calculée pour tous les scénarios (zone ombrée intermédiaire) et la probabilité moyenne calculée par quelques modèles pour tous les scénarios (zone ombrée centrale). Les prévisions d'augmentation du niveau de la mer ne sont pas faites à l'aide des mêmes modèles qui calculent les prévisions climatiques.

Source: GIEC, *Bilan 2001 des changements climatiques: les éléments scientifiques, Rapport du Groupe de travail I du GIEC. Résumé à l'intention des décideurs*, Organisation météorologique mondiale (OMM) – Programme des Nations Unies pour l'environnement (PNUE), 2001, 97 p.

nous n'avons pas de réponse précise, mais qui risquent d'avoir des impacts notables sur les écosystèmes, les activités humaines et les infrastructures.

Il est très intéressant de comparer les scénarios les plus pessimistes avec les plus optimistes. Pour l'ensemble des scénarios, cependant, le rapport du GIEC conclut que la mise au point

de technologies plus efficaces est un facteur qui pèsera très lourd dans la balance du réchauffement global, au même titre que la croissance démographique et le développement économique. De même, tous les scénarios prévoient la poursuite de la déforestation pendant quelques décennies encore, avant que survienne un renversement de la situation.

Les principales conclusions qui émergent du Troisième rapport d'évaluation et de résultats subséquents donnent, pour 2100, des émissions totales de dioxyde de carbone, toutes sources confondues, de l'ordre de moins de 5 Gt à plus de 29 Gt de carbone, les émissions actuelles se situant autour de 7 GtC de carbone. Découlant des émissions prévues et du rôle des puits, les concentrations de CO_2 que les scénarios récents prédisent pour 2100 se situent dans un intervalle de 540 à 970 ppm, ce qui représente entre 190 % et 350 % de la concentration préindustrielle de CO_2 (280 ppm). D'ailleurs, il est d'ores et déjà estimé que nous atteindrons vraisemblablement le double de cette concentration préindustrielle avant la moitié du 21e siècle si la courbe actuelle des émissions n'est pas rapidement infléchie.

La figure 6.2 illustre bien la progression des concentrations pour les quatre familles de scénarios. On peut noter que, si l'augmentation de température prévue dans le troisième rapport est plus importante que dans le deuxième, cela est attribuable en partie aux prévisions à la baisse des émissions de sulfates, qui s'expliquent par l'effet refroidissant des aérosols (composés sulfurés), qui masque une partie du forçage radiatif causé par les gaz à effet de serre.

Le forçage radiatif global est la résultante de l'effet d'ensemble des forçages positifs avec l'effet total des forçages négatifs. Il indique dans quel sens et jusqu'à quel point il faudrait équilibrer le bilan entre l'énergie qui entre dans le système climatique de la Terre et celle qui en ressort. Comme nous l'avons vu au chapitre 2, un forçage positif correspond à un réchauffement, et un forçage négatif traduit un « refroidis-

Figure 6.2

Prévisions de l'augmentation de la concentration en dioxyde de carbone de l'atmosphère entre 1990 et 2100, pour les quatre grandes catégories de scénarios du GIEC

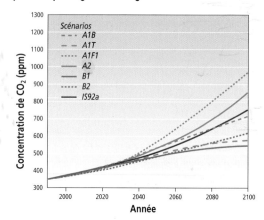

Les prévisions d'augmentation de la concentration en dioxyde de carbone de l'atmosphère entre 1990 et 2100, pour les quatre grandes catégories de scénarios du GIEC (A1F1, scénario avec utilisation massive des carburants fossiles ; A2 ; B1 ; B2 et IS92A, scénario du deuxième rapport du GIEC). La concentration de CO_2 devrait se situer entre 540 ppm et 970 ppm.

Source : GIEC, *Rapport du Groupe de travail I. Résumé à l'intention des décideurs du Troisième Rapport d'évaluation*, 2001.

sement ». Pour l'ensemble des scénarios, le forçage total serait positif avec des valeurs s'échelonnant entre 4 et 9 W/m^2 comme nous le montre la figure 6.3

Température globale, niveau de la mer, concentrations de gaz à effet de serre et forçages radiatifs sont pour le moins variables d'un scénario à l'autre. L'ampleur des différences calculées selon les divers scénarios est encourageante ; il est possible d'y voir le besoin d'amélioration des prévisions, mais elle signifie surtout que nous pouvons dès maintenant prendre certaines mesures pour éviter le pire. C'est une belle illustration du principe de précaution.

En 2004, le magazine britannique *Nature* publiait un article[2] de James Murphy et son équipe qui, à l'aide d'une nouvelle façon de calculer les incertitudes intégrées aux modèles, ont réussi à préciser les résultats publiés en 2001 dans le rapport du GIEC. Au lieu de faire calculer les modèles en fixant les inconnues autour d'une valeur consensuelle fixe, l'équipe de Murphy a demandé aux experts de donner des ordres de grandeur d'incertitude pour les données et pour les inconnues[3]. Cette méthode complexifie le calcul, mais curieusement réduit l'incertitude quant au résultat du réchauffement à la fin du siècle. Ainsi, l'équipe de Murphy arrive à un réchauffement de 2,4° à 5,4° à l'horizon 2100 advenant un doublement de la concentration préindustrielle de CO_2 dans l'atmosphère. Ce resserrement des données montre que le réchauffement minimal sera encore plus élevé que celui que prévoyait le GIEC et réduit la portée de l'argument de ceux qui pensent qu'on ne doit rien faire en attendant d'avoir plus de certitudes sur l'ampleur du réchauffement. En effet, les conséquences anticipées par le GIEC seront augmentées en proportion de l'ampleur du réchauffement. Pour ce qui est de la réduction

Figure 6.3
Prévisions de forçage radiatif au cours du XXIe siècle en fonction des scénarios du GIEC

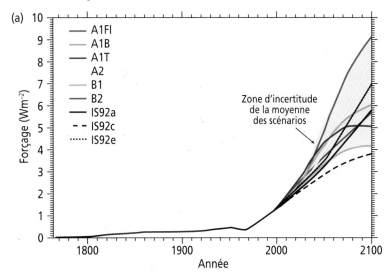

Les courbes du graphique illustrent les forçages radiatifs en W/m2 pour les scénarios A et B du Troisième Rapport d'évaluation du GIEC, ainsi que pour les scénarios IS92 ayant servi pour le précédent rapport. Les courbes indiquent clairement une tendance globale au réchauffement ou, exprimé autrement, les forçages positifs (réchauffement) l'emportent sur les forçages négatifs (refroidissement ou annulation du réchauffement).

Source : GIEC, *Bilan 2001 des changements climatiques : les éléments scientifiques, Rapport du Groupe de travail I du GIEC. Résumé à l'intention des décideurs*, Organisation météorologique mondiale (OMM) – Programme des Nations Unies pour l'environnement (PNUE), 2001, 97 p.

de la valeur supérieure, c'est une excellente chose, mais une augmentation de cette ampleur ne serait pas plus tolérable que le scénario de 5,8° calculé par le GIEC.

---

2. J. Murphy *et al.*, «Quantification of modelling uncertainties in a large ensemble of climate change simulations», *Nature*, vol. 430, août 2004, p. 768-772.

3. En sciences, une donnée n'est jamais absolue. Elle comporte une erreur qu'il faut préciser pour le calcul et qu'il faut intégrer dans une équation pour faire le calcul de l'erreur. Ainsi, le résultat d'une équation est une réponse avec une incertitude plus ou moins grande.

Les précurseurs

Les prévisions présentées ici diffèrent les unes des autres non seulement à cause des scénarios proposés, mais aussi en raison des modèles climatiques qui ont permis de les calculer. Alors, d'où sortent ces modèles et lequel est le bon?

Dès la fin du 19e siècle, le physicien et chimiste suédois Arrhenius tentait de calculer, sur papier évidemment, le réchauffement du climat qui surviendrait si la concentration de CO_2 augmentait dans l'atmosphère. Lui et plusieurs autres scientifiques du début du 20e siècle utilisèrent des équations mathématiques basées sur les lois de la physique pour décrire les échanges d'énergie qui se produisent dans l'atmosphère. Ces mêmes principes sous-tendent encore aujourd'hui le développement des modèles climatiques. Dans son article «De l'influence de l'acide carbonique dans l'air sur la température du sol» publié en 1896, Arrhenius estime que le doublement de la quantité de CO_2 dans l'atmosphère augmentera la température globale de 4°C à 6°C. Une performance remarquable pour quelqu'un qui ne disposait ni d'ordinateur, ni de données fiables!

Depuis les années 50, les pionniers de la science moderne du climat ont donc travaillé à l'élaboration de formules mathématiques qui simulent non seulement la physique de l'atmosphère, mais aussi le rôle de l'albédo, des nuages, des océans, etc. En parallèle, les informaticiens ont mis au point des ordinateurs de plus en plus puissants, capables de traiter des millions de données en des temps très courts[4]. Ces deux domaines scientifiques et technologiques ont évolué de concert pour permettre aujourd'hui d'imaginer le climat à venir. Nous verrons que ces modèles sont très variés et qu'ils ne sont pas parfaits; cependant, leur raffinement se poursuit, les rendant de plus en plus performants. Il faut souligner ici le rôle de l'Organisation météorologique mondiale (OMM), créée en 1950, qui rassemble aujourd'hui 185 pays dont les scientifiques travaillent ensemble pour mieux comprendre le climat. Aujourd'hui, l'OMM récolte de manière quotidienne l'information fournie par 4 satellites qui orbitent autour de la planète, 5 satellites géostationnaires, 10 000 stations d'observation terrestre, 7 000 bateaux en mer et 3 000 balises flottantes portant des stations météorologiques automatiques. L'énorme quantité de données ainsi recueillie permet d'alimenter les scientifiques qui s'intéressent tant à la météorologie qu'au climat.

Si l'on veut comparer la Terre à un dispositif expérimental dans un laboratoire, toutes ces stations de collecte d'information sont les senseurs des appareils qui servent à suivre une expérience. Ils mesurent en direct les variations des paramètres du climat. En science, une bonne expérience nécessite un dispositif expérimental où l'on fait varier les paramètres et un système témoin identique pour comparer les effets de la

---

4. Pour les férus de détails concernant l'évolution des modèles et la découverte du changement climatique, le livre *The Discovery of Global Warming* de Spencer Weart, de l'American Institute of Physics, est en ligne au site: http://www.aip.org/history/climate/.

variation induite dans le premier. Ensuite, on répète plusieurs fois l'expérience pour obtenir une moyenne statistique de la différence entre l'état initial et l'état perturbé. Naturellement, cela est impossible avec le climat planétaire. Nous n'avons pas une deuxième planète identique sous la main, et il est impossible de reproduire l'expérience en cours.

Les modèles sont comme des simulateurs de vol. Ils reproduisent au mieux de notre connaissance les paramètres qui gouvernent le climat terrestre, et les scénarios sont des hypothèses dont on teste l'effet sur le modèle. Ensuite, on compare les résultats obtenus à partir du modèle avec les variations des paramètres mesurés dans la réalité ou enregistrés dans les archives du climat. Les comparaisons statistiques faites par la suite permettent de préciser ou de rejeter les hypothèses.

Les premiers modèles climatiques mis au point dans les années 50 ont dû attendre le développement de l'informatique dans les années 70. Ces modèles représentaient alors l'atmosphère comme une entité sans dimension qui recevait de l'énergie et en émettait à son tour. Puis, à mesure que les physiciens, les géophysiciens, les hydrologues, les océanologues et tous leurs collègues des multiples disciplines entourant la science du climat découvraient comment ce dernier fonctionne, et comment les compartiments de la biosphère interviennent dans le climat, les modèles se sont complexifiés. Aux modèles simples à zéro, une et deux dimensions ont rapidement succédé les modèles complexes à trois dimensions capables de tenir compte des

Figure 6.4
Établissement de modèles climatiques - passé, présent et futur - d'évaluation

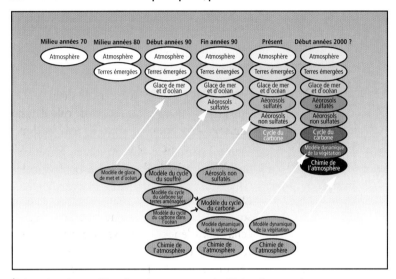

Élaboration des modèles climatiques au cours des 25 dernières années montrant comment les diverses composantes ont d'abord été modélisées séparément avant d'être couplées dans des modèles globaux. L'apparition d'une « bulle » signifie un usage opérationnel et que des améliorations très significatives ont été apportées d'une génération à la suivante. Par exemple, pour les « terres émergées », dans les années 80, la Terre était représentée comme inerte sans circulation de l'eau. Actuellement, le modèle intègre l'évolution dynamique de la végétation, la chute des feuilles et le ruissellement.

Source: GIEC, *Bilan 2001 des changements climatiques: les éléments scientifiques, Rapport du Groupe de travail I du GIEC, Résumé à l'intention des décideurs*, Organisation météorologique mondiale (OMM) – Programme des Nations Unies pour l'environnement (PNUE), 2001, 97 p.

phénomènes atmosphériques, terrestres et océaniques et que l'on nomme « modèles de circulation globale » atmosphère-océan ou plus simplement MCG. La figure 6.4 illustre de quelle façon ont évolué les modèles au cours des 25 dernières années, à mesure que l'on intégrait les connaissances sur les interactions entre l'atmosphère, la surface terrestre, les océans, la glace, le carbone et les différentes composantes de l'atmosphère. C'est toujours par des variables que les composantes du climat sont représentées et par des équations mathématiques que les phénomènes entre elles sont exprimés. Chaque module du système climatique est ainsi décrit par une série d'équations.

Le défilé des modèles

Aujourd'hui, il existe dans le monde à peine une quinzaine de modèles climatiques ayant été élaborés par des centres de recherche réputés dont les simulations servent aux travaux du GIEC. C'est cette quinzaine de modèles qui fournit des résultats comme ceux que nous avons présentés et dont nous décrirons quelques particularités dans les prochaines sections.

Aucun de ces modèles n'est parfait ; chacun a ses avantages et ses inconvénients. Il importe cependant de savoir que tous ont leur utilité et surtout, que leur utilisation est complémentaire. Ils permettent d'obtenir un ensemble cohérent de représentations du système climatique et de son évolution.

L'importance de représenter le plus fidèlement possible le climat à venir tient pour une bonne part à la nécessité de mettre en place des politiques efficaces de réduction des émissions de gaz à effet de serre, mais aussi au besoin de savoir comment faire pour s'adapter aux changements. Nous verrons plus loin que les modèles qui simulent le climat à l'échelle des régions sont particulièrement sollicités lorsqu'il est question d'adaptation aux changements climatiques.

À l'équateur, un degré de latitude équivaut approximativement à 110 km, tout comme un degré de longitude. Bien qu'un degré de LATITUDE ne change pas beaucoup en s'éloignant de l'équateur, les degrés de LONGITUDE, eux, diminuent de façon considérable au fur et à mesure que l'on se rapproche des pôles, où les distances séparant deux degrés de longitude deviennent très faibles.

Les projections obtenues avec des modèles doivent être prises avec précaution. Elles sont cependant indispensables pour caractériser les tendances du système climatique sans l'influence des forçages induits ou non par l'activité humaine.

Le modèle simple de tous les jours

Un modèle simple représente généralement la Terre comme un seul point qui reçoit l'énergie du Soleil et en retourne une partie. D'autres modèles simples peuvent tenir compte d'une représentation spatiale à une dimension (souvent la latitude) ou à deux dimensions (latitude et longitude). Ce type de modèle fonctionne avec des équations qui simulent l'ensemble des échanges d'énergie dans l'atmosphère et dans les océans. Ces modèles ont la caractéristique de simplifier les phénomènes climatiques pour déterminer des moyennes globales à partir des divers scénarios qui leur sont soumis. Ils sont également utiles pour distinguer le « signal » anthropique de la variabilité naturelle du climat. Un des modèles simples utilisés pour la production du Troisième Rapport d'évaluation du GIEC est le Model for the Assessment of Greenhouse-gas Induced Climate Change (MAGICC)[5], qui a servi à estimer l'augmentation de la température globale moyenne ainsi que l'expansion des océans attribuable au réchauffement.

---

5. Ce modèle, mis au point en 1994 par T.M.L. Wigley, à la Climate and Global Dynamics Division, organisation travaillant en collaboration avec le National Center for Atmospheric Research, est décrit au site http://www.cgd.ncar.edu/cas/wigley/magicc/, à partir duquel on peut télécharger une version fonctionnant sur un ordinateur personnel.

Encadré 6.3

La «sensibilité climatique»

Les modèles climatiques, aussi appelés «simulateurs de climat», aident les scientifiques à comprendre et à prévoir la variabilité du climat. Or, cette variabilité est grandement dépendante de la rapidité et de l'ampleur avec lesquelles le climat répond aux influences externes ou traduit simplement l'inertie du système. Le paramètre le plus utilisé pour exprimer cette inertie est la sensibilité climatique. Et pour éviter toute ambiguïté, on a défini très précisément la sensibilité climatique comme étant la température globale moyenne à l'équilibre qu'atteindrait l'atmosphère en réponse à un doublement de la concentration préindustrielle du CO_2 atmosphérique. On note ainsi la sensibilité climatique par le symbole $\Delta T(2 \times CO_2)$.

Depuis le premier rapport du GIEC sur l'état du climat en 1991, les valeurs de la sensibilité climatique évaluées à l'aide des modèles sont comprises dans l'intervalle de 1,5 °C à 4,5 °C. D'une part, cet intervalle de valeurs illustre bien l'incertitude entourant l'amplitude que pourrait avoir l'augmentation de la température globale de la Terre. D'autre part, la différence entre les valeurs minimale et maximale démontre certaines divergences entre les modèles lorsque vient le temps de représenter les phénomènes climatiques. Dans cet ordre d'idées, la sensibilité climatique est considérée comme une mesure très utile pour comparer et valider les modèles entre eux.

Réunissant les plus importantes équipes de recherche sur le climat dans le monde, un important atelier portant sur la sensibilité climatique s'est tenu à Paris en juin 2004*. Organisé par le GIEC dans le cadre de la préparation du quatrième rapport sur l'évolution du climat, il a permis de mettre à jour l'information sur la sensibilité du climat et de présenter les dernières avancées en termes de modélisation climatique. L'une des conclusions importantes issues du cortège d'experts ayant présenté leurs résultats à Paris est pour le moins intéressante et peut-être même inquiétante. En effet, plusieurs des 14 modèles utilisés en arrivent à un intervalle de valeurs de la sensibilité climatique dont la limite inférieure a augmenté de façon marquée. Ainsi, la moyenne de 2,5 °C jusqu'à maintenant utilisée semble dorénavant pencher vers les 3 °C. Il semble de surcroît y avoir un consensus assez élargi dans la communauté d'experts autour de cette nouvelle valeur moyenne de la sensibilité climatique, d'autant plus qu'elle est obtenue par des modèles empruntant des méthodes tout à fait différentes, dont celle décrite plus haut empruntée par Murphy. Il est donc permis de s'attendre à des changements majeurs dans le prochain rapport du GIEC prévu pour 2007 sur la base d'une sensibilité climatique moyenne de 3 °C; la prévision quant au réchauffement risque donc d'être revue à la hausse.

---

* Le rapport de cet atelier contient une foule de renseignements sur les modèles climatiques et leurs derniers résultats. Le rapport «IPCC Working Group I. 2004. Workshop on climate sensitivity», Paris, École normale supérieure, 26-29 juillet 2004, 186 p. est consultable en ligne à http://ipcc-wg1.ncar.edu/meeting/CSW/product/CSW_Report.pdf. On peut aussi consulter le site d'Environnement Canada où l'on explique des modèles climatiques. Voir http://www.msc. smc.ec.qc.ca/education/scienceofclimatechange/understanding/climate.

Le modèle complexe pour les grands soirs

Lorsque vient le temps de faire des prévisions de ce que sera le climat à des échelles plus précises dans le temps et dans l'espace, c'est-à-dire pour des régions et des périodes déterminées, on se tourne vers les outils plus perfectionnés que sont les modèles couplés de circulation globale de l'atmosphère et de l'océan. Dans ces modèles complexes, le climat de la Terre est simulé d'une façon qui se rapproche beaucoup plus de la réalité que dans les modèles simples. Ils peuvent ainsi tenir compte de l'effet des montagnes sur les déplacements de masses d'air ou de l'influence régionale de la circulation océanique, par exemple. Les interactions entre les facteurs du climat sont représentées dans une série de compartiments ayant trois dimensions et les interactions entre les compartiments sont également prises en compte. Les compartiments sont illustrés dans les modèles par des points dont les dimensions horizontales et verticales correspondent à la résolution spatiale du modèle et à son niveau de détails.

Les modèles couplés sont en fait une combinaison de deux grilles de points, l'une représentant l'atmosphère et l'autre l'océan. Les dimensions des points pour l'atmosphère atteignent, selon les modèles climatologiques, entre 180 km et 500 km à l'horizontale et jusqu'à quelques kilomètres sur le plan vertical. En comparaison, les modèles météorologiques ont des résolutions allant de 5 à 15 kilomètres. La résolution d'un modèle peut aussi s'exprimer en degrés de longitude et de latitude. La portion atmosphérique des modèles récents peut couvrir aussi peu que 2,25° de latitude; une nette amélioration en comparaison des anciennes versions qui étaient limitées à 4,5°, à l'exemple du modèle Geophysical Fluid Dynamics Laboratory (GFDL), conçu à l'Université de Princeton, au New Jersey. En longitude, la résolution atmosphérique des modèles s'est également améliorée, passant de 7,5° pour l'ancienne à 3,75° pour la plus récente version du GFDL. Les modèles analysent la portion atmosphérique en couches superposées, et les plus complexes découpent le ciel en 30 de ces couches.

La partie océanique des modèles couplés possède généralement une résolution plus fine que la partie atmosphérique. La différence peut être jusqu'à 2° de moins selon les modèles autant en latitude qu'en longitude. Le GFDL par exemple a une résolution de 2,25° de latitude par 1,875° en longitude. Tout comme la partie atmosphérique, la dimension verticale de l'océan se présente en tranches d'épaisseur variable dont le nombre peut atteindre 40, comme dans le modèle ECHAM5-MPIOM conçu à l'Institut Max-Planck de météorologie.

Entre les modèles simples et les modèles couplés de circulation globale, la gamme des modèles intermédiaires comprend des simulateurs de la circulation océanique uniquement, des modèles de circulation du carbone, de la chimie atmosphérique et même un modèle atmosphérique couplé à un océan représenté par une seule couche de 50 m à 100 m de profondeur. Ce dernier est utile pour prévoir les changements de la température globale de surface des océans et la formation de glace de mer.

Un travail mondial de coopération

Les équipes de scientifiques du climat concevant des modèles se trouvent, comme nous l'avons spécifié, dans une quinzaine de centres de recherche sur l'ensemble de la planète. Les experts en modélisation de ces centres de recherche fournissent les outils de travail que d'autres chercheurs peuvent ensuite utiliser. Ainsi, des biologistes peuvent extraire d'un ou de plusieurs modèles des prévisions d'augmentation de la température à la fin du siècle et en discuter les effets sur la biodiversité. Des hydrogéologues peuvent étudier les conséquences de l'élévation du niveau de la mer sur les nappes aquifères et sur les zones côtières; des agronomes peuvent évaluer l'impact du réchauffement sur les cultures : encore des exemples d'utilisation des modèles. Le tableau 6.1 présente la liste des institutions de recherche les plus importantes mettant des modèles à la disposition de la communauté scientifique. Ces institutions sont réparties sur presque tous les continents.

Il existe généralement une très bonne collaboration entre les équipes de chercheurs, ce qui leur permet de valider les résultats obtenus par les différents modèles. Plusieurs comparaisons ont d'ailleurs permis depuis les années 80 de constater que les modèles affichent entre eux des tendances parfois très similaires. Même récemment, avec l'intégration dans les modèles de facteurs très variables et difficiles à prévoir comme les nuages et les aérosols, les comparaisons intermodèles livrent des résultats de plus en plus concordants.

Tableau 6.1
Les institutions de recherche sur le climat

BCM*	Bergen Coupled Model (Norvège)
BMRC*	Bureau of Meteorology Research Centre (Australie)
CSIRO*	Commonwealth Scientific and Industrial Research Organization (Australie)
CCmaC*	Centre canadien de la modélisation et de l'analyse climatique (Canada)
CCSR-NIES*	Center for Climate System Research-National Institute for Environmental Studies (Japon)
CNRM*	Centre national de recherches météorologiques (France)
COLA	Center for Ocean-Land Atmosphere Studies (États-Unis)
ECMWF	European Center for Medium Range Weather Forecasts
GFDL*	Geophysical Fluid Dynamics Laboratory (États-Unis)
GISS*	Goddard Institute for Space Studies (États-Unis)
GLA	Goddard Laboratory for Atmospheres (États-Unis)
HCCPR*	Hadley Center for Climate Prediction and Research (Royaume-Uni)
IPSL*	Institut Pierre Simon Laplace (France)
LLNL	Lawrence Livermore National Laboratories (États-Unis)
MGO*	Main Geophysical Observatory (Russie)
MPI*	Max Planck Institute (Allemagne)
MRI*	Meteorological Research Institute (Japon)
NCAR*	National Center for Atmospheric Research (États-Unis)
NMC	National Meteorological Center (États-Unis)
NTU	National Taiwan University (Chine)
UCLA	University of California Los Angeles (États-Unis)

Note : Les sigles suivis d'un astérisque sont utilisés dans le processus d'évaluation du GIEC.

Bien entendu, avec toute la complexité que la simulation du climat comporte, les modèles, si perfectionnés soient-ils, ne peuvent prétendre à une représentation en tous points fidèle à l'avenir. C'est un peu comme essayer de prédire la croissance d'un enfant. On peut, à partir de son sexe et de la taille de ses parents, définir les paramètres de base qui permettront de connaître sa taille à l'âge adulte. Ensuite, on peut supposer que son alimentation sera normale, déficiente ou enrichie, lui imposer un programme d'exercice physique plus ou moins rigoureux, etc.; le modèle donnera alors une courbe de croissance. Toutefois, il serait beaucoup plus complexe de prédire par des équations, dix ans à l'avance, les dimensions d'un organe en particulier, la répartition locale des graisses ou l'effet d'une rougeole ou d'un accident de vélo…

Des bijoux de petits modèles

En queue du défilé des modèles viennent les modèles régionaux, grande fierté de leurs concepteurs. Ces modèles sont de plus en plus sollicités pour leur utilité à prévoir les changements à l'échelle des régions, d'autant plus qu'ils démontrent une précision toujours accrue.

Vous voulez savoir à quoi ressemblera le climat dans votre région immédiate en 2100? Vous êtes un élu et vous souhaitez prendre des mesures pour adapter le développement de votre région aux changements climatiques? Alors, faites appel à un modèle climatique régional, conçu pour donner un aperçu des conditions dans un horizon de temps et pour une délimitation spatiale déterminés. Le Centre canadien de la modélisation et de l'analyse climatique (CCmaC), rattaché au ministère de l'Environnement du Canada, est une organisation qui se consacre à l'élaboration et au perfectionnement de modèles climatiques de toutes catégories. Les modèles conçus par le CCmaC figurent parmi les outils dont se servent les auteurs des rapports du GIEC.

L'un de ces modèles, mis au point à l'Université du Québec à Montréal, est proprement dédié à la simulation régionale. C'est le MRCC-3, dernière version du *m*odèle *r*égional *c*anadien du *c*limat. La résolution spatiale du MRCC-3 est de 45 km et il est composé de 18 niveaux s'échelonnant à la verticale jusqu'à 29 km.

Les modèles régionaux de climat ne peuvent pas être utilisés seuls. Comme ils servent à préciser un sous-ensemble d'un modèle global, ils dépendent de ces derniers pour les alimenter en données à la frontière de la cellule étudiée. Ainsi, les modèles régionaux ne remplaceront pas les modèles globaux; ils sont interdépendants.

Un modèle régional doit reproduire l'ensemble des phénomènes climatiques dans des compartiments beaucoup plus petits que les modèles de circulation globale. Pour y arriver, les modélisateurs utilisent la baguette magique des transformations mathématiques (pour sorciers haut gradés seulement), ce qui exige cependant d'énormes capacités de calcul de la part des ordinateurs. Le MRCC-3 permet aux intéressés de simuler des prévisions à long terme pour n'importe quelle partie du globe, pourvu qu'on en connaisse les conditions climatiques particulières. Le raffinement et les applications du MRCC sont réalisés par le Réseau canadien de modélisation régionale du climat, en collaboration avec les chercheurs du Groupe de simulations climatiques du Consortium OURANOS. Ces chercheurs ont de multiples projets en cours dont la validation du modèle avec des données passées couvrant l'ensemble du Canada et la participation à des programmes internationaux d'intercomparaison de modèles régionaux. Les résultats encourageants conduisent les modélisateurs à produire une version améliorée du modèle qui devrait inclure une représentation très précise des processus de surface, de convection de l'humidité et des nuages, un modèle interactif d'océan régional et de glace, un modèle de lac pour les Grands Lacs et un algorithme pour le ruissellement des eaux douces[6].

La coopération entre les pays de la Communauté européenne dans le domaine des changements climatiques est probablement la mieux organisée de tous les continents. La collaboration entre plusieurs pays dans le cadre d'un vaste projet de modélisation régionale, le projet PRUDENCE, pour *P*rediction of *R*egional Scenarios and *U*ncertainties for *D*efining *E*uropea*n* *C*limate Change Risks and *E*ffects[7], est un exemple de l'avant-garde européenne. Ce projet réunit une vingtaine d'équipes de divers pays dont entre autres le Hadley Center, Météo-France et l'Institut Max-Planck, sous la coordination de l'Institut météorologique du Danemark. Les objectifs de ce programme sont ambitieux, mais il semble que les moyens mis en place soient à la hauteur des défis à relever. Les chercheurs souhaitent mieux quantifier et en parallèle réduire l'incertitude entourant les prévisions du climat et les impacts en optimisant l'utilisation des modèles. L'éventail des modèles régionaux à la fine pointe du développement devrait donc guider les politiques d'adaptation et d'atténuation des changements climatiques prévus en Europe.

Malgré les prétentions des sceptiques qu'on entend souvent dire à propos de la modélisation du climat qu'elle n'en est qu'à ses débuts, cette science a énormément progressé et continue à évoluer et à gagner de l'assurance dans ses prévisions. Il reste toutefois un doute auquel s'attaquent les scientifiques. En effet, un ordinateur ne peut calculer qu'à partir des données avec lequel on le nourrit. Mauvaises données, mauvais résultats ou, de façon pragmatique en anglais, *garbage in = garbage out*. Cela est particulièrement vrai pour les modèles régionaux qui sont alimentés avec des données des modèles globaux du climat. Une partie importante de la recherche sur le climat à l'heure actuelle consiste à épurer les données provenant du passé. En effet, selon qu'une station météo soit située à flanc de montagne ou au fond d'une vallée, les minima qu'elle observera ne seront pas les mêmes, puisque l'air froid, plus dense, a tendance à se retrouver au fond de la vallée. Malheureusement, plusieurs stations météo dans le monde ont été déplacées ainsi d'un point à un autre, sans que cette information ait été communiquée. Les scientifiques recherchent les anomalies dans les séries de données pour les épurer des cas douteux.

---

6. Les secrets des modèles développés par le Centre canadien de la modélisation et de l'analyse climatique sont dévoilés au site http://www.cccma.bc.ec.gc.ca/french/fre_index.shtml. Quant au modèle régional, on peut en suivre le développement et les résultats à http://www.mrcc.uqam.ca/index.html.

7. On décrit l'ampleur du projet PRUDENCE, ses participants, ses objectifs, ses résultats, etc. à l'adresse http://prudence.dmi.dk/. Bientôt, on ne parlera que du projet ENSEMBLE en Europe et du NARCCAP en Amérique du Nord.

Cette démarche, en apparence anodine, est indispensable pour utiliser correctement les données dans les modèles.

Les modèles au banc d'essai

C'est un réflexe normal, pour le consommateur averti, que de vérifier dans des publications spécialisées et auprès de spécialistes la qualité d'un bien avant d'en faire l'achat. Mais comment peut-on vérifier la qualité d'un modèle climatique?

L'un des objectifs de l'atelier de Paris sur la sensibilité climatique était justement de valider la qualité des modèles en les soumettant à des épreuves particulières. La sensibilité climatique est l'un des paramètres majeurs en modélisation climatique. On peut même la considérer comme une mesure étalon pouvant servir à la comparaison des modèles entre eux. Les responsables du GIEC ont donc misé sur cette caractéristique afin de mettre les modèles à l'épreuve. Tout en cherchant à obtenir une valeur de plus en plus précise et universelle de la sensibilité climatique, les chercheurs ont soumis les modèles à deux types de tests. D'abord, le test du climat passé, ou dans quelle mesure un modèle reproduit-il les variations du climat correspondant à une période bien documentée. Ensuite, le test de comparaison entre modèles, ou comment des simulations à partir de conditions équivalentes permettent à des modèles différents de fournir des résultats semblables.

Les experts participant à l'atelier de Paris ont présenté les résultats obtenus avec une dizaine de modèles récemment améliorés. Au chapitre de la modélisation des climats passés, comme on peut s'y attendre, plus le recul dans le temps est éloigné, plus les incertitudes augmentent et plus les modèles «risquent» de s'éloigner des températures déduites à partir des indices. Si, par exemple, la plupart des modèles parviennent à représenter de façon assez fidèle les variations de température remontant au dernier maximum glaciaire, tous ne le font pas en reproduisant la courbe exacte de la concentration de CO_2. Le défi pour les années à venir consiste donc à réconcilier les concentrations passées de CO_2 avec les épisodes de réchauffement. La plupart des modèles s'acquittent toutefois très bien de la tâche de reproduire le climat des 20 dernières années. Le défi pour les modélisateurs sera de bien représenter les variations qui accompagnent le phénomène El Niño – oscillation australe (ENOA) et les éruptions volcaniques comme celles du Pinatubo, aux Philippines.

Au chapitre des tests comparatifs, la majorité des modèles évalués au cours de l'atelier de Paris ont amélioré leurs performances lorsque le temps de calculer la sensibilité climatique ($\Delta T\, 2\times CO_2$) est venu. D'autres modèles auront à être évalués pour le prochain rapport du GIEC, mais une tendance se dessine déjà: d'un modèle à l'autre, l'écart entre les valeurs de température minimale et maximale de la sensibilité climatique s'amenuise et l'étendue des changements de précipitations sous $2\times CO_2$ rétrécit.

L'une des incertitudes importantes à l'origine de l'écart des valeurs de sensibilité climatique est l'effet réel des nuages et leur rétroaction sur le climat. Une bonne façon de voir si les modèles s'améliorent est de mesurer l'écart entre les résultats lorsque les nuages sont considérés dans les calculs. Or, il apparaît que non seulement la représentation mathématique des nuages diffère d'un modèle à l'autre, mais, en plus, les chercheurs ont constaté différentes interprétations de l'albédo, des processus radiatifs et de l'effet des aérosols dans les modèles présentés à Paris.

Si deux modèles font des prévisions diamétralement opposées, lequel croire? Et si, au contraire, tous les modèles indiquent une même tendance, cela est-il un indice de la force de cette tendance? C'est justement avec ces questions que les participants à l'atelier de Paris sont repartis, avec bien sûr des éléments de réponse mais aussi des devoirs à faire avant le prochain rapport du GIEC. Il a été suggéré, entre autres choses, que les modèles devraient passer le test de représenter de façon précise les variations associées à des événements comme El Niño et l'éruption du Pinatubo.

Rappelons que ces mises à l'épreuve des modèles ne touchent en rien à leur utilité en matière de prévisions climatiques, ce genre de test servant plutôt à déceler leurs faiblesses afin d'en stimuler l'amélioration. D'ailleurs, un peu comme aux expositions de voitures neuves, les équipes de spécialistes ont bien pris soin d'énumérer les nouveautés qui garnissent leurs modèles. Parmi les améliorations présentées à l'atelier de Paris, on note une meilleure définition du forçage radiatif des nuages et des aérosols, une meilleure représentation des phénomènes « frontières » (atmosphère-surface terrestre, atmosphère-océan, atmosphère-glace), une

représentation plus réaliste de l'océan et une amélioration des équations qui présentent les nombreux processus physiques. Avec ces outils améliorés en main, les climatologues augmentent le degré de confiance que la communauté scientifique, les décideurs politiques et le public en général peuvent accorder à leurs prévisions.

Quelles sont les prévisions pour les saisons à venir?

Rappelons d'entrée de jeu que les prévisions des modèles, aussi performants soient-ils, ne correspondent pas nécessairement en tous points à ce qui se passera en termes de climat. Cela dépendra, nous l'avons vu, de l'évolution des conditions de vie sur la Terre et, naturellement, nul n'est à l'abri d'un épisode de volcanisme inopiné. Toutefois, peu importe le scénario, on peut dire sans se tromper que le climat des prochaines décennies sera différent de celui que nous connaissons en 2005. La figure 6.5 illustre bien le fait qu'un modèle fournira des résultats différents pour des scénarios distincts et que, par ailleurs, des prévisions concordantes seront obtenues par deux modèles différents en fonction d'un scénario commun.

Mais on peut tout de même faire confiance aux prévisions climatiques des modèles, puisqu'elles ont démontré leur capacité de reproduire le climat moyen actuel et les variations historiques. Pour nous en donner un aperçu, la figure 6.6 illustre une série de données observées ainsi qu'une modélisation des températures globales annuelles moyennes de 1900 à 1990.

Figure 6.5

Quelques anomalies entre les températures observées et les températures modélisées pour la période 1900-2000

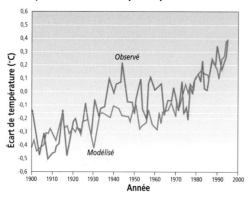

Les deux lignes représentent les valeurs annuelles moyennes de la température globale de l'air à la surface, de 1900 à 1990. La ligne noire correspond aux valeurs observées et la ligne rouge aux valeurs calculées par les modèles.

Source: P.D. Jones, *J. Climate*, vol. 7, 1994, p. 1794-1802. Centre canadien de la modélisation et de l'analyse climatique.

Malgré les épisodes où l'on observe des anomalies entre les courbes, l'augmentation de la température moyenne globale est de 0,6 °C dans les deux cas.

Les modélisateurs du climat doivent parfois se creuser la tête pour mettre au point des équations qui tiennent compte de toutes les variables du climat. C'est le cas, entre autres, de la variable que représentent les aérosols, qui ont un effet de refroidissement. Selon qu'elles sont modélisées avec ou sans cette composante, les prévisions présentent des courbes distinctes, comme on peut l'observer sur la figure 6.7.

Le perfectionnement des modèles couplés de circulation globale, depuis le début des

Figure 6.6

Température de l'air à la surface, calculée en fonction des impacts des gaz à effet de serre et des aérosols, pour la période 1900-2100

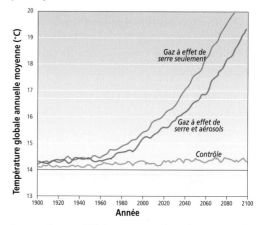

Ces courbes modélisées montrent les valeurs annuelles moyennes de la température globale de l'air à la surface pour la période allant de 1900 à 2100. En plus de la courbe de contrôle, en bas, on peut observer une courbe avec forçage par les gaz à effet de serre seulement, la courbe du haut, et une courbe, au milieu, qui prend en compte l'effet des aérosols.

Source: G.J. Boer, G.M. Flato et D. Ramsden, «A transient climate change simulation with historical and projected greenhouse gas and aerosol forcing: Projected climate for the 21st century», 1998, *Climate Dynamics*, Centre canadien de la modélisation et de l'analyse climatique.

années 90, permet d'appréhender un réchauffement plus prononcé dans l'hémisphère Nord que dans l'hémisphère Sud, ce que les premiers modèles n'entrevoyaient pas. Toutefois, les modèles récents confirment et renforcent les résultats déjà obtenus quant à un réchauffement plus important au-dessus des terres que de la mer, et plus marqué aux pôles qu'à l'équateur. Les couleurs plus foncées de la figure 6.8 illustrent bien ces résultats.

Figure 6.7
Courbes de l'augmentation de la température déterminées par deux modèles canadiens

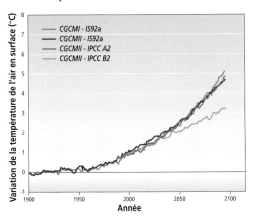

On voit bien, sur ce graphique, les courbes similaires pour le scénario IS92a (décrit dans le Deuxième Rapport d'évaluation du GIEC, publié en 1996) obtenues par les modèles canadiens CGCMI et CGCMII. Les courbes, calculées par le CGCMII, de l'augmentation de la température globale moyenne annuelle par rapport à la période 1900-1929 sont également illustrées pour les scénarios A2 et B2 du Troisième Rapport d'évaluation du GIEC.

Source: G.M. Flato et G.J. Boer, «Warming Asymmetry in Climate Change Simulations», *Geophysical Research Letters*, n° 28, 2001, p. 195-198. Centre canadien de la modélisation et de l'analyse climatique.

Les modèles sont des outils précieux pour anticiper le climat du nouveau siècle, mais, nous l'avons vu plus haut, ils demeurent perfectibles. Il est important de chercher à mettre au point des outils de plus en plus perfectionnés, qui simulent le plus fidèlement possible les changements climatiques appréhendés en fonction des divers scénarios. Les chercheurs travaillent constamment à des améliorations portant sur les

Figure 6.8
Carte du monde du réchauffement

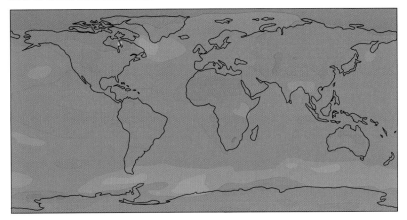

Variation de température (°C)

On peut observer sur cette carte les différences (elles sont calculées à l'aide d'un modèle couplé tenant compte des aérosols) de température moyenne annuelle pour les régions représentées, entre les périodes 1971-1990 et 2041-2060. L'intensité des couleurs représente la plage de température en °C.

Sources: G.J. Boer, G.M. Flato et D. Ramsden, «A transient climate change simulation with historical and projected greenhouse gas and aerosol forcing: Projected climate for the 21st century», *Climate Dynamics*, 1998, Centre canadien de la modélisation et de l'analyse climatique.

résolutions horizontale et verticale, la représentation mathématique d'un maximum de processus physiques agissant sur le climat, le traitement des différentes surfaces nuageuses, terrestres et glaciaires, l'effet des aérosols dans l'atmosphère, sans oublier, bien sûr, l'augmentation de la puissance et de la rapidité de calcul des ordinateurs. L'avancement de la recherche

Encadré 6.4

Un modèle à la maison

Les modèles climatiques requièrent une énorme capacité informatique qui se traduit également par beaucoup de temps-machine. Les chercheurs se retrouvent donc souvent en attente de résultats que les ordinateurs, continuellement en marche, leur livrent au compte-gouttes. Un chercheur de l'Université d'Oxford en Angleterre a donc eu l'idée de recourir à la capacité informatique des millions d'ordinateurs personnels que le réseau Internet permet de rejoindre. Un modèle climatique peut ainsi être téléchargé par quiconque est intéressé à mettre sa machine à la disposition de l'expérience. Lorsque le participant utilise son ordinateur, le programme informatique travaille à la modélisation climatique sans nuire aux autres fonctions utilisées. Chaque simulation effectuée représente une version différente d'un modèle de circulation globale, ce qui permet de réaliser un très large éventail de possibilités.

En 2005, le chercheur David Stainforth publiait dans la revue *Nature**, les premiers résultats, tirés de plus de 2 000 des 95 000 modélisations reçues. Selon ces résultats, le réchauffement associé à un doublement de la concentration préindustrielle de CO_2 pourrait se situer quelque part entre 1,9 °C et 11 °C, un intervalle déjà beaucoup plus élargi que celui du troisième rapport du GIEC. Dans le détail, le chercheur révèle que les simulations reçues ont permis de reproduire le climat actuel, ce qui constitue une certaine validation de l'expérience; que la plupart des simulations donnent 3,4 °C comme valeur moyenne de réchauffement; que très peu prévoient moins de 2 °C de réchauffement et qu'environ 5 % prévoient que le réchauffement excédera 8 °C.

D'autre part, selon les résultats analysés, le doublement de la concentration de 280 ppm de l'époque préindustrielle pourrait être atteint dès la moitié du 21e siècle.

Cette expérience nouveau genre n'a certes pas encore révélé toutes ses possibilités, et les chercheurs sont très enthousiastes quant à l'avenir de cette approche et aux résultats qu'elle permettra d'obtenir. Voilà peut-être une occasion de rendre utile votre ordinateur pendant que vos ados s'adonnent à leurs jeux si instructifs !

Le site qui permet de télécharger le modèle climatique et de se tenir informé des résultats est http://www.climateprediction.net.

Stainforth *et al.*, «Uncertainty in Predictions of the Climate Response to Rising Levels of Greenhouse Gases», *Nature*, vol. 433, janvier 2005, p. 403-406.

dans ce domaine aura pour résultat bénéfique de réduire de plus en plus l'incertitude entourant les prévisions climatiques à l'échelle régionale. Plus encore que les modèles globaux, les modèles régionaux seront utiles pour traduire les travaux des scientifiques en décisions permettant aux populations de s'adapter localement aux effets des changements climatiques sur leur territoire.

Il importe de se souvenir que les modèles servent à donner des indications aux équipes de scientifiques pour poser des hypothèses sur ce qui nous attend au cours des prochaines années. Le prochain chapitre traite des prévisions qui sont faites par ces équipes et le chapitre 8 fait état des observations réalisées sur le terrain pour savoir si ces prévisions se réalisent ou non.

Qu'est-ce qui attend nos enfants?

La dédicace de la première édition de notre livre s'adressait à Gabriela, née en 2000. Depuis, celle-ci a grandi et une petite sœur, Éva, s'est jointe à la famille. Comme nous le disions à l'époque, les changements climatiques feront partie de leur vie et les conséquences que nous pouvons aujourd'hui entrevoir décrivent le monde où ces filles vivront. Il est donc de notre responsabilité de mettre au service de cette nouvelle génération les moyens de faire face aux conséquences de la perturbation immense que nous leur léguons en héritage. En effet, le passé ne peut plus être garant de l'avenir et le monde climatique que nos enfants et petits-enfants connaîtront au cours du prochain siècle risque de ne pas ressembler à ce que nous avons connu au 20e siècle.

Les modifications climatiques planétaires appréhendées en raison du réchauffement global

Le climat de la planète dépend d'un ensemble de phénomènes atmosphériques soumis aux interactions entre l'atmosphère, l'hydrosphère et la lithosphère, et à leurs réactions au flux

Lutter aujourd'hui contre les changements climatiques et éduquer les jeunes à en faire autant, voilà un projet de développement durable.
Julien Lama/Publiphoto

Chevrier à un puits en Mauritanie. L'accélération de la désertification est l'une des conséquences anticipées des changements climatiques.

Jacques Prescott

d'énergie solaire. Mais le climat planétaire est une abstraction, une moyenne de moyennes. Localement, les climats sont déterminés par la circulation de systèmes atmosphériques qui font alterner la pluie et le beau temps de façon plus ou moins périodique. Et c'est le climat qui détermine dans une grande proportion s'il fait bon vivre quelque part.

Si le climat de la planète se réchauffait de manière importante, on pourrait assister à des modifications climatiques locales dramatiques, en particulier dans le Grand Nord et les pays du Sud. Déjà, nombre de pays sont en situation précaire en ce qui concerne leurs ressources en eau. Dix-neuf pays, situés principalement en Afrique du Nord et en Afrique australe, de même

qu'au Moyen-Orient, sont considérés comme des zones de stress hydrique, c'est-à-dire qu'ils manquent d'eau de façon chronique. Le nombre de ces pays pourrait avoir doublé en 2025. Dans le Grand Nord, le climat change de façon extrêmement rapide et les effets sont déjà visibles. Pour les habitants vivant au nord du 60e parallèle, le réchauffement n'est pas une question théorique mais un changement de conditions de vie.

Selon les modèles, le réchauffement planétaire serait très rapide, accentuant de façon dramatique les effets sur les populations et les écosystèmes. En fait, dans l'histoire du climat telle que nous la connaissons aujourd'hui, les changements de cette ampleur se produisent habituellement sur plusieurs centaines, voire des milliers d'années. Dans la perspective du réchauffement global actuel, ces changements pourraient survenir en quelques décennies, mais tout de même pas en quelques jours, comme l'ont imaginé les créateurs d'Hollywood avec le film *Le jour d'après*.

Les modèles prévoient notamment que le réchauffement moyen, en Amérique du Nord et en Asie septentrionale et centrale, serait de 40 % supérieur au réchauffement global moyen. Plusieurs zones semi-arides de ces contrées pourraient se transformer en déserts en quelques années seulement. Des épisodes de sécheresse, comme celui qui a causé le *dust bowl* dans les grandes plaines nord-américaines, pourraient devenir la norme plutôt que l'exception.

Le réchauffement des pôles

C'est aux latitudes élevées, donc essentiellement dans les zones circumpolaires, que le changement climatique se produira le plus rapidement, avec de grandes différences entre l'hémisphère Nord et l'hémisphère Sud toutefois, car c'est dans l'hémisphère Nord qu'on retrouve le plus de terres émergées et que le réchauffement sera beaucoup plus intense sur les terres que dans la mer. Ainsi, les modèles nous montrent que l'océan Arctique devrait être libre de glace en été avant la moitié du siècle, ce qui changera complètement la dynamique écologique de ce milieu et des populations qui y vivent. Des recherches récentes mettent en évidence le rôle de capteur de CO_2 de la glace de mer dans l'Arctique et il pourrait y avoir des changements importants dans cette dynamique si elle disparaissait.

La disparition hâtive de la couverture de neige diminue l'albédo du sol et occasionne une plus grande absorption d'énergie. Cela se traduit par l'accumulation de chaleur et la fonte du pergélisol. Comme le pergélisol contient d'importantes quantités de méthane, ce phénomène risque d'entraîner une libération massive de ce gaz et une amplification difficilement prévisible du réchauffement, d'autant plus que cette libération n'est prise en compte dans aucun scénario.

L'ampleur du réchauffement actuellement calculée est telle que le Groenland pourrait voir fondre ses glaciers en grande partie au cours du 21e siècle. Il y a dans les glaces continentales du Groenland suffisamment d'eau pour augmenter de 7 m le niveau global des océans, ce qui s'ajouterait au rehaussement prévu du niveau de la mer. Ce scénario paraît extrême et il n'est généralement pas considéré comme probable. Toutefois, les modélisateurs du Hadley Center ont évalué qu'il faudrait environ 3 000 ans pour qu'il se réalise.

Il y a de l'orage dans l'air

Toute augmentation de température amplifie les phénomènes liés au cycle de l'eau. Avec le doublement du CO_2 dans l'atmosphère, la température pourrait augmenter au minimum de 2,3 °C et le cycle hydrologique pourrait s'intensifier de 5 %, selon une modélisation du Geophysical Fluid Dynamics Laboratory (GFDL). Une atmosphère chaude évapore et contient en général plus d'eau qu'une atmosphère froide. Lorsque cet air chaud et humide rencontre l'air froid et sec des parties supérieures de l'atmosphère, il y a condensation et précipitation. Là où l'eau est encore disponible, plus d'humidité signifie des averses plus intenses et des orages violents. Par ailleurs, les chaleurs extrêmes dessèchent les zones déjà arides sur le continent, ce qui augmente le gradient de pression atmosphérique. Les vents violents et les tornades associés aux orages proviennent du rabattement des vents en altitude[1].

Les changements climatiques entraîneraient à la fois plus de sécheresses et plus d'inondations, de fréquence et de durée accrues. En soi, cela peut signifier des conditions auxquelles les écosystèmes peuvent survivre ou s'adapter, mais lorsque des populations humaines vivent sur le territoire et le fragilisent, cela peut se traduire par des catastrophes. Par exemple, une pluie

---

1. Alain Bourque, communication personnelle.

Sécheresse au Djibouti. Des centaines de milliers de personnes dans le monde vivent sur des terres marginales qui pourraient se transformer en désert.

Jacques Prescott

MOUSSON
Pluies tropicales de longue durée et de grande intensité qui caractérisent une saison de l'année en Asie du Sud-Est.

dépasse 30 °C et en hiver avec une élévation au-dessus de 10 °C. En Italie, ces conditions sont tout à fait normales. On définit les extrêmes par rapport au climat qu'on a connu dans un endroit donné dans le passé.

Le forçage radiatif positif amène un surplus énergétique dans l'atmosphère, et plus d'énergie à dissiper peut se traduire par des événements climatiques plus violents et plus fréquents. La fréquence des événements climatiques extrêmes est cependant l'une des questions les plus délicates auxquelles font face les experts du climat. Des modélisations régionales récentes pour le centre et le nord de l'Europe prévoient que les extrêmes de précipitations hivernales et les canicules estivales dont la récurrence est actuellement de 40 ans pourraient revenir aux 8 ans seulement sous un doublement du CO_2. Les extrêmes de pluie (les moussons d'Asie du Sud-Est) pourraient suivre la même tendance alors que les épisodes de pluies abondantes seraient moins fréquents en Méditerranée et dans le nord de l'Afrique. On pourrait donc assister à d'importantes différences selon les régions. Ainsi, on estime que les risques d'augmentation de sécheresse estivale sont estimés entre 66 % et 90 % jusqu'en 2100. Ces prévisions, présentées dans le troisième rapport du GIEC, correspondent aux estimations pour l'intérieur des continents sous les latitudes moyennes. C'est ce qui incite à croire que le réchauffement accélérerait aussi considérablement la désertification dans les pays du Sahel, par exemple, ou dans les plaines nord-américaines. Les modèles actuels ne sont toutefois pas en mesure de déterminer quelque tendance que ce soit en ce qui

violente devient une catastrophe lorsqu'un barrage cède, noyant ceux qui vivent en aval. Or, la densité de population de plusieurs pays rend ces catastrophes de plus en plus meurtrières. Sous les latitudes moyennes et nordiques, l'augmentation du cycle hydrologique aurait pour effet de faire passer les crues de récurrence centenale des grands fleuves de Russie, sous un climat à $4\times CO_2$, à une période de retour bi ou triennale. Au Canada, la récurrence des inondations considérées aujourd'hui comme extrêmes pourrait être d'aussi peu que 8 ans pour le Saint-Laurent.

À la base, un événement climatique extrême se produit lorsque la variation dépasse les valeurs limites de la variation normale. Par exemple, au Québec, les extrêmes de température élevée peuvent se produire en été lorsque le mercure

concerne les phénomènes climatiques extrêmes se produisant à des échelles très localisées, telles les tornades.

Il faut comprendre que les prévisions de l'augmentation de temps violent se basent sur une logique assez simple: plus d'énergie dans le système implique une augmentation des événements qui dissipent cette énergie. Par exemple, les ouragans se produisent lorsque la température superficielle de l'océan atteint ou dépasse 26 °C. Ce sont des conditions qu'on retrouve dans le Pacifique et dans la mer des Caraïbes à la fin de l'été. C'est ce qui explique que la saison des ouragans et des typhons commence en septembre dans l'hémisphère Nord. Avec un climat plus chaud, on peut prévoir que le nombre et la violence des ouragans et des typhons seront augmentés. Quant aux dommages qu'on leur attribue, c'est autre chose, comme nous le verrons au prochain chapitre. Signe intéressant, c'est en 2004 que le Brésil a subi le premier ouragan de son histoire. Les eaux côtières n'y dépassaient jamais 26 °C. Cette situation devrait se reproduire de plus en plus souvent dans l'avenir.

La mer qu'on voit monter...

Une des conséquences les plus spectaculaires du réchauffement global serait l'élévation du niveau de la mer. La cause la plus importante de cette montée du niveau de l'océan est la dilatation thermique de l'eau en réaction au réchauffement de la température de surface. La deuxième responsable, dont l'effet est imperceptible, est la fonte des glaciers de l'Antarctique et du Groenland. Selon la rapidité avec laquelle ces phénomènes vont se produire, les modèles prévoient que l'élévation pourrait atteindre, d'ici à 100 ans, entre 9 cm (hypothèse la plus optimiste) et 105 cm (le pire scénario).

Bien que la proportion varie d'un pays à l'autre, la moitié de la population mondiale vit en zone côtière. Une augmentation, même faible, du niveau de la mer pourrait avoir des conséquences très graves sur plusieurs pays dont la population habite une zone à risque. On estime à 46 millions au moins le nombre de personnes vivant dans ces zones où les tempêtes provoquent des inondations. On pense en particulier à des pays comme le Bangladesh et les Pays-Bas. Comme son nom l'indique, le royaume des Pays-Bas est situé en partie sous le niveau de la mer, la population étant établie sur des terres qui ont été asséchées grâce à un ingénieux système de digues. Le gouvernement hollandais prend très au sérieux les prévisions sur l'effet de serre et a déjà voté des crédits importants pour rehausser les digues qui protègent le pays contre les inondations.

Imaginez un instant une tempête au bord de la mer. Les vagues viennent se briser sur la plage ou sur les rochers. Ce sont les plus hautes vagues qui dissipent leur énergie le plus loin vers l'intérieur des terres, brisant tout sur leur passage et se retirant avec les débris. Chaque centimètre d'augmentation du niveau de la mer rendra les tempêtes encore plus destructrices en changeant la dynamique sédimentaire des côtes

Au Bangladesh, si le niveau de la mer augmentait de 1 m, c'est près de 40 % de la surface du pays qui serait inondée, et des dizaines

DILATATION THERMIQUE
Ce phénomène est bien connu des chimistes et des physiciens. L'eau chaude occupe plus de volume que l'eau froide (voir la figure 4.4).

de millions de personnes seraient déplacées. De plus, on ne peut penser à protéger ce pays par des digues, puisque les fleuves qui forment le delta où il est établi sont alimentés par les pluies de la mousson et sont donc susceptibles de connaître des crues régulières qui ne pourraient être évacuées si on mettait des digues. De nombreux petits États insulaires n'ont, quant à eux, tout simplement pas les budgets nécessaires à la construction de digues protectrices.

Pensons aux effets d'une montée du niveau de la mer sur les villes côtières, par exemple. Si le réseau d'égout est seulement quelques centimètres trop bas, il refoulera et cessera d'évacuer les eaux. La montée de l'eau salée entraînera aussi la salinisation des nappes souterraines, rendant ainsi cette eau impropre à la consommation ou à l'irrigation. Pensons encore à une ville de la région de Québec qui prend son eau potable dans le Saint-Laurent. Actuellement, l'eau salée s'arrête à la pointe est de l'île d'Orléans. Une élévation même modeste du niveau de l'océan pourrait rendre cette eau impropre à la consommation, car on retrouvera l'eau salée plus en amont à la faveur des marées. Enfin, les villes portuaires pourront se transformer en autant de Venise deux fois par jour sous l'effet des marées!

La publication en novembre 2004 du rapport sur le réchauffement de l'Arctique a eu pour effet de raviver des craintes quant à la fonte rapide de l'inlandsis du Groenland. Si cette masse de glace devait fondre totalement, c'est de 7 m que le niveau de l'océan s'élèverait, avec pour conséquence le déménagement forcé d'au moins 30 % de la population mondiale.

Encadré 7.1

+ 2,7 degrés
+ 3 000 ans de fonte
= 11 mètres de hausse

À la réunion d'Exeter tenue en février 2005, Jason Lowe et ses collègues du Hadley Center ont livré les résultats de leurs travaux sur la fonte du Groenland. Dans l'hypothèse d'un réchauffement local de 2,7 °C, la calotte glaciaire du Groenland commencerait à fondre de manière irréversible. Or, dans tous les cas de figure, sauf une stabilisation aux alentours de 450 ppm, cette augmentation serait atteinte au cours du présent siècle.

Que se passera-t-il alors? On prévoit que le Groenland commencera à perdre plus ou moins rapidement sa couverture de glace et devrait avoir totalement fondu dans environ 3 000 ans. Lowe reconnaît qu'il y a beaucoup d'incertitudes sur cette prévision, mais souligne que le rehaussement du niveau de la mer auquel on devrait s'attendre se poursuivra pendant encore 1 000 ans après la stabilisation des émissions en raison de l'expansion thermique qui devrait à elle seule causer une hausse de 4 m en plus du 7 m d'eau contenue dans la glace du Groenland.

Le tsunami de décembre 2004 qui a fait plus de 200 000 morts en Asie du Sud-Est et en Indonésie montre bien la vulnérabilité des populations qui vivent au bord de la mer. Même si cet événement n'a rien à voir avec les changements climatiques, il peut nous permettre de réfléchir sur la puissance dévastatrice de l'océan et sur les possibles catastrophes humaines qui pourraient résulter de la montée rapide de son niveau au prochain siècle. Les populations qui occupent le bord de l'océan et les terres basses devront pour se protéger, soit ériger d'importants systèmes de digues à l'exemple de la Hollande, soit migrer vers l'intérieur des terres et abandonner leurs investissements sur des territoires de plus en plus fragiles aux inondations. Cela n'est pas toujours possible, surtout pour les plus pauvres d'entre eux. Pensons simplement que la zone côtière entre Accra au Ghana et le delta du Niger (500 km) abritera 50 millions de personnes en 2020.

La sensibilité d'une population aux changements climatiques est en fonction de son exposition et de sa capacité d'adaptation. Cette dernière dépend des moyens financiers et techniques, de la stabilité politique, du niveau d'éducation des populations vulnérables et plus généralement des capacités d'aménagement du territoire et de prévision des événements climatiques violents, On comprendra que le niveau de développement des populations jouera un très grand rôle dans leur vulnérabilité.

Les impacts sur les organismes vivants

Comment réagiraient les êtres vivants face aux changements climatiques projetés? Pour faciliter la compréhension, rappelons que les organismes vivants doivent s'adapter aux conditions de leur environnement pour survivre. Ces adaptations permettent certaines variations, dans des limites bien définies, pour un ensemble de facteurs écologiques. Le jardinier amateur qui veut acheter des semences choisira normalement celles de plantes adaptées aux conditions climatiques qui caractérisent son coin de pays; une

plante rustique en Californie ou en Méditerranée ne sera pas nécessairement résistante au climat du Québec ou de la Scandinavie. Bien qu'une espèce comme le Roseau commun (*Phragmites australis*) se retrouve dans les quatre endroits, les plantes et les animaux les plus représentatifs des milieux sont d'une façon ou d'une autre adaptés au climat local et à ses variations.

La température, comme la lumière, est un des facteurs écologiques dont les variations sont les plus prévisibles pour les êtres vivants. Selon la latitude, dans l'hémisphère Nord, la durée du jour s'allonge jusqu'au solstice d'été et se raccourcit par la suite jusqu'au solstice d'hiver, et c'est l'inverse dans l'hémisphère Sud. La température se réchauffe et se refroidit de la même manière. C'est pourquoi, par ses extrêmes ou par le nombre de degrés-jours, elle est un des principaux facteurs limitant la répartition des organismes. Naturellement, la température influe aussi sur la nature des précipitations (pluie ou neige) et surtout sur l'évaporation, donc sur la quantité d'eau disponible pour les plantes, ce qui fait qu'en réchauffant le climat on modifie les facteurs écologiques essentiels à la vie des organismes.

Les facteurs écologiques sont tellement importants que certaines espèces, par exemple, habitent le côté sud de hauts massifs montagneux, mais pas le côté nord, même s'il n'y a que quelques dizaines de kilomètres entre les zones et que les conditions sont comparables sur l'un et l'autre versant. Car ce n'est pas l'altitude qui régit la répartition des organismes, mais bien le climat, en particulier la température par ses extrêmes ou par le nombre de degrés-jour. Or la température varie inversement avec l'altitude à la même latitude. Notons enfin qu'aucune espèce vivante n'est indépendante des autres espèces qui peuplent le même milieu. Ainsi, la majorité des oiseaux qui migrent au printemps et à l'automne pourraient survivre aux températures hivernales, mais la dormance des végétaux et l'hivernation des insectes ne leur permettraient pas de trouver suffisamment de nourriture pour survivre.

Cet exemple illustre à quel point le cycle de vie de nombreuses espèces animales est intimement lié à la variation saisonnière des températures. Qui plus est, la période et le succès de la reproduction d'une espèce, un prédateur par exemple, sont souvent liés à une période critique du cycle vital d'une autre espèce, sa proie. La coïncidence dans le temps des événements phénologiques est donc vitale pour de nombreuses espèces. Les oiseaux de retour sur leurs lieux de reproduction après la migration printanière doivent pouvoir retrouver suffisamment de nourriture pour assurer le succès de leur accouplement. Avec un climat qui se réchauffe, il risque d'y avoir certains déphasages entre l'arrivée des oiseaux et l'émergence des plantes ou des insectes dont ils se nourrissent.

Pour certains organismes, généralement des animaux poïkilothermes, l'augmentation de la température peut ainsi être un avantage, mais pour les poissons, en particulier les salmonidés, elle constitue un danger mortel. En effet, plusieurs espèces de poissons d'eau froide ne peuvent tolérer une augmentation de température et on assiste, par exemple, à des taux importants de mortalité du saumon lorsque la température de l'eau atteint certains sommets en été. Dans de telles périodes chaudes, les poissons deviennent extrêmement sensibles à la pollution, et le moindre rejet devient toxique. Cela explique bien la complexité d'évaluer les effets des changements climatiques sur le vivant. Ces effets peuvent être directs ou indirects par le biais d'une modification des composantes biotiques ou abiotiques de l'écosystème.

Des chercheurs en biologie de la conservation, branche récente de la biologie, ont essayé de prévoir le sort des espèces en fonction de scénarios extrême et moyen de réchauffement. Selon les résultats obtenus pour une couverture de seulement 20 % du globe terrestre, le taux d'extinction des espèces vivantes actuelles oscillerait entre 18 % et 35 % d'ici à 2050[2], selon que le réchauffement serait minimal ou maximal. Rappelons qu'il existe environ 1,9 million d'espèces connues et qu'on estime généralement à environ 30 millions le nombre total d'espèces vivant sur la Terre. Parmi les espèces les plus menacées, plusieurs sont confinées à l'intérieur de réserves fauniques, de parcs naturels ou d'autres territoires protégés. Naturellement, nul n'a prévu de corridor nord-sud pour la migration des animaux et des plantes. On ne peut pas s'attendre à ce qu'un agriculteur sacrifie ses terres pour laisser pousser des chênes, sous prétexte

ÉVÉNEMENTS PHÉNOLOGIQUES
La phénologie est le nom donné à l'étude des variations saisonnières du cycle de vie des organismes vivants. Par exemple, les migrations d'oiseaux qui s'effectuent au rythme des saisons sont parmi les événements phénologiques les plus connus et les mieux documentés.

POÏKILOTHERMES
Se dit d'un animal dont la température corporelle varie en fonction de la température de l'environnement. Reptiles, batraciens, poissons et insectes sont des organismes poïkilothermes.

---

2. C.D. Thomas *et al.*, «Extinction risk from climate change», *Nature*, vol. 427, n° 6970, 2004, p. 145-148.

Encadré 7.2

Une grande crise d'extinction des espèces?

En janvier 2005 se tenait à Paris la conférence mondiale sur la biodiversité « Biodiversité : science et gouvernance ». À cette occasion ont été présentés des travaux qui font le point sur l'évolution de la biodiversité mondiale menacée par quatre facteurs clés :

– Pollution, morcellement et dégradation des écosystèmes, conversion des forêts tropicales en pâturages ou « plantations industrielles » ;

– Invasions biologiques ;

– Surexploitation par récolte, chasse ou pêche ;

– Changements climatiques.

Constatant l'érosion accélérée des habitats et des espèces, les scientifiques ont tenté d'estimer les pertes. Thomas et ses collaborateurs* estiment que, dans l'hypothèse d'un réchauffement de 0,8 °C à 2,2 °C, la perte totale serait de 15 % à 17 % des espèces de papillons, vertébrés et plantes terrestres sur l'ensemble des grandes régions considérées. Pour sa part, Tisseydre** estime que pour le groupe des oiseaux, on pourrait assister à une réduction de 25 % à 30 % au cours des quelques siècles à venir pour l'ensemble des causes évoquées.

L'importance de la stabilisation du climat pour la sauvegarde de la biodiversité est un des éléments clés d'une stratégie efficace de conservation.

* C.D. Thomas *et al.*, « Extinction Risk from Climate Change », *Nature*, n° 427, 2004, p. 145-148.

** A. Tisseydre, « Vers une sixième grande crise d'extinctions ? », dans R. Barbaul et B. Chavassus-au-Louis, (dir.) *Biodiversité et changements globaux : enjeux de société et défis pour la recherche*, Association pour la diffusion de la pensée française, 2005, p. 24-49.

que cette espèce doit migrer de 5 km par an, et leur laisser ainsi occuper le sol pendant 200 ans. On pense donc que disparaîtront de nombreuses espèces qui survivent actuellement grâce aux parcs et réserves, derniers îlots de vie sauvage[3].

Le réchauffement de l'atmosphère à l'œuvre avec l'accélération de la désertification, le réchauffement de l'eau, la fonte des glaces, la variation plus marquée des maxima et des minima climatiques pourrait contribuer à la disparition d'un très grand nombre d'espèces sensibles ou de populations à la limite de leur aire de répartition. Ainsi s'accentuerait le problème planétaire d'érosion de la biodiversité liée aux activités humaines, telles la destruction des forêts tropicales, la pollution généralisée des eaux, la chasse excessive et, surtout, la dévastation des habitats.

De riches habitats fauniques sont souvent situés en milieu humide, en particulier au bord des océans, dans des marais qui disparaîtront si le niveau de la mer augmente. Ces marais ne seront vraisemblablement pas remplacés par de nouvelles zones reprises à la terre, puisqu'au contraire l'agriculture et le développement résidentiel, partout dans le monde, gagnent déjà sur les zones marécageuses. Il est peu probable que les agriculteurs et les développeurs laissent leurs terres au profit des communautés végétales des milieux humides contre lesquelles ils ont tant travaillé à gagner du sol. Ces pertes toucheront une végétation particulièrement variée, ainsi que la faune très diversifiée associée à cette flore. On pense par exemple aux oiseaux migrateurs,

RÉCHAUFFEMENT DE L'EAU

Les poissons sont généralement prisonniers du plan d'eau où ils sont nés. Ils ne peuvent, comme les animaux terrestres ou les oiseaux, quitter un endroit où les conditions climatiques sont devenues défavorables. Ils sont alors contraints de chercher à l'intérieur du plan d'eau la zone où ils pourront répondre le mieux à leurs besoins.

VARIATION CLIMATIQUE PLUS MARQUÉE

Les organismes vivants sont généralement plus sensibles aux variations climatiques extrêmes. Lorsque la température excède, même une seule fois, les limites d'adaptation de l'espèce, les mortalités sont nombreuses. Même une faible augmentation de la température globale annuelle, si elle s'accompagne d'une forte variation des extrêmes, peut causer la disparition des espèces.

3. Voir T.A. Lewis, « Le réchauffement de la Tere entraînera-t-il la mort des vivants ? », *Biosphère*, vol. 3, n° 6, nov.-déc. 1987.

Les milieux humides sont des habitats précieux, indispensables au cycle vital de nombreuses espèces. Menacés par toutes sortes d'activités humaines, ils seront particulièrement à risque en situation de réchauffement du climat.

Y. Hamel/Publiphoto

HABITAT
L'habitat d'une espèce vivante correspond à la combinaison des éléments vivants et non vivants de l'environnement qui permettent à cette espèce de satisfaire l'ensemble de ses besoins en alimentation et en abri, tout en offrant des conditions favorables à sa reproduction. Les habitats sont donc des morceaux d'écosystème où la présence et l'abondance de la faune et de la végétation sont directement liées à l'ensemble des conditions écologiques, donc climatiques, dans un endroit déterminé, à un moment donné.

ont une grande importance pour l'épuration des eaux, mais surtout comme lieu de fraye pour les poissons et d'alimentation pour les oiseaux.

La transformation des habitats entraînée par la modification du régime des crues peut aussi être un facteur inquiétant. Les crues torrentielles entraînent par érosion une bonne partie des habitats ripariens et causent ainsi une dégradation de la qualité des zones de fraye ou des habitats d'élevage pour les poissons, diminuent la production d'invertébrés benthiques et la production de plantes aquatiques. À l'inverse, les étiages prononcés empêchent l'accès des poissons à certaines aires essentielles pour leur reproduction ou leur alimentation. On retrouve ainsi une corrélation nette entre les niveaux de basses eaux printanières et l'effectif des cohortes de Perchaude (*Perca fluvialis*) et de Grand Brochet (*Esox lucius*) dans le Saint-Laurent. Ces espèces étant répandues dans les fleuves, les lacs et les rivières un peu partout dans l'hémisphère Nord, leur effectif sera peut-être menacé par des années consécutives de basses eaux.

La migration des arbres

En ce qui concerne les habitats terrestres, une grave question se pose : comment des espèces menacées par le réchauffement pourront-elles migrer vers le nord pour trouver des conditions écologiques qui conviennent à leurs besoins ? Dans les écosystèmes forestiers, il faut que les espèces d'arbres aient pu modifier leur aire de répartition pour que les espèces qui y vivent puissent s'adapter à un nouvel environnement. Or, à quelle vitesse les arbres peuvent-ils migrer ?

limicoles, rapaces et sauvagine, qui dépendent de tels milieux. La végétation de milieux parmi les plus reculés de la toundra arctique est également menacée par l'augmentation des gaz à effet de serre. Certaines espèces d'oies, de canards et d'autres oiseaux aquatiques pourraient perdre jusqu'à 90 % de leurs habitats de reproduction situés sur les basses terres arctiques.

Dans les hautes terres, c'est l'évaporation accrue qui menace les habitats aquatiques, qui

Voilà une question que se sont déjà posée des écologues[4]. Selon les divers modèles, on prévoit une migration des forêts vers le nord à mesure que le climat se réchauffera. Les recherches démontrent qu'à la vitesse prévue actuellement pour le réchauffement planétaire, certaines espèces végétales forestières, pour se maintenir dans des conditions favorables, devraient conquérir jusqu'à 1 000 km de nouveaux territoires d'ici 50 ans, soit 20 km par année! Les scientifiques pensent que très peu d'espèces pourront survivre à un tel stress. Même pendant la dernière déglaciation, on calcule que les arbres se sont déplacés en moyenne de 50 km par siècle, à l'exception du record de 200 km par siècle de l'Épinette noire (*Picea mariana*)[5]. La vitesse à laquelle une espèce d'arbre peut augmenter son aire de répartition dépend en partie de la capacité de ses graines de voyager avec le vent ou l'eau et de la disponibilité de lits de germination adéquats pour permettre le développement des plantules. Dans le nord de l'Eurasie et du Canada, les sols de la toundra et de la taïga sont couverts en bonne partie par le lichen *Cladonia rangiferana* qui constitue un très mauvais lit de germination. On peut donc craindre que la vitesse de colonisation soit encore plus lente qu'il y a 10 000 ans, où les arbres s'installaient plus facilement sur le sol nu, récemment libéré par les glaces ou par le retrait des lacs glaciaires.

Soulignons toutefois que ces extensions exceptionnelles se sont faites sur un territoire vierge, récemment libéré des glaces. Rien ne garantit que cela serait encore possible dans les conditions actuelles.

On estime, cependant, qu'un réchauffement de 1 °C à 3,5 °C en moyenne, au cours des 100 prochaines années, ferait migrer les isothermes (lignes représentant les températures moyennes) actuelles vers les pôles de 150 km à 550 km, et en altitude de 150 m à 550 m. Dans certaines régions, donc, des types de forêts pourraient disparaître et d'autres verraient leur composition profondément modifiée. Toutefois, l'expansion vers le nord des écosystèmes forestiers s'accompagnerait de contraintes importantes dans leur partie sud en raison de la compétition accrue entre les divers types de végétation.

Il est très peu probable que l'expansion des forêts vers le nord se réalise d'une façon aussi simpliste que ce qu'on a imaginé. En effet, la dynamique des forêts ouvertes en régions boréales est maintenant mieux comprise grâce à des recherches du Consortium de recherches sur la forêt boréale de l'Université du Québec à Chicoutimi, qui a travaillé sur les espèces qui composent la forêt du Québec et du nord du Canada, leur écologie et leurs mécanismes de reproduction et de régénération. Selon ces

FORÊT OUVERTE
Espace boisé comptant moins de 500 tiges à l'hectare.

---

4. Voir L. Roberts, «How fast can trees migrate?», *Science*, vol. 243, 10 février 1989, p. 735-737.

5. En Europe, la recolonisation du territoire par les chênes s'est faite entre –15 000 et –6 000 avant aujourd'hui, à partir de trois zones refuges situées en Espagne, en Italie et dans les Balkans. Les chênes ont progressé à une vitesse jugée surprenante, en moyenne 380 m par an, avec des pointes de 500 m. Voir A. Kremer, «L'épopée des chênes européens», *La Recherche*, n° 342, 2001, p. 40-43.

chercheurs, les territoires forestiers nordiques seraient actuellement en processus d'ouverture sous l'effet de feux successifs et, loin de monter vers le nord, il semble que ce soit plutôt la forêt continue qui soit menacée de s'ouvrir davantage en situation de changements climatiques si les printemps et les étés devenaient secs et chauds. En revanche, des printemps et des étés frais et pluvieux favorisent la croissance des forêts boréales. Ces conclusions sont aussi valables pour la Scandinavie et la Russie, mais, dans le premier cas, les forêts sont déjà exploitées jusqu'au cercle polaire, ce qui limite leur potentiel d'expansion.

L'Amérique du Nord a été déboisée à une très grande échelle pendant la colonisation. L'agriculture, en occupant la terre, a barré la route à certaines espèces animales migratrices, comme les bisons, qui ne sont plus aujourd'hui représentés que dans quelques parcs. L'urbanisation a aussi considérablement transformé le territoire, et on imagine mal des populations de mammifères peu rapides, comme l'Opossum, traversant New York pour migrer vers le nord! Dans le cas des tortues et des serpents, la situation est encore plus problématique. Quant à l'Europe et à l'Asie, la densité des populations humaines et leur usage du territoire rendent illusoires la migration d'espèces ou la relocalisation d'aires de protection.

Les impacts sur l'espèce humaine

Parmi toutes les espèces qui sont menacées par les changements climatiques, la nôtre l'est au premier chef. Pas que nous soyons menacés de disparition, notre effectif et notre résilience, nos outils technologiques et nos moyens de communication, et même notre système d'échanges commerciaux mondialisé, nous mettent à l'abri d'une telle issue. Cependant, pour beaucoup de monde, les changements climatiques représenteront un défi majeur d'adaptation, faisant des centaines de milliers de victimes dans les tranches les plus démunies de la société et provoquant des migrations et des conflits meurtriers pour le territoire ou les ressources si l'on doit assister à la réalisation des scénarios pessimistes de réchauffement. Le tableau 7.1 montre les risques d'impacts sur la santé liés aux changements climatiques.

La sécurité alimentaire

Plusieurs scientifiques sont préoccupés par l'impact d'un réchauffement climatique, même modeste, sur la production alimentaire. Comme nous l'avons vu plus tôt, les sécheresses devraient provoquer une accélération de la désertification, en particulier dans les zones d'agriculture intensive. Or, la planète est actuellement habitée par 6,4 milliards d'habitants et approchera probablement les 8 milliards d'ici une trentaine d'années[6]. La population terrestre étant surtout concentrée dans les pays en développement, il pourrait devenir extrêmement difficile, dans quelques années, de trouver les ressources nécessaires pour nourrir convenablement tout le monde, si l'agriculture se voyait limitée, par exemple, par le manque d'eau.

---

6. L'ONU prévoit une population de 8,9 milliards en 2050.

Tableau 7.1
Risques d'impacts sur la santé humaine liés aux changements climatiques

Risque	Mécanisme d'action	Effet
Impacts directs de la chaleur	Stress thermique	Coups de chaleur Décès par maladies cardiovasculaires
Maladies à transmission hydrique ou alimentaire	Une température plus chaude favorise la prolifération des bactéries pathogènes	Épisodes de diarrhée
Maladies à vecteurs	Les précipitations et la température peuvent favoriser l'abondance des insectes vecteurs, la température réduit le temps d'incubation du parasite dans le moustique.	Cas de malaria
	La température réduit le temps d'incubation du virus dans le moustique	Cas de dengue
Désastres naturels	Augmentation des inondations et des glissements de terrain liés à des précipitations violentes et au rehaussement du niveau de la mer	Morts accidentelles Blessures accidentelles
Malnutrition	Diminution de la capacité de production des aliments, disponibilité de quantités insuffisantes d'aliments *per capita*	Déficits alimentaires quantitatifs et qualitatifs

Note: Selon les prévisions présentées à Exeter en février 2005, d'ici à 2020, c'est la malnutrition qui sera le plus important facteur de mortalités et de pertes d'espérance de vie en raison des changements climatiques, avec une mortalité accrue de 11 000 sur 150 000 personnes au total pour l'ensemble de ces causes. Les auteurs* concluent que les impacts positifs liés au réchauffement seraient largement dépassés par les impacts négatifs pendant cette période.

Source: Organisation mondiale de la santé, 2003.

* D. Campbell-Lendrum, R.S. Kovats, A.J. McMichael, C. Corvalan, B. Menne, A. Pluss-Ustun, *The Global Burden of Disease due to climate change: quantifying the benefits of stabilisation for human health. Avoiding dangerous climate change conference*, Exeter UK, 2005.

Déjà près de 1 milliard de personnes souffrent de malnutrition et on estime que la production alimentaire devrait doubler d'ici 30 ou 40 ans pour pouvoir nourrir correctement tous les habitants de la Terre. Or, les terres agricoles iront en diminuant constamment, du fait des impacts du réchauffement global, de l'urbanisation croissante et de la destruction des sols par les mauvaises pratiques culturales (érosion, salinisation, compactage), entraînant une désertification. Mais c'est surtout le manque de disponibilité de l'eau pour l'irrigation qui sera un facteur limitatif de la production agricole[7].

Doit-on s'attendre à des famines cruelles, frappant dans un avenir rapproché certains pays du tiers-monde? C'est probable, dans les zones

---

7. Voir M. Falkenmark, «De l'eau pour un monde affamé», *Écodécision*, n° 24, 1997, p. 57-60.

les plus pauvres, car même si l'agriculture mondiale suffit à nourrir l'humanité, le fonctionnement du système commercial et politique qui assure la distribution des denrées oblige plusieurs populations à vivre en autarcie, sans pouvoir acheter ce qu'elles ne peuvent produire localement. Pour ces peuples, l'aide internationale est le seul espoir. Or, celle-ci arrive souvent bien après les caméras de télévision. Les analyses historiques[8] nous montrent de façon non équivoque que le patron des famines est toujours le même : à la suite d'un événement climatique, politique ou autre, la production agricole est réduite, les prix montent et les plus pauvres sont incapables de se procurer le nécessaire. À partir d'un certain seuil, la mortalité s'accentue, essentiellement chez les plus vulnérables, les plus riches étant à l'abri, sauf au moment de pandémies.

On doit aussi s'attendre à voir changer de façon radicale le mode de vie traditionnel de toutes les régions agricoles du globe, y compris en Amérique du Nord et en Europe. Le réchauffement global risque de tout changer, et très vite! Certains effets pourront sembler bénéfiques, par exemple l'augmentation du taux de croissance de certaines cultures dans un environnement plus riche en CO_2, surtout dans les régions de moyenne et de haute latitude, mais il faut craindre des effets indirects néfastes, comme le déplacement de maladies et d'insectes ravageurs de cultures vers des zones qu'ils n'avaient pas encore touchées.

Par ailleurs, l'agriculture qui permet au plus grand nombre de personnes de subsister en autarcie, celle qui est pratiquée dans les régions tropicales et subtropicales, pourrait être compromise, puisque les cultures y croissent déjà sous des conditions de température maximale tolérée ou encore à la limite de leur résistance à la sécheresse. Pour plusieurs, il est difficile de croire aux limites de l'agriculture industrielle pour nourrir l'humanité. En effet, les productions végétales ont connu des améliorations de productivité exceptionnelles au cours du dernier siècle, reculant toujours le spectre d'une famine mondiale. Il n'est pas insensé de croire que les biotechnologies et de nouvelles améliorations techniques, comme l'irrigation goutte à goutte, puissent encore augmenter cette productivité. Cependant, on observe actuellement, dans les pays industrialisés, une réticence des consommateurs qui pourrait ralentir le progrès des plantes modifiées génétiquement. Par ailleurs, ces produits de la technologie ne sont pas sans incidences écologiques et on peut penser à juste titre que ces nouvelles variétés modifieront assurément les pratiques culturales, là où elles seront utilisées[9]. Les prédictions concernant les famines

---

8. Voir en particulier Leroy-Ladurie, *Histoire humaine comparée du climat*, vol. 1, *Canicules et glaciers, XIII au XVIII*e *siècle*, Paris, Fayard, 2004, 740 p.

9. Les organismes génétiquement modifiés (OGM) peuvent être vus avec optimisme ou pessimisme en ce qui concerne la modification des pratiques culturales. Du côté optimiste, on peut penser au développement de plantes résistantes à la sécheresse ou à la salinité qui permettront de maintenir des cultures dans des zones où l'agriculture est aujourd'hui précaire. Du côté pessimiste, on voit que les premiers transgènes qui ont été implantés concernent la résistance aux herbicides, ce qui signifie un usage accru de ces produits phytosanitaires. De plus, leur popularité dans l'agriculture industrielle favorise la marginalisation de cultivars traditionnels, imposant ainsi un risque accru à la biodiversité.

doivent donc être relativisées et nuancées. On peut toutefois croire que les plus pauvres, vivant en autarcie ou presque dans des pays politiquement instables, en seront les premières victimes.

Moustiques, malaria et compagnie

Le paludisme est l'une des maladies qui tue le plus dans le monde : 3 000 personnes par jour, des enfants pour la plupart. Causée par un protozoaire apicomplexe (*Plasmodium falciparum*), cette maladie se manifeste par des fièvres intenses et répétées, qui finissent par venir à bout de la résistance du malade. Le protozoaire est transmis par un moustique du genre *Anopheles*, qui agit comme hôte intermédiaire du parasite et peut contaminer toute personne qu'il pique. Avec un réchauffement prévu de 3 °C à 5 °C en 2100, on estime que la zone de transmission du paludisme pourrait s'étendre, pour toucher 15 % de la population mondiale de plus qu'aujourd'hui, passant de 45 % à 60 %. Entre 50 millions et 80 millions de personnes pourraient s'ajouter aux 500 millions de cas actuels. En effet, les moustiques porteurs prolifèrent dans des climats plus chauds et se développent dans des nappes d'eau temporaires, comme celles que peuvent laisser derrière elles des pluies abondantes.

Depuis 1970, le paludisme s'est étendu, gagnant en altitude plus de 150 m dans les zones tropicales et faisant des victimes au nord comme au sud des tropiques, dans des régions et des villes où il n'avait jamais été détecté auparavant,

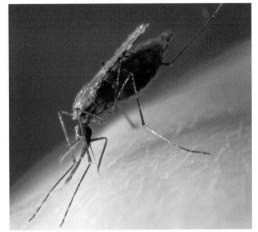

Anophèle femelle se nourrissant à travers la peau d'un humain. Le protozoaire transmis par ce type de moustique provoque le paludisme, maladie qui cause d'importants ravages en Afrique, en Asie et en Amérique du Sud.
Sinclair Stammers/Science Photo Library/Publiphoto

APICOMPLEXE
Nom de la famille de parasites intracellulaires qu'on appelait autrefois les Trypanosomes.

comme le New Jersey, New York et même Toronto[10]. En fonction des températures optimales de survie des moustiques vecteurs du paludisme, on croit que, d'ici à 2020, le risque de transmission de cette maladie sera multiplié de façon importante dans la plupart des pays développés, comme l'indique la figure 7.1. Ces résultats sont toutefois nuancés lorsqu'un modèle incluant toutes les conditions nécessaires à la réalisation du cycle de transmission de la maladie est utilisé. La modélisation illustre alors une expansion plus limitée de la maladie[11]. En Amérique du Nord, on estime que le risque pourrait doubler d'ici à 2020[12].

---

10. P. Epstein, 2000, «Oui le réchauffement de la planète est dangereux», *Pour la Science*, n° 276, 2002, p. 80-88.

11. Voir l'article de D.J. Rogers et S.E. Randolph, «The global spread of malaria in a future, warmer world», *Science*, vol. 28, 8 septembre 2000, p. 1763-1766.

12. Campbell, Lendrum *et al.*, 2005. *op. cit.* (voir tableau 7.1)

Figure 7.1
Étendue du paludisme dans un contexte de réchauffement global

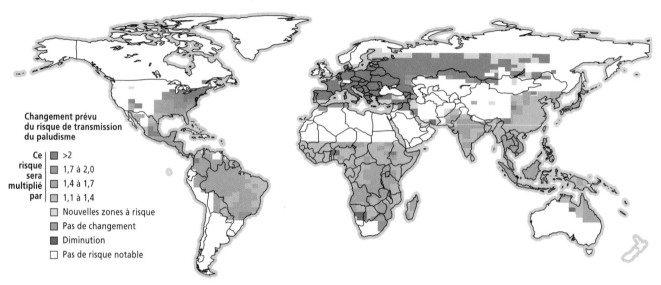

Source : P. Epstein, « Oui, le réchauffement de la planète est dangereux », *Pour la science*, n° 276, 2000, p. 80-88.

La dengue est une autre maladie infectieuse causée par un virus transmis par les moustiques. Elle se manifeste par des symptômes semblables à ceux d'une grippe, mais cause souvent des hémorragies internes fatales. Aujourd'hui, de 50 millions à 100 millions de personnes en sont atteintes dans les régions urbanisées tropicales et subtropicales. Dans la décennie 1990, la dengue a étendu son territoire d'endémie de l'Amérique centrale jusqu'à Buenos Aires, au sud, et jusqu'au Mexique, au nord, et a fait d'importants progrès dans le nord de l'Australie.

Bien que ces extensions du paludisme et de la dengue confirment les conséquences attendues d'un réchauffement global, les changements climatiques ne sont pas la seule cause qui pourrait être invoquée pour expliquer le phénomène. D'autres facteurs seraient également à considérer, comme des déséquilibres de l'environnement favorisant la prolifération des moustiques ou l'abandon de certains programmes d'éradication. Cependant, la migration des maladies en altitude ne peut avoir d'autres causes que les changements climatiques.

On attribue[13] l'apparition récente du virus du Nil occidental aux États-Unis, et son expansion rapide au Canada, à une succession de climats extrêmes qui ont favorisé sa multiplication

13. Rogers et Randolf, *op. cit.* Voir note 11.

dans les moustiques *Culex pipiens*, qui ont ensuite contaminé les oiseaux, puis les humains, tuant plusieurs personnes à New York à la fin des années 90. À l'été 2001, le virus a franchi la frontière canadienne et se propage depuis vers le nord et l'ouest. Hivers doux, printemps pluvieux, étés chauds et secs ont favorisé l'expansion du virus.

D'autres maladies infectieuses dont la transmission ne nécessite pas de vecteur (salmonellose, choléra, giardiase) pourraient s'étendre à la faveur de conditions de salubrité rendues précaires par l'augmentation de la température et la multiplication des inondations. Indéniablement, la santé de la population est vulnérable aux changements climatiques, surtout en milieu urbain et dans les pays en développement. La santé risque donc de se dégrader dans les régions où l'exposition aux maladies contagieuses et vectorielles est plus marquée et où souvent les conditions hygiéniques et sanitaires sont déficientes. Des épisodes climatiques violents, comme l'ouragan Mitch, en Amérique centrale en 1998, les inondations survenues dans la corne de l'Afrique en 1997 et 1998, les inondations du sud de l'Afrique en février 2000, ou encore en Haïti à l'automne 2004, n'auront pas fait que des milliers de victimes directes. La résurgence d'épidémies, à la suite de la multiplication d'agents infectieux, de la contamination de l'eau potable et de l'affaiblissement de la résistance des populations qui ont perdu leurs récoltes, contribue à plonger dans la misère des gens qui ne sont pourtant pas les plus grands émetteurs de gaz à effet de serre. Dans les pays développés, au climat tempéré, ce sont les personnes âgées,

les enfants et surtout les personnes souffrant de maladies pulmonaires qui sont les plus à risques. Dans les pays industrialisés, la tendance démographique risque d'accentuer cette vulnérabilité.

L'augmentation des extrêmes de températures en été risque de provoquer des canicules plus fréquentes et prolongées, dont les victimes sont encore souvent les enfants et les personnes âgées. L'excès de 15 000 décès répertorié pendant la canicule du mois d'août 2003 en France rappelle que ces événements ont des conséquences graves. Les épisodes de chaleur intense risquant d'augmenter, on doit s'attendre à une augmentation des hospitalisations pour difficultés respiratoires, ces dernières étant exacerbées par le smog en milieu urbain surtout. De plus en plus de décès seront attribués aux coups de chaleur, dont la majorité des victimes seront ceux qui n'ont pas les moyens de climatiser leur résidence.

Ainsi, entre la montée du niveau de l'océan, l'accélération de la désertification, la fonte des glaces en montagne et aux pôles, le dégel du pergélisol, les modifications des écosystèmes forestiers et l'extension d'aire d'espèces invasives et de maladies infectieuses, les populations auront à s'adapter aux nouvelles règles du jeu. Regardons de plus près ce qui nous attend au Canada et en Europe pour mieux illustrer les enjeux pour des zones industrialisées qui ont adhéré au Protocole de Kyoto. Par ailleurs, ces deux territoires étant situés de part et d'autre de l'océan Atlantique, mais présentant des climats distincts et une répartition des populations et des activités économiques très différentes, la comparaison aura valeur d'exemple.

Les prévisions en territoire canadien

Dans la plupart des pays industrialisés, les gouvernements ont demandé que soient évaluées les conséquences des changements climatiques sur leur territoire[14].

À quoi pourraient ressembler les conséquences d'un réchauffement au Canada et au Québec en particulier? Nous relevons ici quelques prévisions données par diverses équipes de chercheurs dans le monde. Ces résultats ont été colligés par le Consortium OURANOS dans un document phare portant sur l'adaptation aux changements climatiques[15].

Le document du Consortium OURANOS analyse en détail plusieurs impacts potentiels de ces changements de température et de précipita-tions sur les divers secteurs d'activité et les composantes des milieux naturels. L'analyse est réalisée dans une perspective d'adaptation, cette voie étant désormais jugée incontournable malgré tous les efforts qui pourraient être accomplis pour ralentir le réchauffement. Nous avons choisi de présenter ici quelques-unes des conséquences prévues et nous reviendrons sur la question de l'adaptation au chapitre 14.

Le tableau 7.2 présente l'aperçu des prévisions de températures et de précipitations obtenues à l'aide du modèle MAGICC. Les résultats sont extraits d'un scénario de changements climatiques pour le Canada réalisé par des chercheurs du Climate Research Unit de l'Université d'East Anglia, à Norwich, en Angleterre.

Tableau 7.2
Scénarios d'augmentation des températures et des précipitations pour le Québec, pour la période 2080 à 2100 par rapport à la période 1960-1990

	Sud du Québec			Nord du Québec		
	Scénario optimiste	Scénario moyen	Scénario pessimiste	Scénario optimiste	Scénario moyen	Scénario pessimiste
Été (juin à août)						
Températures	+ 1,5 °C	De + 2 °C à + 3 °C	De + 4,5 °C à + 5 °C	De + 1 °C à + 1,5 °C	De + 2 °C à + 3 °C	De + 4 °C à + 4,5 °C
Précipitations	0 %	De 0 % à + 5 %	De 0 % à + 10 %	De 0 % à + 5 %	De + 5 % à + 10 %	De + 10 % à + 20 %
Hiver (déc. à février)						
Températures	+ 2 °C	De + 3 °C à + 4 °C	De + 6 °C à + 7 °C	De + 2 °C à + 3 °C	De + 4 °C à + 5 °C	De + 7 °C à + 9 °C
Précipitations	+ 10 %	De + 10 % à + 20 %	De + 25 % à + 35 %	De + 5 % à + 15 %	De + 10 % à + 25 %	De + 20 % à + 40 %

Note: Changements de températures (en °C) et de précipitations (en %) répartis en fonction des saisons et des régions du Québec, selon les scénarios extrêmes et moyen du GIEC.
Source: M.A. Hulme et N. Sheard, 1999. *Climate Change Scenarios for Canada*, Climatic Research Unit, University of East Anglia, Norwich, 1999, 6 p.

---

14. On trouvera, par exemple, les répercussions des changements climatiques sur le territoire français à http://www.effet-de-derre.gouv.fr/tr/savoir/impact.htm et les évaluations du gouvernement des États-Unis à http://www.nacc.usgcrp.gov.

15. Ouranos, *S'adapter aux changements climatiques*, 2004, 91 p., disponible à l'adresse Internet: http://www.ouranos.ca/cc/table_f.html.

Encadré 7.3

Qu'adviendra-t-il du bassin des Grands Lacs et du Saint-Laurent?

Une étude récente utilisant 5 modèles globaux de circulation prédit et explique clairement ce qu'il adviendra du bassin des Grands Lacs et du fleuve Saint-Laurent au cours de la période 2040-2070.

◎ Réduction dramatique du couvert de neige sur le bassin versant;

◎ Crues beaucoup plus faibles et plus hâtives;

◎ En raison du stockage d'énergie dans les Grands Lacs profonds, réduction ou disparition du couvert de glace;

◎ Disparition progressive du mélange des eaux de surface et de profondeur, ce qui peut entraîner des changements importants dans la zone située sous la thermocline;

◎ Augmentation de l'évapotranspiration dans le bassin versant;

◎ Augmentation de l'évaporation à la surface des lacs.

Naturellement, le débit du Saint-Laurent sera affecté directement selon la façon dont les populations de cette époque voudront utiliser l'eau des Grands Lacs.

T.E. Croley, *Great Lakes Climate Change Hydrolic Impact Assessment*, I.J.C.Lake Ontario-St.Lawrence River regulation Study, NOAA GRERL, 2003. Disponible à www.grer/.noaa.gov.

Même s'il est impossible de relier au changement climatique un événement particulier, comme les inondations survenues au Saguenay en 1996, on sait que de tels événements seront plus fréquents dans un contexte de changements climatiques.

Gilles Potvin, © Le Québec en images, CCDMD

Le Québec étant une région caractérisée par ses ressources en eau, en forêt et en terre arable, voyons comment les changements occasionnés par les variations de température et de précipitations toucheront ces ressources.

Advenant un doublement de la concentration atmosphérique du CO_2, le régime des eaux serait sensiblement modifié, selon les résultats du modèle canadien couplé de seconde génération. En raison d'une évaporation accrue de l'eau des Grands Lacs, sous l'effet combiné de l'évaporation estivale augmentée par les températures plus chaudes et de l'absence de couvert de glace complet l'hiver, le débit et le niveau du fleuve Saint-Laurent pourraient diminuer, dans la région de Montréal, de 40% et de 1,3 m respectivement. Les conséquences de cette modification des caractéristiques du fleuve se feraient sentir à plusieurs égards:

◎ La qualité des eaux de consommation pourrait diminuer en raison d'une plus faible dilution des polluants.

THERMOCLINE
Tranche d'eau lacustre ou marine caractérisée par un fort gradient thermique vertical. La thermocline constitue une barrière physique qui définit l'hypolimnion (zone inférieure) et l'épilimnion (zone supérieure).

◎ Dans la partie aval du fleuve, certaines prises d'eau pourraient être rendues inutilisables par l'augmentation du niveau de la mer qui les mettrait en eau saumâtre, impropre à la consommation. C'est le cas de la prise d'eau de la ville de Sainte-Foy qui pourrait se trouver périodiquement dans cette situation à partir de 2050 d'abord dans des conditions exceptionnelles, puis de façon plus régulière vers la fin du XXIe siècle.

◎ De nombreux habitats essentiels à la sauvagine et à la reproduction de plusieurs espèces de poissons pourraient disparaître ou être sensiblement réduits, par suite de l'assèchement des herbiers et des marais côtiers. Cela est particulièrement important

Diminution du niveau du fleuve Saint-Laurent au cours de l'été 2001. Le Saint-Laurent est particulièrement fragile en raison de l'importance des Grands Lacs pour son alimentation.

Ève-Lucie Bourque

dans le cas du fleuve Saint-Laurent, dont le chenal a été creusé par le gouvernement du Canada de façon telle qu'il forme maintenant un passage de 200 m de largeur qui canalise la moitié de son débit. Advenant une réduction de débit de l'ordre de grandeur annoncé, le fleuve se réduirait à ce chenal, ce qui signifierait la perte nette de l'ensemble des habitats de poisson, en particulier dans les îles de Sorel et dans le lac Saint-Pierre, désigné Réserve de la biosphère de l'UNESCO.

◎ Le débit réduit nuirait aux usages récréatifs, industriels et surtout agricoles de l'eau du fleuve et de ses affluents de la vallée fertile du sud du Québec.

◎ L'augmentation de la température au Québec pourrait par ailleurs affecter l'habitat de certaines espèces de salmonidés. Le Québec est probablement le plus important réservoir mondial du patrimoine génétique de plusieurs de ces espèces. Le réchauffement des eaux pourrait ainsi entraîner une réduction draconienne de l'habitat de l'Omble de fontaine (*Salvelinus fontinalis*) et du Touladi (*Salvelinus namaycus*) dans la portion méridionale de leur aire de répartition, alors que l'Omble chevalier (*Salvelinus alpinus*) risque une extinction accélérée. En effet, ces poissons sont très sensibles au réchauffement de l'eau et à la concurrence résultant de l'introduction d'autres espèces. En ce qui concerne le Saumon atlantique (*Salmo salar*), dont la situation en mer est d'ores et déjà problématique, les modifications d'habitat pour la reproduction pourraient varier régionalement entre des pertes de 42 % et des gains de 16 %. Il est probable, également, que des espèces de poissons concurrentes des salmonidés appartenant à des bassins hydrographiques plus au sud remonteront dans les rivières réchauffées du Québec, ce qui nuira à la pêche sportive.

◎ Le transport maritime et fluvial jusqu'aux Grands Lacs ferait face à une réduction saisonnière du niveau d'eau de la voie navigable, puisque la profondeur du chenal navigable n'est parfois que de quelques centimètres supérieure au tirant d'eau des bateaux océaniques. Cela pourrait signifier que le port de Montréal deviendrait plus difficilement accessible aux transporteurs océaniques en période d'**étiage**.

Les îles de Sorel et le lac Saint-Pierre comptent parmi les habitats fauniques les plus riches d'Amérique du Nord.

P.G. Adam/Publiphoto

Par ailleurs, les quantités de précipitations pourraient varier de 5 % à 40 % pour le nord du Québec. Cet accroissement des pluies se traduirait par un apport en eau accru, de l'ordre de 9 % à 16 %, dans les réservoirs hydroélectriques situés sur le territoire de la baie James. L'utilisation d'énergie se modifiant avec les changements climatiques, la gestion de l'électricité devrait s'adapter à une demande accrue en été, en raison de l'augmentation des besoins de climatisation, alors que la demande hivernale devrait diminuer en raison du réchauffement. Cela se complique cependant du fait que la répartition des précipitations serait aussi transformée et que les surplus se produiraient surtout en hiver. Malheureusement, il n'est pas toujours possible d'amasser toute l'eau provenant des crues printanières dans les réservoirs des barrages hydroélectriques, en

particulier pour les centrales qui disposent de petits réservoirs ou, à plus forte raison, les centrales au fil de l'eau qui n'ont pas de telles capacités. En conséquence, les effets négatifs de faibles années d'hydraulicité pourraient être amplifiés. Il ne faut pas négliger, non plus, le fait que, la déréglementation du marché de l'électricité aux États-Unis ayant permis une intégration accrue des marchés, la gestion de l'approvisionnement électrique au Québec est maintenant fortement conditionnée par les besoins américains. Quoi qu'il en soit, les prédictions concernant ce point précis sont extrêmement aléatoires en raison de la difficulté actuelle d'établir des points de référence, puisque l'hydraulicité des deux dernières décennies a été très particulière dans ces régions.

ÉTIAGE
Période de basses eaux. Sous les latitudes septentrionales, on parle d'étiage d'été et d'étiage d'hiver.

Quand l'arbre ne cachera plus la forêt...

En foresterie, les modèles permettent de prévoir, en fonction du déplacement des isothermes, que la ligne des arbres et les limites entre les grands types de forêts pourraient se déplacer de quelques centaines de kilomètres vers le nord. Cependant, cette migration dépendra des conditions de sols et surtout du régime des feux. La saison de croissance serait évidemment allongée. Selon les projections théoriques, les forêts de feuillus verraient leur superficie augmenter de 115 % à 170 %, alors que la forêt boréale pourrait perdre de 5 % à 40 % de sa superficie. On ne peut pas encore déterminer de façon précise ce qui se passerait sur le plan de la productivité, puisque l'augmentation du CO_2 atmosphérique devrait logiquement se traduire par une accélération du taux de croissance des arbres, phénomène déjà observable. Mais les études sont loin d'être concluantes à ce sujet, et il faut tenir compte d'autres facteurs qui ont probablement plus d'importance pour la dynamique des forêts. On croit en effet qu'un réchauffement pourrait amener des changements dans les régimes de perturbation des forêts, surtout la forêt boréale, où les incendies et les épidémies d'insectes risquent d'augmenter parallèlement à la température. Ici encore, les incertitudes sont grandes, les facteurs de perturbation de la forêt comme les feux sont modulés en fonction des précipitations notamment, et l'ampleur que prendront ces dernières demeure peu précise. Les conditions décrites ici constituent des scénarios probables, qui devraient inciter les gestionnaires des ressources forestières à réviser les stratégies d'approvisionnement en fonction d'un environnement plus incertain.

CONDITIONS DE SOL
Des sols mal drainés, comme les tourbières, ne sont pas favorables à l'installation des forêts. Par ailleurs, la présence de végétation sur un sol peut nuire à l'installation (germination) des arbres.

RÉGIMES DE PERTURBATION DES FORÊTS
Dans certains biomes, la composition des espèces végétales est maintenue par un type de perturbation périodique : feux, inondations, verglas, insectes qui, tout en détruisant les végétaux en place, créent des conditions favorables à la régénération des espèces qui y sont adaptées. Les perturbations surviennent à intervalles réguliers.

Des étés plus chauds et secs favoriseront les incendies de forêt, ce qui risque de compromettre la valeur des forêts comme puits de carbone.

En agriculture, toujours selon le scénario de doublement du CO_2, la plupart des régions agricoles du Québec seraient favorisées par le changement climatique, alors que la saison de croissance du maïs pourrait être allongée de 20 jours dans la région de Saint-Hyacinthe, dans le sud du Québec, là où se concentre la majorité de l'activité agricole[16]. Les régions plus nordiques de l'Abitibi et du Lac-Saint-Jean profiteraient considérablement de ce réchauffement, avec un allongement de 12 jours de la saison de croissance. Ces études prévoient même de très bonnes possibilités de culture de la pomme dans toutes les régions, et un certain potentiel pour la culture du raisin dans la région de Québec. Mais attention! plus de chaleur signifie aussi l'extension potentielle des aires de maladies et d'insectes actuellement inconnus sur nos terres. Le stress hydrique subi par le maïs comme en ont provoqué les jours chauds de l'été 2002 serait loin d'être avantageux pour les agriculteurs, et pas plus d'ailleurs pour les éleveurs de volaille, comme en témoignent les 500 000 poulets morts au cours de ce même été. Il vaudrait donc mieux ne pas se réjouir trop tôt, à moins d'être un vendeur de climatisation pour les poulets! Par ailleurs, le climat ne suffit pas pour l'agriculture; il faut aussi des sols appropriés. Or, ces sols prennent des siècles, voire des millénaires, à se développer dans des conditions favorables.

Les agriculteurs sont des gens habitués aux changements saisonniers et aux risques associés à l'incertitude; ils auront toutefois à s'adapter à des changements à plus long terme, ce qui aura pour effet à plus grande échelle de redessiner la carte des productions agricoles en fonction des possibilités et des besoins. On peut penser que l'adaptation dans le secteur agricole sera plus

> **Encadré 7.4**
>
> ## Des inquiétudes pour la forêt du Québec
>
> Un colloque tenu à Baie-Comeau les 20 et 21 avril 2005 confirme les inquiétudes des gestionnaires et utilisateurs de la forêt au Québec. On y a appris que:
>
> - Les changements climatiques sont déjà observables par les opérateurs forestiers et qu'il faudra planifier différemment les coupes, notamment en raison de la difficulté d'utiliser des chemins d'hiver;
> - Les épidémies d'insectes devraient remonter vers le nord;
> - Le régime des précipitations pourrait être favorable à la croissance des arbres;
> - Les gels tardifs pourraient avoir des effets dévastateurs si des conditions plus chaudes étaient observées durant plusieurs années;
> - Les animaux s'adapteraient rapidement aux changements climatiques dans les écosystèmes nordiques;
> - Il faudrait revoir nos stratégies de conservation et en particulier les aires protégées en milieu boréal.

facile que dans le secteur forestier, car les récoltes y sont généralement annuelles et les possibilités d'adaptation des plantes par biotechnologie sont d'ores et déjà étudiées.

---

16. R. De Jong, K.Y. Li, A. Bootsma, T. Huffman, G. Roloff et S. Gameda, «Crop yield and variability under climate change and adaptative crop management scenario», *Final report for Climate Change Action Fund*, Ressources naturelles Canada, Projet A080, 2001.

Figure 7.2
La sensibilité aux incendies de forêt au Canada

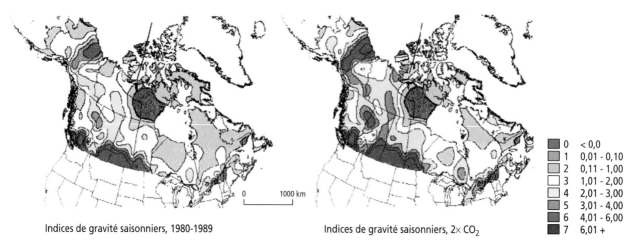

Indices de gravité saisonniers, 1980-1989

Indices de gravité saisonniers, 2× CO_2

0	< 0,0
1	0,01 - 0,10
2	0,11 - 1,00
3	1,01 - 2,00
4	2,01 - 3,00
5	3,01 - 4,00
6	4,01 - 6,00
7	6,01 +

La carte de droite montre les indices saisonniers de gravité des incendies de forêt dans un environnement contenant deux fois plus de CO_2 pour l'ensemble du Canada. Ces indices sont à mettre en comparaison avec les indices de la période 1980-1989 (carte de gauche). Les régions les plus menacées sont le centre-ouest et une partie des Territoires du Nord-Ouest. Partout on verrait un allongement de la saison des incendies, accompagné de l'accroissement de leur fréquence et de leur gravité.

Source: B.J. Stocks *et al.*, «Climate change and forest fire potential in Russian and Canadian boreal forests», *Climatic Change*, n° 38, 1998, p. 1-13.

Des impacts sur la santé sont également à prévoir avec l'augmentation de la température. Des chercheurs estiment que les vagues de chaleur de plus longue durée dans les grandes villes pourraient causer des mortalités quatre fois supérieures au taux du début des années 90, surtout chez les personnes âgées, même si l'on suppose que la population s'acclimaterait graduellement à la chaleur. Évidemment, un réchauffement sous les latitudes plus nordiques réduirait les mortalités associées au froid. Mais les populations négativement touchées par le réchauffement, concentrées dans le Sud, risquent de surpasser de beaucoup en nombre celles qui en bénéficieraient. Dans le domaine de l'adaptation, ce sont les villes des latitudes intermédiaires, comme Montréal ou Paris, qui auraient le plus d'efforts d'adaptation à faire pour éviter les effets meurtriers des canicules. Les grandes villes du Sud connaissent déjà des températures très élevées une bonne partie de l'été, et les habitants y sont adaptés. À l'instar de ce qui est prévu à l'échelle globale, le Canada pourrait connaître une augmentation des événements climatiques extrêmes. Les populations humaines en seraient affectées la plupart du temps de façon insidieuse comme par le syndrome de stress post-traumatique ou les tensions psychologiques.

Sous les latitudes nordiques, où le sol reste gelé toute l'année, on ne construit pas les bâtiments sur des assises enfouies sous terre, mais plutôt sur pilotis. Pour que le pergélisol persiste, la température du sol doit se maintenir à 0 °C ou moins en permanence. Les températures minimales de l'hiver sont importantes pour la préservation du pergélisol qui «accumule du froid», ce qui lui permet de rester gelé tout l'été. La hausse des températures dans la région et une épaisseur de neige (en raison de son effet isolant) accrue au sol risque de faire dégeler au complet les zones où le pergélisol est mince. Là où il est plus profond, la surface pourrait fondre et causer des glissements de terrain sur les pentes, avec les conséquences graves que l'on peut imaginer pour les infrastructures.

De même, le transport s'effectue sur des routes de glace l'hiver et on traverse les cours d'eau sur des ponts de glace. Si les prévisions de réchauffement accentué des latitudes nordiques se concrétisent, il est fort probable que le dégel du pergélisol, la fonte de la banquise et la hausse du niveau de la mer auront des incidences importantes sur les infrastructures de ces régions, mais aussi sur le mode de vie des communautés inuites[17] et amérindiennes qui vivent le long des côtes, sans compter la libération de quantités considérables de méthane contenues dans le pergélisol. La figure 7.3 illustre bien les zones de pergélisol du Canada les plus sensibles à la hausse de la température.

Certaines de ces prévisions peuvent sembler optimistes et encourageantes dans une perspective économique à court terme pour le Québec et le Canada, mais les études sur lesquelles s'appuient ces prévisions sont souvent simplistes et préliminaires, ne tenant compte que de quelques facteurs. Dans la réalité, les choses sont beaucoup plus complexes. Localement, les conditions peuvent être meilleures, mais bien pires aussi. Il faudra donc apprendre à voir à plus long terme, au-delà des seules frontières et à travers une lunette écologique, car le réchauffement envisagé est un phénomène global et cela n'ira pas aussi bien pour tout le monde. Il faut noter en particulier qu'il y a énormément d'incertitudes quant aux impacts économiques instantanés et à long terme des extrêmes climatiques induits par le réchauffement global.

Les prévisions pour l'Europe

Nous avons vu que le réchauffement global ne se manifestera pas uniformément sur l'ensemble des continents. Grâce aux modèles régionaux, les prévisions d'augmentation des températures peuvent être précisées pour les diverses régions d'Europe et c'est ce que nous présente la figure 7.4. L'Europe continentale peut s'attendre à une montée du mercure qui atteindra jusqu'à 6 °C à la fin du 21e siècle.

---

17. L'Institut international du développement durable (IISD, http://www.iisd.org) a produit une vidéo sur la communauté inuite de l'île Banks, qui montre l'importance de son mode de vie et les stratégies d'adaptation au changement climatique faisant appel à ses connaissances traditionnelles.

Figure 7.3
Carte illustrant les effets que pourrait avoir le dégel du pergélisol en territoire canadien

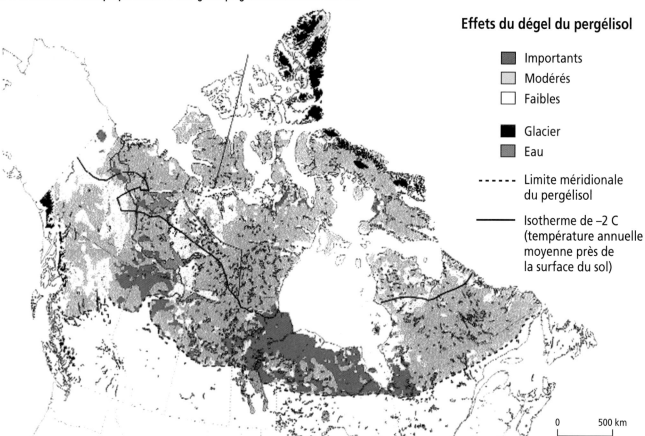

Effets du dégel du pergélisol

■ Importants
▢ Modérés
▢ Faibles

■ Glacier
▨ Eau

- - - - - Limite méridionale
du pergélisol

——— Isotherme de –2 C
(température annuelle
moyenne près de
la surface du sol)

0   500 km

Près de la moitié de la superficie du Canada est constituée de pergélisol, c'est-à-dire un sol dont la température est inférieure à 0°C toute l'année. C'est dans les régions où le pergélisol est riche en glace que le dégel risque de causer le plus de dommages liés à des glissements et à des enfoncements de terrain. Les différentes couleurs indiquent l'intensité des effets potentiels du dégel du pergélisol.

Source : S.L. Smith et M.M. Burgess, «Mapping the response of permafrost in Canada to climate warming», *Geological Survey of Canada. Current Research*, 1998, 1998-E, p. 163-171.

Les variations climatiques de grande amplitude touchant l'Europe à l'échelle de la décennie sont en bonne partie corrélées avec l'oscillation nord-atlantique (NAO, pour North Atlantic Oscillation). Les effets de ce phénomène se sont d'ailleurs manifestés de façon brutale au cours des dernières années ; nous y reviendrons au chapitre 8. Nous avons vu la NAO au chapitre 4, mais comment ce phénomène exacerbé par le réchauffement risque-t-il d'influencer la vie des Européens au cours du prochain siècle ? Rappelons d'abord le principe.

Imaginons un balancier géant oscillant entre l'Islande et les Açores et dont le mouvement ferait varier la pression atmosphérique au-dessus de ces régions. Nous sommes en présence d'un index NAO positif lorsque la pression est plus haute que la normale sur les Açores et plus basse sur l'Islande. Les vents dominants d'ouest sont alors déviés vers le nord de l'Europe, apportant des tempêtes hivernales sur cette région, des températures plus chaudes, et des précipitations plus importantes que la normale. En même temps, le sud de l'Europe subit des hivers plus secs et plus froids. Cette tendance à la valeur positive de l'index NAO est observée depuis une trentaine d'années et semble être là pour rester, comme le suggèrent les chercheurs qui, malgré les incertitudes, étudient la réponse du système atmosphère-océan face à l'augmentation des gaz à effet de serre. Soulignons par ailleurs qu'un index NAO négatif se produit lorsque la pression au-dessus des Açores diminue par rapport à la normale. Cette situation crée alors des hivers plus humides autour de la Méditerranée et du temps froid et sec dans le nord de l'Europe.

Figure 7.4
Augmentation de température prévue en Europe pour la période 2071-2100 selon une modélisation régionale du projet PRUDENCE

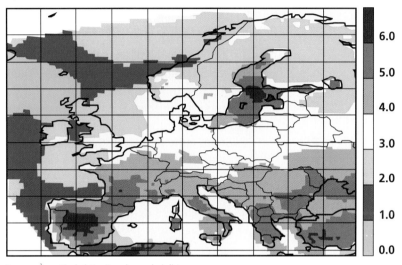

Source : À partir de http://prudence.dmi.dk/

La prévision des changements prévus pour le prochain siècle en Europe se fonde en grande partie sur les résultats des études réalisées dans le cadre du projet PRUDENCE dont nous avons déjà parlé. Parmi les équipes de chercheurs, celle du Dr Jouni Räisänen, du Rossby Centre, affilié au Swedish Meteorological and Hydrological Institut (SMHI), a publié les résultats de modélisation partant des scénarios A2 et B2 du GIEC. Selon ces analyses, le réchauffement en Europe sera plus important en hiver dans le nord, et cette hausse de la température s'accompagnera d'une augmentation des précipitations hivernales. Le sud de l'Europe subira un réchauffement plus marqué en été qui se traduira en même temps par du temps plus sec[18], comme si les conditions associées à un indice NAO positif devenaient la norme. Dans le centre et le sud de l'Europe, la température de la fin du siècle pourrait atteindre entre 6°C et 10°C de plus qu'en 1990.

Les prévisions limitées plus particulièrement à la région méditerranéenne effectuées à l'aide de quatre modèles différents, dont celui du Hadley Center, tendent vers un assèchement du climat de cette partie de l'Europe. La fin du siècle, selon une autre étude réalisée dans le cadre du projet PRUDENCE[19] et comparant les scénarios extrêmes A2 et B2 (voir l'encadré 6.1) devrait effectivement devenir de plus en plus sèche, avec un prolongement des périodes sans pluie par rapport à la période 1960-1990.

Cet assèchement, qualifié de «majeur», se traduirait principalement par une réduction de l'intensité des pluies, un début hâtif de la saison sèche et une durée prolongée de celle-ci. Selon le scénario B2, le plus optimiste, certaines régions bénéficieraient d'un accroissement des précipitations, mais l'ensemble méditerranéen serait tout de même plus sec. Et cette sécheresse serait vraisemblablement plus marquée dans certaines régions dont le sud de la péninsule ibérique, les Alpes, l'est de la mer Adriatique et le sud de la Grèce.

Dans ce contexte, les conditions extrêmes de sécheresse estivale comme celle qui a été vécue en 2003 pourraient, on s'y attend, devenir plus fréquentes et occasionner de lourds et coûteux dommages à des secteurs fragiles comme l'agriculture. Les débits des rivières dans les zones soumises à des sécheresses de plus en plus prononcées seront aussi dramatiquement réduits, déjà que plusieurs rios en Espagne ne coulent que quelques mois par année. Les catastrophes humanitaires de l'été 2003 ont cependant démontré que les sociétés touchées ne sont pas préparées à vivre ces situations qui deviendront la norme[20].

Que deviendront les forêts d'Europe ?

La composition végétale des paysages forestiers de l'ensemble de l'Europe pourrait bien être modifiée à la fin du siècle prochain. La distribution de certaines plantes, en réponse à un réchauffement de 3 °C, peut théoriquement s'étendre de 300 km à 400 km vers le nord ou jusqu'à 500 m en altitude. Cette expansion se fera cependant au détriment des espèces ayant des capacités de migration limitées. Un bouleau, dont les graines peuvent être transportées très loin grâce au vent, peut donc migrer plus vite qu'un chêne qui doit compter sur les écureuils ou les humains pour disperser ses semences. Mais l'expansion sera loin d'être généralisée,

---

18. J. Räisänen, U. Hansson, A. Ullerstig *et al.*, «European climate in the late twenty-first century: regional simulations with two driving global models and two forcing scenarios», *Climate Dynamics*, n° 22, 2004, p. 13-31.

19. L'étude en question, «Precipitation extremes over the Mediterranean», a été réalisée par Tom Holt et Jean Palutikof, du Climatic Research Unit, de l'Université d'East Anglia, Norwich, 2004.

20. C'est ce qui est proposé par l'étude de Martin Beniston, «The 2003 heat wave in Europe: A shape of things to come? An analysis based on Swiss climatological data and model simulations», *Geophysical Research Letters*, n° 31, 2004, 4 p. On peut cependant penser que l'expérience de 2003 aura porté fruit et que les gouvernements en cause mettront en place des moyens efficaces pour prévoir de tels événements et protéger leurs populations.

plusieurs espèces nécessitant des conditions particulières de sol, d'humidité et de température que les nouveaux territoires à conquérir ne pourront pas nécessairement offrir. Ce sont des espèces compétitrices qui coloniseront à long terme les régions du Nord alors que les régions du Sud risquent de perdre des pans importants de leur végétation endémique sous l'assaut de sécheresses répétitives et des incendies qui en résultent systématiquement.

Évidemment, une augmentation du dioxyde de carbone dans l'atmosphère favorise la croissance des végétaux. Mais les arbres en tireront-ils tous les bénéfices ? Cela est peu probable, comme nous l'avons vu au chapitre 3. N'oublions pas que les végétaux ont besoin d'un ensemble de conditions qui ne se limitent pas à la présence de lumière et de dioxyde de carbone. Les conditions de température et de précipitations prévues sembleraient, selon une étude de l'Institut national de la recherche agronomique de France, favoriser l'expansion de certaines espèces méditerranéennes comme l'Olivier, le Chêne vert et des variétés de pin. Le Pin maritime des Landes, essence parmi les plus favorisées, pourrait accroître sa présence sur 17 % du territoire français en 2004 à 46 % en 2100. Plusieurs espèces de montagne moins bien adaptées aux variations de température et d'humidité n'auraient toutefois pas la même chance d'expansion et subiraient plutôt des réductions de la superficie occupée actuellement en France. Naturellement, ces prévisions ne tiennent pas compte de l'intervention humaine. Les forêts européennes faisant en immense majorité l'objet d'un aménagement

L'Olivier, comme d'autres espèces méditerranéennes, pourrait voir son aire de distribution s'étendre vers le nord de l'Europe grâce au réchauffement du climat.

intensif, leur potentiel d'expansion naturelle est infime, à moins qu'on n'en décide autrement dans les ministères !

Les rendements agricoles à la hausse ?

Le secteur agricole de l'Europe pourrait bien, au cours des prochaines décennies, bénéficier d'une augmentation des rendements. Selon les scénarios, les cultures comme le blé donneraient entre 9 % et 35 % de plus en rendement. C'est presque tout le Sud qui serait ainsi privilégié, mais les grandes cultures en Scandinavie et dans le Centre y gagneraient aussi. Toutefois, ces effets bénéfiques prévus par la modélisation pourraient bien

être annulés par des conditions réelles moins favorables qui se présenteraient sous forme de sécheresses prolongées. Un déclin de la productivité serait alors à craindre si le stress hydrique imposé aux plantes, surtout dans le sud et l'est de l'Europe, s'oppose à la hausse possible des rendements.

Avec des températures printanières plus chaudes, les producteurs des pays scandinaves pourraient être tentés de semer plus tôt pour profiter d'un prolongement de la saison de croissance. Mais ce réflexe naturel chez l'humain risque bien sûr d'être imité par les ravageurs des récoltes (insectes et maladies) qui eux ont une capacité d'adaptation plus rapide que les agriculteurs.

En somme, le poids des incertitudes que fait peser le réchauffement global sur la production agricole en Europe et ailleurs ne fait que s'ajouter à la liste des pressions déjà notées. La dégradation des sols, l'épuisement des ressources en eau et la demande croissante de nourriture imposent depuis plusieurs années leur fardeau à un secteur agricole en constant besoin d'adaptation. Enfin, il faut se demander si les effets indirects qui résultent de la modification de la demande et de l'offre mondiale ne vont pas excéder les effets directs liés au climat.

Le terrain ne ment pas

Toutes ces prévisions modélisées sont fort intéressantes, mais le biologiste vous dira que c'est sur le terrain que les vraies choses se passent. Si l'on a observé au 20e siècle le début d'un réchauffement global, les écosystèmes ont bien dû réagir déjà et les effets de ce début de cataclysme annoncé doivent être déjà tangibles. Sinon, il faudra remettre en doute la théorie et laisser les modélisateurs délirer en paix avec leurs ordinateurs.

Le prochain chapitre sera consacré aux observations qui ont été faites dans les dernières années. Malheureusement pour nos enfants, elles renforcent la crédibilité du modèle des changements climatiques et les prévisions des scientifiques.

Les observations

Une étude présentée le 12 janvier 2005 à la réunion annuelle de l'American Meteorological Society démontre que si l'on applique l'indice de sécheresse Palmer à diverses zones dans le monde, la surface de la planète soumise à des sécheresses sévères aurait doublé dans les trente dernières années. Les chercheurs du National Center for Atmospheric Research considèrent qu'environ la moitié de ces sécheresses sont liées à une augmentation de la température planétaire et représentent un signe avant-coureur d'une tendance qui confirme que le changement climatique a bel et bien commencé.

Depuis 1978, année où l'Organisation météorologique mondiale (OMM) a commencé à s'interroger sur les changements climatiques, des dispositifs scientifiques ont été mis en place un peu partout dans le monde pour mesurer les changements du climat et leurs effets. Dans le présent chapitre, nous relatons les résultats de plusieurs études dont les conclusions sont cohérentes avec les prévisions évoquées au chapitre 7. De plus, il est important de souligner que la communauté scientifique attribue, avec

Les études de Dominique Bertaux et son équipe de l'UQAR ont montré que les populations d'Écureuil roux (*Sciurus americanus*) du Yukon avaient subi des changements génétiques imputables aux changements climatiques.

G.K. Scott/Photoresearchers/PUBLIPHOTO

un degré de confiance statistique de plus en plus élevé, une influence marquée de l'activité humaine sur les bouleversements climatiques en cours.

Nous avons vu quels ont été les changements à l'échelle globale: augmentation de la température et du niveau de la mer, et certains types d'événements extrêmes à la hausse. Rappelons que les années 2002, 2003 et 2004 ont joint les rangs des dix années les plus chaudes sur la planète depuis 1861; elles tiennent respectivement les deuxième, troisième et quatrième place derrière 1998. Nous nous souvenons aussi, de part et d'autre de l'Atlantique, d'événements qui ont marqué la décennie 1990 et le début du 21e siècle: sécheresse en Colombie-Britannique, tornades en Alberta, crues exceptionnelles au Manitoba, inondations au Saguenay, verglas dévastateur dans le sud du Québec, tempêtes dans les provinces maritimes, inondations, tempêtes de vent et canicule prolongée en Europe… L'histoire récente annonce des années 2000 tout aussi palpitantes en événements extrêmes: hiver 2001 si chaud au Yukon qu'on se demandait, au début de février, si on pourrait donner le signal du départ de la classique course annuelle de traîneau à chiens, alors que d'importants plans d'eau n'étaient pas suffisamment gelés[1]. La sécheresse extrême vécue en 2002 dans les provinces des Prairies aura porté un coup fatal à de nombreuses entreprises agricoles aux prises avec le temps sec depuis cinq saisons. Toujours en 2002, le Canada, d'un océan à l'autre, a subi un printemps glacial, la chaleur

et le smog se sont acharnés sur les villes de l'Est, les grands incendies de forêt ont sévi au Québec, la fumée se faisant sentir jusqu'au sud de la frontière avec les États-Unis, et la côte atlantique a fracassé le record du nombre de tempêtes et d'ouragans. L'année 2003 a été particulièrement désastreuse pour la Colombie-Britannique qui a subi une sécheresse marquée par d'immenses feux, suivie de pluies et d'inondations record.

L'Europe, bien sûr, n'est pas en reste, avec la hausse de 0,95 °C observée dans cette région depuis un siècle: les glaciers alpins continuent de fondre à grande vitesse, le Sud devient plus sec et le Nord plus humide. La canicule de l'été 2003, avec ses 15 000 décès pour la France seulement, est désormais un jalon historique du réchauffement global. Cette année de sécheresse faisait suite à une année 2002 très arrosée, dont l'Europe centrale a payé le prix en inondations exceptionnelles. En fait, aucune région du globe ne peut se considérer à l'abri d'événements qui s'inscrivent dans la variabilité hors norme qui marque le climat mondial des dernières décennies. À titre d'exemples vécus sur divers continents: le record de chaleur pour un mois de septembre en Australie en 2003, où il a fait 43,1 °C à West Roebuck; dans certaines régions de l'Éthiopie, en Somalie et au Kenya, l'année 2003 a apporté la plus forte pluviosité des 70 dernières années; une vague de froid a touché l'Inde et une partie de l'Asie en janvier 2003, faisant 2 500 victimes et, enfin, toujours en 2003, le sud des États-Unis a subi un nombre record de 412 tornades en seulement 10 jours. Le début

---

1. Communiqué par la Ville de Whitehorse au Congrès mondial des villes d'hiver 2001 à Québec.

de 2005 est aussi marqué par des pluies diluviennes en Californie et en Angleterre ainsi qu'un temps anormalement doux en Russie, suivi de la neige et d'un temps glacial au début de mars en Angleterre et en France.

Même si les statistiques d'événements violents ne montrent pas encore de tendance nette à l'augmentation de ce type d'événements, les assureurs s'inquiètent. Est-ce simplement une série de coïncidences? La fascination des médias pour les spectaculaires manifestations de la nature est-elle à blâmer? Ou est-ce le signe avant-coureur de ce que les modèles nous prédisent comme tendance pour le 21e siècle?

La fonte des glaciers des latitudes moyennes est directement associée à une hausse des températures et, si ces derniers reculent vite, ceux qui se trouvent dans la ceinture équatoriale disparaissent à une vitesse inquiétante. Est-ce suffisant pour croire que les changements climatiques ont commencé à se manifester? Serait-ce simplement une augmentation de la vulnérabilité?

Dans les prochaines sections, nous verrons à l'aide d'exemples comment les changements climatiques ont déjà modifié l'environnement physique du globe, les composantes de la biosphère et les activités de l'espèce humaine d'une façon scientifiquement documentée et qui viennent à l'appui de l'hypothèse d'une amorce des changements climatiques.

L'oscillation atlantique-Nord, une tendance positive

Comme nous l'avons vu, l'oscillation atlantique-nord (la NAO) est causée par la différence plus ou moins marquée de pression entre la haute pression des Açores et la basse pression des environs de l'Islande. Lorsque l'anticyclone des Açores est particulièrement élevé, l'indice NAO est positif et cette situation influence de façon marquée les saisons en Europe et probablement dans l'est de l'Amérique du Nord. Depuis les 30 dernières années, l'indice s'inscrit dans une tendance positive affichant en plus une amplitude exceptionnelle. Pendant que les hivers se font plus doux au centre de l'Europe, ils refroidissent sur la côte du Labrador et le nord-ouest de l'Atlantique[2]. Les glaciers alpins reculent et ceux du nord de l'Europe ont plutôt tendance à avancer en raison des différences régionales de la quantité de précipitations. Les anomalies de la NAO les plus prononcées se sont produites depuis l'hiver 1989 et on croit que cette situation est responsable de certains dérèglements qui ont touché les écosystèmes terrestres et marins de l'hémisphère Nord. L'influence de ces anomalies est observée notamment à travers l'étendue des glaces marines dans l'océan Arctique, la mer du Labrador et la mer du Groenland et comme phénomène lié par la modification de la circulation thermohaline dans ces masses d'eau. On a par ailleurs observé que la production de zooplancton et la distribution des poissons dans la colonne d'eau s'étaient

---

2. Ce n'est plus le cas depuis le milieu des années 1990 (Alain Bourque, communication personnelle).

modifiées. L'eau plus froide de la mer du Labrador serait d'ailleurs une des causes de la difficulté de la population de Morue franche (*Gadus morua*) du nord du golfe du Saint-Laurent à se rétablir malgré le moratoire sur la pêche en place depuis plus de 10 ans. Un phénomène semblable est observable au Royaume-Uni où des oiseaux marins sont retrouvés morts de faim en l'absence de leurs proies habituelles.

Temps violent

Les sautes d'humeur du système climatique de la Terre s'expriment par des phénomènes à très grande échelle comme la NAO ou le fameux El Niño-oscillation australe (ENOA). Ces phénomènes hémisphériques ont ensuite des répercussions à des échelles plus régionales et locales et on peut les observer, lorsqu'on ne les subit pas carrément, à travers le temps violent. Les tornades, les ouragans, les tempêtes de vent, avec tout le cortège de dégâts et de coûts qu'ils infligent, sont les aléas climatiques les plus remarquables survenus au cours du 20e siècle. À ces événements s'ajoutent les canicules et les sécheresses, certes moins violentes, mais aux effets sournois.

L'Organisation météorologique mondiale définit des indices qui permettent de déterminer à quel degré ce type d'événement est lié à la partie anthropique du réchauffement. Or, selon ces indices, les événements de temps violent semblent globalement être en nombre et en intensité croissants depuis quelques décennies.

N'oublions pas le bémol des différences régionales. En France, par exemple, les statistiques de la dernière moitié du 20e siècle n'indiquent pas d'augmentation de l'intensité et du nombre global de tempêtes, de cyclones, de tornades, d'orages ou d'épisodes de grêle. Toutefois, pour établir des différences notables en statistiques, il vaut mieux avoir des séries temporelles les plus longues possibles. Il n'est pas écarté que ces conclusions soient changées dans dix ans.

Katastrof!

À l'échelle globale, durant les années 70, les désastres naturels ont tué ou délogé deux fois plus de gens qu'au cours de la décennie précédente. La plupart de ces catastrophes étaient des inondations ou des sécheresses. Les années 80 ont elles aussi été riches en tragédies, et il s'est produit plus de catastrophes pendant les cinq premières années de la décennie 1980 que dans toute la décennie précédente[3]. Et la tendance s'est poursuivie dans les années 90, à telle enseigne que les ouragans dévastateurs et les pluies torrentielles sont devenus communs. Il faut bien comprendre que la population humaine a presque doublé pendant cette période, ce qui vient modifier un des paramètres de l'équation.

Aux États-Unis, sur 58 événements climatiques s'étant produits entre 1980 et 2003 et ayant causé des dommages de plus de 1 milliard de dollars, 49 ont eu lieu après 1988[4]. À l'échelle globale, les coûts des catastrophes naturelles ont été multipliés par cinq entre les années 1970 et 1990.

---

3. François Ramade, *Les catastrophes écologiques*, Paris, McGraw-Hill, 1987, 450 p.

4. La National Oceanic and Atmospheric Administration rend disponibles au public de nombreux rapports sur le climat à partir de son site http://www.ncdc.noaa.gov/oa/climateresearch.html.

Encadré 8.1

Les ingrédients d'une catastrophe

Le temps violent existe depuis toujours. Les orages, les ouragans, les blizzards et autres avanies du climat sont toutes explicables par des phénomènes naturels qui les déterminent à un moment précis sur un point du globe. Pourquoi alors parler de catastrophes climatiques?

Une catastrophe est définie par son effet sur la vie humaine ou sur les biens matériels qui sont affectés par un épisode climatique. Le premier ingrédient est donc lié à la vulnérabilité des populations susceptibles d'être affectées. Celle-ci se décline en quatre volets: la prévision, la communication du risque, la capacité de réagir au danger (sécurité publique) et la résistance des infrastructures. Le deuxième ingrédient est lié à la violence et au caractère inhabituel de l'événement. Le troisième est associé à la présence d'une caméra de télévision...

Dans un pays pauvre, les plus démunis occupent souvent des terrains instables, dans des zones déboisées ou exposées aux intempéries, à l'érosion et aux inondations. Les systèmes de prévision météorologique, les systèmes d'avertissement des populations, les systèmes de protection civile sont inexistants ou insuffisants et les infrastructures peu développées ou en mauvais état. Les ingrédients sont réunis pour que les intempéries fassent des victimes.

Dans les pays riches, c'est le plus souvent le caractère exceptionnel d'un événement qui le rend catastrophique. Ainsi, une tempête de neige au Québec en janvier qui laisse 80 cm de poudreuse et qui est suivie par trois jours de froid mordant avec des indices de refroidissement éolien de –45 °C ne causera aucun problème alors que si la même tempête frappe Washington ou Nice...

L'augmentation rapide de la population humaine au 20e siècle, particulièrement dans les pays pauvres, a créé des conditions favorables pour les catastrophes, et ce, même si l'incidence des temps violents n'avait pas augmenté. Et comme il y aura toujours une caméra quelque part...

L'industrie de la réassurance, qui est l'assurance des assureurs, est très inquiète de cette tendance, car de tels événements coûtent très cher en dédommagement, et les compagnies ont commencé à ajuster leurs primes en conséquence, ce qui constitue un autre indice du sérieux des changements climatiques. Et un record de 516 tornades pour le seul mois de mai 2003 aux États-Unis est peu rassurant!

Comme conséquence du réchauffement global, l'océan sous les latitudes nordiques se réchauffe aussi et attire les ouragans plus haut dans l'Atlantique Nord. On l'a constaté avec l'ouragan Juan, qui a frappé les côtes de la Nouvelle-Écosse en septembre 2003. De leur côté, les latitudes équatoriales voient la saison des tempêtes s'étirer. La tempête Odette de décembre 2003 à Haïti en est un exemple. La tempête Arlene a frappé la Floride aussi tôt que le 11 juin en 2005.

Au cours du dernier siècle, la population mondiale a augmenté de façon exponentielle; les gens se concentrent de plus en plus en milieu urbain, les milieux humides disparaissent et on construit davantage en zone inondable. Tous ces facteurs, avec d'autres dont la liste serait longue, ont eu comme résultat d'avoir augmenté visiblement la vulnérabilité des populations aux phénomènes extrêmes. Les chiffres que présente l'OMM sur le nombre de victimes du temps violent sont éloquents sur ce point. En 2003, les 21 459 victimes ont été 17 fois plus nombreuses qu'en 2002. La tendance était pourtant nettement à la baisse depuis quelques années. Ce nombre de décès imputables aux températures extrêmes en 2003 a égalé le nombre de pertes de vie causées par les phénomènes naturels indépendants du temps (séismes, épidémies, éruptions volcaniques, etc.). De ces décès, il y a eu 32 fois plus de victimes de la chaleur que du froid.

Dans une autre perspective, le faible nombre de victimes des ouragans, des typhons et des cyclones (tous des synonymes employés selon leur océan d'origine) rapporté est sans doute un résultat réconfortant des réseaux de surveillance météorologique et de communication. Un exemple de l'efficacité que peut démontrer un tel système est illustré par les avertissements émis avant le passage de Fabian en septembre 2003 sur les Bermudes, lesquels ont permis de limiter à 4 le nombre de personnes décédées en raison du mauvais temps. À la suite d'un ouragan survenu dans les années 1970, les Bermudes ont revu leur code du bâtiment et obligé les entrepreneurs à construire beaucoup plus solidement. Depuis, ils économisent sur les dégâts attribuables au temps violent.

Il faut aussi souligner que l'importance des impacts du temps violent est toujours relative et doit être considérée en fonction de l'endroit où se produit l'événement et de l'importance des dégâts déstabilisant la structure économique des régions touchées. Ainsi, les pluies de mousson nettement supérieures à la normale en 2003 dans les provinces de Sind et du Beloutchistan au Pakistan ont causé la disparition de 600 pêcheurs le long des côtes; 900 000 personnes ont été touchées par ces pluies, plus de 100 000 maisons ont été endommagées et des milliers d'animaux sont morts tandis que les récoltes ont souffert du surplus d'eau. Il est permis d'imaginer que la population pakistanaise touchée par ce désastre aura plus de difficulté à s'en remettre que les habitants de la Colombie-Britannique et de la Californie ayant subi les affres des incendies de forêt ou des pluies violentes.

Uggianaktuk!

C'est le mot inuit qui signifie littéralement «temps de fou». L'image du chasseur inuit attendant patiemment le phoque près de son trou de respiration fait partie de l'imaginaire universel. Aujourd'hui, bien peu de chasseurs attendent encore le phoque, mais la chasse sur les glaces fait partie de leur vie traditionnelle. Pour combien de temps encore? Le réchauffement dans l'Arctique est d'ores et déjà très rapide et plus intense qu'ailleurs sur la planète. La vaste étude du Conseil de l'Arctique publiée en 2004[5] confirme des changements en cours qui étaient

---

5. L'étude a été réalisée, sous la gouverne du Conseil de l'Arctique, par deux groupes de travail, le Arctic Monitoring and Assessment Programm (AMAP) et le Conservation of Arctic Flora and Fauna (CAFF). L'étude publiée en novembre 2004 intitulée «Arctic Climate Impact Assessment» est disponible à l'adresse http://www.acia.uaf.edu/.

pourtant appréhendés pour l'avenir. En Alaska et dans l'ouest du Canada, les températures hivernales ont augmenté de 3° à 4°C depuis 50 ans et le mercure pourrait monter encore plus d'ici la fin du siècle. Le nord-ouest de la Russie est la région d'Europe qui s'est le plus réchauffée, mis à part la péninsule ibérique.

La couverture de glace de l'océan Arctique est en diminution tant en étendue qu'en épaisseur. Grâce aux observations précises effectuées par satellite depuis maintenant quelques décennies, on peut ainsi déterminer que la superficie couverte par les glaces de mer sur l'Arctique a atteint un minimum en 2002.

Du côté américain de l'Arctique, les débits d'eau douce des rivières ont augmenté, et les précipitations se sont accrues de 80% au cours du dernier siècle, principalement sous forme de pluie en automne et en hiver. Et comme cela ne suffit pas, le manteau de glace du Groenland a vu augmenter de 16% sa surface soumise au dégel entre 1979 et 2000, et les glaciers entourant tout l'Arctique fondent rapidement, contribuant de façon importante à l'augmentation du niveau de la mer localement. Ce dernier s'est élevé en moyenne entre 10 cm et globalement 20 cm dans l'Arctique. Par-dessus tout, les glaces estivales rétrécissent en superficie et s'amincissent: elles ont perdu entre 15% et 20% de superficie depuis 30 ans et leur épaisseur a diminué, en fin d'été, de 40% au cours des 40 dernières années. La glace de mer pourrait bien avoir complètement disparu du décor vers la fin du siècle.

Le pergélisol s'est réchauffé de 2°C depuis quelques décennies, et on prévoit le déplacement de sa limite sud de plusieurs centaines de kilomètres vers le nord. En même temps, l'étendue en superficie de la couverture de neige annuelle a diminué de 10% et elle pourrait subir une perte de 10% à 20% supplémentaire d'ici 2070. Dans certaines régions du nord de l'Alaska, la toundra s'est convertie en source de carbone, principalement sous forme de méthane relâché par la fonte du pergélisol, et ne joue donc plus son rôle naturel de puits. En conditions normales, la toundra accumule en effet plus de carbone qu'elle n'en retourne à l'atmosphère simplement parce que les microorganismes du sol, n'ayant pas la chance de vivre aussi confortablement que ceux des tropiques, n'arrivent pas à décomposer la matière organique aussi rapidement. Toutefois, en raison de la température à la hausse, la décomposition de la matière organique associée à la surface du pergélisol devrait s'accroître, permettant ainsi la libération du carbone séquestré. On estime que le sol de la toundra émet déjà environ 40 t de carbone par kilomètre carré de surface par année. Ce bilan positif en carbone retourné à l'atmosphère est attribuable à l'émission de méthane qui excède ce que les plantes absorbent en dioxyde de carbone pendant la courte saison de croissance[6].

La fonte du pergélisol ne représente pas seulement un inconvénient à cause de ses impacts sur la construction. On vient de trouver deux nouveaux problèmes qui n'avaient pas été prévus par les modèles. Il faut comprendre que

---

6. *Ibid.*

la majeure partie de l'Arctique est un semi-désert où il tombe moins d'eau qu'en Arizona ou même dans le Sahara. La présence de l'eau douce dans les lacs, marais et tourbières s'explique essentiellement par la faible évaporation et la rétention de l'eau par le sol gelé. Avec le dégel, le terrain se draine et s'assèche. C'est très grave pour les espèces qui viennent nicher dans ce milieu semi-aquatique qui deviendra sec. Par ailleurs, le pergélisol, quand il dégèle, tend à se liquéfier et à provoquer des glissements de terrain. Or, sous le terrain qui glisse se trouve généralement une couche de sédiments marins riches en sel. Les conséquences écologiques de ces observations n'ont pas encore été étudiées.

La complexité des échanges entre les compartiments terrestres fait en sorte que les signes de réchauffement ne sont pas uniformes sur l'ensemble de la région arctique, comme en témoigne le refroidissement de la mer du Labrador.

Évidemment, tous ces changements qui surviennent dans un milieu aussi exceptionnel que le cercle arctique ne sont pas sans conséquences. La diversité biologique, autant végétale, animale que bactérienne et, au bout du compte, les communautés humaines en sont affectées et les processus en cours sont en train de bouleverser rapidement un monde encore trop peu connu. Les bouleversements se font intensément ressentir parmi les communautés inuites. Les membres de ces communautés qui pratiquent toujours la chasse et la pêche ne reconnaissent plus les signes du temps sur lesquels ils se fient depuis des siècles pour accomplir le cycle de leurs activités traditionnelles.

Le jeûne de l'ours

Une des conséquences du réchauffement climatique des latitudes nordiques, qui a déjà commencé à se produire, est particulièrement éclairante. Déjà en 1993, Ian Sterling et Andrew Derocher sonnaient l'alarme dans un article de la revue scientifique *Arctic*[7]. Advenant une diminution du couvert de glace de l'océan Arctique sous un régime thermique plus chaud, on pourrait bien assister à la raréfaction, voire à la disparition de l'Ours polaire (*Ursus maritimus*) sous les latitudes les plus méridionales de son aire de répartition. En 2004, ces mêmes chercheurs

Ours polaire (*Ursus maritimus*). Comme son nom scientifique l'indique, cet animal dépend des ressources marines et en particulier du phoque annelé pour son alimentation.

Louis Gagnon/Publiphoto

---

7. I. Stirling et A.E. Derocher, «Possible impacts of warming on polar bear», *Arctic*, vol. 46, n° 3, 1993, p. 240-245.

viennent confirmer la tendance, appuyés par des observations inquiétantes pour certaines populations d'Ours polaire[8].

L'Ours polaire est un carnivore prédateur dont la survie dépend essentiellement de la présence de la glace de mer. C'est en effet sur la banquise, plus particulièrement celle qui se forme chaque année au-dessus du plateau continental, que l'ours capture ses proies préférées, le Phoque annelé (*Phoca hispida*) et le Phoque barbu (*Erignathus barbatus*). La période cruciale pour l'alimentation est le printemps, du début d'avril à la mi-juillet, à l'époque de la mise bas des phoques sur les glaces annuelles. À cette époque, les ours doivent emmagasiner un maximum de réserves de graisse pour survivre au jeûne périodique auquel ils sont adaptés et qui peut se comparer à l'hibernation que vivent les autres ursidés.

Se nourrissant d'un phoque par jour, dont ils ne consomment essentiellement que la graisse, les ours peuvent consommer quotidiennement l'équivalent de 25 kg de gras. Pour un carnivore dont le mâle fait plus de 400 kg et la femelle 280 kg, cela n'apparaît pas excessif, d'autant plus que, par la suite, le jeûne fait perdre aux ours adultes près de 1 kg de masse corporelle par jour.

Les changements climatiques observés et appréhendés dans l'Arctique vont modifier l'écosystème fragile qui s'articule autour de la glace de mer. Et, bien entendu, malgré une bonne part d'incertitude, ce n'est pas à l'avantage de l'Ours polaire que la base même de cet écosystème disparaisse. L'Arctique a déjà subi des changements importants notamment au chapitre de la formation des glaces annuelles. Dans l'ouest de la baie d'Hudson par exemple, les glaces printanières se défont jusqu'à deux semaines et demie plus tôt qu'il y a 30 ans, et cela en pleine période critique d'alimentation de l'ours polaire. La formation des glaces plus tardive à l'automne est le phénomène corollaire à leur départ hâtif. Le résultat pour l'ours est une saison de chasse raccourcie et une période de jeûne allongée, ce qui a pour effet premier de réduire sa réserve de graisse. Pour les femelles, cela peut se traduire par l'impossibilité d'atteindre le seuil critique de masse corporelle nécessaire pour assurer le succès de la reproduction[9].

En plus du temps de chasse réduit, les ours pourraient se retrouver avec moins de proies à attraper. En effet, la réduction des glaces au-dessus du plateau continental est également néfaste aux populations de phoques qui voient se restreindre la qualité des sites de mise bas, souvent associés à des zones riches en nourriture. Pour les populations d'Ours polaire associées aux glaces permanentes du centre de l'Arctique, le rétrécissement prévu de cette banquise aura pour effet de concentrer les individus sur des territoires de plus en plus restreints. Et qui dit petit territoire dit compétition accrue, autre effet négatif en perspective.

---

8. A.E. Derocher, N.J. Lunn et I. Stirling, « Polar bears in a warming climate », *Integrative Comparative Biology*, vol. 44, 2004, p. 163-176.

9. Selon l'étude de A.E. Derocher *et al.* (*ibid.*), les femelles dont le poids passait sous les 189 kg en automne ne parvenaient pas à se reproduire avec succès.

Les chercheurs croient par ailleurs que la productivité des zones qui resteraient libres de glace pourrait bien augmenter, mais au prix d'un changement de composantes de la chaîne alimentaire. Le Phoque commun (*Phoca vitulina*), qui se reproduit à terre, pourrait peu à peu remplacer le Phoque annelé. Mais l'Ours polaire pourra-t-il s'adapter à ces changements? La faim peut pousser les ours à chercher de la nourriture ailleurs, soit près des communautés humaines établies dans le territoire arctique, et là où les ours et les humains entrent en concurrence, les ours sont généralement les perdants.

Plusieurs des prévisions faites par Stirling et Derocher en 1993 se sont avérées justes, et on peut actuellement mesurer un amaigrissement des ours polaires dans la partie sud de leur habitat et une diminution de la capacité des femelles de mener à terme leurs portées.

L'Ours polaire est bien sûr une figure emblématique qui attire la sympathie du public et, pour cette raison, il sert allègrement à illustrer les effets du réchauffement de la planète. Mais derrière le symbole, il y a la réalité de tout un écosystème en bouleversement et la menace de la disparition des espèces qui le représentent le mieux. Cela montre aussi à quel point les effets d'un réchauffement du climat sont imprévisibles et frappent loin de ceux qui en sont responsables. Et n'allez surtout pas raconter à un Ours polaire affamé qu'il a été choisi pour jouer le rôle de canari dans la mine de charbon qui nourrit les changements climatiques!

Plus près du ciel?

Le Pika (*Ochotona princeps*) est un petit rongeur de la taille d'un hamster qui vit au-dessus de la limite des arbres dans les montagnes de l'ouest du Canada et des États-Unis. Dans ce secteur, on observe des modifications du couvert neigeux depuis les 40 dernières années. Une recherche publiée dans le *Journal of Mammalogy*[10] montre la disparition attribuée aux changements climatiques de populations de pikas dans le sud de leur aire de répartition. Contrairement à la Marmotte et au Spermophile arctique, le Pika demeure actif toute l'année et dépend d'une réserve de foin qu'il accumule dans son terrier pendant l'été. Les populations de ce petit mammifère ont disparu ou décru de 90% dans une partie importante de ce territoire où leurs populations étaient pourtant abondantes il y a 60 ans.

Une hirondelle ne fait pas le printemps

Peut-on affirmer que les changements climatiques ont déjà exercé ailleurs que dans l'Arctique une influence sur les organismes vivants et sur les écosystèmes? La réponse à cette question est bien entendu positive, et on ne se reporte pas ici aux effets des transitions entre périodes glaciaires et interglaciaires, mais bien aux changements survenus aux cours du dernier siècle.

On vérifie l'influence du climat grâce à des observations et des suivis sur une espèce en particulier et aussi grâce à des études à grande échelle que l'on nomme «méta-analyses», qui

---

10. F.A. Beever, P.F. Brussard et J. Berger, «Patterns of apparent extirpation among isolated populations of Pikas (*Ochotona princeps*) in the Great Basin», *Journal of Mammalogy*, n° 84, 2003, p. 37-54.

sont en fait des synthèses de nombreuses études portant sur des organismes de toutes catégories. En rassemblant les volumineuses compilations de données, on vérifie dans quel sens se fait la réponse aux changements climatiques. Les réponses des organismes peuvent se traduire par des expansions d'aire de répartition, des altérations de la phénologie du cycle de vie, des changements évolutifs, des changements physiques ou physiologiques, des modifications de communautés ou des dérèglements de processus écologiques. Un nombre croissant d'études et de méta-analyses démontrent que les modifications du climat exercent des pressions sur les organismes et les communautés écologiques, et la plupart du temps la réponse correspond à ce qui est attendu en cas de réchauffement du climat, telle l'expansion des espèces vers les latitudes plus élevées.

Le déplacement vers le nord ou en altitude de populations de certaines espèces est d'ailleurs l'un des premiers signes que le climat se réchauffe. Sous un climat plus chaud, on s'attend en effet à ce que les espèces des latitudes moyennes dans l'hémisphère Nord étendent leurs aires de distribution vers le nord et que les espèces de montagne grimpent vers le sommet. Et c'est ce que révèlent deux études spécifiant que 81 % des 1 700 espèces étudiées ont effectivement agrandi leur aire de répartition dans le sens prévu par le réchauffement, et ce, dans les deux hémisphères. Mieux, on a estimé que ce déplacement se fait à la vitesse de 6,1 km par décennie vers les pôles ou encore, dans les montagnes, de 6,1 m vers le

haut. L'exemple du Renard roux (*Vulpes vulpes*) dans l'Arctique est édifiant. Le Renard roux est recensé partout en Amérique du Nord et en Eurasie. C'est une espèce généraliste qu'on retrouve dans divers types d'habitats et qui se nourrit d'une large gamme de proies et d'autres types d'aliments (fruits, charognes, etc.). Il n'est cependant pas adapté au froid des régions arctiques, comme son cousin le Renard arctique (*Alopex lagopus*) qui y est confiné. Or, le réchauffement de quelques degrés des hautes latitudes a déjà permis au Renard roux, plus gros, plus agressif, d'envahir le domaine du Renard arctique, et ce dernier, moins compétitif, ne peut que céder le terrain. Sur l'île de Baffin, le Renard roux a déjà étendu son aire de répartition de près de 1 000 km vers le nord. Le résultat, dans un avenir qui pourrait bien être rapproché, est la disparition possible du Renard arctique, qui ne peut aller plus au nord, pas plus qu'il ne peut compétitionner avec son cousin roux au sud. Cet exemple illustre deux phénomènes se produisant en réponse au réchauffement: l'expansion d'une espèce opportuniste aux dépens d'une ou de plusieurs autres et, par la suite, le rétrécissement de l'aire occupée et la perte d'habitat des espèces en place. Ces phénomènes ont été observés en particulier chez des mammifères, des oiseaux mais aussi chez des insectes et d'autres animaux, vertébrés et invertébrés. Une étude[11] portant sur 46 papillons de Grande-Bretagne, à la limite nordique de leur distribution, a montré que les espèces « spécialistes », c'est-à-dire des espèces associées à des habitats très précis, ont commencé

Présent dans toute l'Amérique du Nord, le Renard roux (*Vulpes vulpes*) envahit le domaine du Renard arctique (*Alopex lagopus*).

Ariane Ouellet,
© Le Québec en images,
CCDMD

11. M.S. Warren *et al.*, « Rapid responses of British butterflies to opposing forces of climate and habitat change », *Nature*, vol. 414, 2001, p 65-69.

à céder la place à d'autres espèces moins capricieuses et plus mobiles: des «généralistes». Ces dernières, constituant la moitié des espèces étudiées, apprécient les températures plus chaudes et se déplacent vers le nord, se satisfaisant des nouveaux habitats colonisés. Le résultat attendu est que les papillons spécialistes, à l'instar du Renard arctique chez les mammifères, perdent leurs habitats et diminuent en nombre au profit des espèces plus compétitrices.

Parce qu'ils sont si visibles et que des milliers d'observateurs bénévoles peuvent contribuer aux études, les oiseaux sont des indicateurs rêvés pour analyser les effets du réchauffement sur la biodiversité. Les chercheurs, appuyés par les observations systématiques d'ornithologues amateurs, peuvent ainsi affirmer que plusieurs espèces d'oiseaux ont déjà étendu leur aire de distribution vers le nord, autant en Amérique qu'en Europe. Cette extension vers le nord pourrait toutefois, selon certains spécialistes, être attribuée en partie au fait que les oiseaux granivores peuvent trouver une source intéressante de nourriture dans les mangeoires installées chez les amateurs de faune ailée. Au Royaume-Uni, par exemple, plusieurs espèces ont repoussé la limite nord de leur aire de reproduction de 19 km en moyenne, parce que la température s'est réchauffée entre 1972 et 1991. Par contre, des espèces qui se reproduisent déjà à la limite nord des continents américain et euro-asiatique sont en voie de perdre ces habitats essentiels, se retrouvant coincées entre l'élévation du niveau de la mer et l'arrivée d'espèces plus compétitives. Nous insistons sur le déplacement vers le nord des aires de distribution, mais il faut comprendre que ce déplacement se produit également pour les espèces vivant dans l'hémisphère Sud, mais en direction du pôle Sud cette fois. Quant aux expansions en altitude, on les observe sur les montagnes des deux hémisphères. Ce phénomène a été documenté avec le Toucan *Ramphastos sulfuratus*, oiseau associé à la forêt tropicale humide, qui a grimpé en altitude dans les montagnes du Costa Rica. Le réchauffement observé entre 1979 et 1998 a en effet permis aux nuages de se retrouver plus haut le long des pentes montagneuses, reproduisant les conditions d'humidité et l'habitat recherché par le Toucan[12].

Comme le rapportent les méta-analyses[13], la phénologie de la migration et de la reproduction de nombreuses espèces animales, principalement des oiseaux, mais également des insectes et des mammifères, est déjà touchée. Ce qui est remarquable dans ces études tient au fait que les observations effectuées sur plus de 1 000 espèces démontrent que 80 % et plus des espèces réagissent comme on s'attendrait à ce qu'elles le fassent sous un climat plus chaud. Pour les espèces migratrices, cela se traduit par une arrivée hâtive au printemps et un départ tardif à l'automne. Citons comme exemple des oiseaux migrateurs

---

12. Voir la documentation de synthèse produite par Bird Life International à www.birdlife.org. Cette étude a été citée dans le cadre d'un séminaire du programme américain de recherche sur les changements globaux (USGCRP, 1999), *Amphibians Declines in the Cloud Forest of Costa Rica: Responses to Climate Change?*, J.A. Pounds et Steven H. Shneider (http://www.usgcrp.gov/usgcrp/seminar).

13. Voir surtout T.L. Root *et al.*, «Fingerprints of global warming on wild animals and plants», *Nature*, vol. 421, janvier 2003, p. 57-60, et C. Parmesan et G. Yohe, «Warming planet shifts life north and early», *Nature*, vol. 421, 2003, p. 37-42.

d'Europe et d'Amérique qui, répondant au signal climatique de départ dans leurs aires d'hivernage, arrivent au printemps jusqu'à deux semaines plus tôt qu'il y a quelques décennies[14]. Certains de ces oiseaux, insectivores et herbivores confondus, ne trouvent cependant pas toujours sur place la nourriture habituelle. En Amérique du Nord et en Allemagne, des études sur des oiseaux migrateurs de courtes distances ont même révélé que certaines espèces raccourcissent leur migration et même demeurent à l'intérieur de leur aire d'été durant tout l'hiver. Ainsi, on ne se surprend plus à observer le Merle d'Amérique hiverner dans certains coins du Québec où il était absent dans cette saison il y a quelques années.

La période de reproduction chez les oiseaux est déclenchée par divers facteurs dont la température. Or, la phénologie de la reproduction s'est modifiée avec le réchauffement du climat. Nous en avons pour preuve la période de reproduction de dizaines d'espèces d'Amérique et d'Europe devancée de 9 jours en moyenne entre 1971 et 1995. Les mammifères sont aussi en mesure de devancer leur reproduction, grâce en partie à un processus de micro-évolution. Selon une étude menée conjointement par l'Université de l'Alberta et la Chaire de recherche du Canada en conservation des écosystèmes nordiques, l'Écureuil roux de la forêt boréale du sud du Yukon a répondu aux effets des changements climatiques en mettant bas 18 jours plus tôt en seulement trois générations[15].

Rock Giguère

Le temps des cerises en février?

Historiquement et selon l'endroit où nous vivons, nous utilisons des repères dans le monde végétal pour marquer les périodes de l'année; les tulipes en avril et les lilas du mois de mai sont des classiques. Toutefois, des plantes ont commencé à devancer leur floraison, déjouant ainsi les vieux dictons, mais aussi les insectes et les autres animaux qui y sont associés. Aux États-Unis, grâce au concours de milliers d'amants de la nature qui prennent un plaisir fou à noter les premiers signes du printemps année après année, on a déterminé que, sur 100 espèces de plantes, 89 fleurissaient jusqu'à 4,5 jours plus tôt qu'au début de la période d'analyse, 30 ans auparavant. Durant la même période, et pour des raisons qui n'ont pas été élucidées, la floraison des 11 autres espèces s'est mise en place plus tard au printemps. En Alberta, on a même constaté que globalement, pour plusieurs végétaux, la

---

14. Dans leur livre *Un nouveau climat*, publié en 2003 aux Éditions La Martinière, Philippe J. Dubois et Pierre Lefèvre (*op. cit.*) font une revue détaillée des espèces animales qui sont déjà touchées de diverses manières par les changements climatiques.

15. On peut consulter certaines des publications de la Chaire à l'adresse http://wer.uqar.qc.ca/chairedb/publi.html.

floraison printanière s'effectuait plus hâtivement de 8 jours en 2000 que 60 ans plus tôt.

De manière générale, les arbres en Europe bourgeonnent plus tôt et les couleurs automnales apparaissent plus tard, de sorte que la saison de croissance s'est allongée de 11 jours depuis les années 60.

La plupart des observations concernant une avancée marquée des phénomènes cycliques concernent des espèces qui se trouvent à la limite nord de leur aire de distribution, donc là où le réchauffement se fait le plus sentir depuis le début du 20e siècle. C'est également sous les latitudes moyennes que les espèces sont les plus sensibles aux premiers signes de chaleur printanière.

Des changements physiques ou physiologiques peu observés, mais bien présents chez certains mammifères, et des modifications du comportement ayant fait l'objet d'études depuis quelques décennies semblent très étroitement liés au réchauffement climatique. Nous en donnons pour exemple le Néotome à gorge blanche (*Neotoma albigula*), petit rat du Nouveau-Mexique, qui a réduit sa taille de 16% en réponse à des hivers plus chauds et des étés plus torrides. Sans pouvoir en déterminer la raison avec certitude, les chercheurs ont constaté la diminution de taille de ce petit rongeur sur une période de 8 ans pendant laquelle la température moyenne de la zone d'étude a augmenté de 2 °C à 3 °C[16]. Les espèces doivent s'adapter ou disparaître. Or,

il faut, en raison des mécanismes d'adaptation nécessaires, plusieurs générations pour qu'une espèce puisse présenter une physiologie compatible avec des modifications exceptionnelles des conditions de son milieu[17]. Cela signifie que les changements climatiques en cours sont peut-être trop rapides pour la capacité d'adaptation de certaines espèces et que d'autres espèces, qu'on dit « généralistes », sauront mieux tirer profit de la situation, étendant leur aire, au risque de causer des bouleversements écologiques et de remplacer les espèces plus fragiles, comme cela est déjà observé à maints endroits.

Les forêts, sources de CO_2

Dans leur document bien ficelé sur les observations du réchauffement aux États-Unis, les chercheurs Camille Parmesan et Hector Galbraith rapportent que les forêts boréales du nord du Canada et de l'Alaska se sont converties en source plutôt qu'en puits de carbone[18]. Normalement, une forêt qui croît en santé dans des conditions optimales agit en puits de carbone efficace dans un milieu enrichi en CO_2. Or, selon ce que présente le rapport, les effets positifs de l'augmentation du dioxyde de carbone atmosphérique sur la forêt boréale sont annulés par le stress hydrique, les épidémies et les incendies, tous des phénomènes favorisés par la hausse de la température. Cette situation ne semble toutefois pas toucher les forêts feuillues situées plus au sud. Plusieurs de ces forêts sont en pleine croissance

---

16. C. Parmesan et H. Galbraith, *Observed impacts of global climate change in the U.S.* 2004, 67 p. Préparé pour le Pew Center on global climate change.

17. Voir C. Barrette, *Le miroir du monde*, Québec, Éditions MultiMondes, 2000, 354 p.

18. C. Parmesan et H. Galbraith, *op. cit.*

à la suite de l'abandon de terres agricoles et sont ainsi devenus des puits de carbone depuis les dernières décennies.

L'avancée de la ligne des arbres vers le nord n'est pas qu'une question de température à la hausse. Même si cette délimitation en Amérique suit *grosso modo* l'isotherme de 10 °C en moyenne en juillet, la position exacte des arbres dépend d'une combinaison complexe de facteurs physiques et biologiques (température, précipitations, incendies, épidémies, etc.). Ainsi, on pourrait s'attendre à voir les arbres migrer vers le nord en Alaska en réponse au réchauffement. Or, il n'en est rien : les récentes décennies ayant été peu arrosées, cette sécheresse aurait limité le déplacement de la ligne des arbres dans le sens normalement prévu. On a cependant observé un déplacement de la forêt en altitude dans les Rocheuses canadiennes, suivant une hausse de 1,5 °C de la température.

Ces observations ne devraient pas être de nature à décourager les projets de forêts puits de carbone, mais elles devraient inviter à la prudence autour de la question de l'expansion de la forêt boréale au nord et de son rôle dans la séquestration du carbone. Rappelons que la croissance des forêts est surtout déterminée par la disponibilité de l'eau pendant la période cruciale du débourrement. Toute interprétation du rôle de puits ou de source de carbone qui ne tient pas compte de ce fait risque d'arriver à des conclusions erronées. La disponibilité des précipitations ou de l'eau issue de la fonte des neiges en mai et juin est le facteur limitant premier pour la croissance de la forêt boréale sur l'ensemble de son aire de répartition. Comme les forêts boréales

ont tendance à s'ouvrir du nord vers le sud en raison de problèmes de régénération, il faudra sans doute une intervention humaine pour que les territoires nordiques jouent leur rôle de puits de carbone.

Les coraux s'effacent

Nous savons que, si l'océan monte, c'est principalement parce qu'il se réchauffe. C'est en effet l'expansion thermique qui a contribué pour la plus grande part à l'élévation du niveau de la mer de 1 mm à 2 mm par année au cours du 20e siècle. Donc l'océan emmagasine la chaleur, et cette température à la hausse touche évidemment les organismes et les écosystèmes marins. Les récifs coralliens sont pour la biodiversité marine ce que la forêt d'Amazonie représente en richesse biologique terrestre : un trésor irremplaçable. Mais les récifs de corail, en plus de leur beauté presque indescriptible, rendent également des services inestimables aux populations vivant le long des côtes protégées par ces barrières sous-marines naturelles. On estime ainsi à 500 millions le nombre de personnes dépendant des récifs de corail pour leur nourriture, leurs revenus, leur protection ou les produits culturels dérivés. Outre qu'ils sont un support de biodiversité (25 % des espèces marines) et la source d'une économie basée sur la pêche et le tourisme, les récifs coralliens offrent donc une protection efficace contre l'érosion des côtes. Mais ils disparaissent et le réchauffement des océans en est une des causes, s'ajoutant à la pollution, la surexploitation, la destruction par les touristes, etc. Le faible intervalle de température et de paramètres physicochimiques permettant aux milliers d'espèces constituant les bancs de corail de survivre est en

Encadré 8.2

Le corail, un drôle d'animal !

Il n'existe pas un bout de la planète qui ne soit colonisé par un organisme vivant quelconque. Il faut le constater, la vie a réussi à s'installer partout, même dans les eaux si pures des océans qu'on les compare à des déserts. Ce sont les coraux, apparus il y a environ 475 millions d'années, qui ont développé les stratégies d'adaptation leur permettant de former de véritables oasis de vie au milieu des déserts marins. Le corail est un animal microscopique, un polype, qui ressemble à une méduse munie d'un squelette externe composé de calcaire. Mais comme n'importe quel animal, le corail doit se nourrir et, puisqu'il ne peut se déplacer, il vit en association étroite, en symbiose, avec une algue unicellulaire, la zooxanthelle. C'est grâce à cette coopération entre un animal et un organisme effectuant la photosynthèse que les coraux se sont installés avec succès dans les mers chaudes du globe, caractérisées par des eaux aussi pauvres en éléments nutritifs que riches en lumière du Soleil. Les zooxanthelles, dont le nombre peut s'élever à quelques millions d'individus par centimètre carré, se développent en absorbant le dioxyde de carbone libéré par les coraux et fournissent en échange des sucres et des nutriments à leur hôte. Il existe aussi des coraux dans les mers froides comme au large de la Scandinavie et de la Grande-Bretagne, et, dans ces eaux froides, les polypes ont adopté un mode de survie qui s'apparente plutôt à la chasse. Les espèces de coraux des eaux froides sont en effet munies de micros-harpons (les nématocystes) qui servent à capturer le plancton animal passant à proximité. Certaines espèces peuvent aussi «filtrer» l'eau pour y retirer les algues microscopiques composant le phytoplancton et s'en nourrir.

Les coraux forment des colonies qui ne cessent de croître tant que les conditions leur sont favorables. Les premiers individus s'agglutinent sur des roches du fond marin et la colonie s'agrippe ensuite sur les squelettes vides des individus morts. Cette accumulation peut se faire au rythme de 1,5 cm à 10 cm et parfois même 25 cm par an, selon les endroits. Comme les zooxanthelles aiment la lumière forte, c'est en général à l'intérieur des premiers 20 m de la surface que vivent la plupart des coraux. Mais on en retrouve aussi plus profondément, jusqu'à 145 m dans les mers chaudes; et en eau froide, on a vu des récifs à 6 500 m de profondeur.

L'aspect qui fascine le plus souvent chez les coraux est leur multitude de formes et de couleurs. Cela n'est pas surprenant, puisque plus de 800 espèces de coraux ont été dénombrées et les formations coralliennes abritent des milliers d'espèces de poissons et d'invertébrés marins. Véritables jardins fleuris sous la mer, les récifs des mers chaudes sont d'ailleurs le but de voyages spécialisés de plongée. Leur beauté est cependant l'égale de leur fragilité, et de nombreuses menaces planent sur des récifs de toutes les régions, certains étant déjà disparus ou en voie de l'être. Le réchauffement climatique est la dernière en lice des calamités que devront subir les coraux à long terme. Les écosystèmes coralliens souffrent entre autres actions de prélèvement direct du corail, de la pêche au cyanure et à la dynamite, et de la pollution côtière. Heureusement, la diversité biologique et l'importance écologique de ces écosystèmes ont été reconnues par plusieurs pays et organisations, et une initiative internationale* a été mise sur pied dans le but de mobiliser les gouvernements pour l'élaboration de plans nationaux et régionaux axés sur le développement durable des écosystèmes coralliens et de leurs ressources, et de surveiller en continu l'état de santé des récifs à l'échelle planétaire.

* International Coral Reef Initiative (ICRI), formée initialement par l'Australie, la France, le Japon, la Jamaïque, les Philippines, la Suède, le Royaume-Uni et les États-Unis.

déséquilibre croissant, menaçant par conséquent l'équilibre biologique de ces communautés.

Le réchauffement de l'eau n'est pas que néfaste aux organismes marins et il semble selon des études que des récifs de coraux reprennent vie dans des zones considérées comme trop froides jusqu'à récemment.

Un volumineux rapport sur le sujet a été publié à la fin de 2004 par l'Institut australien des sciences de la mer (Australian Institute of Marine Science)[19]. Ce rapport, publié tous les deux ans depuis 1998, couvre en détail l'ensemble des récifs coralliens du globe, par région, et décrit de façon précise l'état de chacun. Le constat est accablant : déjà 20 % des récifs de la planète sont voués à une disparition jugée irréversible. Les experts estiment que 24 % des coraux du monde sont en danger de disparition à court terme et qu'un 26 % supplémentaire est menacé à plus long terme. Malgré tout, des signes encourageants émergent du rapport : par exemple, après un blanchissement que l'on croyait fatal subi par 16 % des récifs du monde, à la suite de l'épisode El Niño/La Nina de 1997-1998, une bonne partie semble en voie de rétablissement. Mais, à l'échelle globale, le constat demeure pessimiste si l'on considère les principaux phénomènes en cours qui, associés au réchauffement global, contribuent au dépérissement du corail. Tout d'abord, le réchauffement de 1 °C ou 2 °C influe sur la croissance des algues, l'une des catégories d'organismes qui vit en symbiose avec les polypes pour constituer les coraux ; ensuite, l'augmentation de la concentra-tion de CO_2 dans l'eau a un effet acidifiant sur la formation des structures calcaires des polypes et, enfin, lorsque l'eau se réchauffe, les coraux deviennent plus sensibles à d'autres menaces comme la pollution, la surpêche ou l'invasion de la terrible Étoile de mer épineuse (*Acanthaster planci*), espèce dévastatrice. L'état actuel des coraux autorise les experts à tirer la sonnette d'alarme, et ils se servent de la situation des récifs des Caraïbes pour illustrer l'urgence d'agir. La couverture de 50 % des bancs des Caraïbes par du corail vivant il y a seulement 25 ans a drama-tiquement diminué à 10 % de récifs « vivants » en 2004. Plusieurs espèces de coraux vivant dans les Caraïbes sont désormais menacées d'extinction et pourraient théoriquement être placées sur une liste d'espèces à protéger, ce qui permettrait de mettre en œuvre des mesures de protection musclées.

Dans le même rapport sur l'état des coraux, les recommandations formulées pour contrer les effets négatifs combinés des changements climati-ques et des autres menaces s'appuient sur l'expé-rience encourageante vécue en Australie, où 30 % de la Grande Barrière de corail est désormais protégée. La pêche y est interdite et on a même protégé des écosystèmes adjacents, comme des zones profondes et des mangroves, parce qu'ils ont une importance écologique en tant que sites de reproduction, d'alimentation ou de refuge pour la biodiversité marine. Une des solutions préc-onisées face à la menace qui pèse sur les coraux à la grandeur des océans réside dans la gestion intégrée des ressources côtières. Cette stratégie

BLANCHISSEMENT
Le blanchissement est causé par des températures de surface et des niveaux élevés de lumière (ultraviolets – UV) qui modifient la physiologie des organismes qui composent le corail et provoquent un effet blanchissant, ou « blanchissement ». La perte de couleur est causée par la disparition des algues (zooxanthelles) qui vivent en symbiose avec les polypes. Comme les polypes dépendent de ces algues pour se nourrir, des conditions de blanchissement prolongées (plus de 10 semaines) peuvent mener à la mort du polype.

---

19. C. Wilkinson, *Status of coral reefs of the world: 2004*, Australian Institute of Marine Science, Global Coral Reef Monitoring Network, 2004.

permet aux populations concernées d'avoir un droit de regard sur les activités et la protection entourant les joyaux que sont les récifs coralliens.

Des invités indésirables

Le climat des latitudes tropicales convient tout à fait à plusieurs microbes qui menacent, selon leur spécialité, l'homme, les animaux ou les deux, ou encore la végétation, dans le cas de certains champignons pathogènes. Par exemple, la malaria fait à elle seule plus d'un million de décès officiellement comptabilisés annuellement. Que ces microbes soient des virus, des bactéries ou des protozoaires, leurs vecteurs ont besoin de conditions climatiques favorables et d'hôtes précis pour accomplir les stades successifs de leur cycle de vie. Des invertébrés, insectes et mollusques surtout, mais aussi des poissons, des oiseaux et des mammifères se font donc les complices involontaires de la survie de ces micro-organismes responsables des maladies tropicales que l'on dit « à transmission vectorielle ». L'intervalle de température qui permet la survie des maladies vectorielles se situe entre 14 °C et 18 °C pour le minimum et entre 35 °C et 40 °C pour le maximum. Avec les changements climatiques en cours, les effets sur la transmission des maladies vectorielles devraient donc s'observer autour de ces limites de température, sous les tropiques ou ailleurs. Un nombre croissant d'études s'intéressent d'ailleurs au lien entre l'évolution des maladies tropicales les plus répandues et la variabilité du climat. Les résultats de ces études sont compilés par l'Organisation mondiale de la

ARBOVIRUS
De *arthropode borne virus*. C'est un parasite transmis par un arthropode, généralement une mouche, un moustique ou une tique.

santé (OMS) qui en documente les principales conclusions et en tire des statistiques régionales et globales[20]. Selon l'état actuel des connaissances, les chercheurs ont établi un lien entre la variabilité interannuelle et interdécadale du climat et les épidémies de maladies vectorielles. Ainsi, selon les régions, la sécheresse ou des précipitations accrues seraient associées à des épisodes d'augmentation des cas d'infection. La recrudescence du paludisme en Afrique, en Asie et en Amérique du Sud a aussi été remarquée à la suite d'épisodes intenses du phénomène El Niño-oscillation australe. Certaines études n'ont toutefois pas réussi à établir un lien entre la résurgence des cas de paludisme, comme dans les hautes altitudes en Afrique de l'Est, et la variabilité des conditions de température et de précipitations des dernières décennies[21]. Force nous est de constater qu'il n'y a pas unanimité sur cette question, mais rappelons que c'est un domaine d'étude récent et que des exemples documentés permettent d'associer en partie la variabilité du climat et les épidémies de maladies vectorielles.

Les moustiques, ces fameux insectes piqueurs, sont les vecteurs des pires arbovirus sévissant sur la Terre. Les genres *Anopheles*, *Aedes* et *Culex* sont les vecteurs de la malaria ou du paludisme et portent aussi les virus de la dengue, de la fièvre jaune et de la fièvre du Nil, entre autres. On a remarqué que, lorsque la température augmente, le cycle de vie de ces moustiques s'accélère et le temps d'incubation des parasites diminue, ce qui a pour résultat d'augmenter le nombre de vecteurs des maladies.

20. Le site Internet de l'OMS permet l'accès à des données intéressantes sur l'évolution des maladies à transmission vectorielle : http://www.who.int/fr/index.html.

21. Hay *et al.*, « Climate change and the resurgence of malaria in the East African highlands », *Nature*, vol. 415, 2002, p. 905-909.

L'augmentation des précipitations a également un effet sur la prolifération de plusieurs organismes vecteurs qui ont un stade aquatique dans leur cycle vital, comme c'est le cas des moustiques et des escargots, ou qui ont besoin de l'abri d'un feuillage dense, telles les tiques. Dans les paragraphes suivants, nous présentons des exemples documentés de liens entre le climat et les épidémies de maladies vectorielles.

Des augmentations de température et de précipitations sur une courte période de temps, qu'il est possible de classer dans la variabilité climatique annuelle, associées au phénomène El Niño de 1997-1998 ont provoqué des épidémies de paludisme et de fièvre dans la vallée du Rift, au Kenya. De façon similaire, l'épisode El Niño de 1992-1993 avait favorisé l'expansion de la malaria d'une région où elle est endémique, au Paraguay, à une région d'Argentine où elle en était absente. Quant à l'épisode ENOA de 1982-1983, il avait provoqué des pluies exceptionnelles en Bolivie, en Équateur et au Pérou, et fait augmenter les cas de paludisme. Ce même événement avait par contre amené une sécheresse au nord du Brésil, permettant un recul de la malaria. C'est aussi ce qui est remarqué en Afrique de l'Ouest, notamment au Sénégal, où la diminution des précipitations a diminué la prévalence de la malaria de 60 % en 30 ans alors que cette maladie semble être en progression avec l'augmentation des pluies dans l'est du continent africain. En Asie, la dengue semble être associée aux conditions provoquées par le phénomène El Niño-oscillation australe, comme cela a été observé dans plusieurs petits États insulaires en 1998. Dans la province du Punjab,

en Inde, c'est l'intensité de l'épidémie de malaria qui a été multipliée par cinq l'année suivant l'événement El Niño.

La schistosomiase est une maladie transmise par un escargot aquatique. On a observé au Sénégal que deux espèces d'escargots prenaient le relais de la transmission de la maladie. L'une agit davantage pendant la saison sèche alors que l'autre préfère la saison des pluies. Ainsi, peu importe la variabilité climatique, la prévalence de cette maladie demeure peu influencée par ce facteur ; seule la distribution des deux espèces vecteurs est modifiée en fonction du climat.

Il est difficile d'établir un lien causal entre le réchauffement de 0,95 °C depuis 100 ans en Europe et la prévalence de maladies vectorielles tropicales comme la recrudescence récente de la forme *vivax* de la malaria (forme bénigne) en Italie. Certaines régions de l'ex-URSS sont elles aussi aux prises avec l'émergence de la malaria, mais ce sont probablement davantage la détérioration des conditions sanitaires et socio-économiques et les déplacements de populations qui en sont les principales causes. Des introductions accidentelles de vecteurs en Europe sont aussi la cause de l'expansion de certaines maladies comme l'introduction de l'*Aedes albopictus*, vecteur de la dengue en Italie. Le cas le plus connu de propagation vers le nord d'une maladie vectorielle en Europe est celui de la maladie de Lyme, transmise par des tiques. La Suède a en effet connu des hivers plus doux dans les années 90, ce qui aurait favorisé l'accroissement des populations d'hôtes de la Tique *Ixodes ricinus*, en particulier les cerfs, et, par conséquent, la prévalence de la maladie que transmet cette tique. En Europe, c'est une

Limité par les hivers froids et neigeux, le Cerf de Virginie (*Odocoïlus virginianus*) a progressé de 200 kilomètres vers le nord depuis 40 ans dans certaines régions du Québec.

Jehanne Lehoux,
© Le Québec en images,
CCDMD

combinaison de facteurs climatiques et autres qui semblent donc favoriser l'expansion des maladies à transmission vectorielle. Dans l'Est du Canada, et en particulier au Québec, la succession d'hivers doux des vingt dernières années a favorisé une forte hausse des populations de Cerf de Virginie (*Odocoïlus virginianus*), qui s'est traduite par l'expansion de cette espèce vers le nord et l'accroissement des densités plus au sud, ce qui devrait créer des conditions favorables à l'expansion de la maladie de Lyme.

Depuis son introduction accidentelle à New York en 1999, le virus du Nil occidental a poursuivi une expansion nordique en Amérique du Nord. Les étés chauds et les hivers plus doux sévissant plus fréquemment depuis contribuent à ce développement, aidé par le fait que des oiseaux sont les hôtes intermédiaires du virus, permettant la propagation rapide de ce dernier. Certaines régions du sud des États-Unis pourraient toutefois bénéficier du réchauffement, puisque des hôtes, comme la tique porteuse de la bactérie responsable de la fièvre pourprée des montagnes Rocheuses, ne supportent pas les températures trop chaudes combinées à un faible taux d'humidité.

La faible augmentation de température observée, associée à des phénomènes comme la fragmentation des habitats des organismes vecteurs, l'introduction d'espèces exotiques, la fragilisation des systèmes de santé et le déplacement accru des personnes entre le sud et le nord ont contribué à reproduire les conditions favorables à la transmission de maladies tropicales et à l'établissement des microbes sous les latitudes moyennes. Les activités humaines et leur impact sur l'environnement local ont aussi une influence importante sur la transmission des arbovirus et d'autres maladies vectorielles. Il demeure encore une part d'incertitude quant à la prévision future des épidémies en lien avec le réchauffement du climat, et certains chercheurs proposent de poursuivre la mise au point de méthodes de suivi des maladies à transmission vectorielle. Le climat n'est donc pas l'élément unique influençant l'émergence de maladies et le déclenchement d'épidémies, mais, jumelée aux autres facteurs, la variabilité climatique vient en ajouter encore à l'humanité qui paie déjà le lourd tribut de millions de morts annuellement aux maladies à transmission vectorielle.

Pourquoi tant de haine ?

De multiples façons et sous divers angles, l'homme assiste depuis les dernières décennies au spectacle d'une planète en métamorphose accélérée. La plupart des changements que nous avons décrits ne se seraient jamais produits ou auraient peut-être pris des siècles avant d'être amorcés sans l'action de l'homme sur la Terre. Mais l'homme est présent et il n'est pas que spectateur assistant à la tragédie ; il est bel et bien en scène, avec un rôle très important à jouer. C'est ce que nous constaterons au prochain chapitre où nous décrirons les sources et les responsables des émissions de gaz à effet de serre. La fièvre qui accable la planète est causée par l'accumulation quotidienne de milliards de gestes faits inconsciemment par des gens qui ignorent l'impact de leurs choix de consommation, et surtout par leur boulimie énergétique.

Les sources et les responsables

Il semble difficile d'échapper au faisceau d'évidences qui pointent en faveur de l'hypothèse d'un réchauffement climatique induit par l'activité humaine, qui est bien réel et dont nous commençons à subir les effets pernicieux. Alors, pourquoi se cacher la tête dans le sable? Personne ne peut dire qu'il ne produit pas de gaz à effet de serre, puisque cette production est étroitement liée à la vie même.

Les opposants aux mesures de réduction des émissions de gaz à effet de serre soulignent, avec justesse, que l'humanité est responsable d'une très faible proportion des émissions planétaires. Il est vrai qu'en comparaison du volcanisme ou des émissions naturelles de carbone atmosphérique, notre contribution n'est que de l'ordre de 5%, mais ce sont ces quelques milliards de tonnes de CO_2 anthropique que les systèmes naturels de captage ne peuvent absorber que la moitié actuellement et qui s'accumulent, altérant lentement la composition de l'atmosphère.

Les éléments les plus caractéristiques de notre société industrielle moderne sont associés de diverses manières aux émissions de gaz à effet de serre.

Imaginez un compte de banque dans lequel on déposerait 5 % à chaque paye, sans jamais effectuer de retrait. Même sans considérer les intérêts sur le capital, il y aurait chaque année augmentation du solde. Inéluctablement, au bout de 20 ans celui-ci aurait atteint l'équivalent d'une année de revenu et continuerait de croître ainsi au fur et à mesure des dépôts. Cela pourrait même s'accélérer en fonction de l'inflation.

C'est ce qui se produit avec les gaz à effet de serre. Notre contribution peut paraître minime de prime abord, mais elle s'accumule constamment sans que les systèmes naturels de captage parviennent à faire de retrait. Comme nous l'avons vu au chapitre 4, nous nous dirigeons ainsi vers un doublement de la concentration de CO_2 atmosphérique préindustrielle dans quelques décennies. Avec la durée de vie des GES, c'est un problème qui n'est pas près d'être réglé

Des sources diverses au cœur de l'activité économique

L'augmentation des gaz à effet de serre dans l'atmosphère peut paraître un phénomène simple au premier coup d'œil, mais elle est en réalité un phénomène complexe qui résulte d'innombrables activités humaines. Comme il est difficile d'attribuer une molécule de CO_2 à une activité particulière, il convient plutôt de procéder par secteurs. C'est d'ailleurs ainsi que la plupart des pays attribuent les crédits de carbone et les objectifs de réduction dans le cadre du Protocole de Kyoto dont nous traitons au chapitre 11.

Parmi les sources connues, certaines sont fixes, comme les usines de production d'électricité à partir du charbon, d'autres sont mobiles, comme les automobiles, les camions et les avions, d'autres, enfin, sont diffuses, comme le méthane produit par les animaux. Par ailleurs, les activités qui expliquent ces sources sont liées à l'exploitation de certaines ressources naturelles, à la transformation de l'énergie ou des matières premières, au transport, au changement de vocation des terres, à la production et à la conservation des aliments, etc. Enfin, les émissions se produisent à différents moments du cycle de vie des produits. Par exemple, une entrecôte est liée à certaines émissions quand le bœuf est encore aux champs, à d'autres lorsqu'on doit transporter[1] et réfrigérer la viande de l'animal abattu, à d'autres encore quand on la fait cuire. Cela complique l'analyse, d'autant plus que les activités de diverses natures sont réparties très inégalement entre les pays en développement et les pays développés et que certaines activités émettrices sont très étroitement liées au processus même du développement.

Enfin, les émissions de gaz à effet de serre d'un pays sont liées tant à la nature de ses richesses naturelles qu'à la consommation de ses habitants. Un pays produisant du pétrole, par exemple, aura une contribution par habitant à l'augmentation

---

1. Une étude réalisée par la Chaire en Éco-conseil de l'Université du Québec à Chicoutimi en 2005 montre que chaque kilogramme de bœuf consommé dans la région du Saguenay–Lac-Saint-Jean occasionne, uniquement pour le transport, l'émission de 184 grammes de CO_2.

des GES bien supérieure à celle d'un pays de même population et de même stade de développement qui pratique surtout l'agriculture ou dont la majeure partie de l'énergie provient de l'hydro-électricité. Et les divers gaz à effet de serre n'ont pas tous le même potentiel de réchauffement, ce qui complexifie encore l'analyse.

Pour mettre un peu d'ordre dans tout cela, voyons les principales sources d'émissions de gaz à effet de serre d'origine anthropique.

Les carburants fossiles : la bête noire

L'énergie contenue dans les combustibles fossiles est de l'énergie solaire qui a été stockée par photosynthèse il y a des millions d'années. Elle est récupérée par la combustion et convertie en mouvement et en chaleur. Dans les centrales thermiques, la chaleur obtenue par la combustion relativement peu efficace (de 35 % à 60 %) des carburants fossiles sert à produire la vapeur qui actionne des turbines couplées à des alternateurs, lesquels engendrent du courant électrique.

L'humanité dépense chaque année des quantités de combustibles fossiles égales à la quantité formée en plus d'un million d'années. L'offre totale d'énergie primaire est passée de 255 exajoules (EJ) en 1971 à près de 425 exajoules en 2002, pendant ce temps, la population mondiale a presque doublé. Le charbon, le pétrole et le gaz naturel fournissent près de 80 % de cette énergie, le reste venant principalement des combustibles renouvelables et des déchets (11 % pour ces deux sources combinées) et de la fission nucléaire (7 %), l'énergie hydroélectrique représentant quant à elle un faible 2,2 % et les autres énergies renouvelables un minuscule 0,5 %[2].

L'utilisation des carburants fossiles est la principale source anthropique d'émissions de gaz à effet de serre à l'échelle mondiale. De l'extraction à la combustion, cette filière représente les trois quarts des émissions de CO_2 de l'humanité, environ 20 % de l'ensemble des émissions de méthane et une quantité importante d'oxyde nitreux (N_2O). De plus, parmi les produits polluants provenant de l'utilisation des combustibles fossiles, on trouve de grandes quantités d'oxydes d'azote (NOx), d'hydrocarbures et de monoxyde de carbone (CO) qui, même s'ils ne sont pas eux-mêmes des gaz à effet de serre importants, contribuent à la formation d'autres gaz à effet de serre, comme l'ozone troposphérique. Par ailleurs, la formation d'aérosols sulfatés, qui résulte aussi de l'utilisation des carburants fossiles, crée un effet de refroidissement qui masque localement la contribution d'autres gaz à effet de serre.

EXAJOULE
Un exajoule correspond à 10^{18} joules (1 000 000 000 000 000 000), soit 1 milliard de milliards de joules, c'est-à-dire l'équivalent de l'énergie que dégage la combustion de 25 milliards de litres de pétrole brut.

COMBUSTION DES CARBURANTS FOSSILES
L'efficacité de conversion de l'énergie fossile en électricité est en moyenne de 35 %. Même avec les meilleures technologies, elle ne dépasse pas 50 %.

2. Données de 2004 provenant de l'Agence internationale de l'énergie : www.iea.org.

La majeure partie des émissions produites par l'utilisation de carburants fossiles est libérée pendant la combustion. Dans notre société industrielle, en effet, ces carburants constituent la principale source d'énergie à l'échelle planétaire. La production d'électricité par des centrales thermiques, le chauffage des résidences et des bâtiments, la production de vapeur dans les usines, le fonctionnement de moteurs à combustion interne et même l'utilisation d'appareils aussi banals que les réchauds de camping ou les omni-présents barbecues des banlieues exigent tous qu'on brûle de plus ou moins grandes quantités de charbon, de pétrole et de ses dérivés ou de gaz naturel. Si la combustion était parfaite, le seul gaz qui devrait résulter de cette opération serait le CO_2. Malheureusement, c'est loin d'être le cas pour un ensemble de raisons évidentes. Une combustion complète exige en effet une température très élevée et un mélange parfait d'oxygène et de combustible. Ces conditions étant rarement réunies, l'efficacité de récupération de l'énergie par la combustion se situe généralement au-dessous de 50%.

La combustion imparfaite est source d'oxydes d'azote (NOx) et, lorsqu'on brûle du charbon ou des combustibles pétroliers lourds, du dioxyde de soufre (SO_2) est aussi émis en quantité variable selon le degré de raffinement du produit. Ces deux composés sont des précurseurs des précipitations acides, qui ont des effets pernicieux sur les lacs et les forêts du monde entier[3]. La combustion du charbon est enfin la plus grande source de mercure

Les installations d'exploitation pétrolière laissent échapper des quantités importantes de gaz à effet de serre, si elles ne sont pas parfaitement entretenues.

dans l'atmosphère. Prisonnier du charbon depuis des millions d'années, le mercure est remis en circulation par la combustion et va contaminer les écosystèmes souvent très éloignés du point d'émission.

L'extraction, la transformation, le transport et la distribution des carburants fossiles sont aussi sources d'émissions atmosphériques qui concourent à aggraver la problématique du changement climatique. Ces émissions peuvent être volontaires, comme lorsqu'on brûle le méthane à la sortie des puits de pétrole. Les gisements pétroliers contiennent des poches de gaz naturel trop petites pour être exploitées; celles-ci sont libérées ou brûlées afin d'éviter les accidents liés aux risques d'explosion.

---

3. Les avis des scientifiques sont partagés sur la responsabilité des précipitations acides dans le dépérissement des forêts. Pour certains, il existe une relation directe; pour d'autres, c'est un ensemble de stress causés par l'effet synergique des différents polluants, en particulier l'ozone troposphérique. Pour d'autres encore, c'est un phénomène cyclique indépendant de la pollution atmosphérique.

Les émissions sont aussi parfois accidentelles et peuvent survenir à l'occasion de fuites dans les gazoducs ou à la tête des puits. Ces fuites peuvent être très faibles si l'exploitant procède à un entretien méticuleux des conduites, mais, dans plusieurs pays en développement et dans les anciens pays communistes, le manque de budgets incite souvent à rogner sur les coûts d'entretien et de maintien de la compétence des employés, ce qui entraîne des pertes significatives.

Enfin, le méthane est présent naturellement dans le charbon, où il forme de petites poches que les mineurs ont appris à craindre, puisqu'elles sont à l'origine d'explosions souvent mortelles, appelées «coups de grisou», au contact de l'air. Ce méthane est libéré dans l'atmosphère par les activités d'extraction et de concassage du charbon.

La déforestation, fléau des pays pauvres

Depuis la nuit des temps, l'humanité affronte la forêt et, sauf exception[4], la régression de celle-ci est une constante dans l'histoire du développement humain. Déjà, il y a plus de 200 000 ans, les premiers êtres humains qui maîtrisèrent le feu s'en servirent pour brûler des forêts tropicales sèches, souvent pour chasser le gibier ou éloigner les prédateurs. Ces forêts furent remplacées par les savanes, écosystème beaucoup plus favorable à l'homme. Dans l'Antiquité, les montagnes de Grèce étaient couvertes de forêts, et le Moyen-Orient, maintenant désertique, produisait des bois précieux, comme les fameux cèdres du Liban. Il y a moins de 10 000 ans, 70 % du territoire de la Chine était boisé. Aujourd'hui, il en reste moins de 8 %, et ces forêts sont situées surtout dans les régions montagneuses[5].

Jusqu'au Moyen Âge, l'Europe était couverte à 90 % de forêts très denses de feuillus, en particulier des chênes. À cette époque, on procéda à un déboisement massif, qui se poursuivit jusqu'à la colonisation de l'Amérique du Nord. Les forêts étaient alors si mal en point que le grand intendant Colbert mit en place, en particulier dans le Jura français, un programme de plantation pour les régénérer. Aujourd'hui, les bûcherons de cette région coupent des chênes qui ont été plantés il y a plus de 300 ans.

L'Espagne et l'Angleterre possédaient encore, au début 18e siècle, d'immenses forêts, mais celles-ci furent rasées pour la construction de navires et la production de charbon de bois destiné à la combustion industrielle, en particulier aux fonderies qui fabriquaient l'acier des armes et s'occupaient de la fonte des canons.

Lorsque les premiers colons arrivèrent aux États-Unis, la forêt de feuillus de l'Est américain s'étendait sur 170 millions d'hectares. Il n'en reste plus aujourd'hui qu'une dizaine de millions. Les forêts de feuillus et les pinèdes qui couvraient la vallée du Saint-Laurent ont totalement été détruites. Les quelques vestiges sont aujourd'hui la proie du développement résidentiel ou industriel ou sont rasés pour épandre du

JURA
Ce nom vient de *juria*, qui signifie «forêt» en latin.

FORÊT DE FEUILLUS ET PINÈDES
Parmi les forêts originales demeurées intactes, on remarque le boisé du sommet du mont Saint-Hilaire, qui constitue une Réserve de la biosphère de l'UNESCO.

---

4. Mentionnons deux exceptions notables. Après les grandes épidémies de la fin du Moyen Âge, en Europe, les forêts regagnèrent du terrain en raison du manque de main-d'œuvre pour entretenir les terres. Aujourd'hui, la déprise agricole dans les pays industrialisés fait en sorte que les forêts reprennent du terrain dans plusieurs pays industrialisés.

5. Pour en savoir plus sur les impacts des anciennes civilisations sur l'environnement, voir C.L. Redman, *Human Impact on Ancient Environment*, Tucson, University of Arizona Press, 1999, 259 p.

purin de porc. Les forêts tempérées d'Amérique du Nord ont régressé autant en 200 ans que les forêts européennes en 1 000 ans.

À la fin du 20ᵉ siècle, on a fait une constatation étonnante: les superficies boisées s'accroissent dans les pays industrialisés, alors qu'elles diminuent de plus en plus vite dans les pays en développement. Cela semble aller de pair avec le niveau de vie des gens. Dans les pays industrialisés, les gens vivent surtout dans les villes, et les territoires autrefois occupés par l'agriculture de subsistance, dans les zones marginales, sont souvent reboisés pour les besoins de l'industrie forestière. En France, on doit même dans certains parcs naturels entretenir des prairies ouvertes pour le pâturage afin d'en préserver la biodiversité. Sans autre intervention, la forêt reprendrait ses droits.

L'exploitation industrielle des forêts tropicales permet difficilement leur régénération et diminue leur valeur en termes de biodiversité.

Jacques Prescott

Les forêts tropicales occupent une zone qui couvre environ 20° de latitude de chaque côté de l'équateur. Selon leur taux de pluviosité, elles sont qualifiées de forêts tropicales «pluvieuses», «semi-pluvieuses» et «sèches». On trouve aussi les forêts tropicales de montagne, ou laurisylves.

Dans les pays en développement, non seulement le bois est la forme d'énergie la plus répandue pour le chauffage domestique et la cuisson des aliments, mais une forte proportion de la population vit dans les zones rurales et tire sa subsistance de la forêt. Comme ces populations sont en croissance accélérée, il faut couper plus de forêts pour les transformer en cultures ou en pâturages, souvent après en avoir brûlé le bois. Cette agriculture sur brûlis est traditionnellement pratiquée dans les forêts tropicales, où les paysans font de petites trouées qu'ils cultivent pendant quelques années; ces parcelles sont vite abandonnées, car les sols s'appauvrissent très rapidement.

Dans les années 60, de telles trouées ont été augmentées à l'initiative de grands propriétaires terriens désireux d'y élever du bétail destiné à l'exportation. Les paysans ont été chassés plus loin et, encouragés par des politiques de développement, comme la route Transamazonienne, se sont établis un peu partout au cœur des forêts tropicales pour y pratiquer la traditionnelle agriculture sur brûlis.

D'après les estimations de l'Organisation des Nations Unies pour l'alimentation et l'agriculture (FAO, pour Food and Agriculture Organization), la surface des forêts tropicales détruites chaque année excéderait 157 000 km² soit, en moins d'une décennie, toute la surface du

Québec, . Au Brésil seulement, près de 24 000 km^2 de forêt ont été coupés en 2004. En extrapolant, on peut prévoir la disparition complète des forêts tropicales dans la première moitié du 21e siècle. Naturellement, il est probable que ce rythme ralentira à mesure qu'il deviendra plus difficile et coûteux d'aller chercher la ressource. C'est une loi économique de base. Ce genre de prévision alarmiste doit toujours être considéré avec prudence.

Les forêts tropicales sont aussi victimes de certaines compagnies forestières qui les exploitent sans égard au renouvellement des écosystèmes. Or, les conséquences de la déforestation ne concernent pas seulement l'impact sur le climat. La conséquence principale est la disparition des habitats pour une multitude d'espèces. Les forêts tropicales, à elles seules, abritent quelque 50 % de tous les vertébrés connus, 60 % des essences végétales et peut-être 90 % des espèces totales de la planète. En Malaisie et en Indonésie, en particulier, les écologistes ont dénoncé des pratiques scandaleuses des compagnies japonaises. En matière de gaz à effet de serre, il est sain de récolter les forêts, car un jeune arbre pousse plus vite et donc fixe plus de CO_2 qu'un arbre sénescent. Mais lorsque la régénération n'est pas assurée, ou lorsque du bois est gaspillé ou brûlé, l'exploitation forestière crée des émissions nettes de GES[6].

Dans les zones semi-arides, le problème est tout autre. Le bois étant le combustible traditionnellement utilisé par la majeure partie de la population de la campagne ou des zones péri-urbaines, on coupe et on ramasse tout ce qu'on peut trouver pour l'utiliser ou le vendre. Dans les zones arides et semi-arides, les arbustes et les arbres servent de rempart contre l'avancée du désert. Lorsque les arbres sont enlevés, le désert s'installe et les territoires sont perdus. Ces pertes de territoire rendu improductif par le déboisement contribuent à l'augmentation des gaz à effet de serre, car la végétation est nécessaire pour fixer le CO_2 par la photosynthèse.

Les émissions nettes liées à la déforestation sont difficiles à évaluer et les estimations sont soumises à une grande variabilité. Selon les auteurs, la déforestation pourrait être responsable d'émissions annuelles de carbone de l'ordre de 0,6 Gt à 2,6 Gt. Évidemment, certains politiciens des pays développés auront tendance à favoriser l'estimation la plus élevée, alors que ceux des pays en développement opteront pour le chiffre le plus bas, les uns et les autres essayant de tirer leur épingle du jeu en se tenant mutuellement responsables de la gravité de la situation.

C'est coulé dans le béton !

Pour faire du ciment, il faut pulvériser et chauffer de la pierre calcaire riche en carbonates. Ces roches provenant de la sédimentation des coquilles de divers organismes marins du fond des océans sont, comme les carburants fossiles, composés de CO_2 atmosphérique fixé dans la lithosphère par des processus naturels. En les chauffant à une température suffisante, on peut séparer le $CaCO_3$ qui les compose en CaO et en

---

6. Depuis une dizaine d'années, les pratiques de l'industrie forestière sont beaucoup plus surveillées et il est possible d'acheter des bois certifiés qui proviennent de forêts dont on assure le renouvellement, voire où l'on travaille en coopération avec les populations locales pour la préservation de leur culture et de la qualité de leur environnement.

Un élément aussi indispensable à la construction que le béton provoque l'émission de plus de 50 tonnes de CO_2 dans l'atmosphère, par camion de béton.

P.G. Adam/Publiphoto

à sec ou en phase humide pour produire un solide intermédiaire, le clinker, qui est ensuite réduit en fine poudre prête pour la préparation du béton. La production de clinker est la phase du procédé qui libère la plus grande quantité de gaz à effet de serre, d'abord par des émissions de procédé, puis par l'utilisation d'une grande quantité d'énergie sous forme de combustibles et d'électricité.

On chauffe le calcaire en le mélangeant avec un combustible dans un four porté à très haute température. La combustion des carburants (habituellement du charbon ou de l'huile lourde) est une importante source d'émissions atmosphériques. Par la suite, il faut de l'énergie pour broyer le clinker. Selon le mode de production de cette énergie, une quantité plus ou moins grande de gaz à effet de serre peut être émise.

Le ciment peut être produit par procédé humide ou par procédé sec. Celui-ci, beaucoup moins énergivore, est en voie de remplacer le procédé humide partout dans le monde. L'industrie du ciment connaît actuellement une croissance considérable dans les pays en développement. Heureusement, les compagnies multinationales qui dominent ce secteur de l'économie tendent de plus en plus à implanter des procédés modernes, plus efficaces en énergie, mais il reste énormément de progrès à faire!

En fer et contre tous!

La sidérurgie et l'industrie des ferroalliages forment un autre secteur industriel qui émet de grandes quantités de gaz à effet de serre, en

CO_2. Le CaO est la chaux qui sert de constituant principal dans la fabrication du ciment. Naturellement, le CO_2 se retrouve dans l'atmosphère.

Encore une fois, la production de ciment libère des gaz à effet de serre à plusieurs étapes du procédé[7]. Pour faire du ciment, il faut extraire la pierre à chaux des carrières, la broyer et la chauffer

---

7. Pour une analyse des émissions dans le secteur du ciment, voir J. Ellis, *An Initial View on Methodologies for Emission Baselines: Cement Case Study*, Organisation de coopération et de développement économiques (OCDE) et Agence internationale de l'énergie, 2000.

raison de leurs besoins énergétiques et de l'utilisation du charbon dans leurs procédés. Ce secteur industriel est en effet celui qui a la plus forte demande énergétique au monde. On estime sa consommation annuelle entre 18 exajoules et 19 exajoules, ce qui représente de 10 % à 15 % de la consommation énergétique industrielle mondiale. En 1995, ce secteur était à lui seul responsable de 7 % de l'ensemble des émissions anthropiques de CO_2[8].

La quantité de gaz à effet de serre produite par les industries sidérurgiques dépend directement de la nature et de la quantité des combustibles fossiles utilisés ainsi que de la forme d'énergie qui sert à produire l'électricité. Ainsi, une aciérie située dans le Midwest américain, où le charbon est abondant et peu coûteux, se servira de ce combustible pour chauffer les hauts fourneaux et achètera probablement son électricité d'une centrale thermique voisine, qui aura produit cette électricité en brûlant elle aussi du charbon. Cette entreprise émettra beaucoup plus de CO_2 par tonne d'acier qu'une industrie comparable située au Québec, où l'électricité est essentiellement fabriquée à partir de l'eau.

Tous au charbon !

Une autre source d'émissions est le charbon utilisé comme source de carbone dans les alliages ou comme capteur d'oxygène dans les ferrosilicates qui servent d'additifs pour la fabrication de l'acier.

Ces deux types d'émissions diffèrent : dans le premier cas, l'efficacité énergétique du proces-

Dans les fonderies, les émissions proviennent aussi bien du procédé que de la combustion.

sus permet de réduire les émissions ; dans le second, les émissions sont intrinsèquement liées à la production et ne peuvent être réduites sans diminuer celle-ci.

L'aluminium et le magnésium, des métaux pas vraiment blancs...

La fabrication d'aluminium et de magnésium constitue une solution de rechange intéressante à celle du fer et de l'acier, pour ce qui est des émissions de gaz à effet de serre. Grâce à certains alliages, ces métaux plus légers peuvent acquérir les propriétés de l'acier dans plusieurs usages. En conséquence, dans la construction automobile, par exemple, l'aluminium et le magnésium, en

---

8. Pour une analyse des émissions dans le secteur sidérurgique, voir J.W. Bode, J. de Beer, K. Blok et J. Ellis, *An Initial View on Methodologies for Emission Baselines: Iron and Steel Case Study*, Organisation de coopération et de développement économiques (OCDE) et Agence internationale de l'énergie, 2000.

L'aluminerie ALCOA de Deschambault au Québec est la meilleure au monde dans la réduction des émissions de PFC dues aux effets d'anode.

ALCOA

permettant de diminuer le poids du véhicule, contribuent à réduire le travail du moteur et, par le fait même, la consommation d'essence.

Pour fabriquer ces métaux, toutefois, il faut une très grande quantité d'énergie, sous forme d'électricité, ce qui nous ramène à la case départ et en particulier à la façon dont cette électricité est produite. De plus, pour l'aluminium, les cuves d'électrolyse sont construites avec des anodes de carbone, qui se consument au cours du processus, libérant ainsi une importante quantité de CO_2, évaluée par l'International Aluminium Institute à 1,7 tonne par tonne d'aluminium produite, en plus de l'émission de 2 tonnes en CO_2. Les alumineries de la planète ont donc été responsables de l'émission de 110 Mt d'équivalent CO_2 dans l'atmosphère en 1997. Cela ne tient pas compte,

naturellement, de la portion des émissions liée à la production de l'électricité. En revanche, la production d'aluminium peut faire des gains importants dans la réduction des émissions des autres gaz à effet de serre que sont les PFC et le SF_6. Dans le premier cas, les PFC sont produits involontairement, par des effets d'anode. Il est en effet important de mettre dans les cuves d'électrolyse un électrolyte contenant du fluor qui, combiné au carbone provenant de la combustion des anodes, peut provoquer l'émission de ces puissants gaz. Dans le cas du SF_6, ce gaz peut être remplacé. Pour la question de l'électricité toutefois, la question est moins simple. Il existe de nombreuses façons de produire de l'électricité engendrant des émissions variables de gaz à effet de serre par kilowattheure. Toutefois, les grandes puissances nécessaires en continu pour alimenter l'électrolyse limitent les choix.

Que penser alors de l'argument de la réduction du poids des véhicules? Bien sûr, cette réduction est bien réelle, tout comme la réduction du travail exigé du moteur et la diminution de sa consommation d'essence. Mais selon l'endroit où cet aluminium est produit et la composition du portefeuille énergétique qui alimente les alumineries, le bilan risque d'être moins reluisant. On estime par exemple que produire de l'aluminium aux États-Unis, dans le Midwest, provoque l'émission de 14 tonnes de CO_2 par tonne d'aluminium… Pour les économies, on repassera! Il importe toutefois de noter que l'aluminium est recyclable à l'infini et qu'il faut deux fois moins d'électricité pour le refondre que pour le produire. Pour chaque tonne d'aluminium mise au recyclage, on évite 2 tonnes d'émissions de CO_2.

Les filières énergétiques : il faut considérer l'écobilan

L'énergie est disponible partout sur la planète, sous des formes plus ou moins concentrées, et il existe plusieurs manières de la capter et de la rendre utilisable pour les humains. Selon la forme désirée et son intensité, les énergies n'ont pas toutes la même efficacité pour les usages auxquels on les destine. Il faut transformer l'énergie captée, soit en diminuant son intensité, soit au contraire en l'augmentant pour produire le travail attendu.

Parmi les filières de production d'énergie[9], nous avons déjà parlé des carburants fossiles qu'on brûle soit pour les utiliser sous forme de chaleur, soit pour produire de la vapeur, puis de l'électricité. Mais il y a aussi les turbines à eau, qui transforment un courant d'eau en électricité, ou les turbines éoliennes, qui font la même chose avec le vent. Il y a encore les systèmes photo-voltaïques, qui permettent de transformer l'énergie lumineuse en électricité, les piles à combustible, qui utilisent un carburant comme l'hydrogène, le gaz naturel ou le méthanol pour produire de l'électricité et de la chaleur, et même les centrales nucléaires, qui produisent de l'électricité à partir de la fission de l'uranium.

Pour bien connaître leur impact sur l'environnement, chacune de ces filières doit faire

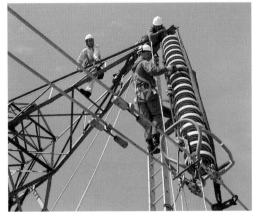

Il existe de nombreuses façons de produire de l'électricité engendrant des émissions variables de gaz à effet de serre par kilowattheure.

l'objet d'un écobilan. Par exemple, même si l'exploitation d'une éolienne n'engendre aucun gaz à effet de serre, il faut, pour la construire, des ancrages de béton, des câbles et des poutres d'acier, autant de composantes qui auront nécessité la production d'une certaine quantité d'émissions. La construction et le maintien d'une centrale atomique supposent un investissement énergétique et des masses de béton et d'acier qui doivent être comptabilisés dans l'écobilan avant qu'on puisse déclarer que l'électricité ainsi produite est exempte de gaz à effet de serre[10] ! Quand on ajoute les contributions de l'extraction,

ÉCOBILAN
Analyse de cycle de vie dont le travail est réalisé par des experts qui évaluent les impacts d'un produit ou d'un service du « berceau au tombeau ». Pour en savoir plus, voir www. polymtl.ca/ciraig.

---

9. Pour une analyse des émissions dans le secteur de la production énergétique, voir M. Bosi, *An Initial View on Methodologies for Emission Baselines: Electricity Generation Case Study*, Organisation de coopération et de développement économiques (OCDE) et Agence internationale de l'énergie, 2000.

10. C'est pourtant ce qu'affirment les grandes entreprises d'énergie nucléaire et même certains gouvernements, comme celui du Canada, qui demandait, lors de la Conférence de La Haye (en 2000), qu'on lui donne des crédits de CO_2 pour toute centrale CANDU (pour Canada-Deutérium-Uranium) vendue dans un pays en développement. Même si les émissions d'une telle centrale sont minimes par rapport aux émissions évitées, ce genre de proposition comporte un biais inacceptable et n'a pas été retenu par les pays Parties.

de la concentration et du transport de l'uranium, ainsi que la construction et l'entretien des centres de retraitement des combustibles irradiés, le portrait se compare aux émissions de la filière éolienne et de l'hydroélectricité. C'est pourquoi, pour les fins du Protocole de Kyoto, l'électricité produite à partir du nucléaire est considérée comme peu émettrice de gaz à effet de serre, ce qui permet à un pays comme la France, où cette filière est prépondérante, de montrer un très bon bilan d'émissions[11].

L'industrie nucléaire affirme qu'elle ne produit aucun gaz à effet de serre, et l'écobilan démontre que ses émissions par kWh sont comparables à celles de l'éolienne et de l'hydroélectricité.

Par ailleurs, il serait certainement intéressant de considérer aussi dans l'écobilan la capacité d'un secteur industriel ou d'une entreprise de services énergétiques d'implanter des programmes d'efficacité énergétique. On pourrait ainsi mesurer la quantité de gaz à effet de serre qui aurait été émise par la fourniture d'un service essentiel et se la faire créditer dans un effort concerté pour réduire les émissions à l'échelle internationale. Cette approche donnerait à l'efficacité énergétique le statut de filière de production d'électricité à part entière, comme le réclamait la Table de consultation du débat public sur l'énergie au Québec en 1996[12].

Lorsque vient le moment de déterminer si une activité ou une industrie qui consomme de l'électricité produit plus ou moins de gaz à effet de serre par kilowattheure, il faut aussi mesurer l'ensemble des émissions liées au mode de production de cette électricité. Cela devient d'autant plus complexe que les grandes compagnies d'électricité possèdent plusieurs types de centrales et que certaines industries, comme les raffineries de pétrole, peuvent utiliser différents types de combustibles ou de sources d'approvisionnement énergétique, selon la fluctuation journalière des prix.

Le commerce déréglementé de l'électricité entre les grandes compagnies produit lui aussi des distorsions. Par exemple, au Québec, 96 % de

---

11. Nous traiterons plus en détail ce thème au chapitre 13. Voir en particulier le tableau 13.2 pour la comparaison des émissions par filière de production d'électricité.

12. Table de consultation du débat public sur l'énergie, *Pour un Québec efficace*, ministère des Ressources naturelles du Québec, 1996, 150 p. Pour une analyse du calcul des émissions qui peuvent être évitées par l'efficacité énergétique, voir D. Violette, C. Mudd et M. Keneipp, *An Initial View on Methodologies for Emission Baselines: Energy Efficiency Case Study*, Organisation de coopération et de développement énergétiques (OCDE) et Agence internationale de l'énergie, 2000.

l'électricité provient de centrales hydroélectriques qui émettent relativement peu de gaz à effet de serre. Dans la pratique, son réseau est interconnecté avec ceux de ses voisins. Sur le marché à court terme, l'entreprise achète de l'énergie lorsqu'elle est disponible à bas prix et en revend quand la demande est plus forte, se servant en quelque sorte de ses barrages comme d'immenses batteries. Ces ventes et achats d'électricité ne tiennent pas compte de la manière dont elle a été produite.

Le transport de marchandises par camion est toujours populaire avec la disparition des entrepôts et en raison du faible coût du carburant.
P.G. Adam/Publiphoto

Les transports : attachez votre ceinture !

Vous faites le plein de votre voiture une fois par semaine, mais vous êtes-vous demandé où s'en va tout ce carburant ? Dans l'atmosphère[13], bien sûr ! L'augmentation du parc automobile et de sa puissance n'a cessé de s'accélérer tout au long du 20e siècle. En plus, les automobilistes parcourent deux fois plus de kilomètres par an aujourd'hui qu'il y a 30 ans. L'automobile est aujourd'hui indissociable du mode de vie dans les pays industrialisés et elle est un puissant symbole de réussite chez les élites des pays en développement. La mode des 4 × 4 (véhicules «sport utilitaires») qui monte en flèche depuis le début des années 90 constitue aussi une tendance inquiétante.

Les années 80 ont vu se populariser une philosophie industrielle, appelée le «*just in time inventory management*», ou «méthode des flux tendus». C'est un modèle qui proscrit l'entreposage de grandes quantités de matières premières et de produits finis, et qui vise à fournir la quantité la plus exacte permettant de répondre à la demande des consommateurs. Outre qu'elle réduit les frais d'entreposage et les immobilisations de capital liées à d'importants inventaires, cette façon de gérer la production occasionne un approvisionnement plus fréquent, en plus petites quantités, et diminue du même coup la compétitivité des réseaux de transport en vrac que sont le train et le bateau, par rapport à un moyen de transport plus flexible, mais plus énergivore et polluant, le camion. Le **transport par camion lourd** s'est énormément développé et a pris une place prépondérante dans les échanges commerciaux de grands ensembles continentaux, comme le partenariat Canada–États-Unis–Mexique ou la Communauté européenne.

Enfin, l'avion est devenu le moyen privilégié de transport de passagers entre les grandes villes des pays développés, et fait voyager une foule grandissante de touristes partout sur le globe. Naturellement, l'avion et en particulier les vols court-courriers est la forme de transport la plus

TRANSPORT PAR CAMION LOURD
On calcule que le transport de 1 t de marchandise sur 10 km par camion produit 1,6 kg de CO_2.

---

13. La combustion d'un litre d'essence produit 2,35 kg de CO_2 dans l'atmosphère, alors qu'un litre de carburant diesel en produit 2,77 kg.

énergivore, puisqu'il faut dépenser une très grande quantité de carburant pour s'arracher du sol et maintenir des vitesses de plusieurs centaines de kilomètres à l'heure une fois dans les airs. Malgré l'importante réduction du nombre de passagers et de vols survenue au lendemain des attentats du 11 septembre 2001 aux États-Unis, l'industrie de l'aviation reprend rapidement du volume. La croissance pourrait prendre la tangente que prévoyait le GIEC dans son dernier rapport, soit 5 % d'augmentation du nombre de déplacements par année entre 1990 et 2015. Toutefois, la consommation de carburant devrait se limiter à 3 % par an en raison de l'efficacité accrue des appareils et du retrait de vieux avions polluants, mais la marge de manœuvre pour l'efficacité énergétique est plutôt mince dans ce secteur. Si les avions consomment énormément d'énergie, ils émettent par conséquent des quantités appréciables de CO_2. Par exemple, on estime qu'un passager faisant un aller-retour Paris–New York dans un charter sans classe affaires et fortement rempli émettra, pour ce seul voyage, 1 tonne de CO_2[14]. Il faut compter également les émissions de NOx et autres polluants dispersés. Selon une étude de l'Institut français de l'environnement, l'aviation commerciale dans le monde produit 550 Mt de dioxyde de carbone par an, ce qui représente tout de même 2,5 % des émissions mondiales. Dans l'éventail des scénarios examinés par le GIEC, l'augmentation potentielle du dioxyde de carbone d'ici à 2050 serait de 1,6 à 10 fois la valeur de 1992. Il faut ajouter que la tendance à l'augmentation du transport de marchandise et de colis par avions-cargos est aussi en forte augmentation. C'est une conséquence de la mondialisation des échanges commerciaux et, pour une bonne partie aussi, ce qui fait la fortune des entreprises de messagerie et le commerce en ligne.

Un effet bœuf!

Quelle quantité de méthane (CH_4) une vache peut-elle produire? Selon des études effectuées en Allemagne, ces ruminants produisent chacun 200 g de CH_4 par jour. Cela n'est pas excessif en soi, mais le cheptel de ruminants de la planète compte environ un milliard trois cents millions de vaches, veaux, moutons et chameaux, c'est-à-dire que les ruminants domestiques du monde produisent chaque année plus de 100 Mt de méthane. Or, le CH_4 est 21 fois plus efficace que le CO_2 comme gaz contribuant à l'effet de serre…

Le bœuf est la viande qui a le plus fort impact sur l'atmosphère en termes de gaz à effet de serre.

---

14. Sur un vol régulier, ces émissions peuvent aller jusqu'à 50 % de plus par passager.

Le cheptel bovin de la planète en particulier a connu une croissance constamment supérieure à celle de la population humaine au cours des 50 dernières années, au point que la biomasse des bovins dépasse celle des humains. La clé de cette disparité est liée au fait que les habitants des pays industrialisés et les classes les plus aisées des pays en développement mangent de plus en plus de bœuf et que les restaurants de type restauration rapide (*fast-food*) se sont multipliés de façon exponentielle partout sur la planète, devenant un symbole, contesté par plusieurs, de la mondialisation d'un mode de vie calqué sur celui des Américains. Les pays en développement ont aussi contribué de façon importante à l'augmentation du cheptel bovin, puisqu'on y a défriché de nombreuses terres dans la forêt tropicale afin d'en faire des pâturages pour le bétail, lequel est, la plupart du temps, destiné à l'exportation. Le creusage de puits dans les zones semi-arides, en Afrique particulièrement, a aussi contribué à l'augmentation des troupeaux.

Même le riz...

Mais il n'y a pas que l'élevage qui soit une importante source d'émissions de méthane dans l'atmosphère. La culture du riz compte aussi parmi les grands émetteurs. Le riz est une des céréales les plus consommées au monde. À la base de l'alimentation de plus de la moitié de l'humanité, il est cultivé de façon extensive sur tous les continents. Cependant, 90 % du riz consommé dans le monde pousse dans des milieux inondés, des marais artificiels, au fond

Rizière au Cambodge. La culture du riz est associée au quart des émissions de méthane mondiales.

Jacques Prescott

desquels se décompose la matière organique en l'absence d'oxygène, ce qui favorise la production et l'émission de méthane. D'ailleurs, on attribue à ce mode de culture entre 20 % et 25 % de l'ensemble des émissions de méthane anthropiques soit 10 % des teneurs actuelles de l'atmosphère. William Ruddiman, chercheur de l'Université de Virginie, a lancé récemment un nouveau débat[15]. Selon lui, l'influence de l'homme sur le méthane atmosphérique a commencé bien avant l'ère industrielle. Il attribue aux débuts de l'agriculture et particulièrement de la riziculture il y a environ 8000 ans le début de l'influence anthropique. Ses conclusions reposent sur l'analyse de la variation des concentrations de méthane observées dans la carotte

---

15. W. Ruddiman, « The Anthropogenic Greenhouse Era Began Thousands of Years ago », *Climate Change*, vol. 61, 2003, p. 261. Voir chapitre 5, encadré 5.9.

de Vostok. Cette affirmation a toutefois été rapidement contestée et on associe plutôt l'augmentation observée au développement des grands deltas fluviaux qui se sont formés à la même époque (Nil, Mississippi, Niger, Amazone) quand le niveau des océans s'est vraiment stabilisé.

Du sac vert au pouce vert

Une partie importante de nos déchets est composée de matériaux putrescibles. Qu'il s'agisse de résidus végétaux, de restes de table, de papier souillé ou de toute autre forme de matière organique, lorsque ces ordures sont destinées à l'enfouissement sanitaire, elles se décomposent en l'absence d'oxygène et ont tendance à se transformer en méthane. Plusieurs municipalités enfouissent aussi les boues organiques provenant de leur système d'épuration des eaux. Les lieux d'enfouissement sanitaire produisent ainsi des biogaz, qui peuvent être parfois si abondants qu'ils doivent être captés et brûlés. Lorsque les lieux d'enfouissement sanitaire ne sont pas dotés de systèmes de captage et de combustion des biogaz, ceux-ci enrichissent l'atmosphère en méthane. Si, au contraire, ils sont captés et brûlés, c'est du CO_2 qui est émis par combustion. On peut même récupérer la chaleur produite pour faire de l'électricité.

L'humanité a réussi, au cours des années 80, à dépasser le taux de fixation de l'azote atmosphérique de toutes les espèces vivantes réunies, en raison, en particulier, de la fixation d'azote pour la production d'engrais chimiques utilisés de façon traditionnelle en agriculture et en horticulture. Nous avons appris à substituer aux engrais naturels, qui sont libérés lentement dans

le sol par l'action des microorganismes décomposeurs, les engrais chimiques qui sont immédiatement disponibles pour les plantes et qui augmentent à court terme le rendement des cultures.

Mais que se passe-t-il dans un sol qu'on fertilise à répétition avec des engrais chimiques azotés? Sans nous attarder aux détails complexes du cycle de l'azote, soulignons simplement que les plantes peuvent se procurer l'azote dont elles ont besoin sous forme d'ammoniac (NH_3^+) ou de nitrates (NO_3^-) en solution dans l'eau. Plusieurs types de micro-organismes du sol contribuent à nitrifier l'ammoniac, en le transformant en nitrates en présence d'oxygène. Par ailleurs, certains microorganismes utilisent les nitrates pour produire leur énergie et rejettent de l'azote dans l'atmosphère. Ces populations de microbes vivent en équilibre les unes avec les autres. Dans un sol naturel, riche en espèces, il y a recyclage des molécules azotées, comme les protéines des plantes ou l'urée présente dans l'urine des animaux, qui sont décomposées en ammoniac puis transformées en nitrates, lesquels seront réabsorbés par les plantes. Cette transformation se fait comme un travail à la chaîne dans lequel des molécules intermédiaires, tels le N_2O et le NO_2, sont produites en quantités variables, selon la nature des sols et des communautés bactériennes.

L'ajout d'engrais chimiques favorise la dénitrification, c'est-à-dire la transformation de NO_3 en N_2, l'émission d'azote atmosphérique, ainsi que la production de quantités considérables de N_2O, le protoxyde d'azote, gaz à effet de serre dont nous avons déjà parlé.

La quantité de protoxyde d'azote libéré dans l'atmosphère dépend du type d'engrais utilisé, de la nature des sols et des climats. Les mécanismes de libération ne sont pas encore parfaitement compris, ce qui rend difficile l'évaluation de la contribution de cette source au problème du changement climatique. On sait toutefois que c'est l'un des endroits où l'on peut agir de façon efficace en changeant les pratiques agricoles.

Des nouveaux venus

On se souvient que les gaz à effet de serre sont constitués de trois atomes ou plus. Peu de molécules naturelles de fort poids moléculaire restent facilement à l'état gazeux dans les conditions de température et de pression qui règnent à la surface du globe, mais l'ingéniosité des chimistes a permis de synthétiser plusieurs molécules constituées de plus de trois atomes pour servir dans les diverses utilisations qu'exige notre société industrielle.

Depuis la fin du 19e siècle, l'industrie chimique a produit de très nombreuses nouvelles molécules, dont certaines s'avèrent de puissants gaz à effet de serre. Les chlorofluorocarbones (CFC) créés dans les années 20 n'ont pas d'équivalent naturel. Ils ont été utilisés pour de nombreux usages, entre autres comme agents d'expansion des mousses dans les coussins de polystyrène ou dans les panneaux isolants, comme gaz propulseurs dans les bombes aérosol, comme caloporteurs dans les systèmes de réfrigération et de climatisation.

Nous avons vu au chapitre 2 que plusieurs autres gaz fluorés sont produits par l'industrie et qu'ils ont de très forts potentiels de réchauffement climatique. Ces gaz sont toutefois comptabilisés et leur contribution peut être évaluée en tonnes équivalent CO_2.

M. Smith, Mme Dupont, M. Nguyen, Mme Diallo, M. Foo et Mme Al Rashid

Voici une devinette : qui est le plus grand émetteur de gaz à effet de serre parmi les personnes nommées ci-dessus ? Malgré leurs noms très différents, ces personnes peuvent toutes être des habitants plus ou moins riches de pays plus ou moins industrialisés. Si, par exemple, M. Smith est un paysan des Caraïbes, ses émissions seront surtout liées à la production d'électricité par des génératrices diesel, à la consommation d'essence de sa camionnette et à la culture du riz qui constitue l'essentiel de son alimentation. Si Mme Diallo est fonctionnaire à l'UNESCO, M. Foo commerçant à New York, Mme Al Rashid professeure d'université à Montréal, M. Nguyen restaurateur à Bangkok et Mme Dupont infirmière au Togo, leur niveau de consommation et les infrastructures à leur disposition pour satisfaire leurs besoins et ceux de leur famille seront fort différents.

Chacun d'entre nous utilise de l'énergie, consomme des produits de l'agriculture industrielle, du papier, de la viande qui doit être réfrigérée, des produits surgelés, du papier d'aluminium… Chacun se déplace pour aller au travail, habite dans un logement construit en bois ou en béton, brûle du bois ou du propane pour cuisiner en camping… Toutes ces activités sont responsables en plus ou moins grande part d'une quantité d'émissions de gaz à effet de serre, et les changements climatiques causés par l'accumulation de ces gaz sont donc sans contredit la responsabilité à la fois de chacun de nous et de personne en particulier.

Si vous reprochez à Mme Diallo que sa voiture, prise dans un embouteillage à Paris, produit du CO_2, elle vous répondra que M. Nguyen consomme trop de riz, que M. Foo roule dans une auto plus grosse que la sienne, que Mme Al Rashid a un foyer au propane pour agrémenter les soirées dans son chalet dans les Laurentides, que Mme Dupont utilise un système de climatisation inefficace et que M. Smith, avec sa génératrice, est un vrai pollueur!

Chacune de ces personnes, selon son mode de vie, produit ainsi des quantités variables de gaz à effet de serre, mais aucune ne voudra remettre en question ses habitudes de consommation, préférant voir la paille dans l'œil du voisin plutôt que la poutre dans le sien. Le tableau 9.1 montre la production de gaz à effet de serre par habitant dans quelques pays choisis.

On peut toutefois affirmer, sans crainte de se tromper, que les habitants les plus riches des pays développés sont ceux qui produisent le plus de gaz à effet de serre, puisque leur niveau de consommation est plus élevé, qu'ils parcourent plus de kilomètres chaque année dans des voitures individuelles plus puissantes ou en avion, qu'ils chauffent leurs résidences en hiver et la climatisent en été et qu'ils produisent plus de déchets.

Tableau 9.1
Production de gaz à effet de serre par habitant en 1995 et 2000 pour certains pays (en tonnes eqCO$_2$/an)

Pays	1995	2000
Australie	16,7	18,2
Bangladesh	0,2	0,2
Bénin	0,2	0,3
Brésil	1,6	1,8
Canada	17,1	18,7
Chine	2,6	2,2
États-Unis	19,8	20,6
Fédération de Russie	10,7	10,3*
France	6,8	6,9
Inde	1,0	1,1
Japon	9,7	9,8
République tchèque	12,5	12,5
Royaume-Uni	9,5	9,3
Rwanda	0,1	0,1

* Données de 1999.

Source: Site officiel de la Convention-cadre des Nations Unies sur les changements climatiques (CCNUCC): http://ghg.unfccc.int/.

Les émissions par pays

Supposons que vous viviez dans la ville de Québec. Vous prenez votre voiture pour aller au restaurant avec un ami. Vous quittez votre maison construite en bois en 1985, isolée au polystyrène expansé (styromousse) et chauffée à l'électricité. Votre voiture est un modèle américain d'une dizaine d'années. Vous laissez le moteur tourner quelques instants grâce à un démarreur à distance. Une fois au restaurant, vous commandez une darne de saumon, et votre ami, une entrecôte. Le saumon est accompagné de riz et d'épinards, l'entrecôte de pommes de terre frites et votre ami et vous optez pour les bananes flambées au dessert. Quoi de plus normal que de couronner le tout par un bon café?

La difficulté de mesurer vos émissions de gaz à effet de serre et la complexité du problème sont telles qu'on n'ose pas y penser. Au chapitre 15, nous verrons quelques comportements individuels qui peuvent aider à réduire vos émissions de gaz à effet de serre, mais, à part pour l'automobile, où on peut facilement mesurer par la consommation d'essence la production de gaz à effet de serre, il faut une analyse de cycle de vie poussée pour déterminer lequel de vous deux en a émis le plus dans la soirée.

Imaginez: le bilan des émissions de CFC de la mousse isolante de la maison, divisé par la durée de vie de cet isolant, plus les CFC du climatiseur de votre voiture, le nombre de tonnes de CO_2 lié à l'acier, à l'aluminium et aux plastiques qu'elle contient, divisé par le nombre de jours d'utilisation, plus le carburant consommé, le méthane produit par la vache qui a donné l'entrecôte, les CFC pour la réfrigération des légumes, le gaz naturel pour griller le saumon, le méthane produit par la rizière, le transport des bananes, la distillation du rhum et sa combustion pour flamber les bananes, la torréfaction du café… ouf!

Comme il est à peu près impossible d'évaluer la production de gaz à effet de serre sur une base individuelle, c'est par pays que les Nations Unies ont demandé qu'on effectue la comptabilité des émissions de gaz à effet de serre dans la Convention-cadre sur les changements climatiques. Ainsi, ce sont les gouvernements qui doivent faire état de leurs émissions globales, de celles de leurs industries et de celles de leurs citoyens. Les Parties à la Convention sont donc tenues de fournir un inventaire de leurs émissions détaillées par secteur en suivant rigoureusement la méthodologie prescrite. Les inventaires se font généralement aux deux ans pour les pays de l'Annexe I du Protocole de Kyoto[16]. Quant aux pays en développement, ils reçoivent pour cet exercice fastidieux l'aide technique des pays développés. Si l'on considère l'ensemble des Parties visées à l'Annexe I, les émissions globales de gaz à effet de serre ont diminué au total de 6,3 % au cours de la période allant de 1990 à 2002 (figure 9.1). Ces chiffres sont pour le moins étonnants mais il faut se rappeler qu'ils résultent de la diminution attribuée au ralentissement industriel des 14 pays en transition. Et même si 7 pays de ce groupe ont fait état d'une augmentation de leurs émissions de CO_2 en 2001 et 2002, la baisse des émissions pour l'ensemble de ces pays atteint presque 40 %. Pendant cette même période de 1990 à 2002, les émissions de l'ensemble des autres Parties visées à l'Annexe I se sont accrues de 8,4 %. Ces estimations globales ont été établies à partir des données fournies par les 37 Parties qui ont présenté un inventaire en 2004 et, pour les Parties qui n'ont pas communiqué les données de 2002, à partir des données tirées des derniers inventaires ou des dernières communications nationales reçus.

---

16. Le Protocole de Kyoto est traité en détail au chapitre 11.

Figure 9.1
Évolution des émissions de gaz à effet de serre par groupe de pays, pour la période 1990-2002

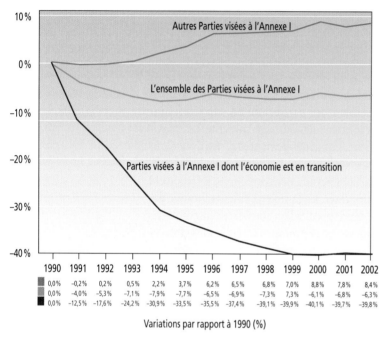

	1990	1991	1992	1993	1994	1995	1996	1997	1998	1999	2000	2001	2002
	0,0%	−0,2%	0,2%	0,5%	2,2%	3,7%	6,2%	6,5%	6,8%	7,0%	8,8%	7,8%	8,4%
	0,0%	−4,0%	−5,3%	−7,1%	−7,9%	−7,7%	−6,5%	−6,9%	−7,3%	7,3%	−6,1%	−6,8%	−6,3%
	0,0%	−12,5%	−17,6%	−24,2%	−30,9%	−33,5%	−35,5%	−37,4%	−39,1%	−39,9%	−40,1%	−39,7%	−39,8%

Variations par rapport à 1990 (%)

Source: Site officiel de la Convention-cadre des Nations Unies sur les changements climatiques (CCNUCC): http://ghg.unfccc.int/.

La comptabilité des émissions est d'une grande complexité, comme nous l'avons évoqué tout au long du chapitre, mais elle se complique d'autant que les pays aimeraient, en raison des conséquences économiques potentiellement importantes, que seules leurs émissions nettes soient comptabilisées. En effet, si les forêts en croissance sont des puits de carbone, elles peuvent capter le CO_2 émis pour la production d'énergie au charbon, par exemple. Après tout, une fois dans l'atmosphère, une molécule de CO_2 est une molécule de CO_2.

Plus encore, comme nous le verrons dans les prochains chapitres, le Protocole de Kyoto permet aux pays d'échanger entre eux des crédits et des débits, ce qui incite certains à réclamer des crédits pour l'aide internationale qu'ils apportent à un autre pays ou pour des actions commercialement rentables qui constituent une solution de rechange pour des technologies plus polluantes. Ces activités doivent être encadrées et c'est le mécanisme de développement propre et la mise en œuvre conjointe qui ont été retenus par les Parties, comme nous le verrons au chapitre 11.

Cela dit, il faudra énormément de travail pour concilier les faits scientifiquement vérifiables, les pratiques comptables, les théories économiques et les intérêts politiques, et en faire un instrument cohérent et concret de réduction mondiale des émissions de gaz à effet de serre. Surtout que les États qui sont les plus grands émetteurs ne veulent pas faire les frais de cette réduction et risquer ainsi de se retrouver en mauvaise position par rapport à leurs concurrents à l'échelle internationale; il en sera d'ailleurs question au chapitre 12.

Comme le montre la figure 9.2b, ce sont les États-Unis qui produisent le plus de gaz à effet de serre, suivis de la Communauté européenne, de la Russie, de l'Allemagne et du Japon. Cependant, si la base de calcul est le taux par habitant, les États-Unis et le Canada sont champions toutes catégories, sans compter que, entre 1990 et 2002, les émissions de gaz à effet de serre de ces deux voisins ont augmenté de 13% pour les États-Unis et de 20% pour le Canada[17], ce que pourraient

_____
17. En 2005 cette augmentation avait atteint 22%.

tout de même envier les Espagnols qui ont réussi à produire 40% de plus d'émissions en 2002 qu'en 1990… L'Américain moyen émet au moins 2 fois plus de gaz à effet de serre que l'Européen ou le Japonais, 15 fois plus que le Brésilien, 8 fois plus que le Chinois et 200 fois plus que le Rwandais. Ce qui est un peu normal, car l'Américain produit plus et surtout consomme plus. Plus d'énergie, plus de biens, plus de services, plus d'espace, et tout cela basé sur un prix de l'énergie fossile maintenu artificiellement bas par choix politique.

> L'Américain moyen émet 2 fois plus de gaz à effet de serre que l'Européen ou le Japonais, 15 fois plus que le Brésilien, 8 fois plus que le Chinois et 200 fois plus que le Rwandais.

Le débat se tient à l'échelle mondiale. En plein jour dans les publications scientifiques, en comités dans les réunions des divers organes subsidiaires de la CCNUCC; en coulisse dans les officines ministérielles et en catimini chez les lobbyistes et autres puissances occultes du monde économique. Nous verrons, dans le prochain chapitre, comment la problématique du réchauffement planétaire oblige à considérer l'un des corollaires de la mondialisation : une gouvernance mondiale solidaire et responsable.

Figure 9.2a

Émissions de gaz à effet de serre de plusieurs pays de l'Annexe I au Protocole de Kyoto pour la période 1990-2002 (en millions de gigagrammes d'équivalent de CO_2 [1 Gg = 1000 t])

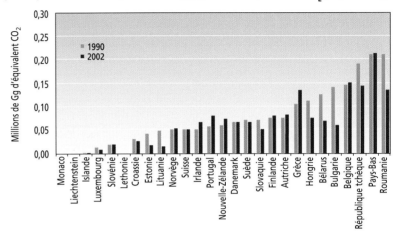

Figure 9.2b

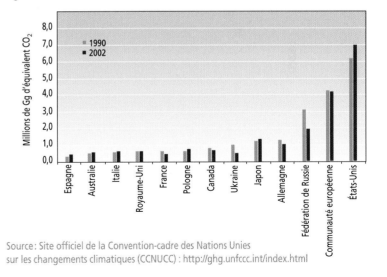

Source : Site officiel de la Convention-cadre des Nations Unies sur les changements climatiques (CCNUCC) : http://ghg.unfccc.int/index.html

Chapitre 10

Une solution mondiale pour un problème planétaire

C' est un vieil adage dans les organisations: lorsque tout le monde est responsable, personne n'est responsable! Tout le monde est coupable des émissions de gaz à effet de serre, mais qui le premier va sacrifier sa qualité de vie pour permettre à quelqu'un d'autre de prendre sa place? Quelle industrie investira dans des outils de réduction des émissions si ses concurrents ne s'imposent pas la même discipline? Sommes-nous assez certains que les générations futures souffriront des impacts des changements climatiques pour accepter aujourd'hui de sacrifier ne serait-ce qu'une fraction de notre croissance économique afin de leur laisser une marge de manœuvre? Et puis, pourquoi parler de générations futures? Ces questions éthiques ne semblent pas rester très longtemps à l'ordre du jour du monde économique. Dans une économie mondialisée, où tout le monde est le concurrent de tout le monde, la prépondérance des résultats trimestriels sur les préoccupations à long terme est nette. Pour les militants écologistes, il en va tout autrement, car on accorde une valeur au maintien de la biodiversité,

Le siège social de l'ONU à New York.

à la conservation de la nature et on invoque volontiers la qualité de vie des générations futures pour fustiger l'incurie apparente de la génération actuelle. Les politiques naviguent entre ces deux extrêmes, adoptant tantôt un discours qui plaît aux uns et passant des législations qui facilitent la vie aux autres. Mais quand un problème n'est pas limité à une responsabilité territoriale ou régionale, quand il ne peut se résoudre par la compétition, mais par la coopération, le dossier dépasse les compétences des politiciens élus d'abord pour gérer des enjeux territoriaux. En économie, enfin, on essaie de comparer le coût des impacts par rapport au coût des mesures d'adaptation, ce qui favorise la procrastination.

C'est donc aux Nations Unies que revenait l'épineux problème de gérer à la fois les négociations d'une convention et de coordonner la mise en œuvre d'un plan d'action pour stabiliser les émissions mondiales de gaz à effet de serre, de manière à éviter, si possible, que les scénarios les plus alarmistes ne se concrétisent au cours du 21e siècle. Dans la foulée du Sommet de Rio, c'est le développement durable et le principe de précaution qui ont orienté les travaux qui allaient donner naissance à la Convention-cadre des Nations Unies sur les changements climatiques (CCNUCC).

Le développement durable, prémisse de la Convention-cadre des Nations Unies sur les changements climatiques

L'historique de la CCNUCC passe inévitablement par un bref retour sur l'émergence du concept de développement durable. L'élabora-

tion de cet accord international portant sur une problématique environnementale planétaire ne pouvait se réaliser, en effet, que dans la foulée d'une idée telle que le développement durable, qui était pour le moins novatrice à l'époque. Et les changements climatiques ne sont d'ailleurs pas le seul enjeu à avoir reçu une attention particulière, à la lumière de ce nouveau paradigme, comme nous le verrons au moment d'aborder des questions telles que la désertification et la diversité biologique.

Un concept aussi poussé que le développement durable n'a évidemment pas surgi comme ça, de nulle part, du jour au lendemain. Dès les années 60, des auteurs comme Rachel Carson avaient sonné l'alarme et attiré l'attention sur les problématiques environnementales. L'écologie, jusque-là confinée au statut de discipline scientifique, est descendue dans la rue pour protester contre les formes de pollution les plus dévastatrices, mais il restait une justification ultime à la destruction de l'environnement : le développement humain, qui passait obligatoirement dans la mentalité du temps par l'industrialisation. Il fallait nourrir et équiper les dizaines de millions de nouveaux habitants qui venaient grossir notre effectif chaque année et porter les bienfaits du développement jusque dans les zones les plus reculées de la planète. Allions-nous opposer à une si noble visée la mort de quelques oiseaux, amphibiens et poissons ? Cette vision encore courante aujourd'hui place l'indicateur économique au-dessus de tous les autres et suppose de façon péremptoire que plus égale mieux.

Les premiers jalons officiels menant au concept de développement durable furent posés pendant la phase préparatoire de la Conférence de Stockholm sur l'environnement humain organisée par les Nations Unies en 1972[1]. Cette rencontre au sommet fut la première où environnement et développement économique occupèrent une place d'égale importance. Dans un souci de trouver des moyens d'assurer un développement socioéconomique équitable, tout en préservant les ressources de l'environnement, on imagina alors le concept d'« écodéveloppement » qui, après quelques voltiges sémantiques, devint le développement durable.

En 1980, un important document fut publié à l'échelle mondiale par des organisations vouées à la conservation des ressources. Le Fonds mondial pour la nature (WWF, pour World Wildlife Fund), le Programme des Nations Unies pour l'environnement (PNUE) et l'Union internationale pour la conservation de la nature (UICN) affirmaient conjointement que la conservation des ressources et le développement étaient désormais étroitement liés. Si la *Stratégie mondiale de la conservation* (SMC) présentait encore le développement comme générateur d'agressions envers la nature, le document introduisait, par ailleurs, les dimensions écologique,

économique et sociale comme bases d'analyse du développement durable.

Une définition très répandue du développement durable et de ses principes provient du fameux rapport Brundtland, *Notre avenir à tous*, publié en 1987[2]. Le rapport de la Commission mondiale sur l'environnement et le développement que présidait Mme Gro Harlem Brundtland, à l'époque premier ministre de la Norvège, établissait clairement que « le développement durable exige que les effets nuisibles sur l'air, sur l'eau et sur les autres éléments communs à l'humanité soient réduits au minimum, de façon à préserver l'intégrité du système[3] ». Cet énoncé, avec cinq ans d'avance, aurait pu servir d'introduction à la CCNUCC. D'ailleurs, le rapport Brundtland recommandait littéralement la négociation de nouveaux instruments internationaux portant notamment sur le changement climatique et visant à promouvoir la coopération et la coordination dans le domaine de l'environnement et du développement.

Une fois de plus, dans la brève histoire de la prise de conscience planétaire face à l'environnement, la commission Brundtland soulignait le lien direct entre les activités humaines et la dégradation des écosystèmes à l'échelle de la

Le Rapport Brundtland

---

1. Le livre *Qui a peur de l'an 2000?* retrace le cheminement du concept de développement durable. Voir C. Villeneuve, *Qui a peur de l'an 2000?*, Paris, UNESCO; Québec, Éditions MultiMondes, 1998, 303 p. Voir aussi L. Guay, L. Doucet, L. Bouthillier, G. Debailleul (dir.), *Les enjeux et les défis du développement durable: connaître, décider, agir*, Québec, Presses de l'Université Laval, 2004, 370 p.

2. La version française du rapport a été publiée aux Éditions du Fleuve en 1988.

3. Voir la traduction française du rapport Brundtland: Commission mondiale sur l'environnement et le développement, *Notre avenir à tous*, Montréal, Les Éditions du Fleuve, 1988.

planète. Il ne faut donc pas s'étonner de ce que le principal résultat de cette commission ait été de proposer une série d'actions communes afin de faire face à l'ensemble des problématiques liées au développement. Et c'est également ce à quoi s'est appliqué un deuxième document, rédigé par les partenaires qui avaient produit la *Stratégie mondiale de la conservation*. Publiée en 1991, la *Stratégie pour l'avenir de la vie* proposait en effet un ensemble d'actions à mettre en œuvre afin que les activités de développement respectent les capacités de support des écosystèmes.

C'est donc portée par cette grande vague de mobilisation des représentants gouvernementaux autant que des grandes organisations non gouvernementales (ONG), que s'est tenue en 1992 la Conférence des Nations Unies sur l'environnement et le développement, 20 ans après la Conférence de Stockholm sur l'environnement humain. Du Sommet de la Terre, à Rio de Janeiro, est sortie une déclaration commune dont les principes devaient normalement guider chaque pays signataire vers des actions permettant de concrétiser le développement durable. C'est également à Rio qu'a été consacrée la formule définissant le développement durable, présentée ici sous une forme simplifiée : un développement où chaque être humain a droit

à une vie saine et productive, en harmonie avec la nature et qui satisfait équitablement ses besoins immédiats, tout en permettant également aux générations futures de répondre aux leurs[4].

La Convention cadre des Nations Unies sur les changements climatiques (CCNUCC)

C'est ainsi que la CCNUCC a vu le jour en 1992 à Rio de Janeiro, lors de ce grand rassemblement mondial dédié aux problématiques environnementales que fut la Conférence des Nations Unies sur l'environnement et le développement. Ses signataires, au nombre de 166, comprenaient des pays industrialisés, des pays développés ou en développement réunis pour l'occasion. Les pays déjà industrialisés acceptaient leur responsabilité dans les émissions déjà produites depuis la révolution industrielle en signant l'Annexe I de la Convention et s'engageaient de ce fait, en principe, à prendre les premiers les mesures visant à stabiliser pour l'an 2000 les émissions de gaz à effet de serre à leur niveau de 1990, considérée comme année de référence. En 2005, 189 pays ont signé et ratifié la CCNUCC, mais seuls les pays de l'Annexe 1 sont tenus de réduire leurs émissions de façon contraignante dans le Protocole de Kyoto où ils sont listés à l'Annexe B.

La CCNUCC est une convention basée sur l'idée d'un développement durable. Elle fait donc place à des principes qui ne sont pas uniquement

---

4. En septembre 2002 à Johannesburg, en Afrique du Sud, s'est tenu le Sommet mondial du développement durable, dont l'objectif était d'évaluer le chemin parcouru depuis l'adoption du programme Agenda 21 à Rio. Le Sommet devait aussi être l'occasion d'adopter des mesures et des objectifs réalistes et de prendre des engagements pour les mettre en œuvre. Les résultats ont été décevants.

pensés financièrement ou en fonction de la conservation de l'environnement. Parmi ces principes, on peut noter la reconnaissance de la responsabilité historique qui attribue aux pays industrialisés la responsabilité de la majeure partie des émissions du passé et les oblige à prendre des mesures contraignantes avant de les imposer aux pays en développement. On trouve aussi le principe de l'efficacité économique, qui permet aux pays de transiger des réductions d'émissions entre eux, et le principe de l'équité intergénérationnelle, qui vise à stabiliser les émissions à l'horizon 2000 et à stabiliser le niveau global de CO_2 dans l'atmosphère à un niveau viable au 21e siècle. Bien sûr on y voit aussi le principe de précaution qui engage les Parties à s'occuper du problème tout de suite, même si toutes les réponses scientifiques sur la nature et la portée des impacts des changements climatiques n'ont pas encore été obtenues.

Proclamée à la clôture du Sommet, la Convention ne fut pourtant officiellement adoptée qu'en 1994, après avoir été ratifiée par un 50e État. La ratification, qui constitue l'étape ultime de l'adhésion à un accord international, suppose que l'État en a acquis le mandat auprès de sa législature. C'est ce qui explique parfois le retard de certains pays à s'engager officiellement, même si leurs négociateurs ont réussi à s'entendre au cours d'une réunion internationale. Comme les démocraties connaissent souvent l'alternance des partis politiques, on s'assure ainsi que le pays dans son ensemble se considère comme concerné par son engagement.

Pendant ce temps, le développement de l'économie mondiale et l'augmentation des concentrations de gaz à effet de serre qui en résulte se poursuivaient allègrement. L'implosion du bloc soviétique, la mondialisation de l'économie et le décollage économique de plusieurs pays d'Asie du Sud-Est, en particulier de la Chine, allaient bouleverser les données du problème.

Le résultat de longs travaux

La venue de la CCNUCC était déjà annoncée depuis quelque temps, en 1992. Des observations scientifiques et des rencontres internationales s'échelonnant sur trois décennies au moins avaient préparé le terrain. À la suite de l'accumulation de preuves scientifiques préoccupantes pour la communauté internationale, il devenait en effet impératif de faire le point sur le sujet. Déjà le rapport Brundtland consacrait un important chapitre aux impacts potentiels du réchauffement et mettait en garde les gouvernements contre l'inaction dans ce domaine. À la fin des années 80 se sont succédé des années très chaudes et des anomalies climatiques qui allaient dans le sens des prévisions des scientifiques. C'est ainsi que le premier livre sur les changements climatiques, écrit par C. Villeneuve et L. Rodier, paraissait en 1990[5], deux ans avant la Conférence de Rio.

Comme la science procède systématiquement, les débuts ont été lents. Il a d'abord fallu constater le réchauffement et chercher une hypothèse plausible pour en expliquer la cause principale. Ainsi, dans les années 60, comme

---

5. C. Villeneuve et L. Rodier, *Vers un réchauffement global?*, Québec, Éditions MultiMondes; Montréal, Environnement Jeunesse, 1990.

nous l'avons vu à la figure 3.3, on avait déjà observé une augmentation de la concentration du CO_2 qui incitait certains chercheurs[6], à la fin des années 60, à prédire une augmentation prochaine de la température de la Terre. Cette hypothèse n'était pas nouvelle; elle avait été émise pour la première fois à la fin du 19e siècle par Arrhénius, mais les mesures de CO_2 prises à l'observatoire de Mauna Loa, à Hawaï, en démontraient le bien-fondé.

C'est ce qui amena de plus en plus de scientifiques, au début des années 70, à se mobiliser autour de la problématique et à tenter de sensibiliser la classe politique à la nécessité de réduire les émissions de CO_2. Les deux chocs pétroliers de 1973 et de 1979 préparèrent le terrain en faveur de l'émergence d'énergies nouvelles et de technologies plus efficaces, ce qui renforça la conviction que l'on pouvait contrer la prédominance des combustibles fossiles, et surtout démontra qu'on pouvait découpler la croissance économique de celle de la consommation d'énergie.

Les années 80 ont vu se développer de nouvelles connaissances sur les causes du réchauffement climatique, et des gaz d'origine anthropique autres que le CO_2 étaient pointés du doigt: le méthane, les chlorofluorocarbones, les oxydes d'azote et le protoxyde d'azote. Les résultats scientifiques ont été divulgués au cours de conférences réunissant des experts des phénomènes climatiques. La science et la politique se sont rencontrées pour la première fois à l'occasion d'une présentation de l'hypothèse du réchauffement global par James Hansen[7], du Goddard Institute for Space Studies de la NASA, devant le comité sur l'énergie et les ressources du Sénat américain. C'est finalement à Toronto, au Canada, en 1988, que le Programme des Nations Unies pour l'environnement (PNUE), conjointement avec l'Organisation météorologique mondiale (OMM), a décidé de créer un organisme dédié à l'étude de la problématique du réchauffement climatique[8].

Ainsi est né le Groupe intergouvernemental d'experts sur l'évolution du climat (GIEC, ou IPCC, pour Intergovernmental Panel on Climate Change), formé d'experts nommés par les gouvernements. Il est important de noter que, dès le départ, le GIEC se voulait une instance intergouvernementale qui permette aux pays du Sud comme à ceux du Nord de participer aux travaux. La première mission que se vit confier le GIEC, dès sa formation, fut de préparer un rapport sur l'état du réchauffement global en vue de la Conférence mondiale sur le climat prévue en novembre 1990. Le mandat du GIEC était triple: d'abord évaluer les données scientifiques disponibles sur l'évolution du climat, ensuite évaluer les incidences écologiques

---

6. Notamment C.D. Keeling, qui fut l'un des pionniers de la mesure du CO_2 atmosphérique au Sommet du Mauna Loa, à Hawaii. La courbe d'augmentation du CO_2 porte d'ailleurs le nom de «courbe de Keeling».

7. James Hansen a présenté une hypothèse en trois points: 1. La planète se réchauffe sur une période de dizaines d'années; 2. Il y a une relation causale entre les émissions de CO_2 et le réchauffement; 3. Il y a une tendance à l'augmentation et à l'intensification des vagues de chaleur.

8. On peut trouver un excellent résumé des rencontres internationales ayant mené à la création du GIEC, ainsi que des travaux réalisés par cette instance jusqu'en 1996 dans *Les cahiers de Global Change*, n° 7, juillet 1996.

et socioéconomiques de cette évolution et enfin formuler des stratégies pour y faire face, d'où les trois groupes de travail qui le constituent.

Durant 1989, des rencontres entre certains pays industrialisés sur le thème du climat ont abouti à une déclaration des Nations Unies lors de l'Assemblée générale de décembre de la même année :

> […] Des négociations internationales conduisant à un accord initial ou à une convention relative à l'effet de serre commenceraient début 1991 après la présentation du rapport du Groupe d'experts Intergouvernemental sur l'Évolution du Climat à la seconde conférence mondiale sur les climats en novembre 1990. L'accroissement dans l'atmosphère de CO_2, de méthane, et d'autres gaz à effet de serre résultant d'émissions d'origine anthropique a conduit les scientifiques à prédire que la surface de la Terre se réchauffera de l'ordre de 3 °C[9] d'ici la fin du prochain siècle si les émissions continuent d'augmenter au même rythme. L'ampleur, le montant, la répartition régionale et les conséquences socio-économiques de ce réchauffement restent dans une certaine mesure imprécis, mais il y a déjà un accord suffisant sur la nécessité d'entreprendre des actions préventives pour que les pays membres des Nations Unies

s'engagent à commencer des négociations devant conduire à une convention sur l'effet de serre[10] (15 décembre 1989).

Il y avait donc une volonté politique minimale de préparer un accord international. En 1990, le GIEC a déposé comme prévu son premier rapport, qui a servi de base aux travaux du Comité de négociation pour une convention climatique (le Comité intergouvernemental de négociation, CIN), formé à l'initiative du PNUE et dont la première session s'est tenue à Washington, en janvier 1991. Il a fallu 4 sessions de 15 jours pour ébaucher le texte de la Convention sur le climat qui a été terminé en mai 1992 à New York, pour prendre la forme qu'il avait à Rio le mois suivant.

Par la suite, le GIEC a continué ses travaux sur une base régulière, produisant une deuxième série de rapports en 1995 et une troisième au début de 2001. La quatrième série est prévue pour 2007.

Le contenu de la Convention

Comme dans tout accord à plusieurs partenaires, certains aspects de la CCNUCC sont particulièrement déterminants pour son application.

Pour bien comprendre les enjeux liés à cette Convention, il importe d'en connaître les objectifs, les pays membres et leurs responsabilités respectives, ainsi que le fonctionnement général[11].

---

9. En fait, le premier rapport d'évaluation du GIEC prédisait un réchauffement se situant entre 1 °C et 3,5 °C d'ici à 2100.

10. Tiré de A. Riedacker, *Les cahiers de Global Change*, n° 7, juillet 1996.

11. Le lecteur intéressé par les tenants et aboutissants de la CCNUCC pourra consulter le texte de la Convention et autres documents au site Internet consacré au sujet : http://www.unfccc.int.

Encadré 10.1

Comment fonctionne le GIEC?

Le GIEC est une créature étrange dans le monde scientifique. Des experts, accrédités par leur propre gouvernement, mais n'étant pas nécessairement des fonctionnaires, se réunissent pour étudier des travaux de scientifiques qui publient dans des revues révisées par des pairs, des recherches faites de façon autonome dans les universités, suivre les activités de groupes de recherche internationaux, analyser des projets subventionnés par un ou plusieurs gouvernements, des fondations, etc., dans des domaines aussi divers que la physique de l'atmosphère, la glaciologie, l'écologie, l'économie, la foresterie, l'aménagement du territoire et les sciences politiques. Déjà, cette interdisciplinarité n'est pas commune, et le fonctionnement du GIEC l'est encore moins!

Le mandat du GIEC est «d'expertiser l'information scientifique, technique et socio-économique qui concerne le risque de changement climatique provoqué par l'homme».

Le GIEC est dirigé par un bureau de 30 membres, tous des scientifiques reconnus. Le bureau est élu par l'assemblée plénière du GIEC composée des représentants des États membres. Il est organisé en trois groupes de travail; le premier est consacré aux «éléments scientifiques» sur les changements climatiques. On y examine les aspects de la physique de l'atmosphère à l'analyse des carottes de glace, en passant par les rapports isotopiques des sédiments marins qui touchent l'hypothèse du changement climatique et ses manifestations, comme la hausse du niveau de l'océan. C'est ce premier groupe qui s'assure que toutes les données de base soient prises en compte avant de faire des prédictions sur les impacts. Le deuxième groupe s'intéresse aux «impacts, adaptation et vulnérabilité» selon une approche «*bottom-up*», c'est-à-dire du terrain vers les décideurs, et tente de prévoir ce que signifient les changements climatiques pour les écosystèmes, les infrastructures et les sociétés humaines. Le troisième, pour sa part, travaille sur les «mesures d'atténuation» à prendre pour y faire face, selon une approche «*top-down*» dans une optique de politiques et de réglementations. Un quatrième groupe, formé plus récemment, s'intéresse exclusivement aux méthodologies des inventaires. Le GIEC rend compte des résultats de ses travaux à deux organes subsidiaires de la Convention: l'Organe subsidiaire du conseil scientifique et technologique (SBSTA, pour Subsidiary Body for Scientific and Technological Advice) et l'Organe subsidiaire de mise en œuvre (SBI, pour Subsidiary Body of Implementation). Ces deux instances permanentes servent de courroie de transmission de l'information entre la «science», représentée par le GIEC, et la «politique» que constitue la Conférence des Parties.

Les trois groupes sont tenus de rendre un rapport complet à un intervalle de cinq à six ans ainsi qu'un résumé technique et un résumé destiné aux décideurs. Ces trois rapports sont accompagnés d'une synthèse. Les auteurs sont sélectionnés selon leurs compétences scientifiques et leur origine géographique pour que celles-ci soient aussi diverses que possible. Ainsi, on s'assure de diminuer la possibilité que le rapport reflète une vision du monde ou une tendance politique particulière. Chaque groupe de travail est ainsi présidé par deux chercheurs, l'un provenant des pays en développement, l'autre des pays développés.

APPROCHE BOTTOM-UP
De l'échelle micro à macroéconomique.

APPROCHE TOP-DOWN
De l'échelle macro à microéconomique.

CONFÉRENCE DES PARTIES
Cette Conférence constitue l'organe suprême de la Convention. Elle est constituée des représentants de tous les pays signataires. Le mot «conférence» n'a donc pas ici le sens de «réunion», bien que chacune des rencontres annuelles soit désignée par son acronyme et le nombre correspondant à son rang chronologique (ex.: CDP1, pour la première série de rencontres de la Conférence des Parties, qui a eu lieu à Berlin en 1995).

Une première version du rapport est soumise à une équipe d'experts pour une relecture. Les commentaires extérieurs, qu'ils proviennent de représentants gouvernementaux, de scientifiques ou d'ONG, sont également sollicités. Ces remarques sont transmises aux auteurs, qui écrivent alors une deuxième version du rapport. Un nouveau travail de relecture critique est alors organisé et les commentaires sont transmis aux auteurs qui doivent retourner à leur clavier. C'est seulement la troisième version qui constituera le rapport final du groupe de travail et qui sera adoptée solennellement par l'assemblée du GIEC. Lorsqu'une question ne fait pas l'unanimité, les différentes positions sont décrites sans exprimer de préférence.

C'est un travail énorme dont le sérieux peut difficilement être mis en doute. Par exemple, le rapport du Groupe 1 de 2001 faisait 881 pages, signées par 122 auteurs assistés de 515 contributeurs et de 21 relecteurs principaux aidés de 700 collaborateurs. Entre la première version et la publication du rapport, il s'écoule facilement deux ans.

La tâche est encore plus ardue quand il faut rédiger les résumés à l'intention des décideurs. Une première ébauche est écrite par les scientifiques dans un langage vulgarisé, qui se veut accessible à tous. Le résumé est ensuite discuté et remanié avec les représentants gouvernementaux. Cette procédure a pour but de ménager les susceptibilités des uns et des autres, les gouvernements n'ayant pas toujours une vision très objective du sujet. Chacun a tendance à défendre ses intérêts, même si le rapport doit refléter les conclusions des scientifiques.

Cette démarche peut paraître fallacieuse, mais faire participer les représentants gouvernementaux est la seule façon d'obtenir le soutien des gouvernements. Or, le rapport doit être adopté par les 180 parties signataires de la CCNUCC, et ce, à l'unanimité. C'est un tour de force remarquable qui se mesure par exemple à cette anecdote de Jean Jouzel qui relate qu'il a fallu à Madrid en 1995 une journée de discussions intenses pour faire adopter cette seule phrase « [...] un ensemble d'éléments qui suggèrent une influence perceptible de l'homme sur le climat » qui allait ouvrir la voie au Protocole de Kyoto* à la Conférence des Parties à Berlin.

Pour les lecteurs, il faut comprendre que les rapports techniques des groupes de travail et les rapports sectoriels, qui n'ont pas à être approuvés politiquement, sont beaucoup plus crédibles et riches d'information que les résumés destinés aux décideurs. Ces rapports sont disponibles au site Internet du GIEC www.ipcc.ch.

* J. Jouzel et A. Debroise, *Le climat: jeu dangereux*, Paris, Dunod, 2004, 212 p.

La CCNUCC avait pour objectif ultime, à l'origine, de stabiliser les concentrations atmosphériques de gaz à effet de serre à un niveau qui empêche toute perturbation anthropique et qui soit acceptable dans une perspective de développement durable. Le fait de statuer sur un objectif précis à atteindre constituait, de plus, une première dans l'histoire des conventions internationales. Comme le dit le texte même de la Convention :

> Il conviendra d'atteindre ce niveau dans un délai convenable pour i) que les écosystèmes puissent s'adapter naturellement aux changements climatiques, ii) que la production alimentaire ne soit pas menacée et iii) que le développement économique puisse se poursuivre d'une manière durable[12].

Malheureusement, la CCNUCC n'a pas chiffré ce « niveau »…, et la science nous apprend aujourd'hui qu'il sera extrêmement difficile de ne pas dépasser le doublement des concentrations de CO_2 de l'époque préindustrielle au cours du présent siècle. C'est pourquoi on fait travailler les modèles avec des scénarios $2 \times CO_2$.

Un des principes directeurs sur lesquels s'appuie la CCNUCC et qui revêt une grande importance est celui de la « précaution ». En vertu de ce principe, les Parties à la Convention ont l'obligation d'agir afin de diminuer les impacts potentiels d'un réchauffement du climat, et ce, malgré l'absence de certitude scientifique absolue quant à l'ampleur du phénomène. En somme, « vaut mieux prévenir que guérir ». Le principe de la responsabilité commune de tous les États, mais de la différenciation de cette responsabilité entre eux, constitue un autre élément clé de la CCNUCC. Ces deux principes sont d'ailleurs la source d'importants désaccords entre les groupes d'influence, comme nous le verrons plus loin.

La Convention est donc un outil qui ne signifie rien si elle n'est pas dotée d'un plan de mise en œuvre efficace, donc contraignant pour les Parties. C'est le Protocole de Kyoto, dont nous parlerons abondamment au prochain chapitre, qui constitue ce plan de mise en œuvre.

Faire payer les riches

Dans l'ordre normal des choses, la CCNUCC assigne la responsabilité de la réduction la plus substantielle aux pays les plus industrialisés. Ces États constituent le groupe des « pays de l'Annexe I », qui regroupe les 24 pays membres de l'Organisation pour la coopération et le développement économiques (OCDE), de même que 12 États de l'Europe de l'Est et de l'Europe centrale, anciennement du bloc communiste et que l'on considère désormais comme des économies en transition. En grande partie responsables des émissions ayant accentué le phénomène du réchauffement climatique, les pays de l'Annexe I avaient pour objectif principal de ramener pour l'an 2000 leurs émissions de gaz à effet de serre à leurs niveaux de 1990.

---

12. Article 2 de la Convention.

Aucun objectif de réduction n'avait été fixé pour les pays en développement, ce qui constitue un irritant pour certaines parties à l'entente, les États-Unis en premier lieu. D'ailleurs, le Congrès américain, sans nommer toutefois la CCNUCC, a voté une loi qui interdit la ratification d'un traité international où les pays en développement ne seraient pas obligés de prendre des engagements. C'est aussi un des éléments qui est souvent repris pour justifier l'inefficacité du Protocole de Kyoto.

En ce qui concerne le financement des engagements envers les pays défavorisés, transferts technologiques et aides diverses, la CCNUCC stipule que ce sont les membres de l'OCDE, à part le Mexique, qui doivent en assumer la responsabilité. Ce principe repose sur le fait que les pays développés ont atteint leur degré élevé de développement, principalement grâce à une utilisation intensive de l'énergie fossile. Et si, en toute légitimité, les pays en développement aspirent à améliorer leurs conditions sociales et économiques, ils doivent être appuyés en ce sens par les plus riches, et ce, en recourant à des moyens qui nuisent le moins possible au climat de la planète. Autre argument plaidant en faveur d'une aide aux pays pauvres par les mieux nantis: bon nombre de ces pays les plus défavorisés sont également les plus vulnérables face aux impacts éventuels du changement climatique. La gestion de l'aide financière offerte par l'intermédiaire de programmes tels que les transferts technologiques est confiée au Fonds pour l'environnement mondial (FEM), en anglais GEF pour Global Environment Facility, qui a été créé à la suite du Sommet de Rio (voir l'encadré 10.2).

Une mouvance politique

La représentation des pays signataires au Bureau de la Conférence des Parties se fait sur une base géographique (des délégués de cinq grands groupes régionaux y siègent). Cependant, les négociations des objectifs et des mécanismes de la CCNUCC se font plutôt en fonction de groupements de pays ayant des intérêts communs, comme nous le verrons au chapitre 12. Ainsi, les négociations qui ont lieu chaque année vers le mois de novembre (et de plus en plus en décembre), tel que le prévoit le texte de la Convention, sont l'occasion de tractations entre divers groupes d'intérêts qui, par ailleurs, organisent leurs propres rencontres stratégiques en parallèle des sessions de la Conférence des Parties. Ainsi, le bloc européen s'est souvent opposé aux États-Unis et à ses alliés du JUSSCANNZ, la Chine fédère autour de ses positions un grand groupe de pays en voie de développement et, selon les enjeux discutés, des alliances occasionnelles se font sur des regroupements comme les pays francophones.

Nous avons vu que le premier rapport du GIEC constituait le point de départ des négociations ayant mené à l'adoption de la Convention. Cela veut dire que les travaux du GIEC ont dès le début été reconnus par l'ensemble des négociateurs comme étant la meilleure source d'information scientifique sur le phénomène du changement climatique.

JUSSCANNZ, GROUPE DE PAYS DÉVELOPPÉS Japon, États-Unis (United States dans le sigle), Suisse, Canada, Australie, Norvège, Nouvelle-Zélande, auxquels se joignent, à l'occasion, l'Islande, le Mexique et la République de Corée.

Encadré 10.2

Le Fonds pour l'environnement mondial (FEM)

Tout le monde sait qu'il n'est pas facile de trouver des fonds pour le financement de projets environnementaux. Même lorsqu'il s'agit de petits projets à budget modeste, tous ceux qui se consacrent à améliorer la qualité de l'environnement peuvent affirmer que le financement est un obstacle trop souvent insurmontable. À l'échelle internationale, un fonds destiné à l'environnement a été créé par la Banque mondiale, le Programme des Nations Unies pour l'environnement (PNUE) et le Programme des Nations Unies pour le développement (PNUD), qui en sont également les gestionnaires. L'objectif est de promouvoir la coopération internationale et d'encourager les initiatives pour la protection de l'environnement mondial. Doté de plusieurs milliards de dollars, le Fonds pour l'environnement mondial (FEM) a vu le jour en 1990 et s'est vu assigner, depuis, quatre domaines d'intervention : la diversité biologique, les changements climatiques, les eaux internationales et l'appauvrissement de la couche d'ozone. Les activités portant sur la dégradation des sols, et plus particulièrement la désertification et le déboisement, sont également admissibles dans la mesure où elles sont liées aux autres domaines. Ce sont donc les activités encadrées par les conventions internationales qui peuvent être soutenues par le FEM.

L'argent en provenance du Fonds sert à compléter le financement traditionnel de l'aide au développement lorsque les projets de développement durable à l'échelle régionale, nationale ou internationale ont en même temps des objectifs d'amélioration de l'environnement de la planète. Dans le cas particulier de la Convention sur le climat, le FEM gère le mécanisme financier qui permet de financer les projets des pays en développement dont on juge qu'ils ont un effet positif sur l'évolution du climat mondial. L'installation de systèmes d'approvisionnement électrique par panneaux solaires en zone rurale africaine serait un exemple parmi d'autres de projets admissibles. Il est bien précisé, dans le fonctionnement du Fonds, que l'argent sert à cofinancer les projets, c'est-à-dire à subventionner le coût additionnel d'un projet issu d'une politique ou d'un programme national afin d'y ajouter la dimension planétaire.

Pour en faciliter l'analyse, plusieurs catégories de projets ont été définies, et elles correspondent généralement au niveau de financement nécessaire. Les besoins couverts peuvent ainsi varier de quelques milliers à plusieurs millions de dollars et s'échelonner sur quelques mois ou plusieurs années.

Le FEM permet donc la réalisation de nombreux projets qui contribuent à l'amélioration de l'environnement mondial, principalement dans les régions les plus pauvres du monde, là où les ressources sont aussi les plus menacées. Il faut bien se rappeler qu'en faisant bénéficier des populations locales d'avancées technologiques durables, c'est toute la communauté mondiale qui en profitera à long terme.

Encadré 10.3

Les conventions sœurs de la CCNUCC

Le Sommet de la Terre de 1992 a été l'occasion de faire d'une pierre non pas deux, mais plusieurs coups. Au moins deux autres accords internationaux liés de très près au changement climatique et portant sur des problématiques tout aussi globales ont été adoptés à Rio. La Convention sur la diversité biologique et la Convention internationale sur la lutte contre la désertification ont ainsi surgi naturellement du mouvement planétaire à l'origine du développement durable.

Qu'en est-il de la biodiversité en 2004?

Voici quelques données sur l'état général de la biodiversité sur la planète en 2004.

- 1,75 million d'espèces (entre 1,4 et 1,9 million selon les auteurs) ont été décrites sur un total estimé entre 5 et 30 millions.
- 15 589 espèces sont répertoriées comme menacées d'extinction (de «vulnérables» à «en danger critique d'extinction») dans la liste rouge publiée par l'Union internationale de conservation de la nature (IUCN).
- Le nombre total d'espèces animales menacées est passé de 5 205 en 1996 à 7 266 en 2004.
- 25 % des 4 630 espèces de mammifères connues dans le monde sont menacées d'extinction.
- 11 % des 9 675 espèces d'oiseaux connues dans le monde sont menacées d'extinction.
- Sur les 129 extinctions d'espèces d'oiseaux répertoriées depuis l'époque moderne, 103 se sont produites depuis 1800.
- L'ensemble des 21 espèces d'albatros est aujourd'hui globalement menacé alors que seulement 3 espèces l'étaient en 1996, et cela en raison de la pêche aux filets dérivants qui menacent en tout 83 espèces d'oiseaux.
- Une espèce d'amphibiens sur trois et presque la moitié des tortues aquatiques sont menacées.
- 60 000 espèces végétales sur 350 000 connues sont menacées d'extinction.
- Au cours des 500 dernières années, les activités humaines ont conduit 844 espèces répertoriées à s'éteindre (complètement ou à l'état sauvage), par exemple le Dodo, la Rhytine de Staller, le Zèbre quagga, le Pingouin impérial, le Thylacine, la Poule de bruyère, le Pigeon migrateur américain, le Moas, le Grizzly mexicain, le Perroquet de Rodrigues, etc.
- Le taux actuel d'extinction d'espèces serait de 100 à 1 000 fois plus élevé que le taux d'extinction de fond mesuré au cours des temps géologiques et dû au renouvellement normal des écosystèmes.
- La dégradation et la perte des habitats affectent 86 % de tous les oiseaux menacés et 88 % des amphibiens menacés*.

L'influence de plus en plus marquée des activités humaines sur les ressources de la planète et sur la santé de la biosphère en général constitue l'un des principaux points communs aux trois conventions issues de Rio. Ainsi, suivant la même approche que la Convention cadre sur les changements climatiques, les accords sur la biodiversité et la désertification proposent des stratégies contraignantes afin de limiter les impacts négatifs de l'utilisation des ressources par l'homme.

La Convention sur la diversité biologique (CDB)**

Cet accord international avait pour but de combler un vide dans la panoplie de conventions et d'ententes portant sur des types d'écosystèmes ou des espèces vivantes particulières***. Négociée depuis des années, à l'instar de la Convention sur les changements climatiques, la Convention sur la diversité biologique (CDB) a aussi été adoptée à Rio en 1992. Les ratifications étant allées bon train, elle est entrée en vigueur 18 mois plus tard.

Caribou, en Gaspésie, au Québec.
MLCP

La CDB est la première à aborder la diversité biologique selon une perspective globale et incluant la diversité génétique. Les thèmes couverts sont particulièrement adaptés à la réalité des développements en matière de biotechnologie. À une époque où le clonage et la modification génétique des organismes vivants sont de plus en plus d'actualité, la CDB offre un cadre de référence et des balises visant à protéger les intérêts communs de l'humanité. On y trouve donc des points touchant l'accès aux ressources génétiques et leur utilisation, le transfert technologique et la biosécurité, et ce, toujours dans l'esprit du développement durable. Dans ce dossier, les États-Unis font cavalier seul, ayant refusé de signer la Convention sur la diversité biologique à la clôture du Sommet de Rio.

Encore une fois, puisque les pays en développement ont la plus lourde tâche en ce qui concerne la diversité biologique à conserver, tout en étant les moins bien nantis pour s'en acquitter, les fonds nouveaux prévus par la Convention devront venir des pays développés, par l'intermédiaire du Fonds pour l'environnement mondial. La situation est particulièrement alarmante dans les pays tropicaux, et il est facile d'imaginer que la majorité des six espèces qui disparaissent de la planète chaque heure vivent sous ces latitudes. Or, la CDB tente, à l'aide de mécanismes de coopération Nord-Sud, de sensibiliser à l'importance de la conservation de la diversité biologique, tout en rappelant le caractère irréversible de la perte de cette diversité.

La Convention internationale sur la lutte contre la désertification (CLD)****

La désertification, selon la Convention adoptée en 1992 et entrée en vigueur en 1996, n'est pas que la transformation des terres arables en déserts. Toute dégradation du sol par les activités de l'homme, que ce soit en agriculture ou en foresterie, est considérée comme un signe de désertification, puisque à long terme le sol perd tout son potentiel physique, biologique et économique. L'ensemble des zones sèches de la planète gagne ainsi chaque année 10 millions d'hectares de terres, une superficie égale à deux fois la Nouvelle-Écosse.

Chebika, en Tunisie.
Jacques Prescott

Évidemment, l'Afrique est la plus touchée par le phénomène, mais le Canada, Partie à la Convention, n'est pas à l'abri de ce grave problème. Dans les pays en développement les plus frappés, la conséquence la plus tangible de la désertification est le déplacement forcé de milliers de personnes, les réfugiés de l'environnement, dont la plupart sont des femmes et des enfants. Dans un pays comme le Canada, le phénomène se traduit notamment par la perte de potentiel agricole et un déclin de la biodiversité.

La CLD vient appuyer les multiples programmes de lutte déjà en place et fournit en outre de nouveaux fonds basés sur un partage équitable et une meilleure coordination de l'aide financière. À l'instar de ses deux sœurs de Rio, la CLD comporte un caractère contraignant et, de plus, elle met l'accent sur l'aspect participatif des populations concernées.

Enfin, signalons un point commun aux trois conventions, qui constitue en fait le levier permettant d'en juger l'efficacité, soit l'obligation faite aux Parties de concevoir des plans d'action nationaux, d'en mesurer les effets, d'en assurer le suivi et, bien sûr, d'en rendre compte à la communauté internationale. C'est sur cette base que seront évalués demain les efforts accomplis aujourd'hui.

    *   Source: Union internationale de conservation de la nature (UICN). Voir à l'adresse www.redlist.org.

   **   L'adresse Internet de la Convention sur la diversité biologique est http://www.biodiv.org/.

 *** Par exemple, la Convention concernant la protection du patrimoine mondial, naturel et culturel, la Convention sur le commerce international des espèces de faune et de flore sauvages menacées d'extinction (CITES, pour Convention on International Trade in Endangered Species), la Convention de Ramsar relative aux zones humides d'importance internationale et la Convention sur la conservation des espèces migratrices appartenant à la faune sauvage.

**** Le nom complet de la CLD est la Convention sur la lutte contre la désertification dans les pays les plus gravement touchés par la sécheresse et (ou) la désertification, en particulier en Afrique. Voir à l'adresse Internet: http://www.unccd.int/ main.php.

Encadré 10.4

Le Protocole de Montréal : un exemple à suivre ?

Les instruments internationaux de lutte aux problèmes d'environnement peuvent réellement s'avérer efficaces comme en témoigne le succès du Protocole de Montréal. Celui-ci, mis en œuvre en 1987, a réussi à faire fléchir les émissions atmosphériques globales de substances appauvrissant la couche d'ozone (SACO). Selon le rapport de 2002* du Groupe d'évaluation scientifique sur les SACO, l'ensemble de ces substances dans la basse atmosphère continue à décroître par rapport au pic atteint en 1992-1994. Par exemple en 2002, l'usage des CFC dans les mousses synthétiques a été réduit de 90 % par rapport au maximum atteint en 1988. L'usage des HCFC est également en déclin depuis 2000. Enfin, la production du bromure de méthyle est elle aussi en régression, passant de 62 000 tonnes en 1998 à 46 000 tonnes en 2000. Il n'est donc pas surprenant qu'on cite en exemple le Protocole de Montréal pour regarder avec optimisme les chances de succès du Protocole de Kyoto**.

Revoyons donc ici brièvement ce qui a mené à l'adoption du Protocole de Montréal en 1987. Au début des années 80, il devenait de plus en plus évident que la couche d'ozone stratosphérique (celle qui protège les organismes vivants des rayons ultraviolets du Soleil) diminuait en épaisseur, qu'un « trou » se formait au-dessus de l'Antarctique et que la couche d'ozone s'amincissait dangereusement au-dessus de l'Arctique. Les observations scientifiques effectuées depuis 1974 par des chercheurs de l'Université de Californie tendaient à démontrer, sans certitude absolue toutefois, que la couche d'ozone pouvait être endommagée par les composés d'origine anthropique contenant des halogènes tels que le chlore, le brome et le fluor. En 1985,

Ève-Lucie Bourque

les dirigeants de nombreux pays se réunirent à Vienne pour adopter la Convention pour la protection de la couche d'ozone, malgré l'incertitude scientifique entourant la question.

Curieusement, et à l'inverse de ce qu'on observe dans le cas du climat, ce sont les États-Unis et le Canada qui ont appuyé le principe de précaution pour agir malgré l'absence de certitude absolue, alors que la Communauté européenne préconisait qu'on attende des preuves scientifiques fondées.

Deux ans plus tard, le Protocole de Montréal était adopté à titre d'instrument contraignant visant à éliminer complètement, sur un horizon de quelques décennies, certaines substances appauvrissant la couche d'ozone. Les composés visés en premier lieu étaient les chlorofluorocarbones et les halons. Plus tard se sont ajoutées d'autres substances, dont le bromure de méthyle.

Ce qui surprend surtout, lorsqu'on aborde la question des substances qui appauvrissent la couche d'ozone, c'est le court échéancier prévu pour leur remplacement et la diminution de leur consommation. Dans ce contexte, l'efficacité du Protocole de Montréal est principalement attribuée à la disponibilité et au développement des solutions de remplacement à certaines des substances indésirables. L'entente entre les pays signataires du Nord et du Sud établit par ailleurs une certaine équité, acceptée de part et d'autre : pour les pays en développement du Sud, une période plus longue pour en arriver à une consommation nulle, et pour les pays du Nord, un engagement à financer les solutions de remplacement.

Le fait que les sources du problème de la diminution de la couche d'ozone aient été clairement identifiées et facilement quantifiables a également contribué, pour une large part, à l'adoption accélérée du Protocole de Montréal et des quelques amendements qui ont suivi. Les impacts directs sur la santé de la population des pays industrialisés ont certainement aussi ajouté à l'urgence d'agir.

Les liens et les contradictions

Le Protocole de Montréal établit un contrôle sur les substances appauvrissant la couche d'ozone, les SACO, dont la plupart sont aussi des gaz à effet de serre (voir le chapitre 2). Cela peut sembler intéressant pour la réduction des gaz à effet de serre, mais il y a un problème concernant les solutions de rechange aux SACO. Soulignons, en particulier, les hydrofluorocarbones (HFC), qui remplacent depuis plusieurs années les CFC et qui sont eux aussi de puissants gaz à effet de serre. Les HFC, qui font l'objet de subventions aux pays en développement dans le cadre du Protocole de Montréal, sont parmi les cibles visées par les objectifs de réduction du Protocole de Kyoto.

Il y a donc lieu d'établir des liens et des politiques convergentes entre les protocoles internationaux touchant les deux problématiques de l'ozone et du climat, d'autant plus que la science démontre avec de plus en plus de certitude les liens complexes qui existent entre ces deux phénomènes[***].

Par conséquent, non seulement le Protocole de Montréal[****] peut servir d'exemple pour la mise en place du Protocole de Kyoto, mais les deux instruments peuvent se compléter et servir à coordonner l'action internationale dans le but de permettre l'amélioration et le maintien de la qualité de vie sur notre planète.

[*]   The 2002 Assessment of the Science Assessment Panel (http://www.unep.org/ozone/publications)

[**] S. Oberthür, «Linkages between the Montreal and Kyoto Protocols: Enhancing synergies between protecting the ozone layer and the global climate», *International Environmental Agreements*, vol. 1, 2001, p. 357-377.

[***] En avril 2005, un rapport du GIEC a décrit ces interactions et les enjeux qui en résultent. IPCC/TEAP Special Report: Safeguarding the Ozone Layer and the Global Climate System: Issues Related to Hydrofluorocarbons and Perfluorocarbons, en ligne sur le site www.ipcc.ch

[****] On peut consulter le texte du Protocole de Montréal à l'adresse http://www.unep.org/ozone/mont_t_fr.shtml.

C'est à partir de ces rapports que les politiciens éclairent leurs discussions, mais ils sont alimentés aussi, bien sûr, par leurs propres réseaux d'influence, les lobbies et les intérêts nationaux tels qu'ils sont véhiculés par les lignes partisanes et leur opinion publique telle qu'elle est rapportée par les médias.

Malgré le sérieux des études sur lesquelles s'appuient les travaux de la Conférence des Parties, il est très difficile d'obtenir des consensus et des engagements permettant la mise en œuvre de la CCNUCC et de ses objectifs. Nous verrons, au chapitre 12, que différents lobbies exercent leur influence auprès des délégations nationales afin de faire dévier le cours des négociations dans une direction ou dans l'autre. Certains de ces groupes mettent en doute, évidemment, la validité scientifique des données présentées par le GIEC. Il faut reconnaître qu'ils ont beau jeu, la nature même de la science étant de se remettre en question chaque jour. En engageant des scientifiques qui font des recherches dont les résultats peuvent sembler contradictoires par rapport à ceux du GIEC, on sème facilement le doute dans l'esprit de certains représentants politiques qui voient un avantage à tergiverser.

Depuis que le gouvernement Bush a refusé de ratifier le Protocole de Kyoto en 2001, la délégation américaine continue de participer aux négociations et tente d'influencer en sa faveur les positions des pays qui lui paraissent chancelants. Ainsi, ils s'assurent de diluer encore l'application du Protocole de Kyoto afin de démontrer qu'ils avaient raison de ne pas y adhérer.

Même si la CCNUCC respecte l'esprit du développement durable dans ses principes, il n'y a ni de «bons», ni de «mauvais» garçons autour de la table; il y a juste une mouvance politique polymorphe et imprévisible qui poursuit des intérêts à court terme.

Dans les faits, c'est comme cela que fonctionnent les relations internationales. En effet, ni les Européens, ni les Russes, et surtout, ni les Canadiens, ni les Américains ne sont prêts à sacrifier leur position concurrentielle immédiate pour le mieux-être des écosystèmes et des générations futures. Chacun voit comment il peut ou ne peut pas s'adapter aux nouvelles règles du jeu, essentiellement économiques, qui résulteront de l'application des principes de la Convention et des outils de mise en œuvre qui y seront associés. Au gré des chapitres de la négociation, le Canada s'associe à la Russie, aux États-Unis ou aux Européens, selon qu'il pense tirer son épingle du jeu. De leur côté, la Chine, l'Inde et les autres pays dont le nom ne figure pas à l'Annexe 1 de la CCNUCC font de leur mieux pour que les tractations entre les grands ne nuisent pas à leur progrès économique. La valeur environnementale dans tout cela sert surtout au discours politique pour la galerie.

Kyoto, tremplin, d'une gouvernance mondiale ?

Le 30 septembre 2004, contre toute attente, le président de la Russie, Vladimir Poutine, soumettait à la Douma une proposition de ratification du Protocole de Kyoto. La Russie pouvait donc déposer cette ratification le 18 novembre 2004, moins d'un mois avant la dixième conférence des parties (CDP 10) à Buenos Aires, en Argentine, au début de décembre. Le Protocole est entré enfin en vigueur le 16 février 2005, plus de sept ans après son adoption par les parties à la Convention-cadre des Nations Unies sur les changements climatiques (CCNUCC). Cette négociation a sans doute été la plus ardue qui ait marqué les conventions multilatérales des Nations Unies concernant l'environnement. Il faut dire que les enjeux sont de taille et, pour la première fois, il y a dans un Protocole des mesures contraignantes pour les pays. Au terme d'un chemin de croix de 7 ans, 13 ans après que les 180 signataires de la CCNUCC à l'époque ont reconnu l'urgence d'agir, le document de 30 pages qui a fait l'objet de féroces batailles d'influence pourra entrer en vigueur. Mais cela changera-t-il quelque chose ?

P. Bowater/Photo Researchers/Publiphoto

Encadré 11.1

L'ornithorynque, fruit d'une négociation internationale ?

L'Ornithorynque (*Ornithorhynchus anatinus*) est un animal de l'ordre des monotrèmes qui vit dans certaines rivières d'Australie. Son corps est recouvert de fourrure, il a quatre pattes palmées, une queue plate comme celle des castors et allaite ses petits, même s'il ne possède pas de tétines à ses mamelles. Il pond des œufs et est muni d'un bec de canard, et sa température corporelle varie comme celle des reptiles… Voilà un animal qui intrigue les naturalistes et les systématiciens depuis longtemps. On croirait un animal qu'un comité aurait voulu « politiquement correct » pour ne pas indisposer ni les mammifères, ni les oiseaux, et surtout pas les reptiles…

Pour certains, le Protocole de Kyoto est une sorte d'ornithorynque politique. Obtenu à force de négociations ardues entre des pays aux moyens disproportionnés, il contient des dispositions pour ménager la chèvre et le chou, et on y a pratiqué des brèches qui en rendent l'application difficile, voire improbable pour certains articles. On y a joint des instruments encore imprécis et des mesures de contrôle devant mener à des sanctions, mais ces sanctions sont encore théoriques et consistent à reporter avec un multiple de 1,3 des réductions qui n'auraient pas été réalisées par les pays délinquants, sans garantie qu'ils soient moins délinquants dans l'avenir…

Doit-on pour autant rejeter du revers de la main le résultat de ces négociations ? En fait, le Protocole de Kyoto représente peut-être un cul-de-sac évolutif, comme l'ornithorynque, mais il a le mérite d'exister et pourrait servir de tremplin à l'idée d'une gouvernance mondiale. De plus, le Protocole nous permet d'apprendre à mieux compter les émissions de GES et à reconnaître l'existence du problème des changements climatiques.

Pour les biologistes, l'ornithorynque est un exemple vivant de l'évolution des mammifères. Rien n'illustre mieux le bricolage opportuniste de l'évolution que son anatomie qui nous paraît si fantaisiste. Il y a des millions d'années que ces animaux subsistent dans leur environnement… on n'en demande pas tant au Protocole de Kyoto.

Les négociations tenues au fil des rencontres qui ont suivi l'entrée en application de la CCNUCC en 1994 fournissent l'occasion d'observer la politique internationale à l'œuvre et illustrent bien les relations entre la science, la politique et les groupes d'intérêts économiques. Nous essaierons de comprendre dans le présent chapitre comment fonctionne le Protocole et ce qu'il signifie. Dans le prochain, nous verrons comment chacun, même s'il déclare vouloir le bien commun, cherche à protéger ses acquis et, si possible, à tirer les marrons du feu réussissant à faire trébucher la CCNUCC, à travers les alliances et les amendements, des exigences nouvelles et des positions inflexibles. La protection effective de l'environnement et celle des générations futures ont été les premières victimes de ces négociations où on les a beaucoup plus évoquées dans les discours que considérées dans les faits. Le Protocole est un bricolage, mais il a le mérite d'exister et de permettre l'expérimentation du processus.

Une science qui s'affine, des politiques qui hésitent

Au moment de l'adoption de la CCNUCC, en 1992, le premier rapport d'évaluation du GIEC publié en 1990 mettait en lumière le phénomène du réchauffement planétaire, sans pour autant en relever clairement les causes. Cette attitude prudente des scientifiques était justifiée par le niveau d'incertitude résultant des études réalisées jusque-là. Compte tenu des conséquences catastrophiques évoquées comme possibles dans le premier rapport du GIEC pour les instances politiques, le fait de s'engager à protéger l'atmosphère planétaire pouvait toujours entraîner des retombées positives, en ce qui regarde la visibilité et la sympathie du public, sans pour autant qu'il soit nécessaire d'agir. Sauf, bien sûr, pour commander aux scientifiques de nouveaux travaux pour préciser leurs conclusions, dans l'espoir que les controverses continuent de repousser l'échéance de l'action.

C'est bien ce qui s'est produit : un effort de recherche sans précédent en sciences de l'atmosphère, des mesures satellitaires des variations de température en haute atmosphère et des variations du niveau de la mer, des relevés dans l'Arctique aux forages de plus en plus profonds de carottes de glaces permettant une reconstruction remarquable du climat des 400 000 dernières années, et bientôt plus encore, des recherches dans l'histoire et la dendroclimatologie, le suivi d'un ensemble d'écosystèmes et d'espèces. Pas une discipline, de l'histoire des famines à la géochimie, qui ne soit consultée et qui n'ait produit des travaux sur le thème des changements climatiques. On a bientôt mieux compris et mesuré les effets qui devaient se produire si cette hypothèse s'avérait juste. Dans ce foisonnement de travaux qui se continuent et se raffinent sans cesse, les médias avaient beau jeu de traiter de résultats partiels, de promulguer des hypothèses mises à l'épreuve des faits comme des réalités avérées, de monter en épingle les apparentes contradictions entre certains résultats et la théorie des changements climatiques. C'est donc une grande confusion qui s'est installée dans le public au sujet de la réalité des

changements climatiques à partir de 1990. Pourtant, le degré de certitude des scientifiques s'affirmait de plus en plus : l'hypothèse est non seulement solide, mais en plus ce sera pire que ce qu'on a imaginé au départ !

Le mandat de Berlin

La CCNUCC est entrée en vigueur en 1994 et une première rencontre de la Conférence des Parties a eu lieu à Berlin en 1995, alors que venait de paraître le deuxième rapport d'évaluation du GIEC. Or, ce rapport, basé sur les données scientifiques les plus récentes à l'époque, énonçait clairement qu'un « faisceau d'éléments suggère qu'il y a une influence perceptible de l'homme sur le climat global ». Les experts avaient en effet observé une augmentation de la concentration des principaux gaz à effet de serre et ils étaient en mesure de mieux évaluer l'ampleur du « signal » climatique d'origine anthropique. C'est ce qui a permis, malgré les incertitudes subsistantes, d'affirmer qu'une modification du climat par l'homme était bel et bien observée.

Ayant en main ce constat non équivoque, les pays réunis à Berlin pour la première rencontre de la Conférence des Parties en sont venus à la conclusion que les mesures volontaires de stabilisation des concentrations de gaz à effet de serre préconisées dans le texte de la Convention seraient tout simplement inefficaces. Les Parties ont conclu la rencontre par l'élaboration du mandat de Berlin, qui prévoyait que les pays industrialisés signataires de l'Annexe I commenceraient à négocier un protocole en vue de réduire leurs émissions de façon marquée après

Encadré 11.2

De Berlin à Buenos Aires

Le Protocole de Kyoto a nécessité six ans pour que l'accord soit parachevé, du mandat de Berlin aux Accords de Marrakech en 2001. Chacune des conférences a servi à en enrichir la substance et à en négocier les termes. À chaque réunion, les Parties ont réussi à faire avancer à bien petits pas l'ensemble de la négociation. Il faillit y avoir échec à plusieurs occasions sur des points qui parfois ne figuraient même pas à l'ordre du jour, comme ce fut le cas lors de la CDP 6, qui dut être ajournée une première fois et reprise quelques mois plus tard.

1995: CDP 1. **Le mandat de Berlin.** Formation d'un groupe spécial sur le mandat de Berlin pour rédiger «un protocole ou un autre instrument légal» à être adopté à la CDP 3 en 1997. Le groupe spécial avait pour mandat, notamment de considérer tous les gaz à effet de serre et d'établir des objectifs quantifiés pour la limitation et la réduction des émissions en tenant compte d'échéanciers précis.

1996: CDP 2. **Déclaration de Genève** au sujet du deuxième rapport du GIEC. Ce rapport constitue l'évaluation la plus complète en matière de science du changement climatique, de ses effets et des options d'interventions disponibles. Il fournit la base scientifique justifiant une action urgente pour la réduction des émissions de gaz à effet de serre, particulièrement pour les pays dont les noms figurent à l'Annexe I.

1997: CDP 3. Le **Protocole de Kyoto.** Les pays de l'Annexe 1 de la CCNUCC s'entendent pour réduire de 5,2 % leurs émissions de 1990 en moyenne entre 2008 et 2012. Le Protocole prévoit trois mécanismes destinés à appuyer la réalisation économiquement efficace des objectifs de réduction des pays de l'Annexe I: un système d'échange des droits d'émission; la mise en œuvre concertée des projets de réduction d'émissions entre les Parties visées par l'Annexe I; le mécanisme pour un développement propre (MDP) qui permet aux pays développés de réaliser et de comptabiliser des projets de réduction des émissions de gaz à effet de serre dans les pays non visés par l'Annexe I (les pays en développement).

1998: CDP 4. Buenos Aires: **Le plan d'action de Buenos Aires** (PABA). Le PABA fixait la CDP 6 comme date butoir pour régler les questions qui empêchent la CCCNUCC d'être pleinement opérationnelle. Des questions comme les méthodes de comptabilisation des émissions et de leurs réductions, les règles d'établissement des crédits associés aux puits de carbone, le renforcement des capacités, le transfert de technologies et l'aide aux pays en développement les plus sensibles aux changements climatiques sont à l'ordre du jour.

1999: CDP 5. **Bonn.** Poursuite des travaux pour réaliser le PABA. Les délégués ont conclu les séances de travail sur une note optimiste pour la suite.

2000: CDP 6, première partie. **La Haye.** Les puits de carbone étaient un sujet parallèle à l'ordre du jour, et c'est pourtant ce point qui a le plus retenu l'attention. Les pays industrialisés, excepté ceux de l'Union européenne, ne voulaient pas se faire imposer de limites aux quantités d'émissions pouvant être compensées par les puits de carbone. Plusieurs autres points qui faisaient partie du PABA n'ont pu être réglés, les négociateurs ne parvenant à aucun accord, notamment sur les questions de financement, de complémentarité des mécanismes, et des questions de l'utilisation des terres, les changements d'affectation des terres et la foresterie (UTCATF).

2001: CDP 6, seconde partie. **Bonn**. Après l'ajournement de la réunion de La Haye, les négociateurs réunis à nouveau quelques mois plus tard ont signé les accords de Bonn, réglant certains points litigieux du PABA, mais laissant pour la CDP 7 la décision finale concernant l'UTCATF. Les accords de Bonn stipulent entre autres que seuls les projets de reforestation et d'afforestation (dans la gamme des projets UTCATF) sont éligibles dans le cadre des mécanismes de développement propre.

2001 : CDP 7. **Marrakech.** Les accords de Marrakech stipulent enfin les détails opérationnels permettant la mise en œuvre du Protocole de Kyoto. La déclaration ministérielle de Marrakech est un document préparatoire au Sommet de Johannesburg (2002). Cette déclaration énonce la contribution que peuvent apporter les actions sur le changement climatique au développement durable ; elle invite également à la coopération entre les autres conventions des Nations Unies (biodiversité et désertification) et au renforcement de capacités et à l'innovation technologique.

2002 : CDP 8. **Delhi.** Avec une déclaration ministérielle sur les changements climatiques et le développement durable, les négociations ont pris une tournure qui démontre un clivage entre deux visions. D'un côté, les États-Unis se réjouissaient de l'accent mis sur la nécessité de s'adapter tout en poursuivant le développement économique et, de l'autre, l'Union européenne, la Russie et le G-77 qui souhaitaient une action directe pour la réduction des émissions. Ces trois partenaires pour l'occasion ont par ailleurs réussi à faire inscrire dans la déclaration une requête voulant que les pays n'ayant pas encore ratifié le Protocole le fassent dans les délais les plus rapprochés. Les efforts portant jusqu'à maintenant sur la réduction des émissions seront désormais mis sur l'éradication de la pauvreté et le développement économique et social, ce qui satisfait d'ailleurs les représentants des pays les moins avancés.

2003 : CDP 9. **Milan.** Les Accords de Bonn et de Marrakech ayant défini en grande partie les mécanismes de Kyoto, la réunion de Milan a permis de conclure les points laissés en suspens. On y trouve notamment les critères définissant les puits dans le cadre des mécanismes de développement propre, un fonds d'adaptation pour les pays les moins avancés, l'évaluation du troisième rapport du GIEC ainsi que le financement du secrétariat de la Convention et le futur financement du Protocole.

2004 : CDP 10. **Buenos Aires.** Un nouveau momentum est en place avec la ratification de la Russie, permettant à Kyoto d'entrer en vigueur le 16 février 2005. Toutefois, l'intégration des États-Unis et de l'Australie semble très improbable. La délégation des États-Unis souligne que son pays refuse de s'engager dans les discussions sur la période au-delà de la première période d'engagement de Kyoto. À la fin de la Conférence, la délégation américaine a consenti à « des échanges informels de données » ne menant à aucune déclaration écrite pour la réunion de Bonn qui a été convenue pour essayer de sortir de l'impasse.

Automne 2005 : la CDP 11 aura lieu à **Montréal**. L'ordre du jour reste à définir. Comme le bilan des réalisations risque d'être mince, le défi pour la suite en sera d'autant plus grand.

2000, l'objectif de ramener volontairement ces émissions aux niveaux de 1990 paraissant d'ores et déjà impossible à réaliser. L'échéancier, pour la livraison de ce protocole de nature contraignante, était fixé à deux ans. La balle venait de tomber dans le camp des économistes.

Même les États-Unis, à l'époque, ont accepté d'emblée que les pays en développement ne se voient pas contraints à des objectifs de réduction, les obligations de résultats se limitant aux seuls pays industrialisés. Nous verrons que cette position du plus important émetteur de gaz à effet de serre a rapidement été modifiée.

L'urgence d'agir

La troisième série de rapports du GIEC, publiée au début de 2001, était encore plus affirmative que les rapports de 1995. Des estimations plus précises, des enjeux mieux ciblés, des scénarios mieux étayés, de nouveaux champs disciplinaires pris en compte, les scientifiques ont bien fait leur travail et continuent de le faire en vue de la publication du rapport de 2007. On voit d'ailleurs paraître dans les grandes revues scientifiques les travaux qui serviront à la rédaction de ce prochain document. Nous avons d'ailleurs fait état de plusieurs travaux dans le présent ouvrage. Or, ces travaux continuent de converger, peu importe l'angle sous lequel on les regarde. Les mesures de terrain confirment et renforcent les modèles, la réalité évoluant plus rapidement que ce que prévoyait la théorie. Le GIEC fait son travail, mais celui-ci se limite à fournir aux décideurs politiques l'information qui leur est nécessaire. À chaque tour de roue, les éléments discordants sont expliqués et les dissidences s'estompent. Les politiciens sont piégés. Au lieu d'alimenter la controverse et la confusion, l'accumulation de données pointe vers leur responsabilité. La pression citoyenne s'ajoute à l'évidence scientifique, mais le monde économique continue de résister.

La question devient dès lors simple: comment ne pas perdre la face tout en conservant ses avantages comparatifs? C'est ce que la difficile négociation du Protocole de Kyoto va nous montrer.

Un constat terrifiant

Nous l'avons vu, la concentration préindustrielle du CO_2 dans l'atmosphère se situait autour de 280 ppm. Aujourd'hui, il dépasse 380 ppm. Nous

---

Encadré 11.3

La règle du double 55

Une des grandes raisons qui a retardé la mise en œuvre du Protocole de Kyoto est la règle du double 55 imposée par les Américains. Cette règle stipule que le Protocole entrerait en vigueur lorsqu'il aurait été ratifié par un minimum de 55 pays représentant 55 % des émissions visées à l'Annexe 1. Compte tenu de la prépondérance des États-Unis parmi les émetteurs concernés par la réduction des émissions, cette règle donnait un droit de veto au couple États-Unis–Russie, les deux grands détenant plus de 53 % des émissions totales. Il fallait donc qu'au moins un des deux grands ratifie le Protocole pour que celui-ci puisse être appliqué. Ainsi, le taux de ratification a stagné autour de 44 % pendant deux ans avant que la Russie décide enfin de déposer sa ratification en novembre 2004. Malgré que plus de 120 pays aient ratifié le Protocole, son entrée en vigueur demeurait impossible. Cela illustre bien la façon dont le multilatéralisme agit à l'échelle internationale.

émettons actuellement chaque année une quantité de 7,0 gigatonnes de carbone (GtC) dont plus de la moitié s'ajoute au stock de CO_2 dans l'atmosphère. La figure 11.1 nous montre l'ampleur des efforts qu'il faudra faire pour stabiliser la concentration de CO_2 atmosphérique à 450 ppm, 550 ppm et 1 000 ppm. Pour atteindre un scénario de 1 000 ppm, complètement irréaliste du point de vue climatologique (l'augmentation de température serait de l'ordre de 6° à l'échelle globale, le Groenland totalement fondu à la fin du millénaire, le niveau de la mer haussé de près de 10 m et cela dans l'hypothèse optimiste où le climat évolue de façon linéaire), il faudrait que les émissions annuelles n'excèdent jamais 15 GtC puis reviennent à leur niveau actuel dans deux siècles. Pour stabiliser à 550 ppm, soit un doublement de la concentration préindustrielle, il ne faudrait pas excéder 12 GtC avant 2040, réduire par la suite au niveau actuel vers 2100 et continuer à réduire pour atteindre 2 GtC à la fin du 22e siècle. La stabilisation à 450 ppm pour sa part implique un plafonnement des émissions dès 2020 pour revenir à leur valeur actuelle vers 2040 et ensuite se maintenir à 2 GtC à la fin du siècle et pour le siècle prochain. Et même dans ce scénario qui demande d'énormes efforts dès maintenant, il n'est pas certain que la survie des coraux serait assurée. En effet, l'effet de serre supplémentaire provoqué par ce changement de la composition de l'atmosphère a des répercussions très sérieuses sur le climat. Par exemple, les figures 11.2 et 11.3 montrent l'évolution des températures prévue pour l'Amérique du Nord si la tendance se maintient et qu'on devait en arriver à 850 ppm en 2090.

Figure 11.1
Projection des émissions annuelles de gaz carbonique permettant la stabilisation des concentrations à 450, 550 et 1000 ppm (en milliards de tonnes de carbone (GtC)

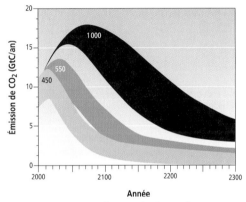

Source: D'après J. Jouzel et A. Debroise, *Le climat: jeu dangereux*, Paris, Dunod, 2004, p. 155.

Figure 11.2
Évolution des températures au Canada de 2020 à 2090

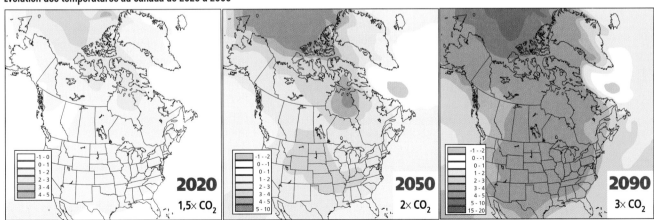

Source: Service météorologique du Canada, Environnement Canada.

L'inertie du système est une autre des données qui nous obligent à une action rapide. L'épisode de la révolution industrielle qui a duré moins de 200 ans aura des effets sur le climat planétaire pendant au moins aussi longtemps. Ce phénomène découle du fait que l'océan, qui a accumulé de la chaleur, la restituera lentement à l'atmosphère et le niveau de la mer continuera à augmenter pendant au moins un millénaire.

Encore une fois, l'urgence d'agir doit être à l'ordre du jour des politiciens. Mais qui est prêt à faire le premier pas ?

Encadré 11.4

Annexe 1 ou Annexe B ?

On voit souvent apparaître quand il s'agit des catégories de pays qui sont Parties à la CCNUCC et au Protocole de Kyoto, l'expression «pays de l'Annexe 1 ou pays de l'Annexe B» en parlant des mêmes pays. Cela demande une explication.

La CCNUCC a été signée en 1992. À l'époque, la géopolitique était légèrement différente de la situation en 1997. Ainsi, de nouveaux pays sont apparus au sein des pays industrialisés qui faisaient partie de l'Annexe 1. Par exemple, la Croatie, la Slovénie et la Slovaquie n'existaient pas. Par ailleurs, de petits pays industrialisés (le Liechtenstein, Monaco) n'étaient pas visés à l'Annexe 1 alors qu'ils ont pris des engagements de réduction dans le cadre européen. Enfin, la Turquie, qui veut joindre l'Europe, est aussi à l'Annexe B. On peut trouver la liste à jour des pays signataires de l'Annexe B au site de la Convention : www.unfccc.int.

Des priorités teintées par le degré d'exposition

Les conséquences des changements climatiques ne sont pas perçues avec la même urgence par les populations – et à plus forte raison par leurs représentants politiques – selon la qualité de l'information qu'ils reçoivent, des efforts de vulgarisation des scientifiques relayés par les médias mais surtout selon la perception qu'ils ont de l'effet direct de ces changements. La question «Est-ce grave, docteur?» résume bien la situation. Si c'est grave, il faut agir et vite, si ce n'est pas sûr, pourquoi changer ce qui semble faire notre affaire?

L'engagement des pays dans les négociations du Protocole de Kyoto et en général dans la mise en œuvre de moyens pour lutter contre l'augmentation des gaz à effet de serre reflète bien cette réalité. Par exemple, devant la menace de l'augmentation du niveau de la mer, une coalition de petits pays insulaires s'est formée pour faire valoir l'urgence de les protéger contre ce phénomène. De même l'Europe, qui serait très désavantagée par un arrêt de la circulation océanique qui la plongerait dans une froidure insupportable[1], travaille d'un bloc. Un pays nordique comme la Russie a souvent dit que sa population verrait d'un bon œil un réchauffement de quelques degrés! Au Canada, les enjeux politiques, comme la souveraineté sur un océan Arctique libéré de ses glaces, font plus peur qu'un adoucissement des hivers. L'Amérique latine,

---

1. Les études présentées à l'atelier d'Exeter, en février 2005, mettent un bémol sur le refroidissement de l'Europe par l'arrêt du convoyeur marin. On estime qu'une première partie de l'effet qui surviendra entre 2020 et 2050 serait compensée par l'augmentation des températures. L'arrêt complet ne se produirait que dans deux siècles.

quant à elle, s'est lancée dans la promotion de son territoire pour accueillir des projets de reboisement avant même qu'on ait établi les paramètres pour définir les puits de carbone et les crédits qui devraient leur être attribués.

Dans les entreprises, on a aussi regardé le problème en fonction des impacts perçus. C'est ainsi que l'industrie de l'assurance et celle de la production d'énergie ont été les premières à se sentir visées et à engager des actions. Les secteurs de l'aluminium, de la pétrochimie et autres ont commencé à penser leur développement futur dans les pays où les contraintes de Kyoto ne risquent pas de freiner leur croissance. Chacun pense à protéger ses acquis, son territoire, ses secteurs économiques forts ou vulnérables. Dans cette foire d'empoigne, l'altruisme rend vulnérable.

Une application stricte de Kyoto

Voyons un peu ce que donnerait une application stricte du Protocole de Kyoto pour mieux comprendre ce qui pourrait nous attendre au cours des prochaines années. Le Protocole entré en vigueur au début de 2005 a très peu de chances d'être suivi par les Américains, compte tenu de la réélection de George W. Bush à l'automne 2004 et du fait que toute modification qui serait demandée par ceux-ci aux Accords de Marrakech en 2001 demanderait à être ratifiée par les gouvernements d'une centaine de pays signataires. Le Protocole de Kyoto se fera donc sans les États-Unis et l'Australie, responsables de près de 40% des émissions qu'il visait à l'origine. Si

on veut atteindre le résultat escompté en 1997, il faudra que l'ensemble des autres pays industrialisés réussissent à réduire leurs émissions de 8,7% sous le niveau de 1990 en moyenne. Certains joueurs, comme le Canada, étant déjà en retard, cela est peu probable.

Le blocage 2001-2004 causé par le refus américain de négocier a eu un effet très négatif sur la mise en œuvre des mesures pour contrôler la croissance des émissions de gaz à effet de serre dans les pays signataires. En effet, l'absence du plus gros joueur et les hésitations de la Russie ont rendu très incertaine l'échéance 2008. À l'exception notable de l'Europe, les pays ont fait très peu pour diminuer leurs émissions. Le Canada par exemple a pris peu de mesures concrètes et ses émissions en 2005 sont 22% plus élevées qu'en 1990. Il faudra donc qu'il réduise au moins de 28% ses émissions actuelles pour atteindre son objectif. Pour compenser l'absence des États-Unis et de l'Australie, il devrait réduire de 2% supplémentaires, ce qui semble politiquement injustifiable. Pourquoi payer pour les Américains?

En Europe, la situation n'est pas si simple non plus. Les pays européens sont loin de former un bloc homogène sous leur parapluie. Pierre Radanne[2] distingue trois groupes de pays dans la «bulle» européenne: les pays ayant mis en place des mesures sérieuses et qui atteindront leurs objectifs (Royaume-Uni, France et Allemagne), les pays dont les émissions dérapent inexorablement en raison de l'absence de toute politique

2. P. Radanne, «Les négociations à venir sur les changements climatiques: bilan et perspectives», *Les publications de l'IEPF*, coll. «Études prospectives», nº 1, 2004, 37 p.

Encadré 11.5

Des chiffres ?

Le tableau suivant montre les engagements que les pays de l'Annexe B ont pris dans le cadre du Protocole de Kyoto. Ces engagements renvoient aux émissions de 1990.

110 %	Islande
108 %	Australie
101 %	Norvège
100 %	Fédération de Russie, Nouvelle-Zélande, Ukraine
95 %	Croatie
94 %	Canada, Hongrie, Japon, Pologne
93 %	États-Unis
92 %	Allemagne, Autriche, Belgique, Bulgarie, Communauté européenne, Danemark, Espagne, Estonie, Finlande, France, Grèce, Irlande, Italie, Lettonie, Liechtenstein, Lituanie, Luxembourg, Monaco, Pays-Bas, Portugal, République tchèque, Roumanie, Royaume-Uni de Grande-Bretagne et d'Irlande du Nord, Slovaquie, Slovénie, Suède, Suisse.

Les pays européens ont décidé de se donner des objectifs nationaux à l'intérieur de la Communauté économique européenne qui permettraient de moduler l'objectif commun de réduction. Voici les cibles que devra atteindre chacun des pays entre 2008 et 2012 :

Portugal	127 %	Italie	93,5 %
Grèce	125 %	Belgique	92,5 %
Espagne	115 %	Royaume-Uni	87,5 %
Irlande	113 %	Autriche	87 %
Suède	104 %	Allemagne et Danemark	79 %
France	100 %	Luxembourg	72 %
Pays-Bas	94 %		

La figure 11.3 nous montre l'état des lieux en 2001 pour chacun des pays de l'Annexe 1. On peut voir que la moitié environ des pays ont augmenté leurs émissions, et en particulier de grands émetteurs comme le Canada et les États-Unis, alors que les pays de l'ancien bloc soviétique n'ont pas encore repris leur niveau d'émissions de 1990. Cette figure nous donne une indication des efforts qu'il reste à accomplir pour atteindre l'objectif d'ici à 2010.

Figure 11.3
L'état des lieux en 1990-2001

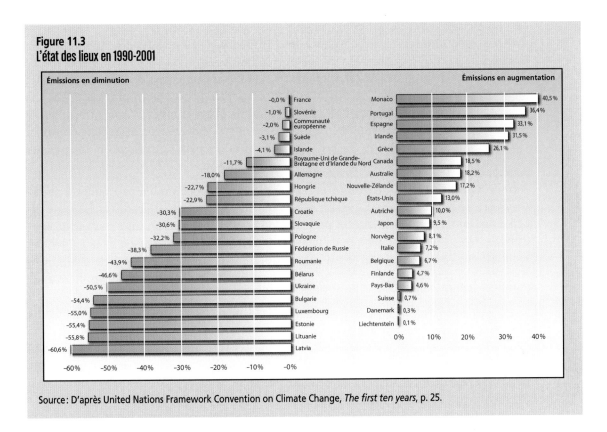

Source : D'après United Nations Framework Convention on Climate Change, *The first ten years*, p. 25.

sérieuse (Italie, Belgique) et les pays qui, bien qu'ils aient les possibilités d'accroître leurs émissions dans le cadre de la bulle européenne, ont laissé celles-ci exploser en raison de leur vive croissance (Espagne, Grèce, Portugal, Irlande).

Pour sa part, la Russie et ses anciens pays satellites comme l'Ukraine n'ont pris aucune mesure pour freiner l'accroissement des émissions, puisque, en raison de la récession post-communisme, il est très peu probable qu'ils dépassent le niveau d'émission de 1990, même en 2012. Ces pays viendront brouiller les cartes

en mettant sur le marché ces réductions, ce qui diminuera la pression sur les pays délinquants. On imagine que la situation serait bien plus grave si l'URSS et ses satellites avaient continué d'émettre au même niveau que dans les années 1980 !

Des mécanismes de flexibilité

Pour atteindre les objectifs du Protocole de Kyoto, les pays qui l'ont ratifié au sein de l'Annexe B ont négocié des mécanismes de flexibilité qui leur permettent en jargon économique de profiter de leurs avantages comparatifs dans un échange commercial. Ces mécanismes sont au nombre de trois: le marché mondial des échanges de droits d'émissions, le mécanisme de développement propre et l'application conjointe. Ces mécanismes sont inscrits dans le Protocole et visent à faciliter l'atteinte des objectifs de stabilisation au moindre coût.

Ils s'ajoutent à la flexibilité temporelle, qui permet à un pays d'atteindre sa cible en moyenne entre 2008 et 2012. La flexibilité par les «moyens» permet d'envisager la gestion de ses émissions en mettant en valeur les puits de carbone et les activités d'un pays en dehors de son territoire. Voyons en quoi ils consistent.

Permis à vendre!

Une fois qu'une tonne de CO_2 est émise dans l'atmosphère, il n'est plus possible de distinguer de quelle activité naturelle ou humaine elle provient, à moins de se lancer dans une analyse isotopique poussée et encore… La molécule de CO_2 provenant de la combustion de pétrole extrait de la mer du Nord peut être émise par une voiture au Canada, en Angleterre ou en Norvège… Les négociateurs du Protocole de Kyoto en ont rapidement convenu. Alors, pourquoi ne pas permettre le commerce des permis d'émissions, puisqu'il y a équivalence substantielle? Ainsi, les pays où les réductions sont les plus faciles pourraient vendre leurs réductions aux pays dont les émissions ont explosé pour quelque raison. L'idée, séduisante, vient du modèle de «cap and trade» américain utilisé avec succès dans la lutte aux émissions sulfurées. Ce mécanisme est décrit en détail au chapitre 13.

Prévu à l'article 17 du Protocole, ce mécanisme permet à un pays de l'Annexe B qui a réduit ses émissions au-delà du quota fixé de vendre à un autre pays de la même annexe les permis d'émissions qu'il n'aura pas utilisés. Ces permis peuvent indifféremment résulter de mesures de réduction ou de projets permettant de créer des puits de carbone ou d'augmenter leur efficacité.

Par ce processus, un pays qui prévoit être en défaut peut acheter des droits d'émettre des gaz à effet de serre d'un autre pays qui en émet moins que le quota qui lui est alloué. Le prix des permis est fluctuant de telle sorte qu'il s'ajuste en fonction de l'équilibre de l'offre et de la demande. S'il en coûte moins cher de se procurer les droits d'émissions ailleurs que de prendre des mesures pour réduire les émissions chez soi, on achète. Dans le cas contraire, l'investissement nécessaire à réduire les émissions est plus vite payé que la récurrence des achats de droits. Voilà un mécanisme qui plaît bien aux pays développés, mais qui s'est heurté à certaines critiques de la part des pays en développement, entre autres le Groupe des 77 plus la Chine, qui souhaitaient que les pays développés amorcent d'abord des actions de réduction chez eux. Le texte du Protocole indique clairement que les échanges de droits doivent se faire en supplément des activités de réduction nationales. Les inquiétudes des pays en développement sont d'autant plus fortes que, rappelons-le, ce sont eux les plus vulnérables face aux effets du changement climatique.

GROUPE DES 77
Le Groupe des 77 (G-77) a été formé en 1967 lors de la première réunion de la Conférence des Nations Unies sur le commerce et le développement (CNUCED). Ce regroupement, qui comprend maintenant 133 pays, dont la Chine, essaie d'harmoniser les positions de ses membres lors de négociations.

Une fois ce principe adopté, les réductions d'émissions des pays de l'ancien bloc soviétique ont commencé à prendre de la valeur. C'est ce qu'on a appelé l'«air chaud soviétique». En effet, les pays en transition du communisme vers le capitalisme depuis la fin des années 80 ont vu leurs émissions chuter brutalement, quelquefois de plus du tiers entre 1990 et 2000. En conséquence, ces réductions involontaires font que ces pays ont une marge de manœuvre et qu'il est peu probable qu'ils rattrapent d'ici à 2012 le même niveau d'émissions qu'ils avaient en 1990. Pendant la période de 2008 à 2012, ils pourront vendre aux autres pays sur le marché international ces permis de pacotille, au même prix que ceux qui résultent de réductions réellement obtenues par des mesures voulues et méritées. Cela aura vraisemblablement deux effets négatifs: une baisse de la valeur des permis à l'échelle globale et une zone de confort pour les pays moins proactifs. En revanche, cette mesure permettra théoriquement des entrées de fonds internationaux dans les pays en transition pour favoriser leur rattrapage économique et social.

Faisons donc ça dans ta cour...

À l'article 12 du Protocole, on définit le mécanisme de développement propre (MDP). Ce mécanisme, aussi appelé «mécanisme pour un développement propre», vise à aider les Parties qui ne sont pas à l'Annexe 1 de la CCNUCC à contribuer à l'atteinte de l'objectif ultime de la Convention, c'est-à-dire la stabilisation des émissions à l'échelle globale.

Le MDP permet aux pays développés ou aux entreprises de ces pays de financer des activités de mise en œuvre des projets de réduction des émissions dans les pays en développement, c'est-à-dire d'investir dans des projets utilisant des technologies propres afin de réduire les émissions des pays bénéficiaires. En contrepartie, évidemment, les réductions seront créditées à l'investisseur. Par exemple, l'Italie, pays signataire de l'Annexe I, pourrait décider de financer une campagne de remplacement des luminaires au Honduras, pays qui ne figure pas à l'Annexe I. Le Honduras, consommant grâce à ce projet moins d'énergie fossile, réduirait ainsi ses émissions de CO_2 attribuables à la production d'électricité. Celles-ci n'étant pas comptabilisées dans la réalisation des objectifs du Protocole de Kyoto, l'Italie pourrait réclamer, en contrepartie du financement d'un développement propre au Honduras, le droit d'appliquer ces réductions à ses propres objectifs de réduction d'émissions ou encore, si ses objectifs sont atteints, les mettre sur le marché pour les vendre à un autre pays ou les garder en banque pour les vendre ou les appliquer plus tard. Un tel mécanisme est séduisant tant pour les pays industrialisés, qui peuvent à moindres frais «réduire» leur bilan d'émissions de gaz à effet de serre, que pour les pays en développement, qui y voient des occasions d'améliorer à peu de frais leurs infrastructures.

On sent, encore une fois, que les pays développés veulent en faire le moins possible chez eux puisque certains analystes affirment que des mesures nationales ralentiraient à coup sûr leur économie. Nous reviendrons là-dessus au prochain chapitre. Bien sûr, les pays en développement sont enclins à accepter de tels projets, mais à la condition, et cela est bien précisé dans le texte du Protocole, que l'aide ainsi distribuée ne vienne pas remplacer celle des programmes déjà en place. C'est un processus fastidieux et vraisemblablement peu efficace, car la négociation des détails de tels mécanismes demande du temps et constitue, jusqu'à un certain point, une échappatoire pour les pays développés. Comme on veut éviter la collusion entre certains pays en développement aux gouvernements plus fragiles et des entreprises ou des gouvernements de pays développés, les réductions ainsi obtenues doivent être vérifiées par des experts indépendants, sous la supervision d'un organe précis de nature multilatérale. Pour être prises en compte, les mesures de réduction doivent correspondre à «des effets mesurables, réels et à long terme du point de vue du changement climatique». Par ailleurs, une partie de la valeur des permis ainsi obtenue va à la rémunération de ces experts, à la couverture des frais administratifs de gestion du dispositif et à l'attribution d'une aide aux pays en développement particulièrement vulnérables aux changements climatiques. Naturellement, les pays ou des entreprises locales peuvent aussi enregistrer leurs projets de développement propre. Cela est difficile pour les pays les plus pauvres, compte tenu du manque de capital et d'expertise.

Ce mécanisme a soulevé de nombreuses polémiques et plusieurs questions restent en suspens. Néanmoins, le premier projet admissible au MDP a été inscrit le 18 novembre 2004.

Dans ce cas, c'est un projet lancé par un pays en émergence, le Brésil, qui utilisera le biogaz d'une décharge à Nova Ignacù, dans l'État de Rio de Janeiro, pour produire de l'électricité. Le projet permettra de capter l'équivalent de 31 000 t de méthane par année, ce qui équivaut à 670 000 t de CO_2. Les promoteurs pourront ainsi mettre en marché les réductions d'émissions certifiées (REC), puisque le Brésil n'est pas visé à l'Annexe 1 de la CCNUCC. Ces certificats sont émis pour un minimum de 7 ans et un maximum de 21 ans.

Le MDP peut être un moyen de favoriser le développement durable dans des pays en voie de développement. Mais il est probable que les actions se limitent aux plantations d'arbres et à la récupération de gaz dans les lieux d'enfouissement. Beaucoup d'entreprises étrangères se spécialiseront dans la fourniture de ces services. Le piège qu'il faudra éviter, c'est que les populations locales soient exclues des retombées les plus intéressantes de ces projets malgré les bonnes intentions sous-jacentes à ce mécanisme de flexibilité. Enfin, il n'est pas clair que le financement d'une centrale éolienne par la France en Israël ou en Arabie saoudite ne pourrait pas se qualifier au MDP, les deux derniers pays n'étant pas soumis à un quota d'émissions.

Déjà au début de 2005, des entreprises se plaignaient que la Banque mondiale monopolisait le meilleur potentiel de projets admissibles au mécanisme de développement propre pour en capitaliser les crédits sur le marché des gaz à effet de serre. Même s'il est trop tôt pour juger de cette question, il est intéressant de voir que le MDP intéresse les grands joueurs, mais inquiétant de constater qu'encore une fois le MDP pourra créer des disparités dans les occasions offertes aux pays en développement.

À l'article 6 du Protocole, on trouve un autre mécanisme de flexibilité, soit la mise en œuvre conjointe. Ce mécanisme permet à un État de l'Annexe B qui finance un projet permettant de réduire les émissions de gaz à effet de serre dans un autre pays industrialisé de recevoir en contrepartie de ce financement des crédits sous forme d'unités de réduction des émissions (URE). Ces unités sont ajoutées au quota d'émissions du pays investisseur et déduites du quota du pays hôte du projet. Ce mécanisme s'applique naturellement mieux dans le cas où le pays hôte a des marges de manœuvre comme c'est le cas des pays en transition vers une économie de marché. Ainsi, l'Autriche pourrait profiter d'URE pour un projet de production d'électricité à partir du biogaz en Hongrie ou en Pologne. Ce mécanisme ne peut être utilisé qu'en supplément de mesures appliquées dans le pays.

Faire flèche de tout bois

Ces trois mécanismes s'appliquent aussi aux puits de carbone. L'article 3 du Protocole précise que les terres agricoles, les forêts et les zones qui changent de vocation peuvent être considérées comme des puits et comptabilisées dans le bilan national d'un pays, et les quantités de carbone absorbées par ces puits peuvent être créditées. Le problème, dans ce cas, c'est que les scientifiques ne s'entendent pas sur la quantité exacte de CO_2 que peut fixer une forêt ou le changement de pratiques culturales sur un hectare de

terre. Après de nombreuses discussions, ce problème a été résolu en principe à la conférence de Bonn et a fait l'objet d'un consensus dans les accords de Marrakech.

La question des puits de carbone a affaibli le Protocole de Kyoto, mais dans une stratégie de réduction des émissions, il faut faire flèche de tout bois, sans jeu de mots… Dans les faits, que ce soit dans le bois ou dans les sols, les forêts constituent un réservoir de carbone. Mais peut-on pour autant baser une stratégie de lutte aux changements climatiques sur la croissance annuelle des forêts ? Sans que cela remplace la réduction de l'intensité carbonique d'origine fossile de l'économie, une meilleure gestion de la forêt peut contribuer à une stratégie globale de réduction des GES. Mais, pour capturer le CO_2 de l'atmosphère, il faut une forêt qui pousse, donc une forêt jeune, comme nous le verrons au chapitre 13. La notion de puits de carbone appliquée à la conservation des vieilles forêts constitue un sujet de débats scientifiques qui permet de mettre des bémols sur l'efficacité mondiale de ce paragraphe du Protocole.

Kyoto sera-il efficace ?

Voilà une question qui mérite qu'on s'y arrête. D'abord, il faudrait définir l'efficacité, ensuite s'intéresser à l'intervalle de temps que recouvre cette question. Voyons d'abord les objectifs du Protocole.

Malgré le fait que les médias retiennent essentiellement l'objectif de réduire de 5 % le niveau 1990 des émissions entre 2008 et 2012, ce n'est qu'un indicateur de performance dont il s'agit. Le mandat de Berlin stipule qu'il faut stabiliser les émissions de gaz à effet de serre de l'humanité à un taux qui soit compatible avec l'adaptation des humains et des écosystèmes aux changements climatiques qui en résultent. Cela est une tout autre histoire! Le Protocole de Kyoto n'est donc qu'une étape dans un processus d'adaptation et de prévention qui s'adresse à plusieurs générations d'êtres humains. L'ampleur du défi est bien sûr beaucoup plus vaste que l'atteinte d'une performance moyenne sur cinq ans.

Donc, le Protocole n'est que la première étape de la mise en œuvre de mécanismes multilatéraux qui permettront d'intégrer dans l'économie mondiale et dans le projet de gouvernance planétaire des Nations Unies une composante environnementale permettant de maîtriser les impacts de notre croissance. Vaste programme!

Enfin, le Protocole est un accord à géométrie variable qui évolue au fil des négociations et à la lumière des rapports du GIEC. Il est donc normal que ses cibles soient changeantes à mesure que se précisent les enjeux, que se vérifient les hypothèses et qu'évolue la situation économique et démographique des pays signataires. Voilà bien de l'incertitude!

À quoi devrait servir le Protocole de Kyoto? D'abord, à établir des consensus sur les moyens de mesure des émissions, ce qui est en cours de réalisation. Ensuite, à fixer des mécanismes de régulation et de contrôle des échanges entre les pays, ce qui sera soumis à l'expérimentation dans la première phase d'application. Enfin, le Protocole devrait servir à montrer si l'atteinte du mandat de Berlin est possible avec les moyens consentis par les pays. Sur ce point, la réponse est facile: c'est non.

Donc, même en démontrant de façon documentée que nous ne pourrons pas influencer tangiblement la croissance des gaz à effet de serre à l'échelle globale, le Protocole de Kyoto peut avoir un impact. Et c'est pourquoi il faut absolument en suivre l'application avec attention. Au terme de la première période de référence, il faudra en avoir défini une deuxième, avec de nouveaux joueurs, de nouveaux objectifs, de nouveaux moyens, de nouvelles technologies. C'est ce que les Parties ont prévu commencer à négocier dès 2005. Dans ce cadre, l'absence des Américains est un moindre mal. Ceux-ci devront un jour ou l'autre s'intégrer à l'accord. D'ailleurs, en dépit de leur position officielle, ils sont très actifs dans les discussions de corridor au cours des CDP.

Que signifierait le succès du Protocole de Kyoto en réductions de gaz à effet de serre? Le tableau 11.1 nous montre qu'à partir de projections faites en 2001, la vitesse de croissance des gaz à effet de serre à l'échelle mondiale fera que nous émettrons en 2010 (la médiane du Protocole) presque 25 % plus de gaz à effet de serre qu'en 1990, incluant la participation de réductions des États-Unis et de l'Australie.

Étant donné que les États-Unis ne respecteront pas leur objectif de 7 % de réduction, les prévisions sont plutôt de l'ordre de 7,7 Gt (milliards de tonnes) d'équivalent carbone d'émissions totales en 2010. Si l'on applique le même taux de croissance aux pays en développement dans les années 2010, 2011 et 2012, on obtient un total de près de 8 Gt de carbone équivalent émises en 2012, c'est-à-dire plus de 29 Gt de CO_2 équivalent par année.

Cette situation est inévitable et le succès de la première phase du Protocole de Kyoto ne pèse pas lourd dans le problème. Pourtant, si l'on veut convaincre les pays en développement grands émetteurs de participer à la deuxième phase de Kyoto, il faudra démontrer que les outils sont applicables. Or, ces pays sont essentiels; pensons à la Chine dont les émissions ont rattrapé celles des États-Unis, l'Inde dont la population aura probablement dépassé celle de la Chine en 2020, le Mexique, le Brésil, les pays de l'Organisation des pays exportateurs de pétrole (OPEP), tous comptés actuellement dans le groupe des pays en développement. Ces pays réunis à ceux de l'Annexe B représenteront au moins 75 % des émissions dans dix ans. La tâche est colossale, mais il faut commencer quelque part et le Protocole de Kyoto représente ce premier pas.

Kyoto 2 ?

Dès 2005, les Parties devront se mettre à négocier la deuxième phase de la mise en œuvre de la CCNUCC avec en tête l'objectif de réaliser le mandat de Berlin. Comment cela est-il possible ? Plusieurs experts se sont penchés sur cette question dont la réponse n'est pas évidente. D'abord, il y a une question de bonne volonté des États. À Buenos Aires, en 2004, les États-Unis ont fait savoir qu'ils n'étaient pas plus intéressés à une deuxième phase de Kyoto qu'à la première. C'est assez concevable, compte tenu de la position

Tableau 11.1
Prévisions d'émissions et répartition à l'horizon 2010 (en GtC)

	1990	1999	2010
Pays développés (Annexe 1)	3,9	3,85	3,7
Pays en transition économique	1,25	0,85	1,0
Autres pays développés	2,65	3,0	2,7
Pays en développement	2,2	2,7	3,9
Total	**6,1**	**6,55**	**7,6**

Source : B. Bolin et K.S. Khershgi, « On strategies for reducing greenhouse gaz emissions », *Proceedings of the National Academy of Sciences*, vol. 98, n° 9, 2001, p. 4850-4854.

confortable de la présidence nouvellement élue. Cette position risque peu de varier jusqu'à la fin de l'ère Bush, car rien n'augure une tendance plus multilatéraliste dans l'opinion publique américaine à court terme. L'espoir de voir un retour des États-Unis se fait plus à l'aube de la prochaine décennie, s'il y a un changement de parti au pouvoir, et surtout si des catastrophes en série les accablent. Malheureusement, pour émouvoir l'opinion publique, il faudra que l'inaction coûte plus cher que ce qu'elle laisse entrevoir de profits à court terme.

À la suite de la mise en œuvre du Protocole, les pressions politiques se font grandes sur l'administration américaine. La position politique globale de George W. Bush l'incitera peut-être à faire certains accommodements sur le front de la lutte aux changements climatiques, mais on ne parviendra pas à les réintégrer dans le cadre de Kyoto.

Quant à la Chine, au Brésil et aux autres pays émergents, on comprend qu'ils se laissent désirer, mais leurs dirigeants ont déjà commencé à réfléchir au problème. Ils observent avec attention la mise en œuvre dans les pays de l'Annexe B tout en proposant leurs propres actions visant à réduire l'intensité carbonique de leur économie: efficacité énergétique, carburants alternatifs, etc. À Buenos Aires en 2004, les États européens, en particulier, ont commencé à imaginer des mécanismes qui pourraient permettre une entrée progressive de ces géants dans le Protocole de Kyoto, mais le pari n'est pas encore gagné.

Dans l'ensemble des pays industrialisés, on a encore consacré relativement peu d'efforts à la lutte contre les émissions de gaz à effet de serre. La faiblesse relative des prix du pétrole n'aide pas à poser des gestes significatifs, en particulier dans le secteur du transport qui est le plus difficile à contrôler en raison du nombre d'individus concernés et de leur pouvoir politique.

On peut penser que la demande accrue de carburant par la Chine aura un effet à la hausse sur le prix du pétrole, surtout si les plans américains de stabilisation du Moyen-Orient continuent d'être déjoués par la mouvance islamique. Cependant, ce genre de prédiction est très risqué, puisque l'industrie du pétrole obéit à une logique de marché mondial où un petit nombre de joueurs contrôle la production. Pourtant, à l'image des crises pétrolières de 1973 et de 1979, la mise en œuvre de politiques contraignantes pourrait avoir un effet positif sur l'efficacité énergétique et le bilan des émissions.

Par ailleurs, les efforts des États ont été relativement peu efficaces pour quelques raisons que Pierre Radanne[3] explique par la confusion idéologique relative aux moyens à mettre en œuvre pour réduire les émissions, au désengagement financier des États, à la crainte d'impliquer l'opinion publique et au refus d'engager un débat sur l'évolution des modes de vie.

Enfin, le mécanisme même de l'adoption des résolutions des Nations Unies demande la règle de l'unanimité tout en reconnaissant la souveraineté des États. La règle de l'unanimité s'accommode mal d'États qui ont des intérêts divergents ou encore d'États dont le poids est très différent. La règle de l'unanimité donne un poids disproportionné à des pays défendant des intérêts nationaux contradictoires avec l'intérêt commun ou qui, simplement, cherchent à faire monter les enjeux financiers. Tous ces éléments réduisent les chances de parvenir à des progrès rapides pour une entente couvrant la deuxième phase de Kyoto, surtout que les premières réductions sont beaucoup plus faciles à obtenir que les subséquentes.

On est en droit de se demander ce qui adviendra des négociations dans ce contexte. D'abord, les questions politiques liées aux changements climatiques et aux moyens à mettre en œuvre pour les gérer n'ont pas fini de se complexifier. Comme dans la première phase de négociation, la science jouera un rôle de guide, mais c'est la géopolitique et l'économie qui seront déterminantes. À mesure de l'aggravation des enjeux, on assistera vraisemblablement à un durcissement des positions. Un deuxième accord de Kyoto sera acquis de haute lutte et il n'y a pas trop de huit ans pour espérer y parvenir. En fait, il s'agit de répondre à

3. P. Radanne, *op. cit.*

la question : « Quelle dégradation du climat sommes-nous prêts à accepter ? », donc à quel niveau de CO_2 devons-nous tenter de stabiliser l'atmosphère ? Cela n'est pas une mince affaire. Il est vraisemblable que le principe de précaution devra jouer tout en sachant qu'on privera peut-être des gens qui ont besoin maintenant d'améliorer leurs conditions économiques pour protéger – peut-être – celles de personnes encore à naître… Un défi politique inconcevable.

Il faudra aussi résoudre la question de la répartition des efforts nécessaires pour stabiliser le climat. Les engagements volontaires comme ceux qui ont été pris dans le premier Protocole sont peu intéressants dans le cadre d'un traité qui se veut contraignant. En effet, si un État décide de ne pas s'imposer de réelle contrainte, comment les autres pourront-ils l'obliger à le faire ? La persuasion ? Dans un monde de plus en plus globalisé, les échappatoires et les faux-fuyants sont légion quand tous ne jouent pas le même jeu.

Enfin, comment attribuer à chacun un quota de gaz à effet de serre qui respecte ses besoins ? En 2050, si l'on voulait stabiliser le climat, il faudrait limiter les émissions à 0,5 t de carbone par habitant (1,88 t de CO_2) par année. Cela voudrait dire, pour un Européen ou un Québécois, une réduction d'au moins 75 % des émissions actuelles. Pour un Albertain ou un Texan, il faudrait réduire de 10 fois ses émissions actuelles. Il nous resterait l'équivalent d'un aller-retour Paris-New York par personne par an. Même les négociateurs du climat devraient travailler par téléconférence ! Cette situation est bien sûr irréaliste, les voitures et les avions existeront encore en 2050 et il est probable que plus de gens s'en serviront qu'aujourd'hui. À moins de trouver des solutions technologiques permettant de séquestrer le carbone à coup de milliards de tonnes, les négociations n'ont pas fini de s'éterniser. Nous verrons ce qui en est au chapitre 13.

La deuxième période d'engagement du Protocole de Kyoto devra aussi être plus longue que les cinq années de la première période. De combien de temps disposeront les États ? Dix ans ? vingt ans ? trente ans ? Plus la période sera longue, plus la tentation de remettre à plus tard des actions efficaces sera grande pour les gouvernements qui veulent profiter du moment présent pour saisir une occasion de développer leur économie aux dépens des autres.

On peut penser que l'engagement des pays en développement sera aussi nécessaire que celui des pays développés. En particulier les pays grands émetteurs, mais aussi les pays plus pauvres afin d'éviter une délocalisation sauvage des industries à haute intensité carbonique vers des endroits où les émissions ne sont soumises à aucun contrôle. L'existence du mécanisme de développement propre permet des espoirs dans ce domaine, mais les difficultés de son application risquent d'en limiter la portée.

Un deuxième Kyoto alors ? Oui, mais avec plus que des paroles. Et pour cela, il faut que l'humanité gagne une maturité qu'elle n'a pas encore, et de loin ! Il nous faudra sortir de la dynamique des « héros » et des « vilains ».

Les héros et les vilains

Dans tout film western qui se respecte, il faut un bon et des méchants. Naturellement, le bon finit toujours par gagner après des péripéties et des avatars dont il sort grandi pour s'en aller vers d'autres aventures sous le soleil couchant… Dans les négociations qui ont entouré la CCNUCC et le Protocole de Kyoto, toutefois, le portrait est beaucoup moins manichéen. Il y a des héros à temps partiel, des vilains à géométrie variable, des bandits repentis et des traîtres angéliques. Selon le point de vue où l'on se place, chacun tente de se draper dans les bonnes intentions pour solliciter l'attention des médias et passer des messages qui entretiennent trop souvent la confusion, à dessein.

Dans le présent chapitre, nous tentons de décrire les acteurs qui ont des intérêts dans les négociations climatiques de manière à permettre au lecteur intéressé de reconnaître les patrons de communication et décoder les messages contradictoires qui parviennent de partout. La métaphore du western nous apparaît tout à fait appropriée pour évoquer le portrait de façon plus amusante. Malheureusement, la réalité est dramatiquement sérieuse…

Voici donc une version iconoclaste de *Pour une poignée de dollars* qui s'ouvre sur la place surchauffée du village global.

Les scientifiques : le bon docteur et le pasteur unis dans un même combat pour le bien commun

Nous avons vu au chapitre 10 comment fonctionne le GIEC. Ce mode de fonctionnement est très novateur et inhabituel dans le monde scientifique qui marche rarement par consensus. Dans le monde réel, les scientifiques cherchent plutôt à critiquer les modèles des collègues qu'à les encenser. Ils sont donc constamment à la recherche des faits, même minimes, qui contrediront la théorie ou encore la confirmeront. Cet état de fait est propice à la création de chapelles, et les rapports de force entre les écoles de pensée sont quelquefois épiques. Il est donc parfaitement normal, dans un domaine où l'interdisciplinarité est la règle, où des climatologues, des biologistes et des chimistes de l'atmosphère

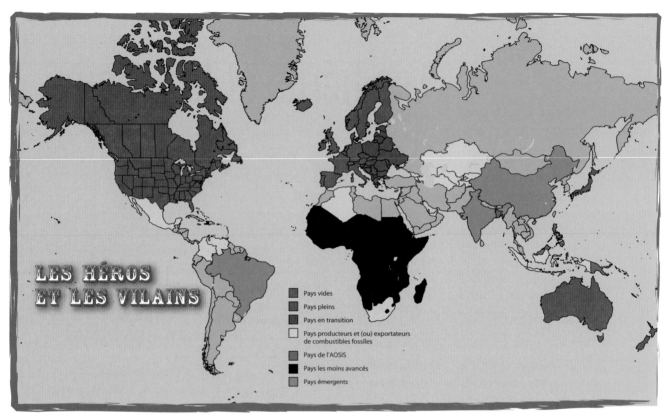

LES HÉROS ET LES VILAINS

- Pays vides
- Pays pleins
- Pays en transition
- Pays producteurs et (ou) exportateurs de combustibles fossiles
- Pays de l'AOSIS
- Pays les moins avancés
- Pays émergents

Carte des pays signataires de la CCNUCC. Scénario des héros et des vilains.

D'après P. Radanne, « Les négociations à venir sur les changements climatiques : bilan et perspectives », *Les publications de l'IEPF*, coll. « Études prospectives », n° 1, 2004, 37 p.

doivent travailler ensemble et amalgamer leurs résultats, que des voix discordantes se fassent entendre. Ainsi, la question d'une origine anthropique des changements climatiques fait encore l'objet de contestations de la part de certains géologues qui retrouvent dans le passé des indices qui ne sont pas assez clairs pour être bien certains que ce que les climatologues, les glaciologues et les biologistes observent est scientifiquement fondé. Devant des prêcheurs de confession différente, les ouailles se tournent vers les messages qui font leur affaire.

Cependant, la très grande majorité des scientifiques du monde, toutes disciplines confondues, se sont ralliés au modèle du changement climatique induit par l'activité humaine. Cela n'est pas une preuve qu'ils ont raison, mais un indice que le modèle repose sur des bases difficiles à contester. Naomi Oreskes, dans la revue *Science* du 3 décembre 2004, en évaluait la portée sur l'analyse de 928 articles publiés entre 1993 et 2003 dans 151 bases de données, et concluait que 75 % des travaux étaient alignés de façon explicite ou implicite sur la position du GIEC, et que 25 % ne prenaient pas position de façon claire, s'attardant sur des questions de méthode ou des données paléoclimatiques. Aucun des articles répertoriés ne se prononçait contre l'existence des changements climatiques ou leur origine anthropique[1].

Naturellement, quand un paradigme devient dominant, comme l'expliquait déjà Thomas S. Kuhn au début des années 60, les organismes subventionnaires sont plus enclins à financer les travaux qui vont dans le sens du paradigme… Il y a donc un effet d'entraînement qu'il ne faut pas négliger et qui incite à être de plus en plus critique envers les études qui sont publiées. Cependant, il est difficile de croire que tout le monde a tort partout sur la planète et que les travaux scientifiques dans la majorité des universités ne sont faits que par un ramassis d'opportunistes en mal de subventions !

Il existe néanmoins des scientifiques de réputation, avec une excellente formation et un nombre considérable de publications, qui s'opposent aux consensus. Ont-ils raison pour autant ? Il faut pour en juger examiner quelques éléments relatifs à leur discours.

◎ Un excellent géologue peut très bien être un exécrable climatologue et inversement. Le diplôme de docteur en sciences est attribué à quelqu'un dont le travail a fait avancer les connaissances de ses pairs, habituellement dans un domaine très spécialisé.

◎ Une équipe scientifique peut avoir besoin de visibilité médiatique, et la contestation du paradigme dominant est une excellente façon de passer à la télévision. Quitte à mettre des bémols dans la publication suivante ou à simplement soulever des doutes qui demandent qu'on fasse des recherches supplémentaires dans leur champ d'expertise.

◎ Pour être publié dans une revue scientifique, un article doit avoir été revu par les pairs. Souvent, les opinions contre le consensus sont publiées dans des médias qui n'ont pas ce type de garde-fou ou dans de simples sites Internet.

◎ Les médias ont besoin de controverse pour exister. La façon dont ils présentent les hypothèses comme des certitudes avérées, les expériences à l'échelle du laboratoire comme des technologies matures ou les pistes de recherche comme des conclusions introduit beaucoup de confusion dans le public, et ce n'est pas toujours la faute du scientifique ! Les médias laissent aussi l'impression que les opinions des scientifiques sont partagées 50-50, alors que la réalité est plus près de 90-10. Cela laisse aux « sceptiques » une place médiatique difficilement justifiée.

Les groupes écologistes : ces héros au sourire si doux

Les groupes écologistes professent haut et fort leur amour de la planète et revendiquent des actions plus rapides, jouent sur les sentiments et voudraient bien être, du haut de leur vertu, ceux qui décident qui sont les bons et les

---

1. N. Oreskes, « The scientific consensus on climate change », *Science*, vol. 306, n° 5702, 2004, p. 1686.

méchants. Comme un justicier sans revolver, leur crédibilité dépend de la manière par laquelle ils alarmeront les bons sentiments des citoyens dont les pays négocient dans les CDP successives.

Défenseurs sans nuances de la CCNUCC et du Protocole de Kyoto, ils n'y vont pas toujours avec le dos de la cuiller dans leurs arguments. De nombreuses organisations vouées à la protection de l'environnement se font les porte-étendards du développement durable et se lancent volontiers à la défense de grandes causes planétaires. Plusieurs puissantes organisations ont ainsi un volet protection du climat et sont engagées à divers titres dans la réduction des émissions de gaz à effet de serre et dans le processus même de négociation. Pour ne citer que les plus importantes, celles qui sont présentes à titre d'observateurs ayant le statut d'organisations non gouvernementales pendant les négociations sur le climat, mentionnons Greenpeace, le Sierra Club, l'Institut international pour le développement durable (IISD, pour International Institute for Sustainable Development)[2], ce dernier étant d'ailleurs un rapporteur officiel des activités des instances de la Convention, le Fonds mondial pour la nature (WWF, pour World Wildlife Fund) et l'Environmental Defense Fund.

Toutes ces organisations tentent évidemment d'influencer les décideurs et de faire passer leur message dans les médias. Tout le monde connaît le style médiatique des campagnes de Greenpeace, misant sur l'aspect catastrophique des impacts des activités humaines. D'autres organisations ont leur propre stratégie, souvent plus discrète, mais toutes ont en commun la volonté de voir la communauté internationale se donner un instrument contraignant et s'imposer des actions concrètes de réduction des émissions de gaz à effet de serre. Il n'est pas surprenant, dès lors, que la volée de critiques des environnementalistes soit la plupart du temps dirigée, dans le cadre des négociations sur le climat, vers les Américains et leurs alliés. Cette bataille se fait à coups de financements importants, mais modestes par rapport aux fortunes que dépensent les opposants à la Convention. C'est pourquoi l'on essaie de jouer à fond l'effet amplificateur des médias. Cette stratégie peut néanmoins se retourner contre ceux qui l'utilisent, car, lorsque la catastrophe annoncée ne se produit pas immédiatement, les prophètes de malheur sont souvent montrés du doigt comme fauteurs de troubles[3]. Mais les médias ont la gâchette facile: on a rapporté un peu partout que le tsunami du 26 décembre 2004 avait un lien avec les changements climatiques ou, pire encore, que les changements climatiques seraient la cause d'une fréquence accrue de tsunamis dans l'avenir. En 2003, ils avaient aussi rapporté que les Raéliens avaient mis au monde le premier bébé cloné… Décidément!

Heureusement pour les alarmistes, depuis 1990, le climat évolue dans le sens prédit par les scientifiques, et des catastrophes climatiques se

---

2. L'adresse Internet de l'IISD est la suivante: http://www.iisd.org. Cet organisme publie le *Earth Negociation Bulletin*, aussi disponible en français, qui permet de suivre au jour le jour les progrès des grandes conférences internationales.

3. Voir C. Villeneuve, «Le discours environnemental nuit-il à la protection de l'environnement?», *L'Agora*, vol. 1, 1993, p. 1.

produisent avec régularité un peu partout sur la planète. Les organisations en question ont donc beau jeu de faire le lien que les scientifics n'osent pas toujours établir et clament que la fin du monde est à nos portes et qu'il faut agir maintenant. Des héros sans revolver, mais avec un bon porte-voix…

Les lobbies industriels, Mathias Bones, à votre service !

Souvent présentés comme les plus méchants des méchants, ils forment un groupe très diversifié dont les membres font des alliances stratégiques servant leurs intérêts. Mécréants honnis et souvent conspués par les groupes écologistes, ils sont ceux qui ont le plus à perdre à court terme d'une modification des règles du jeu, surtout dans des industries très énergivores et à forte intensité carbonique. Par ailleurs, ils sont incontournables, car avec l'argent et les entrées auprès du pouvoir politique, ils n'ont pas besoin d'actions d'éclat pour exercer leur force. Le personnage du croque-mort, commerçant dont les services indispensables sont d'autant plus requis que la tension monte dans le village, nous apparaît pertinent pour qualifier les lobbies industriels dans notre western. Mais, en digne commerçant, notre croque-mort garde son calme en toutes circonstances, tout en s'organisant pour que son opinion soit connue… et que la bagarre lui amène des clients.

Mais il n'est pas si simple de définir une position industrielle. En effet, pour les charbonniers autant que pour l'industrie de l'assurance ou du tourisme, pour les producteurs d'aluminium ou pour les forestiers, l'intérêt commercial se décline sur des registres différents. Voyons d'abord les vrais vilains qui ont intérêt à ce que tout ce dossier soit perçu dans le public (et donc chez les politiciens) comme des billevesées.

Les canards déchaînés

La voix des affaires dans le débat sur le réchauffement du climat, la Global Climate Coalition (GCC), comme elle se qualifie elle-même, a été « désactivée » selon ce qu'on peut lire sur la page d'accueil de son site Internet. On peut y lire que l'organisation a rempli son mandat en contribuant à l'élaboration de la nouvelle politique américaine sur le climat. Il semble donc que ses efforts de lobbying auprès de l'administration américaine en place aient porté fruit. Ce lobby, censé représenter six millions de compagnies (selon ses propres dires), considère ainsi être parvenu à influencer l'approche des États-Unis face au réchauffement climatique. On peut se demander dans quelle mesure la GCC a participé à l'élaboration de la politique du président George W. Bush. Quoi qu'il en soit, le message est clair : la nouvelle politique qui repose sur le développement de nouvelles technologies pour réduire les émissions de gaz à effet de serre est un concept « fortement » (le terme est utilisé dans son site Internet) appuyé par la Coalition. La Coalition a également remporté la victoire sur Kyoto, arguant l'impact négatif sur l'économie que la ratification américaine aurait provoqué. En fait, les vues de la GCC sont si près de ce que les États-Unis sous le président Bush réalisent sur la question des changements climatiques, qu'on peut se demander jusqu'à quel point ses membres influents auraient pris part aux décisions! Cela dit, la GCC promet de continuer à surveiller les futures administrations à la Maison-Blanche afin que nulle politique sur le climat ne menace la vigueur de l'économie et que toute participation à un traité international engage également les pays en développement[4].

La Cooler Heads Coalition (CHC), comme son credo le déclare: « *The risks of global warming are speculative; the risks of global warming policies are all too real* » (« Les risques du réchauffement global sont hypothétiques; les risques des politiques de lutte au réchauffement sont tout à fait réels »), est une organisation ayant des vues plutôt radicales sur la question. Cette organisation basée à Washington, regroupe principalement des associations de consommateurs et de retraités, des activistes et des instituts de recherche indépendants, dont certains *think-thank* économiques de droite bien connus comme le Fraser Institute, le George C. Marshall Institute et autres du genre. Contrairement à la GCC qui reconnaît l'existence du phénomène du réchauffement global, la CHC doute encore de la question et publie dans son site Internet des articles sans queue ni tête mettant en doute les résultats scientifiques démontrant l'évolution du phénomène. La recette pour écrire de tels articles réside dans l'art de sélectionner uniquement les données scientifiques appuyant le discours et d'y ajouter quelques interprétations douteuses, et l'effet est garanti. C'est le même cas pour l'American Policy Institute dont le cyber-journal *The Conservative voice* publie des textes en série associant les Nations Unies à une conspiration contre la liberté

THINK-THANK
Groupe de personnes engagées dans une réflexion en marche qui publient des avis et opinions généralement convergents avec eux-mêmes.

et le mode de vie américain. Dans ce cas, ils sont carrément négationnistes, refusant toute crédibilité aux scientifiques qui se prononcent dans le sens du consensus.

Les organisations de « libres penseurs » décrites plus haut ont à leur service des prophètes (payés) qui sillonnent les salles de conférence pour propager la bonne nouvelle que les changements climatiques ne sont pas réels, qu'ils ne sont pas si graves ou, encore, que les activités humaines n'ont rien à y voir. Ces prophètes énoncent également toutes sortes d'opinions à propos des études scientifiques sur le climat, allant jusqu'à comparer la communauté scientifique formant un consensus sur le phénomène d'une véritable secte.

Parmi ces oracles, certains ont des tribunes qui leur offrent un auditoire très élargi, comme Steven Milloy, qui dirige JunkScience.com, membre du Cato Institute, dont les articles acides envers tout ce qui concerne les négociations internationales sur le climat et la science qui les appuie sont publiés sur la chaîne Fox News.

Une autre chaîne de nouvelles aux États-Unis, CNSNews, diffusant également dans Internet, offre à son auditoire une tribune de choix aux analyses et critiques ayant en commun leur admiration pour les sceptiques du changement climatique. Curieusement, on y entend que des porte-parole attitrés d'organisations néolibérales de défense des intérêts privés et de l'économie sans entraves. Nous en présentons quelques-uns ici:

---

4. Voir à ce sujet l'agenda pour le 21e siècle de la GCC à http://www.globalclimate.org/Policy_00_0301.htm.

Encadré 12.1

Tech Central Station

Dans la première édition de cet ouvrage (voir l'encadré 10.2), nous avions souligné le rôle de la Reason Foundation chez les négationnistes du changement climatique et retracé sa proximité avec la présidence républicaine. Ce groupe ne s'est pas ralenti, loin s'en faut dans la lutte aux prétendus «chasseurs de sorcières» qui soutiennent qu'il y a des changements climatiques. Le journal électronique *Tech Central Station* publie très régulièrement des articles signés par divers chroniqueurs qui ridiculisent les membres du GIEC et mettent en exergue des déclarations tordues des apôtres d'une conspiration planétaire des écologistes. Des articles écrits avec beaucoup de verve et une apparente compétence, mais dans les faits, il s'agit toujours des mêmes éléments répétés par des chroniqueurs différents. On donne ainsi l'impression que plusieurs «experts» sont en désaccord avec les travaux du GIEC. Les accords internationaux de tous ordres et les politiques visant à réduire les émissions et les gros titres sont repris par les moteurs de recherche dans Internet.

Ce type de désinformation est particulièrement pernicieux et facile à réaliser. Il sème la confusion dans les officines politiques et chez les citoyens. L'étape suivante est confiée aux lobbyistes qui transmettent cette information le plus largement possible ou qui suivent des conférences publiques données par des scientifiques en essayant d'introduire de la confusion en affirmant que «des grands scientifiques» sont contre le consensus. C'est d'ailleurs ce qui s'est produit en Angleterre, en janvier, ou des lobbyistes américains suivaient les conférences du professeur Pachauri, président du GIEC, et monopolisaient la période de questions avec ce type d'arguments que la presse reprenait ensuite.

Il est très instructif de suivre les articles publiés sur le Tech Central Station pour bien comprendre la tactique de ces conservateurs de choc pour qui le droit de conduire un gros 4 × 4 est un droit constitutionnel.

Voir à l'adresse http://www.techcentralstation.com/climatechange.html.

◎ Le professeur Richard Lindzen, du Massachusetts Institute of Technology, se fait un ardent porte-parole du George C. Marshall Institute (il est financé par lui), organisme voué à la défense du libre marché, en affirmant qu'il n'existe pas de consensus scientifique sur la question des changements climatiques. Il critique notamment le manque d'appui scientifique aux prévisions du climat à venir et met en doute la pertinence du dernier rapport sur l'Arctique et les changements climatiques. Par-dessus tout, Lindzen en veut à la façon dont le message sur le réchauffement global est transmis au public : il y voit une conspiration et de la propagande à la manière des Nazis de l'Allemagne de Hitler. (Ce genre de propos ne passerait pas le filtre de la rectitude politique au Québec.) Il critique également le financement de la recherche avec des fonds publics, accusant ce financement d'être partial et de favoriser les chercheurs qui ne mettent pas en doute le phénomène du réchauffement de la planète. La frustration du chercheur est presque palpable dans les propos de Lindzen, mais il faut y voir surtout le credo de la libre entreprise et la défense de l'économie de marché à tout prix face aux contraintes de tout accord multilatéral sur les enjeux globaux.

◎ Patrick J. Michaels, professeur de sciences environnementales à l'Université de Virginie et responsable et porte-parole des questions d'environnement pour le *think-thank* de droite Cato Institute, est l'auteur d'un livre récent sur le sujet du réchauffement global: *Meltdown: The Predictable Distortion of Global Warming by Scientists, Politicians, and the Media.* Selon Michaels, le réchauffement global n'est pas scientifiquement fondé. Le professeur s'est élevé contre le contenu du rapport sur le réchauffement de l'Arctique, paru à la fin de 2004, soulignant que la région arctique a connu des variations de température dans le passé; il affirme que le réchauffement de la fin du 20e siècle n'est pas plus dramatique. Il est appuyé dans ce sens par une autre sceptique connue, Sallie Baliunas, astrophysicienne à Harvard et commentatrice en sciences environnementales pour l'organisme Tech Central Station (voir encadré 12.1). Cette dernière en a aussi contre les journaux scientifiques qui laissent, à son avis, trop de côté les articles soulevant des doutes sur le réchauffement global. Or, ce genre d'accusation lancée dans les médias de masse constitue en lui-même de la désinformation. En effet, la plupart des publications de tous les domaines confondus concernant le climat soulignent les incertitudes subsistant, et ce, malgré les tendances nettes dans le sens du réchauffement global, avec des différences régionales, et l'hypothèse selon laquelle l'activité humaine a un impact de plus en plus marqué sur le climat.

◎ Bjorn Lomborg, professeur associé de statistiques à l'Université de Aarhus, au Danemark, est l'auteur de *The Skeptical Environmentalist* et de *Global Crisis, Global Solutions.* Le message principal véhiculé par M. Lomborg tient à l'idée qu'il est inutile de dépenser des sommes importantes dans la lutte contre le réchauffement puisque de toute façon, les mesures prises aujourd'hui n'auront qu'un effet minime dans 100 ans. Lomborg était donc à la CDP 10 à Buenos Aires, tentant de convaincre les décideurs que la lutte contre le sida, la pauvreté et les mauvaises conditions sanitaires dans le monde sont plus importantes que le réchauffement du climat. Lomborg affirme que nous devons permettre aux pays pauvres de se développer et que dans 100 ans, lorsqu'ils auront atteint notre niveau de vie, ils sauront faire face à l'élévation du niveau de la mer sans trop de problèmes! La position de Lomborg est reprise depuis la parution de son premier livre, mais on a souvent oublié de dire qu'il ne remet pas en cause le consensus scientifique sur l'existence des changements climatiques et sur leur origine anthropique. L'auteur questionne l'importance qu'on accorde à ce problème eu égard aux autres problèmes qui affligent l'humanité et surtout l'inefficacité relative du Protocole de Kyoto pour résoudre le problème. On peut résumer sa thèse ainsi : tant qu'à consacrer des milliards de dollars, consacrons-les à aider les gens à s'en sortir. Laissons le climat évoluer avec les impacts auxquels l'humain n'aura qu'à s'adapter.

D'autres sceptiques ont tenté par le passé d'influencer ou de contrer l'évidence des changements climatiques ou l'influence de l'humain sur le climat. Certains ont fait circuler des pétitions signées par de prétendus experts en science du climat qui reniaient le phénomène. On pense à la *Leipzig declaration on global climate change* lancée en 1995 et 1997 par le professeur Fred Singer, de l'Université de Virginie. Et aussi à la *Oregon Petition* que le physicien Frederick Seitz a fait circuler en 1998. Il s'est avéré que plusieurs signataires de ces pétitions étaient loin d'être des scientifiques et que certains étaient même plutôt fantaisistes. (Mickey Mouse a d'ailleurs été un des signataires, mais était-ce le vrai?)

Le consensus scientifique, nous l'avons dit, est de plus en plus difficile à ignorer et à critiquer. Un tour d'horizon dans Internet permet toutefois de constater que de nombreux sites continuent à pourfendre les études et en particulier les rapports du GIEC. Mais, de la part des organisations le moindrement sérieuses, les critiques tournent dorénavant autour de l'enjeu de la bonne marche de l'économie néolibérale que viendrait freiner toute politique contraignante de réduction des émissions de gaz à effet de serre.

Encadré 12.2
Il était une fois dans l'Est...

Les romans de Michael Crichton sont toujours palpitants. Que ce soit *La Variété Andromède* ou *Jurassic Park*, l'auteur y campe des personnages de bons et de méchants et documente généralement très bien ses histoires, ce qui les rend vraisemblables jusqu'à la limite pour des gens qui ne possèdent pas les connaissances scientifiques suffisantes pour voir où s'arrête la réalité et où commence la fiction. Dans son dernier thriller, *State of fear* paru à la fin de 2004, Crichton laisse aller son imagination dans une histoire qui raconte que de méchants écoterroristes s'attaquent à la société industrielle en semant des catastrophes meurtrières qu'ils s'empressent ensuite de présenter à une presse crédule comme les effets des changements climatiques.

La grande force de Crichton, c'est de donner une allure scientifique à son livre et à ses personnages. Il met dans les propos de ses personnages un discours émaillé de statistiques à la Lomborg et en faisant de son héros un professeur du MIT, il se permet de lui faire expliquer en long et en large que les changements climatiques ne sont qu'une vaste fumisterie avec des démonstrations « pédagogiques » qui s'adressent à des personnages qui, l'un après l'autre, se convertissent à la thèse du héros (qui a bien sûr toujours raison). En plus, Crichton prend la peine d'affirmer sa propre position dans le message préliminaire de l'auteur et dans un essai en annexe où il compare la théorie des changements climatiques à la théorie de l'eugénisme en vogue au début du 20e siècle.

Le Comittee for the Scientific Investigation of Claims of the Paranormal (CSICP), organisme indépendant fondé en 1976 par Carl Sagan et quelques collègues, examine scientifiquement les témoignages de phénomènes paranormaux et les abus d'interprétation de travaux scientifiques. Le CSICP a scruté la « science » dont Crichton fait étalage et a produit une très intéressante critique de Chris Mooney qu'on peut trouver dans Internet www.csicop.org/doubtandabout/crichton/. Mooney a révisé les notes scientifiques dites authentiques et les a trouvées tronquées. Il qualifie le livre de Crichton de « pure pornographie pour les opposants du changement climatique » et le compare par son invraisemblance à un autre roman *Harcèlement* publié il y a une dizaine d'années par le même auteur.

Malheureusement, le livre est un succès en librairie et son influence sur l'opinion publique américaine sera non négligeable, surtout qu'on le compare dans une certaine presse à un ouvrage scientifique.

Les avoués

Depuis la parution de la première édition de notre livre, le jeu s'est un peu calmé. Devant l'accumulation des données cohérentes, les observations et les analyses approfondies montrent que l'intérêt de l'industrie en général est dans l'adaptation plutôt que dans la négation d'une réalité de plus en plus évidente.

Parmi les organisations et les regroupements d'entreprises, certaines ont sereinement franchi l'étape de l'acceptation du phénomène des changements climatiques et du rôle joué par les activités humaines dans le processus, et sont résolument engagées dans des actions en vue d'atténuer le problème. C'est le cas du World Business Council for Sustainable Development (WBCSD), qui rassemble 170 entreprises de 20 secteurs industriels et de services vouées à la promotion du développement durable au sein des entreprises. Cette organisation fait office de leader auprès des entreprises pour la réduction effective des émissions de gaz à effet de serre par diverses voies technologiques et de marchés. Le WBCSD était présent à la CDP 10 à Buenos Aires pour faire la promotion notamment de scénarios pour la production énergétique neutre en carbone et aussi pour les moyens de transport zéro émission à l'horizon 2050.

Comme Mathias Bones a bien compris que les gens ne veulent pas mourir pour des idées, il s'associe au pharmacien du coin pour s'assurer de rester dans les affaires longtemps.

AOSIS
Alliance of Small Insular States (Association des petits pays insulaires menacés par le relèvement du niveau des océans).

Les Parties : sur la place du Village, la tension est à son comble !

Pour que notre western soit complet, il faut toute une population qui vit dans le Village global où se passe le drame. Les pays Parties à la CCNUCC nous fourniront les protagonistes et les figurants du scénario. Nous décrivons leur rôle dans la présente section.

Selon P. Radanne les pays signataires de la convention peuvent être divisés en sept groupes : les pays vides, les pays pleins, les pays en transition plongés dans un déclin industriel pendant les années 90, les pays producteurs de combustibles fossiles, les pays de l'Alliance des petits États insulaires (AOSIS, pour Alliance of Small Island States), les pays les moins avancés et les pays émergents[5]. Au sein même de chacun des groupes se trouvent des intérêts communs et divergents qui expliquent bien des choses sur les difficiles négociations du climat.

Voyons ici quelques éléments de cette classification pour mieux comprendre les enjeux des négociations autour du climat dans les prochaines années. À tout seigneur tout honneur, commençons par ceux qui sont le plus souvent désignés comme vilains : les pays que P. Radanne appelle «vides», c'est-à-dire les États-Unis, le Canada et l'Australie.

Vides ou avides

Les *pays vides*, soit les *États-Unis*, le *Canada* et l'*Australie*, fortement industrialisés, jouissent d'une abondance d'espace, avec des populations

---

5. P. Radanne, «Les négociations à venir sur les changements climatiques : bilan et perspectives», Les publications de l'IEPF, coll. «Études prospectives», n° 1, 2004, 37 p.

relativement faibles réparties dans des communautés urbaines importantes, mais étalées. L'abondance d'espace se traduit par des modes de consommation, d'urbanisme et d'aménagement du territoire très énergivores. On peut aussi penser que le territoire permet de déménager si la situation se détériore… Ces trois pays ont en commun des réserves énergétiques importantes, une histoire jeune caractérisée par une croissance démographique importante (qui se poursuit aux États-Unis) et un dynamisme économique qui leur fait rejeter tout ce qui peut apparaître comme une entrave à la croissance soutenue de leur produit national brut (PNB). La question climatique est perçue comme un frein à la croissance, car elle oblige à des changements d'attitudes et de comportements, une atteinte à l'*American way of life* perçue il y a encore quelques années comme l'accomplissement modèle de l'évolution humaine.

De ces trois pays, seul le Canada a ratifié le Protocole de Kyoto et son gouvernement en est bien embêté aujourd'hui. En effet, ce choix politique, fait par un premier ministre en fin de mandat, a été critiqué par plusieurs intervenants, dont les producteurs d'énergie, l'Alberta et l'Ontario en particulier. La souveraineté économique toute relative du Canada complique la situation. Il se retrouve seul partenaire dans un traité de libre-échange continental à s'être engagé à respecter les objectifs de réduction de gaz à effet de serre, alors que ses partenaires se contentent de mesures volontaires sans contraintes particulières. Avec un excédent de 22 % sur ses émissions de 1990, le Canada part avec un handicap sérieux : il est à 28 % de son objectif,

trois ans avant le début de la période de référence. Un peu comme un coureur qui aurait 20 kg en trop dans les blocs de départ… Le Canada, même s'il veut se donner une image internationale de leader dans le domaine de l'environnement, fait piètre figure dans les négociations internationales. Allié des États-Unis, solidaire de la Russie dans les réclamations pour les puits de carbone, il a même mérité le prix de « fossile du jour » à la COP 7 de Marrakech. Comme le dit un proverbe bien connu chez les écologistes anglophones : « *United States waters everything and ratifies nothing. Canada ratifies everything and implements nothing!* » Les protestations du nouveau ministre de l'Environnement du Canada et sa profession de foi dans l'efficacité des mesures volontaires ne font pas le poids. En fait, le Canada apparaît comme le faire-valoir du méchant shérif… Servile, il voudrait avoir l'air d'un bon diable, mais ses actions n'en sont pas moins sulfureuses !

Les enjeux pour le Canada sont surtout liés à l'importance de son industrie pétrolière et gazière, essentiellement exportatrice vers les États-Unis. Même si les Canadiens comptent parmi les plus grands émetteurs par habitant sur la planète, leur contribution aux émissions globales demeure relativement marginale. Mais l'importance du secteur pétrolier et la dépendance de certaines provinces à la production d'électricité thermique, combinée avec la prépondérance des valeurs et du mode de vie américain, rendent compliqué le partage des efforts nécessaires. Il est très peu probable que le Canada atteigne son objectif sans recourir à l'achat massif de permis sur le marché international. Sauf bien sûr si, touchés par la grâce, les gouvernements provinciaux et le gouvernement fédéral surtout imposaient leur volonté par des mesures contraignantes au lieu des mesures volontaires. C'est là un scénario bien improbable…

Encadré 12.3
C'est mal parti!

En avril 2005, le gouvernement du Canada présentait son nouveau plan pour rencontrer ses objectifs dans le cadre du Protocole de Kyoto. On y apprenait que:

◎ Depuis le premier plan en 2002, les émissions avaient augmenté de 30MT/an;

◎ On réduisait la cible de réduction pour les grands émetteurs finaux;

◎ On réduisait la contribution des puits de carbone forestiers;

◎ Le plafond du prix des réductions à 15$/tonne de CO_2 était maintenu;

◎ Le plan suppose des ententes sectorielles avec les provinces, mais aucune n'est négociée;

◎ Le Canada favorise l'achat de crédits à l'extérieur du territoire pour atteindre ses objectifs;

◎ Une entente volontaire a été conclue avec l'industrie automobile sans réels moyens de contrôle en 2010.

Si le Canada était un coureur de marathon, il se présenterait au départ avec trente kilos en trop, des chaussures dépareillées, des lacets pas attachés, un sac de briques sur le dos, mais en clamant sa détermination à compléter le parcours. Bonne chance!

C. Villeneuve, «Le projet Vert du Canada et Kyoto», *Le Soleil*, p. A31, 16 avril 2005.

Le plus grand méchant de tous les vilains dans ce grand western est sans doute personnifié par le shérif planétaire, les États-Unis, incarné par George W. Bush, le seul vrai cow-boy qui veut imposer à la planète entière sa morale, ses industries, ses façons de faire et sa loi, la seule qu'il connaisse: la dure loi de l'Ouest. Dans les négociations de la CCNUCC, les Américains disposent des plus grandes équipes et des plus importants moyens, et leur influence dans le processus apparaît démesurée, car elle retarde conclusion d'ententes, en diminue la portée et souvent même bloque celle-ci. Ces ententes par ailleurs font l'affaire de tout le monde, en apparence du moins. Par exemple, au terme de la COP 10 à Buenos Aires, la seule chose sur laquelle les pays se sont entendus à la suite du blocage systématique des négociateurs américains a été de se rencontrer pour poursuivre des discussions non officielles sur la pertinence d'un engagement postérieur à la première période de référence de Kyoto… Tout un programme!

Doit-on conclure que les Américains sont les tyrans qui empêchent la planète de négocier en rond et qui, par leur unilatéralisme, imposent aux autres pays apeurés leurs priorités, voire leurs lubies (ou lobbies?). Encore une fois, cette analyse est simpliste et même si on a souvent lu dans les journaux des opinions qui s'en approchent, la réalité est beaucoup plus nuancée. Certes, le président George W. Bush présente une image caricaturale de l'Amérique conservatrice, mais les États-Unis vivent une réalité beaucoup plus complexe et irisée que le voudraient les clichés. Essayons de comprendre d'abord la situation.

Les États-Unis sont un pays de contrastes, mais leur prospérité et leur dynamisme font l'envie de la plupart des autres pays. Cette prospérité est basée sur une liberté de consommation érigée en valeur suprême. Consommation de biens et de services, consommation d'espace et de ressources, c'est le pays de la démesure et son empreinte écologique est la plus grande qui soit sur la planète. Ce mode de vie explique aussi que ce soit le pays qui est le plus grand émetteur de gaz à effet de serre devant la Chine, pourtant quatre fois plus peuplée. La production d'électricité thermique demeure prépondérante (65%) et la construction prévue de centrales au charbon et au gaz naturel risque peu de changer la donne d'ici une vingtaine d'années. Le transport, basé sur l'automobile individuelle et le camion lourd, crée une énorme demande pour le pétrole. Celle-ci s'accommode d'autant plus de véhicules énergivores que l'essence est très peu taxée, point sensible de l'électorat américain. Dans le domaine du bâtiment, la climatisation crée en été une énorme demande d'électricité et «l'épidémie» d'obésité qui affecte le pays rend cet accessoire indispensable au confort des personnes qui en souffrent. Enfin, le système de distribution des biens basé sur des centres commerciaux de plus en plus énormes et de magasins-entrepôts entraîne des dépenses d'énergie toujours plus grandes. Toute charge qui viendrait augmenter le coût relatif de l'énergie pourrait créer aux États-Unis une diminution de la compétitivité et une augmentation des coûts intérieurs qui est perçue comme désastreuse par les autorités politiques. On peut donc comprendre que le gouvernement soit réfractaire à s'engager dans un tel processus.

Encadré 12.4

Le credo de l'administration américaine

La politique fédérale américaine est basée sur la fuite en avant. Le pari de George W. Bush, c'est que les scientifiques pourront trouver des solutions technologiques permettant de continuer la croissance et le maintien des habitudes de vie des Américains et la compétitivité de leurs industries. Plutôt que de considérer quelque mesure contraignante, le plan du gouvernement fédéral a investi dans la recherche* dans l'espoir de:

◎ mettre en place des technologies à base d'hydrogène pour le transport;

◎ créer des centrales d'un nouveau genre qui produisent de l'électricité avec des hydrocarbures, mais sans émettre de gaz carbonique dans l'atmosphère;

◎ favoriser l'avènement de nouvelles formes de production d'énergie n'émettant pas de gaz à effet de serre, comme la fusion nucléaire**.

Nous verrons au prochain chapitre que ces technologies sont encore loin d'être matures et qu'il est peu probable qu'elles contribuent de manière importante à régler le problème. La recherche scientifique et les efforts de développement de technologie sont bien sûr indispensables à la solution du problème, mais ils ne suffisent pas, et de loin, car déjà nous émettons beaucoup plus de gaz à effet de serre que la planète ne peut en prendre. Pour stabiliser le climat, il faudra aussi réduire les émissions d'aujourd'hui, pas seulement celles de demain. Mais écoutons plutôt le président: «Mon approche reconnaît que la croissance économique est la solution et non pas le problème, car un pays dont l'économie se développe est un pays qui peut se permettre d'investir et de créer de nouvelles technologies.»

Un bouclier spatial avec ça?

* D'après John Marburger, conseiller scientifique du président, *Le Devoir*, samedi 18 décembre 2004, p. B5.

** Il faut distinguer la fission nucléaire qui est employée actuellement dans les centrales en fonction et la fusion, procédé qui n'est pas encore maîtrisé et dont les promesses sont à l'horizon 2050.

Washington protège son industrie, quelquefois même avant sa population. Il faut comprendre que le lobbying est tout à fait légal et omniprésent dans ce pays. Chaque grand parti reçoit des contributions des industriels, et les élus entendent des représentations d'avocats engagés par des intérêts divers qui veulent influencer la législation pour obtenir des conditions favorables à leur secteur. Tant que l'activité concernée est légale, tout le monde a sa chance. L'efficacité dépend des moyens qu'on veut bien y consentir. Cette réalité politique favorise le conservatisme, puisque les entreprises les plus puissantes, c'est-à-dire celles qui ont le plus profité des conditions d'hier, ont les moyens d'influencer les politiciens, donc les lois et l'opinion publique par l'intermédiaire des médias.

Par ailleurs, les États-Unis ont fortement soutenu la mondialisation de l'économie et la chute des barrières au commerce en vertu de théories économiques néolibérales à la mode à la fin du 20e siècle. Cette mondialisation a beaucoup favorisé une concentration des entreprises qui sont devenues des géants à l'échelle mondiale et a permis de profiter de l'avantage comparatif que constitue le bas prix de la main-d'œuvre dans plusieurs pays en développement comme la Chine. L'accroissement de la demande mondiale de combustibles fossiles accélère l'urgence d'agir pour protéger le climat, mais les Américains ont extrêmement peur que le fait de restreindre même légèrement leur compétitivité accélère la délocalisation des entreprises et les pertes d'emplois chez eux. En conséquence, ils ne souhaitent pas se retrouver obligés de faire des gestes sans que d'autres grands émetteurs dans les pays émergents fassent leur part. C'est dans cette optique que le Sénat adoptait un amendement à la suite de la signature du Protocole de Kyoto qui stipulait que le pays ne devrait pas signer d'engagement contraignant à l'échelle internationale si les pays en développement n'y avaient pas d'objectifs contraignants.

La position américaine, celle du « vilain pas beau », se comprend mieux à la lumière de l'analyse. En changeant les règles du jeu, les États-Unis risquent de ne pas être gagnants. En conséquence, il faut voir que c'est leur vulnérabilité plutôt que la stupidité politique ou l'entêtement idéologique qui explique leur position dans les négociations autour du climat. La communauté internationale voudrait bien leur faire payer leur succès, mais qui va reprocher à un politicien de ne pas souscrire avec enthousiasme à une telle option?

C'est au niveau local plutôt qu'au niveau national que se sont manifestées les principales actions de lutte contre les changements climatiques. États, municipalités et entreprises ont mis en place des initiatives diverses qui font que les États-Unis, malgré leur absence d'objectif de réduction, risquent de quand même faire des progrès marqués, même en dehors du cadre du Protocole de Kyoto.

L'Australie de son côté présente aussi une situation de dépendance envers les énergies fossiles et un mode de vie très énergivore. Son alignement sur les Américains ne surprend pas, surtout si l'on considère que son industrie est en compétition avec les pays de l'Asie du Sud-Est. Cependant, cet alignement enthousiaste en 2001 semble s'effriter aux lendemains de la COP 10. Le gouvernement australien prend ses distances par rapport à l'administration américaine. Il faudra toutefois attendre un changement de gouvernement pour voir l'Australie se ranger du côté de l'Europe… Après tout, il n'est pas très politiquement sain d'avouer qu'on avait choisi le mauvais camp. Parmi les alliés du méchant shérif, certains peuvent plaider l'aliénation temporaire.

Les pays pleins : pas de pétrole, mais des idées !

La plupart des pays inscrits à l'Annexe 1 présentent une forte densité démographique avec une population stable et une industrialisation avancée ; ils ont épuisé leurs ressources de carburants fossiles et dépendent des importations pour l'essentiel de leur fourniture énergétique. Cette catégorie des *pays pleins* comprend l'*Europe* au sens large, le *Japon* et la *Nouvelle-Zélande*. La Russie fait bande à part. Ces pays ont été fortement touchés par les chocs pétroliers des années 70 et ont en conséquence mis au point des infrastructures de transport beaucoup plus efficaces, construisant sur l'avantage que la densité confère au transport en commun. Par ailleurs, les gouvernements de ces pays taxent de façon importante les carburants, ce qui favorise un parc automobile beaucoup moins gourmand. Ces instruments constituent dans les faits une préadaptation pour la mise en œuvre de stratégies efficaces de lutte contre les changements climatiques, Ainsi, lorsque la question climatique a commencé à prendre de l'ampleur au milieu des années 90, les Européens et le Japon ont renoué avec des politiques qui avaient servi à réduire leur dépendance pétrolière 20 ans plus tôt. En conséquence, il est tout à fait normal que l'Europe maîtrise mieux et plus facilement le défi de Kyoto que les pays vides. Par ailleurs,

les Européens, en se réunissant sous le «parapluie» de la Communauté européenne, peuvent se donner des politiques communes et un marché intérieur des gaz à effet de serre. Ces instruments seront beaucoup plus efficaces, permettant de respecter les spécificités régionales, par exemple la prépondérance de l'énergie nucléaire en France. Elle permet aussi de faire place à l'augmentation des émissions dans certains pays comme le Portugal ou l'Espagne.

Les Européens et les Japonais font donc figure de «bons» dans le processus de négociation du climat, avec un air plus avant-gardiste et un discours en apparence plus vertueux que celui des Américains. Ils sont innovateurs en matière d'efficacité énergétique, de technologies, de procédés, etc., et c'est cette préadaptation qui leur permet de jouer aux champions de la vertu. Comme tout le monde, ils cherchent simplement à imposer des règles du jeu dans lesquelles ils peuvent être gagnants au point de vue économique.

À l'est d'Éden : le réveil pénible des lendemains qui chantent… faux

Les pays de l'ancien bloc soviétique ont énormément souffert de l'effondrement du régime communiste. La mise au jour de l'échec des politiques de l'économie planifiée de l'ex-URSS et de ses pays satellites a révélé une fragilité de l'infrastructure industrielle incompatible avec la concurrence des pays à économie capitaliste, et la transition vers l'économie de marché s'est traduite par d'énormes pertes d'emplois et une déstructuration du tissu industriel.

Encadré 12.5

Different strokes for different folks!

Les stratégies européennes diffèrent d'un pays à l'autre. Les stratégies de la France, du Royaume-Uni, du Danemark et de l'Allemagne illustrent bien la diversité des approches et les difficultés qui restent à surmonter pour atteindre les engagements de la première période de référence du Protocole de Kyoto.

Avec son Plan climat 2004, la *France* prévoit atteindre et même dépasser son objectif de Kyoto en 2010, soit le retour à ses émissions de 1990 (+ 0 %). Sans les mesures prévues, les émissions pourraient excéder l'objectif de 10 %. Pour parvenir à réduire ses émissions, le plan de la France cible des actions qui devraient créer une véritable dynamique à l'échelle nationale. Les principales mesures concrètes par secteur sont les suivantes: augmentation de l'offre de biocarburants; crédit d'impôt pour l'écohabitat; étiquette «Énergie» sur une large gamme de produits, des véhicules aux fenêtres en passant par les logements et les chaudières; système de *bonus-malus* pour encourager l'achat de véhicules peu émetteurs et dissuader les acheteurs de véhicules plus polluants; mesures favorisant une climatisation durable; financement de projets non routiers avec 70 % des dividendes des sociétés d'autoroutes. Toutes ces mesures seront accompagnées par une campagne de communication nationale pour inciter à changer les comportements. La France compte aussi beaucoup sur l'utilisation accrue du bois, à la fois pour la construction et comme source d'énergie.

Au *Royaume-Uni*, bien que l'effort demandé par Kyoto s'élève à 12,5 % d'émissions en moins par rapport au niveau de 1990, les mesures énoncées dans le UK Climate Change Programme sont prévues pour atteindre un objectif domestique de réduction des émissions de CO_2 de 20 % sous la barre de 1990 dès 2010. De plus, le livre blanc sur l'énergie lancé en 2003 est destiné à permettre la réduction de 60 % en 2050. On peut se demander comment le Royaume-Uni y parviendra concrètement. Il faut souligner d'abord que le pays est déjà en mode réduction, en partie grâce au premier système national d'échange d'émissions mis en œuvre en 2002. Ce système, auquel 32 entreprises ont volontairement participé, a permis de dépasser en 2 ans l'objectif fixé au départ de réduire de 12 Mt d'équivalent CO_2 avant 2006. Un rôle majeur dans la réduction est d'autre part joué par la taxe à l'énergie imposée aux industries depuis 2001. Avec ce type de mesures ciblant en priorité l'énergie, les dirigeants du Royaume-Uni ont clairement axé leur politique du climat sur une économie moins intensive en carbone. On compte beaucoup sur un usage accru de la biomasse. Le premier ministre Blair, qui préside le Sommet du G8 en 2005, a l'intention de mettre à l'ordre du jour la lutte contre les changements climatiques, dans la perspective probable d'influencer son allié historique le président Bush. Le Royaume-Uni a toutefois fait mauvaise figure au début 2005 en lançant une poursuite contre la Communauté économique européenne (CEE) qui refusait d'accepter son plan d'attribution des émissions jugé un peu trop généreux. Par ailleurs, l'administration américaine oppose toujours une réponse négative à ses appels à joindre le Protocole de Kyoto.

Le *Danemark* est contraint, en vertu de Kyoto, de réduire ses émissions de 21 % par rapport au niveau de 1990. Malgré les réductions réalisées jusqu'ici, il se dirige vers un excédent de 30 % au-dessus de l'objectif pour la période 2008-2012. Cela impose un lourd fardeau à la société danoise. Dans sa stratégie de lutte contre les changements climatiques, le Danemark compte par conséquent mettre l'accent sur les mesures dont le coût est le moins élevé par rapport aux efforts consentis, autrement dit, obtenir le maximum de réduction au moindre coût. La priorité est ainsi axée entre autres sur l'exploitation de thermopompes, la diminution de la production d'électricité thermique, la conversion du charbon au gaz naturel et les parcs éoliens en mer. Même si ces derniers sont plutôt coûteux, le Danemark compte les inclure dans sa stratégie, ce qui risque paradoxalement de faire augmenter ses exportations d'électricité thermique et ses propres émissions de gaz à effet de serre par la même occasion. En effet, une éolienne ne produisant que lorsqu'il vente, on ne peut donc pas l'inclure comme seule puissance de base. Bien entendu, le prix de la tonne de CO_2 qui sera fixé dans un marché des émissions à venir contribuera à mettre en valeur les options les plus économiques, c'est pourquoi les mécanismes de développement propre et de mise en œuvre conjointe du Protocole de Kyoto semblent être dans la mire des Danois à cet égard. D'ailleurs, des crédits ont déjà été alloués pour des projets de géothermie et de production électrique par biomasse en Roumanie, en Slovaquie et en Pologne. En 2005, 20 % de toute l'électricité consommée au Danemark est d'origine éolienne. De fait, la loi interdit la construction de centrales thermiques aux seules fins de production d'électricité. Il faut au moins faire de la co-génération.

L'effort demandé à l'*Allemagne* en vertu de Kyoto est de 21 % d'émissions de moins qu'en 1990. Il faut dire que ce pays a bénéficié d'une réduction avec la réunification des deux Allemagnes, les émissions entre 1990 et 2002 ayant diminué de plus de 15 %. Il reste que l'effort à fournir est important et l'Allemagne semble y mettre de la volonté politique… à certaines conditions. Certaines mesures sont d'ailleurs en place et permettront une réduction à long terme des émissions ; citons une taxe écologique, la loi sur l'énergie renouvelable et la réforme du système ferroviaire. Le pays est engagé par ailleurs sur la voie de la fermeture graduelle de toutes ses centrales nucléaires. Ce choix impose donc une responsabilité accrue d'exploiter davantage des sources énergétiques neutres en carbone, comme l'est l'énergie nucléaire. Une révision de la stratégie allemande en 2004 propose une réduction de 40 % des émissions domestiques en 2020 en contrepartie d'une réduction européenne de 30 % pour la même date.

À Kyoto, les pays de l'ex-bloc soviétique se sont vu appliquer un gel de leurs émissions de 1990 alors que, dans les faits, celles-ci avaient baissé de 40 % en moyenne. On comprend que le défi de rencontrer leur engagement à l'échéance 2012 ne demande donc pas de grands efforts politiques ! Par ailleurs, ces pays ne forment surtout plus un seul bloc.

En effet, depuis 1990, deux blocs se sont formés : les pays qui se tournent vers l'Europe (Hongrie, Pologne, République tchèque, Slovaquie, pays Baltes, Slovénie) et acceptent une limite de 92 %, et de l'autre côté la Russie et l'Ukraine, qui tendent à se ranger du côté des pays vides (Canada, États-Unis et Australie) avec qui ils partagent des caractéristiques communes.

L'adhésion des pays de l'Est à la Communauté européenne permet par exemple de récupérer plus de 70 Mt de réductions provenant des pays Baltes qui pourront être échangées sur le marché interne et faciliter ainsi l'atteinte des objectifs globaux de réduction. La Pologne, avec une réduction de l'ordre de 160 Mt, représente près de la moitié de l'objectif de réduction globale de la CEE. Ces marges de manœuvre facilitent grandement la performance des pays européens et justifient sans doute leur enthousiasme dans la mise en œuvre du Protocole de Kyoto.

La belle Peggy du saloon

La Russie, avec le marchandage de sa ratification du Protocole de Kyoto, illustre bien le cynisme et les calculs dont sont capables les politiciens qui travaillent la main sur le cœur à la «sauvegarde de la planète». L'attribution de l'«air chaud» à la Russie et le mécanisme de mise en œuvre conjointe donnaient aux pays de l'ex-bloc soviétique un avantage intéressant pour maintenir leur intérêt dans les négociations du Protocole de Kyoto. L'appui déterminant du Canada à Marrakech dans l'attribution des puits de carbone a aussi mis la Russie en position favorable. Avec le retrait des Américains en 2001, celle-ci a acquis un droit de veto sur la mise en œuvre du Protocole en raison de la règle du double 55 (voir l'encadré 11.3). De 2002 à 2004, les autorités russes ont négocié leur appui entre les pro-Kyoto et les anti-Kyoto, soufflant le chaud et le froid. À l'été 2004 la plupart des observateurs croyaient que le Protocole ne serait jamais ratifié. Finalement, c'est en échange de l'appui de la CEE à l'entrée de la Russie à l'Organisation mondiale du commerce que Vladimir Poutine a soumis à la Douma une proposition de ratification qui a permis au Protocole d'entrer en vigueur le 16 février 2005. La belle Peggy du saloon vend ses charmes au plus offrant…

Le G-77, petits truands, vrais paumés, victimes innocentes et grands ados

On a appelé *G-77* le groupe des pays très variés qui constituent la majorité des Parties à la CCNUCC. Leur poids politique très divers, leur croissance très variable et leur vulnérabilité souvent très grande en font une mouvance qui doit être divisée en quatre sous-groupes selon la classification de Radanne: *Les pays producteurs de pétrole, les pays les moins avancés, les petits pays insulaires et les pays émergents.*

L'Arabie saoudite a joué aux côtés des États-Unis le rôle du grand méchant à Buenos Aires, se plaignant de ce qu'une économie mondiale moins gourmande en carburants fossiles serait nuisible à son économie. Ce pays monarchique, dont la population profite bien peu de la rente pétrolière monopolisée par une oligarchie, refuse de considérer une poursuite des négociations d'objectifs post-Kyoto. Pourtant elle ratifiait le Protocole quelques semaines plus tard. Les pays de l'OPEP et plus généralement les pays producteurs de pétrole constituent un bloc qui se sent concerné au premier chef par les restrictions possibles de la consommation de combustibles fossiles. Leurs émissions ne sont contraintes par aucun plafond et leurs gouvernements espèrent qu'elles vont continuer de croître au rythme d'une économie en forte croissance. D'ailleurs, on commence à voir des industries à forte demande énergétique et à forte intensité carbonique implanter de nouvelles usines dans ces pays où ils peuvent par exemple profiter du gaz naturel à très faible coût sans se préoccuper des émissions, par exemple, on commence à ouvrir des alumineries dans les Émirats Arabes Unis. Cette situation constitue un irritant majeur pour les pays qui sont soumis à un quota d'émissions et il est probable qu'un des enjeux d'une éventuelle phase deux de Kyoto sera les conditions d'entrée de ces pays dans un plan de réduction contraignant. On divise *les pays exportateurs de combustibles fossiles* en trois catégories: ceux qui exportent surtout du charbon (Afrique du Sud, Colombie et Indonésie), ceux qui exportent du pétrole (OPEP, Venezuela, Mexique) et ceux qui exportent du gaz (Émirats arabes unis, États d'Asie centrale issus de l'ex-URSS, Algérie, etc.). Pour eux, l'enjeu est clair: ne touchez pas à nos revenus, quoi qu'il advienne.

Dans une tout autre catégorie, on trouve *les pays les moins avancés,* (pays pauvres d'Afrique, ou Haïti), qui ne disposent ni des ressources, ni de la gouvernance nécessaire pour protéger adéquatement leurs intérêts à l'échelle internationale. Souvent mal préparés, mal équipés et mal conseillés, leurs négociateurs ne peuvent suivre l'incroyable complexité des négociations et dépendent de l'aide d'organisations comme la Francophonie pour les aider à suivre la caravane. Ils sont d'autant plus fragiles que, souvent, leurs territoires et leurs populations sont les plus à risque des conséquences des changements climatiques. Leur appui est souvent sollicité au sein de groupes dominés par des pays beaucoup plus puissants qui fédèrent leurs votes dans des alliances où ils ne sont pas nécessairement gagnants à long terme. Ce sont les victimes toutes désignées des tractations entre les grands de ce monde.

Les pays de l'Alliance des petits États insulaires (AOSIS) partagent le sort peu enviable d'être les premiers dont le territoire et la population sont gravement menacés par la montée des océans. Ce qui est pathétique dans ce groupe, c'est que les petits États ne sont pour rien dans la cause des changements climatiques, mais qu'ils en seront les premières victimes, à mesure qu'ils seront ravagés par des tempêtes de plus en plus violentes et un océan chaque année légèrement plus élevé. On trouve dans cette alliance des *pays insulaires du Pacifique, de l'Asie du Sud-Est et des États situés dans le delta des grands fleuves comme le Bangladesh*. Menacés dans leur existence même, ces pays ramènent constamment les discussions vers les enjeux essentiels d'équité et de gouvernance planétaire. De plus, leurs cris à l'aide pour financer des projets qui leur permettraient de s'adapter aux effets des changements climatiques se perdent à travers le fouillis administratif du Fonds pour l'environnement mondial (FEM). Le problème est que le fonds pour l'adaptation des pays les moins avancés, dont plusieurs sont de l'AOSIS, ne peut pas servir à financer des projets de développement. Or, il est bien évident que tout projet d'adaptation dans ces pays constitue bel et bien un développement. Ces pays sont donc les alliés objectifs des groupes écologistes, les victimes justifiant l'existence des héros… Ainsi, les «études de cas» dévoilées à la presse par les groupes écologistes sont souvent tirées d'exemples provenant des deux dernières catégories de pays.

Le dernier groupe de pays du G-77 est constitué des *pays dits «émergents»*. Leur croissance fulgurante des deux dernières décennies et leur population immense en font un groupe incontournable et qui sera déterminant, plus encore que les Américains dans l'avenir du climat planétaire. La *Chine*, l'*Inde*, le *Brésil* et l'*Afrique du Sud* représentent plus de la moitié de la population planétaire et ont toujours une population en croissance.

L'attitude des pays émergents est souvent discrète et amère. Au moment où ils s'intègrent

Encadré 12.6

Mettez-vous à leur place!

Du 10 au 14 janvier 2005 se tenait à l'Île Maurice la réunion des pays insulaires (AOSIS). Moins d'un mois après le tsunami qui a affecté certains d'entre eux, le relèvement du niveau de la mer est d'autant plus considéré comme la menace principale liée aux changements climatiques. Les images du désastre du 26 décembre 2004 sont dans toutes les télévisions et tous les journaux, et on retrouve réunis les gens qui sont les plus susceptibles de connaître le même sort à la première tempête tropicale venue dès 2030.

Les petits pays insulaires ont en commun plusieurs caractéristiques qui les rendent très vulnérables au relèvement du niveau océanique:

- Entouré d'eau, leur territoire ne peut que se rétrécir par l'érosion, peu importe le relief;

- Il est impossible d'évacuer la population, sauf avec des moyens considérables dont les gouvernements ne disposent pas nécessairement;

- Leur contribution à l'augmentation des gaz à effet de serre est insignifiante à l'échelle globale;

- Leurs perspectives de développement sont liées au tourisme. Or, les touristes veulent de la sécurité avant tout, et un littoral en pleine transformation n'est pas propice à l'établissement d'infrastructures pour les accueillir.

On comprend dès lors que leurs dirigeants se sentent très concernés par les perspectives calculées par les scientifiques et qu'ils utilisent tous les moyens qui sont à leur disposition pour faire entendre leur voix!

dans l'économie mondiale avec des atouts importants – une population jeune et dynamique, des capacités industrielles de plus en plus développées –, un péril planétaire vient peut-être contraindre leur processus de développement et leur espoir d'enrichissement. Un peu comme des adolescents à qui on apprend qu'ils n'auront pas d'emploi en raison d'une crise économique pour laquelle ils n'ont aucune responsabilité. Vont-ils limiter leur consommation d'énergie et ralentir leur croissance en

acceptant de freiner la croissance de leurs émissions? La Chine et surtout l'Inde ne manquent jamais de rappeler que les pays industrialisés ont profité d'un «crédit» d'émissions gratuit depuis le début du 19e siècle, eux qui sont essentiellement responsables de l'augmentation du premier 30 % de la teneur en CO_2 de l'atmosphère. Pendant ce temps, le total des centrales thermiques en construction en Chine est de 250 GW et la croissance annuelle de la demande est de 12 à 15 GW.

Pour les États-Unis, il est impensable que la Chine, deuxième producteur en importance de gaz à effet de serre, l'Inde en cinquième place et le Brésil en sixième ne soient pas contraints eux aussi de limiter la croissance de leurs émissions. On les comprend quand on constate que les émissions liées à la production d'énergie ont augmenté entre 1990 et 2000 de 69 % en Inde, de 57 % au Brésil et de 33 % en Chine. Ces pays ont par ailleurs pris des initiatives intéressantes dans différents secteurs: l'éthanol au Brésil, l'éolienne en Inde et l'efficacité énergétique en Chine, qui a constamment réduit son intensité carbonique malgré une croissance économique constante et forte.

La fin justifie les moyens!

Comment se dénouera notre intrigue? Y aura-t-il un héros (avec ou sans revolver) qui réussira à faire parler la justice et l'équité? La grâce touchera-t-elle les vilains? Jolly Jumper, le cheval de Lucky Luke, sauvera-t-il la mise? Et comment?

Le prochain chapitre nous permettra d'illustrer différents moyens par lesquels les Parties pourront peut-être tirer leur épingle du jeu sans effusion de sang.

Que faire ?

Les changements climatiques nous plongent dans l'incertitude par rapport à ce qu'il nous est possible de faire en tant qu'individu et en tant que société. En 1990, dans *Vers un réchauffement global?*, nous proposions des actions simples à mettre en pratique sur le plan individuel. Ces stratégies sont encore valables et c'est pourquoi nous les reprendrons dans le chapitre 15. Le contexte entourant la problématique du réchauffement global a toutefois radicalement changé avec le développement des connaissances et l'adoption de la Convention-cadre des Nations-Unies sur les changements climatiques (CCNUCC) puis avec la mise en œuvre du Protocole de Kyoto. Les quinze dernières années ont vu s'instaurer un arsenal de politiques et de pratiques applicables à l'échelle des États et des entreprises et, comme le souligne justement le rapport du troisième groupe de travail du GIEC sur l'atténuation des effets des changements climatiques, les scénarios d'augmentation des émissions de gaz à effet de serre peuvent encore changer de façon radicale si nous prenons dès aujourd'hui des mesures pour en limiter l'intensité. Le pas sera d'autant plus difficile à franchir que nous

Parmi les technologies de production de l'énergie «propre», le secteur éolien est considéré comme une filière mature qui peut assurer une portion significative de la croissance de la demande mondiale d'énergies renouvelables.

Bernard Saulnier

aurons tardé à le faire. Par ailleurs, comme il est clair maintenant que nous ne pourrons éviter de faire face aux changements climatiques, nous consacrons le chapitre 14 à l'adaptation qui doit être planifiée dès maintenant par les États, les municipalités et les entreprises qui veulent éviter d'être pris de court par les aléas du nouveau climat.

À chaque source sa solution

Comme nous l'avons vu au chapitre 9, il existe des sources ponctuelles, des sources mobiles et des sources diffuses de gaz à effet de serre. Parce que les solutions sont à la portée d'acteurs différents, le problème peut être atténué par des réglementations, des choix technologiques, des outils économiques, des modifications de comportements ou des choix de consommation et, idéalement, par une combinaison de ces mesures. Des stratégies d'action ont ainsi été élaborées sur les plans politique et économique, à l'échelle des divers paliers de gouvernements et dans les entreprises, des plus petites aux plus grandes. Quels sont donc les choix possibles et comment s'y retrouver dans la panoplie de mesures qui s'avèrent aussi variées qu'il y a d'intervenants?

Les changements climatiques auront des effets économiques importants à l'échelle planétaire. Dans plusieurs pays, on s'attend à

> Dans plusieurs pays, on s'attend à des réductions de la capacité de production agricole, à des difficultés d'approvisionnement en eau, à des ajustements nécessaires dans les réseaux de transport, à la réparation des dégâts causés par des événements climatiques extrêmes et autres coûts sociaux qui devront être assumés par les gouvernements en dernière instance.

des réductions de la capacité de production agricole, à des difficultés d'approvisionnement en eau, à des ajustements nécessaires dans les réseaux de transport, à la réparation des dégâts causés par des événements climatiques extrêmes et autres coûts sociaux qui devront être assumés par les gouvernements en dernière instance. Comme les activités qui provoquent les émissions de gaz à effet de serre sont très étroitement associées au développement économique, il est normal que les législateurs prennent des mesures qui permettent, sans empêcher le développement et la compétitivité des entreprises, de dégager des marges de manœuvre économiques pour l'adaptation, tout en aidant le marché à s'ajuster en réduisant ses émissions par diverses techniques.

Dans notre monde, cependant, personne ne peut imposer à un pays une ligne de conduite, sinon son gouvernement et ses citoyens. Cette souveraineté des pays et leur concurrence pour le développement économique, à l'ère de la mondialisation des entreprises, des marchés et des échanges, sont des freins à l'adoption de mesures universelles qui soient équitables pour tous et rendent très difficile la mise en œuvre des conventions internationales. Dès qu'un groupe local se sent lésé, il fait valoir ses doléances auprès de son gouvernement qui est élu pour protéger ses citoyens avant la communauté internationale et les électeurs qui sont là aujourd'hui avant les générations futures!

Les politiques visant la réduction des émissions nationales ou régionales de gaz à effet de serre devraient être vues comme des outils faisant partie d'une politique plus vaste de développement durable. Celui-ci, rappelons-le, doit permettre aux personnes de satisfaire leurs besoins matériels, mais aussi leurs besoins sociaux, tout en préservant la qualité du milieu de vie et en respectant une répartition équitable des fruits du développement. C'est d'ailleurs dans la foulée du Sommet de Rio, qui consacra la notion de développement durable, que la CCNUCC a été négociée et signée, comme nous l'avons vu au chapitre 10.

Une limitation effective des émissions de gaz à effet de serre représente un véritable défi pour les hommes et les femmes politiques, car, au-delà des répercussions immédiates, il faut penser en fonction de l'équité entre les peuples et entre les générations. En effet, les pays et les régions ne sont pas tous sensibles également aux incidences des changements climatiques. Certaines régions peuvent même être avantagées par une période sans gel plus longue ou des hivers plus doux, par exemple. D'autres régions, celles qui sont menacées par la désertification ou par les inondations, peuvent se voir complètement dépeuplées. Il y a là un problème de solidarité humaine. Par ailleurs, plusieurs des impacts des changements climatiques ne se produiront que dans 30 ou 50 ans, alors que les classes dirigeantes

d'aujourd'hui auront disparu depuis longtemps. Laisserons-nous les générations futures payer le prix de notre inaction? Il s'agit d'un problème d'équité intergénérationnelle.

Ce n'est pas aussi simple que dans le bon vieux temps!

Dans le passé, l'homme s'est constamment adapté à des modifications du climat et des écosystèmes. Des populations humaines ont migré, souvent sur des distances considérables, délaissant leurs terres traditionnelles ou leurs territoires de chasse devenus improductifs. D'autres sont restées sur place, apprenant à tirer parti autrement des écosystèmes qui se transformaient. L'espèce humaine n'a-t-elle pas essaimé, au Paléolithique, dans tous les écosystèmes de la planète, de la forêt tropicale aux déserts les plus secs, des hautes montagnes à la toundra arctique? Le niveau de la mer ne s'est-il pas élevé de 120 m en 10000 ans lors de la dernière déglaciation? Alors, pourquoi avoir peur de changements de quelques degrés dans la température moyenne de la planète, ou d'une élévation de quelques dizaines de centimètres du niveau de la mer?

Bien sûr, cette adaptation était possible et elle le serait toujours si notre effectif était de quelques centaines de millions de personnes et nos besoins comparables à ceux de nos ancêtres. Cela n'est pas le cas, toutefois, avec une population mondiale de plus de six milliards de personnes dont les habitudes de consommation sont de plus en plus motivées par le confort attrayant d'une société industrielle et qui tend à s'urbaniser constamment. (Selon les prévisions des Nations Unies, la population planétaire de huit milliards, en 2025, sera alors urbaine à 80%.)

Pensons aux efforts colossaux qu'il faudrait déployer pour déplacer les centaines de millions de personnes qui habitent de grandes villes situées au bord de la mer, en cas d'élévation du niveau des eaux. Imaginons un instant que les grandes plaines des États-Unis et du Canada se désertifient à la suite d'une réduction, même modeste, des précipitations. Que dire des pays qui, comme la Hollande, abritent des millions de personnes sous le niveau de la mer, derrière des digues, ou encore des petits pays insulaires, qui verraient leur superficie se réduire comme peau de chagrin? Et que dire des 80 millions d'habitants du Bangladesh (dont 17 millions vivent à une altitude de moins de 1 m) pris entre les crues du Gange et les marées? Les images surréalistes du film *Le jour d'après*, malgré leur incongruité scientifique, sèment le doute dans la population. Et si cela était possible?

Quelle que soit l'incertitude quant à la vitesse à laquelle se produiront les changements climatiques, il est prudent d'éviter de les accélérer. C'est pourquoi nous sommes condamnés à trouver collectivement des moyens pour ralentir l'augmentation des émissions de gaz à effet de serre, de manière à faciliter l'adaptation du système écologique planétaire et de l'humanité dans son ensemble aux changements climatiques d'origine humaine.

Des stratégies à long terme, mais des actions tout de suite!

Les émissions de gaz à effet de serre ne peuvent pas être arrêtées instantanément ni complètement. Personne, en effet, ne va cesser de respirer sous prétexte qu'il exhale du CO_2! Il ne serait pas juste de fermer les entreprises pour réduire leurs émissions, car si elles sont là, c'est qu'elles contribuent à répondre aux divers besoins des êtres humains. On ne fait pas d'omelette sans casser des œufs, ni de ciment sans chauffer du calcaire. Pis encore, les émissions ont tendance à se reproduire d'une année à l'autre, les sources émettant tout au long de leur vie utile une fois qu'elles sont installées. Il est donc difficile d'imaginer qu'on puisse réduire de façon tangible la quantité de gaz à effet de serre dans l'atmosphère à moyen ou même à long terme. C'est un phénomène qui prendra des siècles à se résorber. De plus, il y a peu de mécanismes qui permettent d'extraire du CO_2 de l'atmosphère de façon durable. À l'exception de la photosynthèse, dont l'efficacité est réduite du fait des besoins énergétiques des organismes vivants, le plus grand puits de carbone est l'océan, mais son efficacité ne viendra-t-elle pas à se réduire en raison de l'augmentation de sa température superficielle? C'est une question que plusieurs chercheurs posent actuellement. Il faut donc se donner des outils qui permettent de réduire de façon durable – et à la source – les émissions, pour ralentir à la longue la croissance des concentrations de gaz à effet de serre dans l'atmosphère et enfin les stabiliser à un niveau qui soit compatible avec les capacités d'ajustement de la biosphère.

Comme il n'existe pas de panacée, il faut que les législateurs s'appuient sur des stratégies à long terme, qui n'entravent pas le développement économique des pays en développement et qui fassent appel à un large éventail d'actions dans tous les secteurs de la société. Dans une problématique aussi complexe, où s'applique le principe de précaution, il faut laisser place à des ajustements en fonction des nouvelles connaissances qu'apporte chaque année la recherche scientifique. Sans une vision large du problème et une volonté politique affirmée et soutenue par la population, la réussite est impossible; c'est pourquoi il faut aussi instaurer des programmes d'éducation et de sensibilisation, vulgariser les enjeux et impliquer les citoyens dans la lutte contre les changements climatiques.

Il faut pouvoir adopter de nouvelles législations, mettre en place de nouveaux outils économiques, concevoir et produire de nouvelles technologies et de nouveaux équipements, apprendre à mieux mesurer et suivre les émissions et les concentrations, et, enfin, adopter et mettre en œuvre les mesures d'adaptation qui permettront à nos sociétés de vivre sans trop de heurts le changement climatique, peu importe la façon dont celui-ci se manifestera. Voilà un vrai programme de développement durable !

Selon l'évolution du problème, il n'y aura pas de solution miracle, mais une panoplie d'outils qu'il faudra utiliser selon la bonne combinaison à chaque moment. Néanmoins, la plupart des experts s'entendent pour dire qu'à court terme on devrait accorder la priorité à la réduction de la quantité d'énergie fossile nécessaire pour produire chaque dollar du PNB, investir dans la recherche sur les technologies, faire des projets de démonstration et, naturellement, prendre des mesures «sans regrets», c'est-à-dire des mesures dont le coût soit nul, voire qui soient rentables ou dont la mise en œuvre contribuera à résoudre un autre problème environnemental, tout en réduisant, bien sûr, les émissions de gaz à effet de serre.

Des plans d'action

Chaque pays signataire de la CCNUCC a pour mandat de préparer un plan d'action national comprenant l'ensemble des mesures de réduction adaptées à sa propre situation. Les mesures que nous présentons ici font toutes partie des stratégies susceptibles de se retrouver dans un plan national. Lorsque cela sera pertinent, nous donnerons des exemples d'actions envisagées dans diverses stratégies nationales sur les changements climatiques.

L'Allemagne, troisième émetteur de gaz à effet de serre après les États-Unis et le Japon, parmi les pays du G7, a déjà entrepris de mettre en œuvre des mesures sérieuses, au-delà même des exigences de l'Union européenne, pour diminuer ses émissions. L'approche européenne, dont l'Allemagne se fait le porte-étendard, si on la compare à l'approche nord-américaine, est beaucoup plus centrée sur la taxation et les mesures touchant les secteurs de l'énergie et des transports.

Comme plusieurs pays européens, l'Allemagne est fortement tributaire du charbon pour sa production d'électricité. Ses efforts sont d'autant plus méritoires que sa population, aiguillonnée par le Parti vert, est fortement réfractaire à l'énergie nucléaire, qui ne constitue pas, de ce fait, une solution de remplacement, à moins d'un important retournement politique. Ce pays a d'ailleurs pris l'engagement d'abandonner progressivement cette filière énergétique, alors que d'autres, comme le Royaume-Uni, la voient au contraire d'un œil favorable. Ce dernier a d'ailleurs mis de l'avant une stratégie ambitieuse grâce à laquelle les observateurs prévoient qu'il pourra atteindre son objectif de Kyoto.

Le Canada pour sa part a proposé à l'automne 2002 un plan visant la réduction de ses émissions de 240 Mt annuellement dans la période de référence de Kyoto, mais avec des objectifs vagues, des moyens imprécis et une approche basée uniquement sur des mesures volontaires. Selon l'ensemble des observateurs, ce plan ne pouvait pas réussir à atteindre ses objectifs sans que des mesures contraignantes s'ajoutent. Dans les faits, la deuxième phase de ce plan, dévoilée en 2005, révélait que le pays au lieu de diminuer ses émissions les avait encore augmentées de 30 MT au cours des deux années de son application.

Bien qu'ils aient refusé de participer à la mise en œuvre du Protocole de Kyoto, les États-Unis ont aussi une stratégie qui vise à limiter la croissance des émissions en réduisant l'intensité carbonique de la production. Cela signifie qu'on va produire moins de gaz à effet de serre par milliard de dollars du PNB, mais plus de gaz à effet de serre au total. Les États et groupements régionaux d'États ont toutefois souvent des stratégies plus persuasives que le gouvernement

fédéral, mais l'ensemble des stratégies peut se résumer dans une approche volontaire. On met de l'avant l'adoption de solutions technologiques, soit pour introduire une plus grande quantité d'énergie renouvelable dans le portefeuille électrique, soit pour améliorer l'efficacité des procédés mais sans objectif contraignant. Le gouvernement fédéral investira de plus dans le développement de la filière hydrogène pour le transport.

Les négociations internationales entourant l'adoption de la CCNUCC ont permis d'étaler devant les décideurs de tous les pays une large panoplie de mesures visant la réduction des émissions de gaz à effet de serre. Des comités spécialement formés d'économistes ont présenté les choix stratégiques, dont certains se retrouvent parmi les priorités du Protocole de Kyoto, comme le commerce des réductions d'émissions. Nous allons en présenter quelques-uns ici.

Les outils économiques

Parmi les outils économiques qui peuvent être mis en œuvre par nos gouvernements, nous en examinons plus particulièrement trois : les taxes sur le carbone ou écotaxes, les mécanismes de permis échangeables et les mesures d'incitation à l'adoption des énergies vertes. Ces trois instruments économiques présentent des avantages et des inconvénients, mais ils trouvent leur place au sein d'un portefeuille de mesures qui sont à la portée des États dans la poursuite des objectifs de la CCNUCC. Naturellement, les gouvernements pourraient aussi interdire certaines activités ou produits sur leur territoire, mais ces mesures sont très difficiles d'application dans un monde où l'on a tendance à limiter les obstacles au commerce et à la libre circulation des biens, à défaut de celle des personnes.

Les taxes: impopulaires, sans doute, mais nécessaires

Bien que cela soit impopulaire de nos jours, plusieurs pays, surtout en Europe, ont pris la décision, dans leur volonté de réduire leurs émissions, d'imposer des taxes sur le contenu en carbone des carburants et sur la consommation de produits pétroliers. C'est le cas, par exemple, des pays scandinaves.

Les taxes sont un instrument dont les gouvernements disposent pour répartir la richesse, mais aussi pour responsabiliser les usagers de certains services. Ainsi, les fumeurs paient sur le tabac des taxes plus élevées que sur d'autres biens de consommation, car on suppose qu'ils seront de plus grands usagers des services de santé. S'appuyant sur de très nombreuses études scientifiques concluantes, la pratique est socialement acceptée dans l'ensemble des pays développés.

Tous les pays du monde imposent des taxes sur l'énergie, mais celles-ci sont plus ou moins élevées, selon les choix politiques des divers gouvernements. Depuis le début des années 90, des pays comme la Norvège ont recours à des taxes sur les carburants appelées « taxes sur le carbone ». Qualifiées de « taxes vertes », celles-ci visent à encourager une utilisation plus rationnelle de l'énergie, dont elles augmentent le coût. Elles s'ajoutent aux autres taxes sur les produits pétroliers et font entrer des revenus supplémentaires dans les coffres de l'État. Plusieurs pays européens ont adopté ce type d'approche, qui

impute directement aux responsables des émissions de gaz à effet de serre certains coûts, de manière à les inciter à choisir des véhicules plus efficaces ou à préférer les transports en commun pour leurs déplacements. Ces taxes peuvent être versées au fonds général de l'État ou encore être dédiées, par exemple, au financement du transport en commun.

Cette approche a l'avantage d'être universelle et facile d'application. Malheureusement, elle comporte aussi de nombreux défauts. Premièrement, elle pénalise plus que d'autres les consommateurs de carburant qui vivent hors des villes et qui n'ont pas vraiment d'autre choix que d'utiliser la voiture individuelle, n'ayant pas de moyen de transport en commun efficace à leur disposition, ou ceux qui habitent un logement dont ils payent le chauffage, sans avoir le contrôle sur l'isolation thermique ou sur le type d'appareil et de combustible. Deuxièmement, la taxe étant la même pour tout le monde, elle fait plus mal aux pauvres qu'aux riches, qui disposent d'une plus grande marge de manœuvre. Troisièmement, les taxes payées par les producteurs qui utilisent des carburants fossiles (agriculteurs, industriels, transporteurs) sont refilées aux consommateurs de leurs produits, ce qui n'incite pas nécessairement ces secteurs de l'économie à être plus économes d'énergie, si les clients n'ont pas de solution de rechange. Enfin, les industries exportatrices de biens et de services exigent une détaxe, arguant que ce prélèvement de l'État nuit à leur compétitivité vis-à-vis des concurrents d'autres pays où de telles taxes n'existent pas. Dans un monde où le commerce international est l'ambition de la moindre PME, on comprend vite les limites de cette approche.

Encadré 13.1
L'efficacité de la taxation

Les taxes sur le carbone ou sur le CO_2 ne sont habituellement pas appliquées uniformément, puisque cela pourrait réduire indûment la compétitivité de certains secteurs de l'économie. En Suède, par exemple, les taxes sont modulées et certains secteurs en sont exemptés. Au Royaume-Uni, on a établi un mécanisme mixte qui permet de négocier une formule où l'entreprise peut combiner des réductions de taxes avec des achats de permis échangeables. Toutefois, la taxe est basée sur le nombre de kilowattheures d'électricité, pas sur les émissions de CO_2.

Le Danemark applique une taxe au carbone à tous les usagers de l'énergie, à l'exception des générateurs d'électricité de manière à préserver la compétitivité des entreprises à haute intensité énergétique. La taxe a été introduite progressivement entre 1996 et 2000 et est couplée avec un système de remboursement pour les entreprises qui acceptent de réduire leurs émissions. Le gouvernement danois estime que la taxe aura pour effet de réduire les émissions de 3,4 % en 2005.

En Norvège, on estime que la taxe, qui ne touche pas l'exploitation pétrolière, a permis de réduire les émissions entre 1,5 % et 4 %. Cette taxe incite les entreprises à trouver des possibilités de réduction et à introduire des mesures incitatives sur le plan financier.

D'autres types de taxes, plus ciblées, peuvent être appliqués, par exemple sur la puissance des véhicules moteurs. C'est une taxe progressive, car une voiture plus puissante est présumée, avec raison, consommer plus d'essence. Cependant, la portée d'une telle taxe est très limitée et ne touche qu'un secteur de l'économie. Pour être vraiment efficace, elle doit être élevée et récurrente. Or, il est bien connu que les gouvernements hésitent à imposer des irritants aux gens les plus fortunés, ce qui les incite à délocaliser leur avoir vers des paradis fiscaux. On doit plutôt voir ce type de taxe comme un outil complémentaire dans une stratégie concertée. La Norvège a réussi ce pari et sa performance économique est solide.

Le débat entre la taxation et les mesures de libre économie est encore vif, les adeptes de la taxation étant surtout européens. À mesure que le problème des changements climatiques se fera de plus en plus criant, il est probable qu'il faille faire appel à une vigoureuse combinaison des approches.

Les permis échangeables

La notion de permis échangeables est née aux États-Unis dans les années 70. Il s'agit de droits d'émissions octroyés par l'État à des industries qui doivent en assumer le coût et en respecter les limites. Ces droits sont échangeables par des mécanismes de marché qui servent à en fixer le prix selon l'équilibre de l'offre et de la demande. Chaque année, l'instance réglementaire décide de la quantité de polluants qui peut être émise par diverses sources et divise cette quantité par le nombre de permis détenus par les émetteurs de tels polluants. Si une industrie veut émettre plus que ce que lui donne le nombre de permis qu'elle détient, elle doit acheter des permis supplémentaires d'un autre détenteur. Ce mécanisme est d'une grande flexibilité et comporte plusieurs caractéristiques intéressantes qui en assurent l'efficacité économique et environnementale, l'objectif étant de favoriser l'émergence de technologies plus propres et efficaces.

Malheureusement, ce mécanisme qui permet de fixer un prix au droit d'émettre a été très mal vulgarisé et beaucoup de gens, en particulier les écologistes, considèrent qu'il s'agit de permis de pollution qu'on peut acheter de façon illimitée contre de l'argent. Les permis négociables sont un instrument qui représente un croisement entre une intervention forte de l'État qui décide du niveau total des émissions admises et le mécanisme de marché qui accorde aux entreprises la souplesse nécessaire pour intégrer les coûts à leur situation particulière.

Comment fonctionnent les permis échangeables ? Supposons un pays qui émettait, en 1990, 1 000 000 tonnes (t) de carbone par an. S'étant engagé, en ratifiant le Protocole de Kyoto, à réduire ses émissions de 10 %, il devra en moyenne, entre 2008 et 2012, émettre 900 000 t de carbone par année, c'est-à-dire un total de 4 500 000 t pour l'ensemble de la période.

Dans ce pays, les émissions sont réparties de la manière suivante :

◎ Production d'électricité, 600 000 t ;

◎ Cimenterie, 100 000 t ;

◎ Aciérie, 100 000 t ;

◎ Transports, 100 000 t ;

◎ Pétrochimie, 100 000 t.

Entre 1990 et 2000, l'augmentation du PNB a fait augmenter les émissions de 10 %. En 2001, les autorités ont mis en place un système de permis échangeables et ont accordé aux industries concernées des droits équivalant à 1 100 000 t par année. Ce nombre sera réduit de 2 % par an jusqu'en 2008 et de 3 % par la suite, pour atteindre le niveau moyen requis par le Protocole de Kyoto. La réduction souhaitée des émissions se ferait selon le tableau 13.1.

Il serait donc possible d'obtenir une moyenne de 899 335 t par année entre 2008 et 2012, respectant ainsi l'engagement de réduire les émissions de 10 % par rapport au niveau de 1990, et cela, même si la croissance de la demande se fait au rythme de 1 % par année. Dans ce cas de figure, le pays disposerait d'un coussin de 3 325 t de carbone qu'il pourrait vendre sur le marché international ou appliquer pour ses futures réductions au terme de la première période de référence du Protocole de Kyoto.

Comment les entreprises pourront-elles s'ajuster à ces permis en réduction constante sans handicaper leur croissance et leur compétitivité ?

> La notion de permis échangeables est née aux États-Unis dans les années 70. Il s'agit de droits d'émissions octroyés par l'État à des industries qui doivent en assumer le coût et en respecter les limites.

Tableau 13.1
Réduction souhaitée des émissions de CO$_2$ par année, de 2008 à 2012 : 100 000 tonnes

Année	Tonnes
2001	1 100 000
2002	1 078 000
2003	1 056 440
2004	1 035 311
2005	1 014 605
2006	994 313
2007	974 427
2008	954 938
2009	926 290
2010	898 501
2011	871 546
2012	845 400

Supposons d'abord que les permis sont délivrés à un taux nominal de 5 $ la tonne. Si la compagnie d'électricité décide de changer de combustible en substituant, par exemple, le gaz naturel au charbon en 2002 pour le tiers de sa production, elle pourra réduire ses émissions de 100 000 t. Elle aura les permis nécessaires pour son accroissement futur et recevra, chaque année où elle n'aura pas utilisé ces permis, un revenu équivalant à la valeur des permis non utilisés.

Il est probable que la valeur de ces permis ira en augmentant à mesure que s'accroîtra la demande. En 2012, par exemple, la compagnie d'électricité aura besoin d'émettre 500 000 t et aura droit à encore 507 240 t en permis, en supposant qu'elle ait poursuivi son expansion uniquement en ajoutant des sources d'énergie renouvelables à ses infrastructures de production. Elle disposera aussi des montants provenant de la vente de permis aux autres secteurs qui auront eu besoin de permis supplémentaires pour financer des innovations technologiques, car les permis sont transférables d'un secteur à l'autre de l'économie, et même entre pays. Ainsi, la cimenterie pourrait continuer d'exploiter ses installations sans modifier ses procédés en achetant les permis qui lui manquent pour la quantité de CO$_2$ qu'elle émet réellement. Le ciment pourrait coûter un peu plus cher, soit 5 $ la tonne pour 10 % de la production, donc 0,50 $ par tonne pour l'ensemble de la production, et 0,02 $ pour un sac de 40 kg de ciment.

L'effet du coût des permis sur la production industrielle est relativement faible. Par exemple, pour une centrale au gaz de 800 MW, le coût par kilowattheure d'électricité serait de 0,05 cent canadien en supposant le permis à 15 $ la tonne de CO$_2$. Il faut voir que cette situation est extrême, puisque le surcoût ne sera appliqué qu'à la portion des émissions en excédent. En supposant par exemple que cette centrale ajoute 10 % d'émissions à une compagnie d'électricité, le surcoût pour chaque kilowattheure serait 10 fois moindre. Ce simple calcul devrait suffire à clore le bec à ceux qui prédisent la catastrophe économique.

Les entreprises et les pays qui pourront faire les réductions d'émissions à moindre coût permettront de rendre moins dure l'adaptation de certains secteurs limités par la nature de leur production ou par une conjoncture économique défavorable. Le législateur pourra déterminer le niveau d'émissions acceptable et se fixer des objectifs de réduction sans avoir à s'immiscer dans un secteur de production ou à favoriser une entreprise aux dépens d'une autre. Ce principe respecte la concurrence entre les entreprises et n'introduit pas de biais supplémentaire.

Pour les entreprises, l'existence d'un marché de droits d'émissions permettra de financer des améliorations technologiques susceptibles de réduire la pollution; l'entreprise qui aura apporté des améliorations technologiques pourra vendre à d'autres les permis dont elle n'aura plus besoin. Elle pourra aussi décider de se donner des marges de manœuvre pour augmenter sa production, pendant que d'autres ne pourront pas se procurer de permis à des coûts intéressants.

Dans le cas des gaz à effet de serre, le mécanisme de permis échangeables est particulièrement attrayant. En effet, une tonne de CO_2 émise par des automobiles ou une tonne de CO_2 émise par une centrale thermique, ça ne fait pas de différence dans l'atmosphère. La possibilité d'échanger l'une contre l'autre peut être fort intéressante, car, plus le marché est grand, plus il y a place pour des innovations et des réductions qui respectent la capacité d'ajustement des technologies. De plus, certains secteurs industriels peuvent plus facilement effectuer des réductions importantes à faible coût. Cela permet de procéder rapidement aux réductions les plus faciles et de limiter les impacts sur le plan économique.

Comme nous l'avons vu au chapitre 11, les mécanismes de flexibilité de Kyoto permettent aussi de transiger les crédits obtenus par la

Encadré 13.2
Le marché européen

C'est le 1er janvier 2005 que l'Europe a mis sur pied son propre marché des réductions de gaz à effet de serre. Ce marché des droits d'émissions concerne, dans un premier temps, le secteur industriel et celui de l'énergie, qui représentent 46 % des émissions totales de CO_2. Les États membres devaient présenter, pour le 31 mars 2004, un premier plan national de délivrance de permis d'émissions pour six secteurs industriels (production d'énergie, métallurgie, cimenterie, verrerie, céramique et pâte à papier). Chaque pays dresse un relevé des émissions de GES des entreprises, qui se voient fixer un objectif de réduction de leurs émissions. Ces quotas sont échangeables entre les entreprises dont les émissions se situent au-dessous de leurs quotas et celles qui l'ont dépassé. Par ailleurs, un système de pénalités de 40 € par tonne de CO_2 excédentaire à la fin de la première période (2007) et de 100 € par tonne à l'issue de la seconde période (2012) sera institué. Le marché a été mis sur pied pour la période 2005-2007 en attendant l'ouverture du marché mondial en 2008. Il sera intéressant d'observer son évolution dans la période pré-Kyoto pour juger de son efficacité pendant la période de référence.

Pour l'instant, seul le CO_2 (qui représente 80 % des émissions de gaz à effet de serre) est concerné, mais d'autres gaz seront éventuellement intégrés au dispositif par la suite. Les États membres pourront demander à la Commission l'autorisation d'exempter certaines entreprises ou certains secteurs pour la première phase de fonctionnement du système (2005-2007), à condition que les entreprises ou les secteurs en question réalisent des réductions d'émissions équivalentes dans le cadre de programmes nationaux. Quoi qu'il en soit, le système deviendra obligatoire pour toutes les entreprises concernées à la deuxième phase (2008-2012), laquelle correspond à la mise en place du marché mondial prévu par le Protocole de Kyoto.

Bien que la mise en place du marché se soit faite avec une partie seulement des joueurs, (la Commission ayant refusé quelques plans de réduction), les responsables sont confiants que le marché répondra bien. Les écologistes considèrent que les pays ont accordé à leurs industries des allocations beaucoup trop généreuses. Les industriels, quant à eux, s'accommodent en grommelant des nouvelles règles du jeu. On peut suivre le prix de la tonne de CO_2 sur le marché européen à www:pointcarbon.com.

séquestration de carbone, soit par des puits de carbone, des plantations ou des activités d'enfouissement du CO_2 dans des formations géologiques.

Les échanges, c'est payant?

En Amérique du Nord, nous l'avons vu, les gouvernements sont plutôt partisans de l'approche volontariste. Heureusement, les marchés n'ont pas attendu les autorités pour commencer à échanger des permis d'émissions de gaz à effet de serre. On assiste actuellement à des transactions entre les composantes de grandes multinationales, qui échangent entre elles des réductions d'émissions, et même des ventes entre sociétés de secteurs différents, comme celle qui a permis à DuPont Chemicals de vendre plusieurs millions de tonnes d'émissions à Hydro Ontario, à l'automne 2000. On voit même des maisons de courtage et des sites Internet commencer à offrir leurs services pour de tels échanges. En décembre 2003, un groupement d'organismes et d'entreprises a mis sur pied une bourse du CO_2 sur la Bourse de Chicago. La Chicago Climate Exchange, Inc. (CCX) est basée sur des projets permettant des réductions mesurables et permanentes d'émissions produites dans divers secteurs, soit les entreprises de production d'électricité, soit les capteurs. Les partenaires de cette Bourse sont de quatre types: grands émetteurs, petits émetteurs, bailleurs de fonds et capteurs. Les émetteurs (Canada, États-Unis, Mexique) réunissent l'équivalent de 230 millions de tonnes de CO_2 équivalent et visent à réduire leurs émissions de 1 % par an pour la période d'expérimentation de 2003 à 2006 par rapport à leurs émissions de référence de 1998. La Bourse a vu transiger environ 1,2 million de tonnes de réductions dans sa première année à un prix d'environ 0,95 $US la tonne de CO_2. C'est naturellement une goutte d'eau dans l'océan et cela représente à peine la moitié des réductions prévues, mais il ne faut pas négliger la valeur éducative d'un tel marché pour les participants.

La principale difficulté d'application du mécanisme de permis échangeables est liée à l'établissement de critères de comparaison pour réclamer des réductions ou calculer des émissions. Par exemple, si l'on veut échanger le CO_2 capté par une plantation de 1 000 ha contre le CO_2 émis par un parc de camions ou une aciérie, il faut pouvoir affirmer avec suffisamment de certitude que l'échange sera équitable, que la forêt ne sera pas incendiée ou transformée en papier, etc. Par ailleurs, si on élargit trop le champ d'application des mécanismes d'échange, de tels permis ne voudront plus rien signifier en réductions réelles. Par exemple, les premiers projets de réductions qui sont entrepris consistent à mettre des torchères sur des lieux d'enfouissement pour brûler le biogaz qui s'en échappe. En effet, comme le biogaz contient du méthane, qui est 21 fois plus puissant que le CO_2 comme effet de serre, on peut obtenir un permis de 18 t de CO_2 équivalent pour cette opération. Cela est mathématiquement défendable, mais il serait beaucoup mieux de limiter ce genre d'opération à des projets de captage et d'utilisation du biogaz, ce qui contribuerait ainsi à limiter l'usage de gaz naturel pour la chauffe ou la production d'électricité, par exemple.

Nous avons abondamment parlé de la bulle d'air chaud soviétique. La Russie, en 2001, émettait 38,3 % de moins de gaz à effet de serre qu'en 1990. En 2004, les autorités russes estiment avoir en réserve pour la période 2008-2012, 5 Gt de CO_2 par rapport à leur objectif. Comme les accords de Marrakech stipulent qu'un pays ne peut vendre plus de 10 % de sa réserve sur le marché international, la Russie compte mettre en vente 500 Mt de ses permis d'ici à 2012, un revenu qu'elle estime entre 1 et 3 milliards de dollars. Cette réduction n'est pas anodine, car elle constitue dans les faits un allègement de plus de 20 % du total des émissions de CO_2 qui devaient être réduites grâce au Protocole de Kyoto. Le revenu qu'elle peut en espérer dépendra beaucoup du prix du marché des réductions, et l'on prévoit que la spéculation jouera là comme dans tout marché boursier. Une hausse du prix des émissions viendrait rendre plus attrayantes les énergies renouvelables.

Les incitations aux énergies vertes et renouvelables

Les énergies renouvelables sont un choix particulièrement judicieux à encourager dans le contexte des changements climatiques. En principe, les émissions qu'on peut leur attribuer sont indirectes et résultent du cycle de vie des appareils nécessaires pour les produire ou les capter. Des sources d'énergie comme le vent, l'eau qui dévale une pente, la marée, la géothermie et le flux solaire peuvent produire une certaine quantité d'électricité, à condition qu'on puisse les capter et les transformer adéquatement.

À l'exception de l'hydroélectricité, le coût des énergies renouvelables (éolienne et solaire) demeure élevé en raison de la nature périodique et discontinue de leur flux, et de l'efficacité encore perfectible des systèmes de captage. Une turbine éolienne ne produit de l'électricité que lorsque le vent souffle. Une plaque photovoltaïque ne fonctionne que lorsqu'elle est éclairée par le Soleil. Pour un approvisionnement constant en électricité, il faut donc coupler ces appareils avec des accumulateurs d'énergie ou avec des systèmes d'appoint, comme une génératrice diesel. Cependant, il est de plus en plus facile de les intégrer de façon efficace à des réseaux, et elles sont promises à un avenir plus que prometteur au point où l'on peut affirmer, à la lecture de l'encadré 13.5 sur l'énergie éolienne, que c'est la filière de production d'électricité qui connaîtra la plus forte croissance dans les prochaines décennies. Plusieurs pays aussi différents que

Centrale marémotrice à Annapolis, en Nouvelle-Écosse.
Y.Derome/Publiphoto

l'Allemagne, le Danemark et l'Inde ont commencé à l'implanter à grande échelle. Même en Amérique du Nord, les turbines éoliennes font leur apparition par tranches de 1 000 MW, ce qui contribue à populariser la filière et à accroître sa crédibilité. Selon le troisième groupe de travail du GIEC, les progrès réalisés dans l'efficacité des éoliennes, au cours des dix dernières années, constituent l'un des plus grands espoirs de pouvoir satisfaire la demande croissante d'électricité à l'échelle planétaire, tout en permettant de prévoir les scénarios plus optimistes de croissance des émissions[1].

Par ailleurs, les cellules photovoltaïques sont de plus en plus efficaces dans la transformation de la lumière en électricité, mais on doit les

---

1. Les experts pensent aujourd'hui qu'il faudra un recours massif à l'énergie nucléaire pour réaliser les scénarios optimistes du GIEG.

déployer sur une grande surface pour obtenir une puissance suffisante afin simplement de combler les besoins intérieurs en électricité. De plus, elles demandent un système de stockage, habituellement des accumulateurs au plomb, pour fournir la lumière quand le Soleil n'y est plus. La Californie a lancé un ambitieux programme incitant les citoyens à se doter de capteurs photo-voltaïques au début de 2005.

Ces facteurs font que les énergies tant solaire qu'éolienne sont coûteuses, quoique la seconde se rapproche de plus en plus des prix de l'électricité issue du gaz naturel, surtout lorsque leur implantation est bien planifiée dans un lieu où les vents sont bien prévisibles. Il faut donc que les gouvernements donnent un signal clair aux producteurs d'électricité, soit en imposant des quotas de production électrique renouvelable, soit en facilitant l'implantation de tels projets par des mesures fiscales appropriées. C'est ce qu'ont fait les États de la Nouvelle-Angleterre et du centre-ouest des États-Unis.

Il faut toutefois relativiser les choses. Dans la transformation de l'énergie du charbon, par exemple, les systèmes de production thermique affichent un maigre taux d'efficacité se situant en moyenne entre 35 % et 40 %. Les centrales de cogénération au gaz naturel les plus performantes n'atteignent pas une efficacité de 60 %. Si les coûts de la pollution étaient intégrés dans le coût de l'électricité produite par ces centrales, le prix en serait certainement plus élevé. Cette industrie dispose malheureusement de « droits acquis », de « clauses grand-père » et de puissants lobbies, très actifs auprès des gouvernements.

L'union fait la force !

> La bonne énergie à la bonne place pour rendre le service adéquat qui permet de répondre précisément aux besoins, c'est ainsi qu'on pourrait définir la situation idéale dans le domaine de l'énergie.

Deux types de mesures incitatives peuvent être instaurés par les gouvernements pour favoriser le développement de la production d'énergies vertes : l'achat d'un certain nombre de kilowatts à prix fixe, sur un contrat d'approvisionnement à long terme, qui permet aux producteurs de rentabiliser leur investissement ; la détermination d'un quota d'énergies vertes dans le portefeuille des compagnies productrices. Le coût du développement des technologies est, dans les deux cas, reporté sur la facture globale des consommateurs.

Le cas de l'hydroélectricité est différent. On ne peut produire de l'électricité que lorsqu'il y a suffisamment d'eau et de dénivellation pour faire tourner des turbines. Or, les cours d'eau subissent des crues et des décrues en fonction des précipitations et il est rare que la demande d'électricité coïncide avec le régime de ces crues.

Dans les pays nordiques, les précipitations hivernales sont très faibles et essentiellement sous forme de neige. Le niveau d'eau connaît donc normalement son étiage le plus sévère en

Encadré 13.4

Les énergies renouvelables et le développement durable

Le développement durable suppose qu'on puisse satisfaire les besoins des humains maintenant, sans remettre en cause la capacité des générations futures de répondre à leurs propres besoins. Nous ne pouvons évidemment pas imaginer quels seront tous les besoins des futurs habitants de la planète, mais nous pouvons supposer qu'ils devront avoir un bon approvisionnement en eau, une nourriture suffisante, un environnement sain et assez d'énergie pour satisfaire divers autres besoins (chauffage, éclairage, travail mécanique, mobilité, etc.).

Parmi les formes d'énergie que nous pouvons exploiter aujourd'hui, certaines sont renouvelables, d'autres sont potentiellement renouvelables, d'autres encore ne le sont pas du tout. Une ressource est renouvelable si on peut l'exploiter de façon récurrente sans en épuiser la source. L'eau, le vent, la marée, la géothermie et le flux solaire sont des ressources renouvelables.

Une ressource est potentiellement renouvelable si elle doit être exploitée en tenant compte d'un certain seuil de renouvellement au-dessous duquel on doit maintenir les prélèvements. C'est le cas du bois ou des cultures à vocation énergétique, pour lesquels il faut rester sous le seuil de remplacement des forêts ou de régénération des sols pour obtenir des rendements continus.

Une ressource non renouvelable s'épuise à mesure qu'on l'exploite. Les combustibles fossiles et l'énergie nucléaire en sont de bons exemples.

Dans une perspective de développement durable, il convient donc d'utiliser les ressources renouvelables de préférence aux autres. Leur exploitation suppose cependant des coûts économiques, environnementaux et sociaux qu'il faut considérer dans l'analyse. Ainsi, un barrage hydroélectrique nécessite un réservoir qui noie des portions plus ou moins grandes de territoire, et peut détruire certains écosystèmes et nécessiter le déplacement des populations. Une centrale marémotrice peut nuire à l'habitat de certains poissons, une éolienne mal placée peut causer des torts aux oiseaux migrateurs, etc. Pour qu'une forme d'énergie puisse se qualifier dans une optique de développement durable, elle doit aussi minimiser ses impacts sur l'environnement à un degré tel qu'elle ne laisse pas de perturbations irréversibles dans les écosystèmes. Une centrale éolienne, qui peut être démontée lorsqu'elle a terminé son service et qui n'empêche pas les autres formes d'utilisation du territoire, constitue un bon exemple. Il reste tout de même que la ressource doit aussi être économiquement viable pour satisfaire les besoins du plus grand nombre. On doit donc viser à utiliser l'énergie le plus efficacement possible, c'est-à-dire rechercher la forme d'énergie qui convient en quantité suffisante pour obtenir le service optimal, si l'on veut parler de développement durable.

La bonne énergie à la bonne place pour rendre le service adéquat qui permet de répondre précisément aux besoins, c'est ainsi qu'on pourrait définir la situation idéale dans le domaine de l'énergie. Il faut donc chercher à constituer des portefeuilles de ressources énergétiques et établir une structure de prix transparente pour que les choix des consommateurs ne soient pas influencés par des prix artificiellement bas. Par exemple, la pointe de la demande électrique coûte beaucoup plus cher à produire que la puissance de base. Il faudrait que le prix de la fourniture électrique reflète cette réalité. Cela se fait dans plusieurs pays, et les comportements des consommateurs s'en ressentent. Ceux-ci planifient leur utilisation d'énergie en dehors de la pointe lorsque cela est possible. Cette gestion permet d'éviter des suréquipements coûteux et le recours aux centrales d'appoint qui fonctionnent généralement aux combustibles fossiles.

Encadré 13.5

L'énergie éolienne, filière en forte croissance

Depuis la fin du 19e siècle, on sait produire de l'électricité grâce à l'action du vent. Même si en 1903 l'énergie éolienne comptait pour 3 % de la production électrique du Danemark, la technologie a surtout été utilisée dans des fermes ou dans des endroits isolés et venteux, qui ne disposaient pas d'autres moyens pour assurer leur alimentation électrique. L'industrie éolienne moderne a vraiment effectué un retour au tournant des années 80 grâce à la volonté très ferme du gouvernement du Danemark de favoriser l'émergence de cette filière d'énergie renouvelable au sein d'un marché de l'électricité en manque d'énergie. Le cadre réglementaire structurant qu'a mis en place le Danemark en matière d'énergie éolienne a fait en sorte qu'aujourd'hui plus de 20 % de l'électricité consommée au Danemark provient de centrales éoliennes.

Les moulins à vent ont été popularisés en Hollande, au 14e siècle, pendant le Petit Âge glaciaire. Ils ont d'abord servi à pomper l'eau pour assécher les champs et ont aussi été couplés à divers mécanismes permettant d'exploiter la force du vent, au lieu de la force humaine, animale ou hydraulique, pour moudre le grain, par exemple.

Bernard Saulnier

Le carburant éolien, c'est-à-dire le vent, continuellement «alimenté» par la chaleur solaire, est bel et bien gratuit, mais les succès de l'industrie en 2005 sont aussi le résultat de l'instauration des normes de performance et des processus de certification rigoureux que continuent de s'imposer les grands manufacturiers et les producteurs éoliens. La puissance unitaire moyenne des éoliennes installées dans le monde est passée de 65 kW, en 1985, à 2 MW, en 2005. Les éoliennes commerciales modernes dépassent les 2 MW de puissance nominale et leurs hélices, qui approchent les 100 m de diamètre, coiffent souvent des tours de plus de 80 m de hauteur. Ce sont les plus grandes machines tournantes au monde. Quelques manufacturiers sont déjà engagés dans la fabrication de prototypes de 5 MW (rotor de 126 m de diamètre sur tour de 120 m de hauteur!). Une telle croissance exige de grands efforts de recherche et développement (R et D) et, au Danemark seulement, on compte plus de 500 chercheurs et ingénieurs en R et D dans le secteur éolien.

La forte croissance du marché de l'énergie éolienne (la capacité installée croît de plus de 25 % par année depuis 10 ans), couplée à une capacité de fabrication de l'industrie qui représente en 2005 un chiffre d'affaires annuel dépassant 10 milliards de dollars, témoigne du dynamisme du secteur, de la maturité de cette technologie et de la fiabilité de ses produits. Les acteurs principaux sont actuellement l'Allemagne, l'Espagne, le Danemark et les États-Unis. L'industrie éolienne s'est gagné une place de choix parmi les filières de production d'électricité dans plusieurs régions du monde.

Avec plus de 45 000 MW de capacité installée dans le monde à la fin de 2004, la filière éolienne produit 100 TWh d'électricité annuellement, ce qui équivaut aux deux tiers de toute la production des ouvrages hydroélectriques au Québec. Des contrats d'achat signés en 2004 entre Hydro-Québec Production et des producteurs privés indiquent clairement que le prix de l'électricité éolienne concurrence aujourd'hui celui de ses compétiteurs gaziers.

En comparaison des technologies de production traditionnelles, la ressource éolienne compense une faible densité énergétique par le fait qu'elle est disponible sur d'immenses territoires, ce qui permet plus de souplesse dans le choix des lieux d'implantation. C'est probablement l'un des facteurs responsables de ses succès. La compatibilité avec les usages habituels du territoire (agriculture, foresterie, loisirs, etc.) et son faible impact sur le terrain en zone « éolienne » est aussi un atout non négligeable de cette filière. L'émergence d'aérogénérateurs commerciaux de grande taille, montés sur de hautes tours, augmente à la fois la productivité et le territoire d'implantation potentiel de la filière éolienne. Le marché des éoliennes en mer, qui constituera la prochaine « vague » de pénétration du secteur éolien en Europe après 2005, contribuera à accroître le territoire exploitable. Le Danemark, pionnier dans ce domaine, aura 750 MW d'énergie éolienne en mer en 2006. Parmi toutes les technologies de production, le secteur éolien est généralement reconnu comme celui ayant le plus faible impact environnemental, et son écobilan, en termes de gaz à effet de serre, est particulièrement éloquent.

Le fait de la considérer comme une énergie verte contribue aussi à rendre socialement acceptable l'énergie éolienne. Des précautions s'imposent toutefois pour éviter de répéter avec l'énergie éolienne les erreurs qui ont été commises avec d'autres filières dans le passé, c'est-à-dire les implanter sans tenir compte des impacts écologiques sur la faune et sans l'accord des populations locales. Dans les pays développés, les études d'impact et les consultations publiques entourant ces projets fournissent tout de même une assurance à cet égard.

Malgré sa nature fluctuante, le vent n'en est pas pour autant imprévisible ; il est essentiel de bien distinguer l'horizon de temps dont il est question dans toute discussion sérieuse sur les fluctuations des apports énergétiques éoliens. Les fluctuations saisonnières, quotidiennes, horaires ou instantanées sont en effet d'importance bien relatives selon qu'elles interpellent le planificateur ou l'exploitant d'un réseau électrique. De plus, la question des fluctuations éoliennes doit distinguer entre le cas d'une éolienne seule, d'une seule centrale éolienne ou encore de plusieurs centrales éoliennes réparties dans une région déterminée ou dispersées sur un vaste territoire. En exploitant au mieux les gisements de vent, on peut minimiser en principe le risque associé à des fluctuations éoliennes intempestives. La problématique des variations de la production éolienne est de même nature que celle d'autres fluctuations qui doivent inévitablement être gérées dans un réseau électrique (demande, court-circuits, défauts d'équipement de production ou de transport, etc.). Ces problématiques se rapportent toutes à deux catégories de préoccupations.

◎ Pour les exploitants du réseau électrique, les normes de qualité de l'onde, de stabilité et de fiabilité d'un réseau électrique encadrent les seuils de fluctuations (de la demande et de tous les types de production) tolérables par le système dans les horizons de temps de 24 heures ou moins. De plus, en utilisant les outils modernes de prévision à court terme des vents dans les zones où des centrales éoliennes sont en exploitation, on minimise l'impact de leurs fluctuations dans la gestion en temps réel de l'ensemble des équipements du réseau électrique.

◎ Pour le planificateur du réseau électrique, c'est la fourniture à plus long terme des besoins d'énergie et de puissance de ses abonnés qui constitue sa priorité. Il s'en acquitte en s'assurant que l'aspect complémentaire des caractéristiques génériques et spécifiques des équipements dont il dispose et ceux qu'il planifie d'acquérir dans son portefeuille de production soit prudemment pris en compte. En intégrant la production éolienne à son réseau, le planificateur doit donc, d'abord et avant tout, examiner les caractéristiques combinées des apports éoliens et de la demande afin de quantifier l'impact potentiel sur les pratiques d'exploitation des équipements de production. Les éoliennes peuvent être couplées avec des centrales au diesel dans plusieurs localités nordiques, ce qui permet d'économiser du carburant de plus en plus coûteux. On exploite déjà aux États-Unis des centrales combinées gaz naturel-éoliennes sur cette base.

L'exemple de l'éolien intégré au grand réseau électrique du Québec mérite un regard attentif. Rappelons d'abord que les approvisionnements énergétiques du Québec en électricité sont fortement tributaires des besoins de chauffage électrique pendant la saison froide. N'oublions surtout pas que les lois de la thermodynamique font du paramètre vent un facteur d'accroissement de la demande de chauffage électrique (le facteur éolien, bien sûr...); une augmentation de 5 km/h de la vitesse du vent se traduit par une demande électrique additionnelle de 400 MW au Québec. Constatons aussi que la vitesse mensuelle moyenne des vents est plus élevée l'hiver que l'été dans la majorité des régions du Québec. Même s'il ne vente pas nécessairement au même moment, là où se trouvent les éoliennes et là où l'on consomme l'électricité on constate que la filière de production éolienne est corrélée avec la demande électrique dans la province au moins de façon saisonnière. Mais voyons son effet sur les ouvrages hydroélectriques qui forment l'essentiel de la production électrique du Québec. Une centrale hydroélectrique turbine, selon la demande, l'eau qui se trouve stockée en amont de ces gigantesques batteries d'énergie potentielle que sont les réservoirs hydrauliques. Or, il se trouve que l'électricité produite par les centrales éoliennes a pour effet, en temps réel et naturellement, de diminuer la consommation d'eau des centrales hydrauliques, puisque cet apport éolien, introduit sous forme d'électricité dans le réseau, se traduit au niveau de la turbine hydraulique par une diminution de la demande instantanée. Ce facteur constitue ainsi un bénéfice d'économie d'eau direct et transparent pour l'exploitant. De plus, le fait que ce mariage naturel pourrait fréquemment faire économiser le coûteux démarrage d'une centrale de pointe peut aussi s'avérer bénéfique dans les périodes de forte demande. Sur une année, le volume d'eau ainsi économisé dans le réservoir permet une plus grande flexibilité dans la gestion des réserves hydrauliques et optimise la productivité du couple éolien-hydraulique. C'est cette analyse qui a conduit le gouvernement du Québec à prendre fait et acte en faveur du déploiement de cette filière au Québec en décrétant l'achat de 1 000 MW éoliens par Hydro-Québec Distribution, ce qui a été accordé en 2004. En 2012, il y aura donc au Québec quelque 1 400 MW de capacité éolienne en exploitation, et le gouvernement a déjà indiqué son intention d'y ajouter 1 000 MW. Le virage éolien est amorcé au Québec. Et son gisement éolien fait l'envie de bien des pays.

Pour plus d'information sur l'industrie éolienne:

◎ Un site qui aborde tous les aspects de la filière éolienne, celui de l'Association des manufacturiers danois: http://www.windpower.org.

Éolienne, au Québec, en hiver.

Bernard Saulnier

◎ Un excellent site francophone, celui de l'Université du Québec à Rimouski: http://www.eole.org.

◎ Un site d'Environnement Canada illustrant le gisement éolien d'un océan à l'autre: http://www.atlaseolien.ca.

◎ *Wind Power Monthly*, mensuel virtuel spécialisé dans les affaires internationales en énergie éolienne: http://www.wpm.co.nz.

◎ *Wind Directions*, magazine virtuel de l'Association européenne d'énergie éolienne: http://www.ewea.org.

Source: Bernard Saulnier

Encadré 13.6

La production décentralisée

La production d'électricité a été faite traditionnellement par des entreprises qui détenaient le monopole de la production, du transport et de la distribution. Ces monopoles réglementés devaient d'abord assurer que l'offre serait suffisante pour satisfaire la demande de façon sécuritaire. Cette situation était peu propice à l'efficacité puisque le rendement permis par l'agence de régulation était généralement lié à un rendement raisonnable pour les actionnaires, il n'y avait donc aucun incitatif à produire plus efficacement. Casten et Downes*, deux spécialistes en politiques énergétiques aux États-Unis, estiment ainsi que le pic d'efficacité de l'industrie électrique au charbon aux États-Unis a été atteint vers 1910, alors qu'on produisait dans des centrales situées près des utilisateurs (sur des sites industriels ou dans les villes). À cette époque, l'efficacité était plus grande simplement parce qu'on récupérait la chaleur. Par la suite, on a déplacé les centrales loin des clients, pour des raisons de pollution. La deuxième génération de centrales a donc été faite de plus grosses centrales et leur efficacité a fortement diminué parce qu'on n'en utilisait pas la chaleur et qu'on perdait de l'ordre de 15 % de l'énergie dans le transport.

Dans les années 80, la situation a changé et on a tenté aux États-Unis de déréglementer le commerce de l'électricité. Ce mouvement a amené bien des problèmes sur le marché, lesquels dépassent notre propos, mais il a ouvert la porte à la production décentralisée d'énergie.

La production décentralisée signifie qu'on installe de petites unités situées près des utilisateurs dont les surplus peuvent être vendus sur le réseau. Lorsqu'elles sont couplées à un système existant, les éoliennes individuelles, les cellules photovoltaïques, les centrales à biomasse, les piles à combustible et même de petites centrales de cogénération au gaz naturel peuvent constituer des unités de production décentralisées. L'électricité qu'elles produisent, lorsque celle-ci n'est pas utilisée par leur propriétaire, constitue une énergie d'appoint qui complète les services de base fournis par les producteurs de grande puissance comme l'hydroélectricité, le nucléaire ou le thermique. Ainsi, les industriels, les propriétaires de bâtiments et les propriétaires de résidences peuvent produire eux-mêmes une partie de leur électricité et même en fournir au réseau lorsqu'ils ont un surplus, leur contribution étant déduite de leur facture d'électricité.

Selon Casten et Downes, une stratégie énergiquement orientée vers la production décentralisée pourrait sauver d'ici à 2020 la moitié de l'augmentation de CO_2 prévue par la politique actuelle de développement de grandes unités centralisées tout en économisant 326 millions de dollars de coûts en capital. Voilà une façon de penser qui mérite qu'on s'y intéresse.

* T.R. Casten et B. Downes, « Critical thinking about energy », *Skeptical Inquire magazine*, janvier-février 2005, p. 25-33.

hiver dans ces pays. Or, c'est à ce moment qu'il fait le plus froid et que les journées sont les plus courtes, ce qui entraîne une plus forte demande d'électricité. En Californie ou dans les pays méditerranéens, au contraire, c'est en été que les étiages sont les plus sévères et que les besoins de climatisation sont les plus grands. Il faut donc construire des réservoirs pour accumuler l'eau des crues et la turbiner lorsque la demande d'électricité croît. De tels réservoirs, nous l'avons dit, sont une source de CO_2 et de méthane pendant les premières années de leur mise en eau, surtout si l'on n'a pas pris soin d'enlever la végétation existante et si le territoire inondé recèle de fortes proportions de tourbières.

La plus forte production de gaz à effet de serre par les réservoirs en zone tropicale s'explique par le fait que les étiages se produisant en saison sèche, les bords de la zone de marécage sont colonisés par une végétation dense qui y trouve suffisamment d'eau pour ses besoins. Lorsque le réservoir est à nouveau inondé, la végétation submergée meurt et se décompose, produisant du méthane.

Une portion congrue

Si le potentiel des énergies vertes et des énergies renouvelables est appelé à augmenter au cours des prochaines décennies, il n'occupera pas, à moyen terme, une proportion très élevée du parc de production d'électricité. Même si une révolution technologique rendait les panneaux solaires plus efficaces et moins onéreux, on ne s'en servirait jamais pour alimenter une aluminerie ou une fonderie, dont les besoins en puissance sont énormes et doivent être assurés sur une base continue, jour et nuit. Les experts les plus optimistes considèrent que les énergies renouvelables pourraient constituer au maximum 25 % du parc de production électrique dans le monde en 2030, alors qu'il en représente un peu moins de 20 % aujourd'hui.

L'objectif européen, en matière d'énergies renouvelables, est d'augmenter la part de ce type d'énergie à 12 % du total en 2010, dans le but de réduire les émissions de gaz carbonique de 400 Mt par année. Aux États-Unis, la Ville de Los Angeles a décidé, dans ses appels d'offres de mars 2001, d'exiger que 10 % de l'énergie consommée à des fins municipales soit fournie par des énergies vertes. Le Regional Greenhouse Gas Initiative, dans l'Est américain, a fait la même chose. Ces quelques exemples montrent que la voie des énergies propres et renouvelables est non seulement viable, mais peut donner lieu à des avantages commerciaux pour les entreprises qui investissent dans ce type de technologie.

En Angleterre, on estime que la biomasse pourrait constituer autant que 12 % des besoins nationaux d'énergie vers 2050, et le gouvernement exige des centrales thermiques qu'elles produisent ou acquièrent au moins 10 % de leur électricité à partir d'énergies renouvelables, ce qui incite à l'exploitation de carburants provenant de la biomasse. Les tourteaux de palme, d'olive ou d'arachide peuvent aussi se qualifier comme carburants pour les centrales thermiques. Toutefois, le gouvernement britannique veut favoriser les cultures de biomasse à des fins énergétiques, comme le Saule. Il a donc mis en place des quotas qui favoriseront ce type de culture.

Des détails?

Dans un contexte de commerce de permis échangeables, il est probable que les formes d'énergie renouvelable seront considérées comme n'émettant pas de gaz à effet de serre. Le cas de l'hydroélectricité, dont les réservoirs sont un facteur d'émissions de CO_2 et de méthane, est toutefois un peu plus complexe. En effet, ces émissions se produisent en proportion de la superficie du territoire inondé, persistent plusieurs décennies après la mise en eau dans les milieux tropicaux (mais seulement une dizaine d'années en milieu boréal) et peuvent donc être vues comme des émissions de procédé. Il y a de fortes chances pour que les producteurs d'électricité thermique, dans un souci de limiter la compétitivité des énergies renouvelables, obligent les producteurs d'hydroélectricité et d'énergie éolienne à déclarer les émissions et à obtenir des permis échangeables. Cette situation est débattue actuellement, mais le cas est assez clair en milieu boréal où l'hydroélectricité émet au net de 50 à 100 fois moins de gaz à effet de serre que la production thermique. Une importante monographie[2] publiée en novembre 2004 est particulièrement intéressante à ce sujet. Le tableau 13.2 nous montre les facteurs d'émissions par kWh d'électricité.

L'efficacité énergétique

L'efficacité énergétique est un concept qui a été galvaudé, car beaucoup de gens l'associent à une privation d'énergie. Pourtant, il ne s'agit pas de se priver d'utiliser de l'énergie, mais plutôt de chercher à toujours utiliser la bonne quantité de la bonne forme d'énergie, au bon endroit, dans la bonne machine, pour obtenir le meilleur service. En fait, avoir le meilleur usage final de toute l'énergie consommée ou la plus faible consommation d'énergie possible pour un travail donné. Naturellement, cela suppose un travail constant d'amélioration de l'efficacité de la transformation d'énergie dans les machines et de la récupération de la chaleur perdue, mais aussi la connaissance des diverses filières de production énergétique.

Tableau 13.2
Émissions globales de la chaîne de production par kWh d'électricité

Source d'énergie	Facteur d'émissions (gCO_2eq/kWh)
Charbon	940-1340
Pétrole	690-890
Gaz (naturel et GNL)	650-770
Nucléaire	8-27
Solaire (photovoltaïque)	81-260
Éolienne	16-120
Hydroélectrique	4-18
Complexe La Grande	~33
Moyenne en milieu boréal (63 km² de réservoir par TWh)	~15
En milieu tropical (Brésil, Guyane française)	8-2100

Source: Adapté de A. Tremblay, L. Varfavy, C. Roehm et M. Garneau, *Greenhouse Gas Emissions – Fluxes and Processes: Hydroelectric reservoirs and natural environments*, New York, Springer, 2004, 732 p.

2. A. Tremblay, L. Varfavy, C. Roehm et M. Garneau, *Greenhouse Gas Emissions – Fluxes and Processes: Hydroelectric reservoirs and natural environments*, New York, Springer, 2004, 732 p.

Encadré 13.7

Clean coal!

L'oxymore est décidément bien populaire de nos jours. Le «charbon propre» est présenté comme un des fers de lance du plan fédéral américain de réduction des émissions de gaz à effet de serre. On regroupe sous cette appellation chère au Department of Energy un ensemble de technologies permettant de produire de l'électricité en brûlant du charbon tout en réduisant les impacts polluants de cette activité. Que ce soit par la pulvérisation du charbon, un meilleur apport d'oxygène au combustible, le lavage des effluents gazeux etc., on peut produire plus d'électricité en émettant moins de polluants. Mais est-ce pour autant une façon de lutter contre les changements climatiques?

Précisons d'emblée que l'appellation «charbon propre» ne réfère pas d'abord aux émissions de gaz à effet de serre, mais aux émissions de sulfates, de particules de suie et de mercure qui peuvent effectivement être considérablement réduites par rapport aux technologies conventionnelles. Cependant, la combustion d'une tonne de charbon donnera toujours environ quatre tonnes de CO_2éq si on ne capte pas les gaz d'échappement de la centrale pour les enfouir ou s'en débarrasser autrement.

En augmentant l'efficacité de la combustion, on peut réussir à diminuer l'intensité carbonique par kWh, mais en aucune façon éliminer les émissions de CO_2. La stratégie américaine de promouvoir le «charbon propre» ne permettra pas de réduire les émissions totales, mais seulement d'en limiter la vitesse de croissance. Pour paraphraser le général Custer: «Le seul charbon propre est celui qu'on laisse sous terre!»

Malgré leurs nombreuses dissensions, les économistes s'entendent généralement pour dire qu'il est possible d'améliorer de 10% à 30% l'efficacité énergétique sans frais nets, et même d'économiser de façon récurrente la dépense énergétique subséquente. Pourquoi ne pas le faire alors? Les raisons sont multiples, mais le plus souvent liées au faible coût de l'énergie perdue et au besoin de consacrer un certain investissement avant d'obtenir des économies d'énergie qui rembourseront ce capital à court ou à moyen terme. Ainsi, si le retour sur investissement se fait en plus de deux ans, la plupart des entreprises ne considéreront pas que l'investissement est rentable, alors que, chez les particuliers, cette tolérance excède difficilement cinq ans.

Selon l'Organisation de coopération et de développement économiques (OCDE)[3], le secteur de l'efficacité énergétique, avec les technologies existantes, permet de très importantes réductions de la consommation d'énergie et, par conséquent, des réductions d'émissions de gaz à effet de serre considérables par unité du produit intérieur brut (PIB). Dans le secteur résidentiel, qui compte pour 20% à 35% de la consommation énergétique d'un pays, des

---

3. D. Violette, C. Mudd et M. Keneipp, *An Initial View on Methodologies for Emission Baselines: Energy Efficiency Case Study*, Organisation de coopération et de développement économiques (OCDE) et Agence internationale de l'énergie, 2000.

mesures d'efficacité énergétique comprenant de meilleures normes de construction et des appareils domestiques à haute efficacité permettraient de réduire la facture du tiers. Dans le domaine commercial, qui compte pour 10 % à 30 % de la consommation, des mesures comme une meilleure isolation thermique des bâtiments, des équipements plus efficaces et des systèmes de chauffage communautaires, tels des réseaux de vapeur dans les zones commerciales, permettraient d'économiser la moitié de l'énergie consommée. C'est ainsi que les premières actions du Canada pour faire participer ses citoyens à l'effort de réduction des gaz à effet de serre portent sur l'efficacité énergétique des bâtiments.

Le grand avantage des projets d'efficacité énergétique est leur potentiel de motivation, car ils s'adressent à une large clientèle, créent beaucoup d'emplois à l'échelle locale, améliorent la compétitivité et diminuent souvent les problèmes environnementaux dans la région. Ils doivent cependant être pensés le plus possible en amont, surtout quand ils concernent la construction. Il devient beaucoup plus onéreux de tenter de rendre plus efficace, au moment de rénover, un bâtiment mal conçu, que de le concevoir efficace dès le départ.

Il convient dans une approche d'efficacité énergétique de s'interroger sur l'usage final de l'énergie, ce qui permet de mettre à contribution les diverses filières. Ainsi, dans la conception d'une maison, les usages de l'énergie sont le chauffage, l'éclairage et le fonctionnement des appareils électriques. Ce dernier usage demande naturellement de l'électricité à haute intensité,

alors que l'éclairage et le chauffage peuvent être fournis par une diversité d'appareils et, pour le chauffage, par plusieurs sources d'énergie. L'éclairage peut faire appel à des ampoules à incandescence, mais aussi à des fluorescents compacts ou encore à des lampes photovoltaïques chargées à la lumière du jour. Le chauffage, pour sa part, peut provenir de combustibles fossiles (mazout ou gaz), de la géothermie, de la combustion de bois ou de biomasse, de la chaleur produite par une pile à combustible qui fournit de l'électricité, d'un réseau de vapeur, du solaire passif ou d'une combinaison de ces formes d'énergie. Les choix sont toujours plus grands pour les formes d'énergie de basse intensité.

Dans le transport, la situation est semblable : s'il est difficile de trouver une solution de rechange au pétrole pour le transport aérien, les trains peuvent fonctionner à l'électricité, les automobiles utiliser plusieurs types de carburants (diesel, diesther, essence, éthanol, méthanol, GPL, GNL, hydrogène) et les déplacements à basse vitesse s'effectuer par la force musculaire avec le vélo ou la marche à pied.

Le défaut des projets d'efficacité énergétique est qu'ils coûtent souvent plus cher que le gaspillage pour une année donnée ou qu'ils demandent une immobilisation de capital avant de produire des effets. En général, le retour sur investissement se fait tout au long de la durée de vie de l'appareil, mais il est quelquefois relativement peu important, donc peu visible dans les budgets mensuels. La personne qui n'a pas de marge de manœuvre, en capital, est donc incitée à payer un peu plus cher son énergie mensuelle, plutôt que de s'endetter pour devenir plus efficace sur le plan énergétique. Dans cette perspective, la création de fonds qui peuvent prêter le capital nécessaire à l'augmentation de l'efficacité énergétique et se rembourser à même les économies d'énergie réalisées est une mesure incitative très intéressante.

Enfin, dans le secteur industriel, qui représente souvent plus de 40 % de la consommation énergétique, des gains importants peuvent être réalisés par le choix de carburants plus propres et de procédés moins énergivores, mais aussi par l'application de modes de production plus efficaces. Le taux de conversion du carburant en électricité, dans les centrales thermiques classiques, est actuellement d'environ 30 %. Dans les centrales les plus modernes, cependant, ce taux atteint 45 % pour le charbon et 52 % pour le gaz naturel. Des technologies comme la cogénération ou les centrales à cycle combiné peuvent aussi augmenter l'efficacité en récupérant la vapeur qui sert à entraîner la turbine pour d'autres usages industriels ou encore en produisant de l'électricité à partir de l'énergie contenue dans les gaz d'échappement. On ne réussit toutefois pas encore à dépasser le 60 %.

L'efficacité énergétique représente toujours un avantage pour les entreprises, puisqu'elle améliore la compétitivité. En Allemagne, 15 associations industrielles, représentant 99 % de la capacité de production d'énergie du pays et 70 % de la consommation industrielle d'énergie, ont signé une déclaration commune où elles s'engagent à réduire de 20 % en moyenne leurs émissions de CO_2 entre 1990 et 2005. Le gouver-

nement pourrait, en cas de non-respect des objectifs, imposer des taxes supplémentaires à la consommation d'énergie, comme c'est le cas en Suisse où les entreprises qui n'atteignent pas leurs objectifs doivent payer une taxe sur le carbone, ou en France où les contrevenants seront mis à l'amende. En Californie, à l'été 2001, de nombreuses mesures incitatives à l'efficacité énergétique ont été mises en œuvre pour lutter contre la pénurie d'énergie qui touchait cet État. L'administration offrait une prime de 20 % de la facture énergétique aux entreprises qui réussissaient à baisser leur consommation de 20 %.

Au Japon, le programme Top Runner vise à réduire la demande des appareils électriques, par exemple les magnétoscopes, les ordinateurs et les réfrigérateurs. Lancé en 1998, on estime le potentiel de réduction à 30 Mt de CO_2. L'intérêt de fabriquer des appareils plus efficaces est double : on réduit la facture du client et on favorise la compétitivité du produit, surtout lorsque les marchés publics commencent à mettre des clauses sur l'efficacité énergétique, comme c'est le cas en Europe présentement.

L'efficacité énergétique présente aussi d'énormes avantages dans les bâtiments publics. L'Allemagne a mis en vigueur un programme d'amélioration des bâtiments qui contribue d'ailleurs largement à atteindre l'objectif de réduction des émissions de CO_2. Les réductions ainsi obtenues par la reconstruction et l'isolation sont de l'ordre de 8 Mt par année.

On reconnaît généralement que les principales mesures incitatives à une meilleure efficacité énergétique sont les prix élevés de l'énergie,

Encadré 13.8

Un appel des villes

Au lendemain de l'entrée en vigueur du Protocole de Kyoto, Greg Nickels, maire de Seattle dans l'État de Washington, a lancé une campagne afin d'inciter les villes des États-Unis à réduire leurs émissions de dioxyde de carbone en conformité avec la réglementation internationale. Sa démarche est d'autant plus légitime que cette ville a déjà diminué de 60 % ses émissions de CO_2 au cours de la dernière décennie.

L'initiative de Greg Nickels semble avoir reçu aussitôt un accueil favorable, et de nombreuses municipalités, parmi lesquelles Portland dans l'Oregon, Santa Monica et Oakland, en Californie, se sont jointes à la campagne.

De son côté, le Royaume Uni a lancé l'initiative Zero Carbon Cities www.britishcouncil.org/zerocarboncity qui regroupe 100 villes de 60 pays dans la lutte aux changements climatiques. Cette approche d'émulation internationale devrait donner des résultats fort intéressants à suivre.

Encadré 13.9

En France : le programme PRIVILÈGES

En France, le programme Projet d'Initiatives des Villes pour la Réduction des Gaz à Effet de Serre (PRIVILÈGES) se met en place. Il s'inscrit dans le projet « Life Environment » proposé par la Commission européenne. Ce programme, coordonné par le WWF-France en partenariat avec la Ville de Chalon-sur-Saone, la Maison de l'environnement et l'ADEME, s'attache à développer une politique de maîtrise de consommation d'énergie liée à l'éclairage public et aux bâtiments municipaux. La Ville s'équipe en véhicules GPL, développe les cheminements piétons et cyclables et mène avec la Communauté d'agglomération une politique de transports collectifs. Elle exploite une turbine de cogénération pour le chauffage urbain. Le programme Privilèges prévoit un plan d'action éco-industriel qui vise à décliner au niveau local les principaux concepts de l'écologie industrielle. L'objectif est d'effectuer un bilan des flux d'énergie et des déchets et de définir un plan d'action pour limiter les entrées et les sorties.

Pour en savoir plus : www.chalonsursaone.fr.

la peur de coupures d'électricité et l'incertitude quant aux approvisionnements à venir. Ces trois facteurs sont malheureusement des réactions. Le réflexe de l'efficacité énergétique devrait faire partie des qualités des bons gestionnaires et des citoyens soucieux du développement durable.

Le rôle des villes

Le niveau décisionnel municipal est un de ceux où les dirigeants sont le plus proches de leurs citoyens. Bien que les négociations de la CCNUCC ne fassent pas particulièrement référence à ce palier décisionnel, les autorités municipales ont un rôle important à jouer dans la lutte contre l'augmentation des gaz à effet de serre. En effet, c'est à ce niveau que se prennent de nombreuses décisions et que sont administrés plusieurs lois et règlements à l'origine de mesures concrètes pour la réduction des émissions. Aux États-Unis et au Canada, plusieurs villes ont adopté des plans de réduction des gaz à effet de serre qui les placent loin en avance sur les objectifs de leur État.

Les villes peuvent notamment entreprendre de nombreuses actions dans le domaine de la planification du développement urbain, la recherche de l'efficacité énergétique, l'expérimentation de nouvelles technologies, la sensibilisation et l'éducation des citoyens, et

Un système efficace de transport en commun permet à la fois de réduire les émissions de GES, la congestion et le smog urbain.

G.Zimbel/Publiphoto

Encadré 13.10

Énergie-Cités: un réseau de villes européennes en action

É nergie-Cités est un organisme qui dispose d'un portefeuille de plus de 400 bonnes pratiques européennes en matière de politique énergétique locale durable, présentées sous forme de fiches. Celles-ci fournissent une information complète sur l'action menée. Après une information générale sur la ville et une introduction brève du sujet et de son contexte général, l'action est présentée en détail ainsi que les acteurs locaux impliqués, les coûts, le bilan – positif et négatif – et les perspectives.

Ces bonnes pratiques peuvent être consultées dans une base de données en ligne mise à jour régulièrement: www.energie-cites.org.

l'émulation par des actions individuelles et collectives[4].

Les réductions dans le secteur du transport

Le transport est un des secteurs où l'efficacité énergétique peut le mieux s'illustrer. Il constitue une des plus importantes sources d'émissions de gaz à effet de serre avec des proportions variant entre 25 % et 40 % des émissions selon les pays. En principe, c'est aussi le secteur où il est le plus difficile d'obtenir des réductions, pour trois raisons principales:

◎ Le choix de l'automobile individuelle est un symbole dans la société industrielle reflétant davantage un système de valeurs qu'un simple moyen de transport.

◎ Le transport par camion et les flux tendus (*just in time*) sont devenus la norme dans les pays industrialisés.

◎ Les infrastructures de transport en commun demandent d'énormes investissements publics, ce qui fait que leur compétitivité est réduite en ce qui regarde les coûts pour l'utilisateur. Elles doivent donc être subventionnées ou financées par des taxes sur l'usage de l'automobile.

L'auto-climat

L'attrait de l'automobile individuelle est extrêmement fort, car on y associe le sentiment de liberté et le symbole de réussite sociale qui s'incarne dans la puissance et l'exclusivité de certains modèles. Par ailleurs, l'automobile est un merveilleux

---

4. C. Villeneuve, «Villes d'hiver et changements climatiques: les défis de l'action», *Actes du Congrès international des villes d'hiver*, 2001, Québec.

moyen de transport jusqu'au moment où la capacité de support des routes est atteinte à 80 %. À partir de cet encombrement, les bouchons de circulation commencent à se former et les embouteillages rendent la voiture plus inefficace, et pas moins polluante.

C'est le grand dilemme des villes qui doivent à la fois assurer une fluidité de la circulation en offrant de grands axes aux automobiles et aux camions, et entretenir un réseau de transport en commun. L'interfinancement des transports se défend d'autant mieux qu'en diminuant le nombre d'automobiles sur les routes, on rend service aux automobilistes qui restent. La Ville de Londres, en Angleterre, a d'ailleurs innové dans ce domaine en appliquant une taxe de circulation au centre-ville suffisamment élevée pour limiter le nombre de voitures qui s'y rendent quotidiennement. Ce programme courageux a à la fois réduit les embouteillages et permis de mieux financer le transport en commun. En prime, on obtient une réduction marquée de la consommation de pétrole par le parc automobile et une baisse proportionnelle des émissions de gaz à effet de serre.

C'est là un exemple, mais les villes n'ont pas toujours les pouvoirs nécessaires pour agir dans leur région. Il est alors nécessaire que l'État intervienne, comme on l'a fait à Montréal, par exemple, pour ajouter une taxe spéciale sur le carburant en région métropolitaine dont les revenus sont versés au transport en commun. Des mesures fiscales pourraient également être adoptées, par exemple pour rendre le coût de l'abonnement au transport en commun déductible des impôts. Ces mesures coûtent d'autant moins cher que les bénéficiaires sont souvent des personnes à faible revenu.

L'État peut aussi jouer un rôle dans la limitation de la consommation du parc automobile. Par exemple, des redevances pourraient être demandées à l'achat de véhicules à forte consommation, alors que des remises pourraient être consenties aux consommateurs qui choisiraient des véhicules peu polluants, comme les véhicules hybrides. Il y a aussi des mesures fiscales qui sont appliquées et qui favorisent un parc automobile plus gourmand. Aux États-Unis, par exemple, il était jusqu'à récemment possible de déduire de ses revenus imposables jusqu'à 100 000 $ pour l'achat d'un camion léger de plus de deux tonnes. Cette mesure, destinée à l'origine aux agriculteurs et aux forestiers, était utilisée par des professionnels ou des gens d'affaires qui achetaient des véhicules utilitaires sport (VUS) de grande taille qui entrent dans la catégorie des « camions légers ». Une stratégie de lutte contre les émissions de gaz à effet de serre devrait commencer par l'élimination ou le resserrement de telles mesures.

La tendance à l'augmentation de la taille et de la puissance des véhicules préférés des consommateurs a annulé les gains d'efficacité liés aux technologies plus performantes.

Plusieurs villes ont commencé à interdire leur centre à l'automobile, mais ces initiatives, pour être réellement productives, doivent s'inscrire dans une stratégie globale de réduction des émissions de gaz à effet de serre appuyée par une volonté politique claire et une responsabilité exécutive, assortie de moyens, de mesures et d'objectifs de réalisation précis.

La Ville de Toronto, par exemple, a mis sur pied une série d'initiatives dans le domaine du bâtiment, mais pas dans ceux du transport ou de la gestion des déchets. Plusieurs villes des États-Unis ont adopté le programme Green Fleet des International Community Leaders Environmental Initiatives (ICLEI), qui vise à gérer de façon optimale les parcs de véhicules municipaux. Ce programme non seulement se traduit par des réductions d'émissions, mais aussi permet des économies substantielles dans les achats et les frais d'utilisation des véhicules.

Les gouvernements nationaux, régionaux ou locaux peuvent donc contribuer par la réglementation et par des mesures incitatives (le bâton et la carotte) efficacement à réduire les émissions de gaz à effet de serre de leurs commettants, mais il est bien sûr mieux indiqué de montrer l'exemple avant de contraindre les autres. Et cela n'est pas encore gagné!

La plupart des gouvernements des pays de l'Annexe B ont décidé de s'attaquer au problème par des stratégies visant les plus gros émetteurs dans un premier temps. Quand on peut contrôler quelques joueurs qui représentent la majorité des émissions, on a moins d'efforts à mettre pour obtenir des résultats. Pour beaucoup de ceux-là, les technologies de réduction des émissions sont la solution considérée de prime abord. En effet, dans un monde où la croissance soutenue est une obligation morale, réduire est un bien vilain mot.

Technologies permettant de contrôler les émissions

Un autre élément qui réjouit le troisième groupe de travail du GIEC, auteur du rapport sur les scénarios d'émissions les plus compatibles avec la protection de l'atmosphère, concerne les technologies de réduction des émissions de gaz à effet de serre.

Cimenteries, aciéries et centrales thermiques

Pour réduire les émissions à la source, on peut soit utiliser des combustibles ayant un plus faible taux de carbone (gaz naturel), soit recourir à des énergies vertes qui produisent peu de carbone atmosphérique dans leur cycle de vie, ou encore chercher à diminuer la consommation

---

Encadré 13.11

Le fonds Ekon: modèle mondial

La Ville d'Oslo, en Norvège, a créé le fonds Ekon en 1982. Ce fonds, constitué par une surprime de 0,002 $ par kilowattheure imposée jusqu'en 1991, est un succès extraordinaire: plus de 20 000 ménages y ont fait appel. À partir de 1991, la surprime a été abolie, le fonds étant devenu autosuffisant.

Les ménages ou les entreprises pouvaient emprunter les sommes nécessaires à améliorer l'enveloppe thermique ou à se doter d'appareils plus efficaces. Celles-ci étaient remboursées à même les économies d'énergie obtenues, jusqu'à ce que le fonds soit remboursé, capital et intérêts, après quoi les propriétaires pouvaient jouir de leur facture d'énergie réduite. Les économies d'énergie résultant de cette initiative sont évaluées, de 1982 à 1992, à 2 328 GWh et sont récurrentes depuis. Le fonds dispose actuellement de plus de 100 millions de dollars américains en avoir propre dont il consacre 10 % chaque année au financement de nouvelles initiatives.

de combustibles pour les mêmes services. Certains autres gaz, comme les perfluorocarbones des alumineries, peuvent être éliminés à la source. Dans d'autres cas, on peut modifier les procédés, comme pour l'émission de protoxyde d'azote dans la fabrication de certains plastiques qui peut être grandement réduite par le passage des gaz dans un convertisseur catalytique.

Comme nous l'avons vu au chapitre 9, trois types d'industries produisent une proportion considérable de gaz à effet de serre émis dans l'atmosphère : les cimenteries, les aciéries et les centrales thermiques. Dans ces trois secteurs, même une réduction relativement modeste des émissions de gaz à effet de serre se traduira par des progrès considérables dans l'atteinte des objectifs du Protocole de Kyoto. De plus, comme ce sont des secteurs industriels étroitement liés au développement de l'infrastructure d'un pays, les progrès enregistrés dans ces secteurs permettront d'éviter de futures émissions dans les pays en développement dans lesquels on transférera la technologie grâce au mécanisme de développement propre.

Les cimenteries du monde produisent 1,45 Gt de ciment chaque année, et on estime leurs émissions à 1,1 Gt[5] de CO_2. Comme les émissions proviennent essentiellement de la consommation d'énergie pour le chauffage des fours et du dégazage provoqué par le grillage des carbonates, c'est sur le plan de la consommation d'énergie que devrait se faire le plus grand effort de réduction des émissions, à moins qu'on puisse capter le CO_2 provenant des

Cimenterie
A. Cartier/Publiphoto

carbonates et le fixer, pour le recycler ensuite grâce à une des technologies qui seront décrites plus loin. Le captage du CO_2 provenant du dégazage du calcaire est possible en théorie, mais n'est pas appliqué dans la pratique, en raison des contraintes de captage et des marchés limités pour ce gaz.

L'industrie est déjà en train de s'attaquer au problème énergétique en éliminant progressivement le procédé humide qui, consommant 5,7 MJ d'énergie par kilogramme, est beaucoup plus énergivore que le procédé sec, qui consomme 3,3 MJ d'énergie par kilogramme. Il y a aussi d'autres avenues, comme la récupération d'énergie du préchauffage pour la production d'électricité et la diminution de la proportion de clinker dans le produit fini. L'Australie, la

5. Marland *et al.*, 1998, dans J. Ellis, *An Initial View on Methodologies for Emission Baselines: Iron and Steel Case Study*, Organisation de coopération et de développement économiques (OCDE) et Agence internationale de l'énergie, 2000.

Belgique, la France et l'Allemagne ont favorisé cette option par des ententes volontaires avec leurs entreprises.

Il est particulièrement important que ce secteur soit pris en compte, car la demande de ciment dans les pays en développement augmente de façon considérable, et il est toujours plus rentable d'implanter ce type d'usine près des lieux de la demande. C'est une industrie où s'intègrent particulièrement bien les notions d'application conjointe et de mécanisme de développement propre négociées dans le Protocole de Kyoto, puisque la fabrication mondiale de ciment est dominée par quelques compagnies multinationales, qui peuvent assez facilement effectuer des transferts de technologies vers des cimenteries qui leur appartiennent dans les pays en développement.

Il est plus difficile de trouver des pistes de réduction des émissions de gaz à effet de serre dans les aciéries, où l'efficacité énergétique dépend de la nature des intrants. Par exemple, la proportion de ferraille dans les intrants constitue une différence importante par rapport aux besoins énergétiques liés à la production de l'acier. Malgré tout, l'industrie du fer et de l'acier est celle qui consomme le plus d'énergie sur la planète et, lorsqu'on considère de plus l'extraction du fer et le transport du minerai, elle est responsable de près de 10% de l'ensemble des émissions anthropiques de gaz à effet de serre. La majorité de ces émissions proviennent de la combustion de carburants fossiles pour produire la chaleur nécessaire à la fonte du minerai; une partie correspond aux émissions de procédé, c'est-à-dire le coke et la chaux ajoutés pour capter l'oxygène résultant de la réduction du minerai de fer.

Aciérie

La croissance de la demande mondiale en acier est en faible hausse et devrait plafonner à mesure que des matériaux de remplacement moins lourds, plus plastiques et même plus résistants pourront être mis au point par la technologie. Il y a toutefois une forte résistance au remplacement de ce matériau, car la prospérité de grandes régions industrielles dépend de cette industrie génératrice d'emplois. Par ailleurs, la Chine, avec son expansion économique très rapide, justifie à elle seule une augmentation de la demande mondiale qui se poursuivra au moins jusqu'en 2020.

Les plus grands espoirs de réduction des émissions de gaz à effet de serre viennent cependant du secteur de la production d'électricité, qui est aussi la principale source de telles émissions. Ces espoirs sont fondés sur des stratégies à trois volets: la production, le transport et la consommation. Des gains d'efficacité sont possibles à ces trois niveaux, alors que d'importantes réductions d'émissions polluantes peuvent être obtenues par le changement de modes de production.

La disponibilité d'énergie électrique est essentielle au développement d'un pays. Non seulement elle est nécessaire pour assurer le confort et la sécurité des citoyens, mais elle est aussi indispensable au fonctionnement du commerce et de l'industrie. Un approvisionnement suffisant et fiable en électricité est une des premières conditions de développement économique d'un pays; sans cet approvisionnement, il est peu probable que des entreprises s'y installeront, comme le démontrent éloquemment des pays tels que Haïti.

En 1998, l'Agence internationale de l'énergie prévoyait une croissance de la production d'électricité de 3 % par année entre 1995 et 2020, ce qui ferait doubler celle-ci (figure 13.1a). Cette augmentation de la demande serait surtout concentrée dans les pays en développement et dans les pays non signataires de l'Annexe I de la CCNUCC, ce qui rend encore plus urgente la nécessité de trouver des solutions dans ce secteur. En effet, les émissions de gaz à effet de serre provenant de la production d'électricité, qui représentent le tiers des émissions associées au secteur énergétique, augmenteront de 2,7 % par an d'ici 2020 selon les prévisions. Or les pays non signataires de l'Annexe I de la CCNUCC ne sont pas tenus de réduire la croissance de leurs émissions dans la première période de référence de Kyoto.

Comme l'indique la figure 13.1b, le charbon maintiendra sa place prépondérante dans ce secteur, mais c'est le gaz naturel qui connaîtra la plus forte croissance comme combustible. Les énergies renouvelables conserveront une part relativement modeste du gâteau et le nucléaire

Figures 13.1a et b
Tendances de la production d'électricité dans le monde entre 1970 et 2020

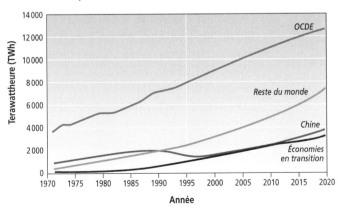
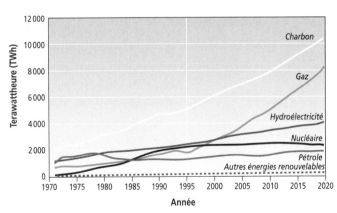

Source : Martina Bosi, International Energy Agency, *An Initial View on Methodologies for Emission Baselines: Electricity Generation Case Study*, Paris, Organisation de coopération et de développement économiques (OCDE) et Agence internationale de l'énergie, juin 2000, p. 10.

connaîtra une décroissance liée à la mise au rancart progressive des centrales construites dans les années 60 et dans la décennie suivante. La situation du nucléaire pourrait changer diamétralement si on en croit le lobby de cette industrie un peu partout dans le monde. Cependant, les délais de conception, de mise en chantier et l'acceptabilité sociale difficile de cette filière font que cela ne se produira vraisemblablement pas avant 2020.

D'ailleurs, la menace est sérieuse, car, comme le calculait le *Christian Science Monitor*[6] de Boston, trois pays, les États-Unis, l'Inde et la Chine, ont actuellement le projet de construire, d'ici à 2012, 847 nouvelles centrales au charbon, la très grande majorité en Chine. Ce seul secteur lancerait dans l'atmosphère une source d'émissions supplémentaires de près de 2,5 Gt de CO_2 par année, soit 5 fois plus que le Protocole de Kyoto ne pourra entraîner de réductions si tous les pays signataires atteignent leurs objectifs. Même si ces centrales étaient très performantes, cette perspective est terrifiante. On pensait que le gaz naturel remplacerait le charbon, mais l'augmentation des coûts de ce combustible dans les dernières années le rend moins compétitif pour la production d'électricité.

En effet, les principales façons de diminuer les émissions de gaz à effet de serre dans la production d'électricité sont d'abord le choix du combustible et le choix de la filière de production, puis l'efficacité de la transformation de l'énergie du combustible. Dans le domaine du transport de l'électricité, il faut réduire les pertes sur les lignes de transmission, qui peuvent atteindre 10% dans certains cas extrêmes. Enfin, du côté des consommateurs, c'est l'efficacité des appareils électriques et de l'éclairage qui fait la différence.

Innovations technologiques

La mise en œuvre de certaines technologies nouvelles pourrait changer sérieusement la situation des émissions de gaz à effet de serre dans plusieurs pays du monde si on les adoptait à grande échelle. Parmi ces innovations, des technologies telles que les automobiles hyperefficaces et les piles à combustible comme éléments de motorisation peuvent constituer de véritables améliorations et permettre aux citoyens des pays développés de maintenir leur niveau de vie tout en émettant beaucoup moins de gaz à effet de serre.

Automobiles hyperefficaces

Le remplacement de l'acier dans les automobiles est probablement l'un des premiers pas pour réduire le poids et, par conséquent, la consommation d'essence. Amory Lovins, du Rocky Mountain Institute, au Colorado, a mis au point le concept des voitures hyperefficaces (*hypercars*), qui combine poids réduit et moteur électrique alimenté par des piles à combustible ou des moteurs hybrides[7].

Lancées en 1997 par Toyota, les automobiles hybrides semblent en voie de faire une percée. Bien reçus sur le marché au Canada comme aux États-Unis, les constructeurs Toyota et Honda

---

6. M. Clayton, «New coal plants bury "Kyoto"», *Christian Science Monitor*, 23 décembre 2004.

7. Voir à ce sujet le site du Rocky Mountain Institute: http://www.rmi.org.

ne réussissent pas à suffire à la demande pour leurs trois modèles proposés en 2004. À la fin de 2005, une dizaine de modèles fabriqués par six constructeurs devraient proposer une motorisation hybride. Doit-on y voir un espoir pour réduire de façon tangible les émissions de gaz à effet de serre liées au transport ?

Malheureusement, cela est loin d'être certain… Malgré l'accueil favorable des écologistes et des amateurs de technologies nouvelles, les modèles hybrides à faible consommation et à faibles émissions seront vraisemblablement très minoritaires sur le marché, au moins dans les cinq prochaines années. En effet, c'est au service d'une puissance accrue, des véhicules utilitaires sport (VUS) et des grandes camionnettes que se destine la technologie hybride chez la plupart des constructeurs.

Une voiture hybride est une voiture à essence dotée d'un moteur électrique d'appoint qui, à partir de l'énergie électrique stockée dans des batteries, apporte un complément de puissance ou remplace carrément le moteur à essence en circulation urbaine. L'énergie électrique est régénérée au freinage ou lorsque la puissance totale du moteur à essence n'est pas requise, le moteur électrique se transforme alors en génératrice. Cette utilisation judicieuse de la complémentarité des deux formes d'énergie permet de réduire la cylindrée du moteur à essence nécessaire pour obtenir une puissance donnée, ce qui diminue la consommation de l'automobile d'autant, et profite de plus de l'énergie qui serait autrement perdue au freinage sur un véhicule traditionnel. Rien de révolutionnaire donc, mais un potentiel d'économie

d'énergie de l'ordre de 25 %, ce qui, combiné aux systèmes d'allumage à double ignition et au convertisseur catalytique, permet d'atteindre les normes les plus sévères de rejets atmosphériques. Ainsi, la Prius de Toyota se qualifie pour la norme *Super ultra low emission vehicle* (SULEV) en Californie, alors que la Honda Civic Hybrid domine la classe des *Ultra low emission vehicle* (ULEV). Ces berlines 5 places émettent moins de 115 g de CO_2 par kilomètre parcouru, soit environ 50 % de la moyenne des véhicules en 2003. À l'autre extrémité du spectre, un VUS de luxe peut en émettre cinq fois plus…

On peut penser que la technologie hybride sera proposée en option sur une vaste gamme de véhicules dans les prochaines années, mais son effet restera marginal sur la consommation d'essence, car la tendance chez les constructeurs semble aller vers une course à la puissance plutôt qu'à l'économie. Ainsi, Honda offrait en fin 2004 sa Accord V6 en version hybride, mais pour une modeste réduction de la consommation d'essence, puisque le moteur ainsi équipé affiche 255 chevaux au lieu de 240 pour sa version traditionnelle. Les économies d'essence, on le comprendra, ne sont pas exactement au rendez-vous. Toyota augmentera sa production de Prius et compte en vendre plus de 10 000 en 2005, mais les prochains modèles qu'il équipera de motorisation hybride sont les VUS de Lexus et son Highlander, des véhicules pas vraiment sobres. Les constructeurs américains, à la remorque des

Ces voitures construites avec des matériaux légers peuvent réaliser moins de trois litres aux cent kilomètres.

Hypercar Center®

tendances, tentent des efforts. GM a la palme de la peinture verte en appelant «hybrides» des camionnettes pleine grandeur munies d'une génératrice qui peuvent fournir de l'énergie électrique par une prise extérieure, alors que Ford a mis en marché en fin d'année 2004 un modèle de VUS, l'Escape, en version hybride.

Il faut comprendre que la technologie hybride ajoute une note de 4 000 $ à 6 000 $ au véhicule, ce qui rend le retour sur investissement très hasardeux avec les prix actuels de l'essence. En effet, entre une Civic traditionnelle et une Civic hybride, la différence de consommation est de l'ordre de 25 %, mais, comme la facture d'essence de la première n'est déjà pas très élevée, cela représente une économie de 8 $ à 10 $ par semaine pour un consommateur moyen. Il faut donc compter au moins 8 ans pour rembourser les 4 500 $ (incluant les taxes) qu'il a fallu débourser pour cette option. Il est donc probable que le simple calcul économique fasse reculer beaucoup d'acheteurs potentiels. Par ailleurs, il existe déjà sur le marché en Europe et au Japon des véhicules qui consomment moins de 5 L aux 100 km sans avoir recours à la motorisation hybride. Le coût de cette option la rend moins attrayante quand les gains d'efficacité sont marginaux. À 5 L aux 100 km, un gain de 40 % ne représente après tout que 2 L aux 100 km!

Cependant, la situation pourrait changer très rapidement avec un litre d'essence beaucoup plus cher et l'effet de réduction des coûts que provoquera une concurrence accrue entre les constructeurs et la production de masse des composantes hybrides. Il est très clair que ce type de solution, applicable aux autocars, aux camions et aux automobiles est voué à un avenir beaucoup plus brillant que les moteurs à hydrogène, comme le prévoyait Dessus[8] en 2002!

Filière hydrogène : déplacer le problème ?

Une autre percée technologique qui fait beaucoup de bruit dans les médias est l'arrivée de la voiture à hydrogène. Propre, le «moteur à eau» serait de toute évidence la solution à la pollution urbaine.

L'hydrogène peut être utilisé de deux façons, soit dans un moteur à explosion[9] conventionnel, soit dans un moteur électrique alimenté par une pile à combustible qui utilise de l'hydrogène provenant d'un réservoir ou un combustible (gaz naturel, méthanol ou essence) qui fournit de l'hydrogène à la pile à combustible par l'intermédiaire d'un réformeur. Ce dernier procédé rejette du CO et du CO_2. Dans tous les cas, la combustion de l'hydrogène produit de la vapeur d'eau. La filière hydrogène est l'un des piliers de la stratégie du gouvernement Bush pour lutter contre les changements climatiques.

Un article paru dans le bulletin *News@ Nature.com* en octobre 2004[10] faisait état des calculs du professeur Andrew Oswald de l'Université de Warwick (Angleterre) qui évaluait qu'il

---

8. B. Dessus, «L'idée est belle, la réalité têtue», *La Recherche*, vol. 357, 2002, p. 60-69.

9. En juin 2005, le fabricant allemand BMW annonçait la sortie pour 2007 d'un modèle de série 7 fonctionnant alternativement avec de l'essence ou avec de l'hydrogène dans un moteur à combustion interne.

10. Voir à l'adresse http://news.nature.com//news/2004/041004-13.html.

faudrait, pour convertir l'ensemble des véhicules aux États-Unis à l'hydrogène, l'équivalent de 1 000 centrales nucléaires ou encore un million d'éoliennes, assez pour couvrir la moitié de la Californie. Ce type de calcul montre bien la difficulté associée à un tel projet et rend illusoire, même à moyen terme, la confirmation d'une telle hypothèse.

En principe, «l'économie de l'hydrogène» n'est pas pour demain, même si, dès le 4 novembre 2004, deux jours après sa réélection, le président Bush annonçait que les États-Unis allaient recommencer à construire des centrales nucléaires. Pour le moment, le plan énergétique de la présidence est lié à la construction d'une centrale par mois pour les 20 prochaines années, la plupart au charbon et au gaz naturel. Il est difficile de croire que le portefeuille énergétique américain, actuellement lourdement dominé par les centrales thermiques, se transforme de façon notable durant cette période, ce qui rend l'avènement de la voiture à hydrogène peu crédible. Pour les économies dépendantes de l'énergie thermique, en effet, la production d'hydrogène a une efficacité très faible et se traduit simplement en un déplacement de la pollution des villes vers les zones de production d'électricité, avec en prime une émission du double de gaz à effet de serre.

Au Québec, en Islande et en Norvège, cette solution jouirait d'un bilan positif en raison de la prédominance de l'hydroélectricité dans le portefeuille énergétique, mais ces marchés sont si petits que les compagnies pétrolières ne seront vraisemblablement pas intéressées à y investir pour développer un réseau de stations-service vendant ce carburant. Il est peu probable que cette filière ne fasse de grands progrès, malgré l'espoir qu'elle suscite dans les médias[11].

La clé du changement d'attitude réside dans le prix de l'essence, qui est encore beaucoup trop bas, ce qui incite les consommateurs à l'insouciance. Les changements majeurs apportés à la consommation d'essence des véhicules, au début des années 80, après le deuxième choc pétrolier, ont montré qu'on pouvait fabriquer et rapidement mettre en marché (en deçà de 10 ans) des autos moins polluantes et moins gourmandes. Mais, plus qu'un moyen de transport, l'automobile, pour beaucoup de gens, est un mode de vie. Et c'est bien ce que leur vend l'industrie. On a tendance à acheter une voiture conçue pour les situations extrêmes, alors que dans la vie de tous les jours on n'a pas besoin de ce genre de véhicule. Mais la mode ne s'embarrasse pas de logique.

Carburants alternatifs

Un des effets pervers du bas prix de l'essence, c'est qu'il rend difficilement rentables la production et la distribution de carburants alternatifs, tirés de la biomasse.

En ajoutant à l'essence de l'éthanol, en remplaçant une partie du carburant diesel par du biodiesel produit à partir d'huile végétale ou de gras animal, on peut déjà réduire les émissions de gaz à effet de serre dans le domaine du

---

11. À ce sujet, voir J. Orselli et J.J. Chanaron, «À qui profite le spectacle?», *La Recherche*, vol. 357, 2002, p. 70-73, ou encore L. Hirtzmann, «H$_2$ la combinaison de l'avenir?», *La Presse*, 6 décembre 2004.

Encadré 13.12
Le coût de l'hydrogène

Extraire de l'hydrogène de l'eau ou des hydrocarbures coûte de l'énergie, beaucoup d'énergie. Dans un article récent*, Benjamin Dessus a calculé le coût en énergie de l'utilisation de l'hydrogène. Il obtient des résultats surprenants.

En utilisant du gaz naturel passé dans un réformeur, on peut obtenir de l'hydrogène pour alimenter une pile à combustible. L'efficacité de la transformation est de 60 % au maximum. On dépense 5 kWh de chaleur pour obtenir 1 m³ d'hydrogène susceptible de fournir 3 kWh de chaleur ou 1,8 kWh d'électricité dans une pile à combustible. Le rendement est donc de 36 % au maximum, ce qui est à peine mieux que le rendement des moteurs à combustion.

Si l'on obtient l'hydrogène par électrolyse de l'eau, il faut aussi investir 5 kWh d'électricité pour obtenir 1 m³ d'hydrogène. Si cette électricité est produite avec des combustibles fossiles, il faut investir de 10 à 15 kWh d'énergie pour obtenir 1 kWh d'électricité, ce qui réduit d'autant le rendement. Les émissions de CO_2 seront donc encore plus grandes dans le meilleur des cas que d'utiliser de l'essence ou du carburant diesel dans l'auto, sauf si l'on peut produire l'électricité avec de l'hydraulique, des turbines éoliennes ou des cellules photovoltaïques. Dans le cas de centrales à biomasse, une certaine partie des émissions doivent être imputées au travail du sol et aux récoltes, à moins qu'elles ne fonctionnent avec des résidus auquel cas, les seules émissions sont liées au transport. Dans le cas du nucléaire, l'efficacité de production des centrales actuelles est de 33 % du combustible nucléaire à l'électricité.

Il existe un autre moyen de faire l'hydrolyse, c'est de porter l'eau à très haute température, de l'ordre de 800 °C avec des rendements de l'ordre de 50 %. Ce processus n'existe pas à l'échelle industrielle, et il est peu probable qu'on réussisse à le mettre en œuvre sans passer par les combustibles fossiles. Les autres solutions possibles seraient la combustion du bois de qualité, un four solaire à haute intensité ou un réacteur nucléaire à haute température, lesquels ne sont encore qu'à l'état de projets.

L'électrolyse et la thermolyse de l'eau ne peuvent se faire à bord d'un véhicule. Il faudra donc installer tout un réseau de distribution de l'hydrogène avec les dangers que cela comporte, donc des coûts associés à la sécurité du public. Il reste à résoudre le problème du stockage dans les automobiles de quantités d'hydrogène susceptibles d'offrir une autonomie suffisante.

* B. Dessus, « La "civilisation hydrogène" mythe ou réalité ? », *Les cahiers du Global Change*, n° 20, 2005, p. 8-12.

transport. À court terme, on produira l'éthanol à partir de la cellulose et le biodiesel par gazéification de biomasse. Cette biomasse pourra provenir soit de cultures spécialisées comme celle du Saule (*Salix sp.*), soit de résidus de biomasse comme la paille ou les débris ligneux provenant des opérations forestières. On estime qu'on pourrait à l'échelle mondiale remplacer 5 % des carburants consommés par des biocarburants sans avoir d'effet notable sur la production agricole. Aux États-Unis, en Europe et même dans certains États en Inde, on compte faire cette transition dans le cadre de stratégies de réductions d'émissions. Mais c'est le Brésil qui est le pays le plus avancé dans ce domaine, avec une stratégie de l'éthanol qui date des chocs pétroliers. Il existe même des voitures qui roulent uniquement à l'éthanol là-bas, et Volkswagen y a conçu des véhicules à alimentation flexible qui peuvent fonctionner à l'essence, à l'éthanol et au gaz naturel. On peut même, depuis octobre 2004, faire le plein de petits avions fabriqués par Embraer avec de l'éthanol. Ces avions ne sont pas des avions de ligne, mais des appareils qui servent à l'arrosage des cultures.

Il reste à gérer une certaine controverse dans la production d'éthanol utilisé comme carburant à partir du maïs. Une analyse de cycle de vie américaine donne un rendement de 1,34 calorie produite pour 1 calorie investie, une autre arrive à un bilan nul alors qu'une étude européenne arrive aux conclusions contraires et estime que, dans certaines circonstances, on peut investir jusqu'à 1,8 cal pour chaque calorie d'énergie utilisable. Cette marge s'explique par les différences dans les limites d'analyse déterminées par les auteurs et surtout par les modes de production agricole. Ce qu'il faut en comprendre, c'est que l'éthanol produit avec du maïs actuellement disponible n'est pas une panacée, mais une mesure de transition en attendant que les nouvelles technologies utilisant en particulier des enzymes pour la dégradation de la cellulose soient en phase de production. L'investissement énergétique dans la production de ces carburants sera dès lors beaucoup plus intéressant. Cet éthanol issu de la cellulose par digestion enzymatique commence à faire son apparition dès cette année en vertu d'un partenariat entre l'entreprise Iogen et la pétrolière Shell. Son écobilan n'est pas disponible mais, à vue de nez, il est nettement plus avantageux que l'éthanol de maïs, surtout parce qu'on utilise des résidus végétaux.

Un des problèmes de la culture de plantes à des fins énergétiques demeure la disponibilité de l'eau et de l'espace. Les grandes zones agricoles du monde sont souvent des zones de faible pluviosité où l'on cultive des céréales ou encore des cultures irriguées. La réduction même modeste des précipitations qui pourrait résulter du changement climatique nous incite à la prudence quant aux prévisions d'expansion de cette filière.

Technologies d'enlèvement du CO_2

On pense généralement que la réduction des émissions est le premier pas à franchir dans la lutte contre les changements climatiques, mais il existe aussi des solutions complémentaires permettant de se débarrasser du CO_2 avant qu'il rejoigne l'atmosphère. Voyons quelques-unes de ces solutions qu'on applique… au bout du tuyau d'échappement.

Encadré 13.13

Et si on roulait au gaz naturel

Le GNV (Véhicules au Gaz Naturel) est le gaz de ville comprimé dans le réservoir du véhicule. Il est composé principalement de méthane. Il ne faut pas le confondre avec le GPL (Gaz de Pétrole Liquéfié) qui est un produit issu du raffinage du pétrole constitué de butane et de propane. Le GNV ne subit aucune transformation, aucun raffinage. C'est une énergie dite primaire. Un autobus roulant au GNV est facilement reconnaissable: il a une bosse sur le toit… C'est là que sont logés les réservoirs de gaz naturel.

Une voiture au GNV bénéficie d'une bicarburation, c'est-à-dire qu'elle roule aussi bien au gaz naturel qu'à l'essence. Un simple bouton sur le tableau de bord permet de passer d'un carburant à l'autre sans avoir à s'arrêter.

Les constructeurs d'automobiles européens (Fiat, Ford, Opel, Volvo, Volkswagen, Citroën, Peugeot et Renault) proposent déjà un choix important de véhicules.

Plus de deux millions de véhicules roulent au gaz naturel dans le monde. En France, plus de 1 000 autobus parcourent les villes.

Le défi est simple en apparence: puisque le problème des changements climatiques est engendré par l'augmentation de la concentration de CO_2 dans l'atmosphère à partir d'un court-circuit dans le cycle du carbone causé par l'extraction et la combustion des combustibles fossiles, il s'agit de faire passer ce CO_2 excédentaire dans un autre compartiment de l'écosphère, c'est-à-dire dans l'hydrosphère, dans la lithosphère ou encore dans la partie vivante, la biosphère. Le problème est que le CO_2 est une molécule très stable et qu'il faut consacrer beaucoup d'énergie pour la faire réagir avec une autre molécule. Seuls les organismes vivants ont vraiment résolu ce défi avec la photosynthèse, qui permet avec l'aide de l'énergie lumineuse d'intégrer le CO_2 aux molécules carbonées du vivant et avec les anhydrases carboniques, des familles d'enzymes qui catalysent la transformation du CO_2 sans dépense d'énergie. Les autres mécanismes de captation naturels du CO_2 agissent beaucoup moins rapidement et demandent la dissolution du CO_2 dans l'eau, ce qui est une limitation importante étant donné la solubilité limitée de ce gaz aux conditions de pression et de températures normales.

Captage et stockage du CO_2

Plusieurs technologies émergent, en matière d'élimination du CO_2, mais la plupart d'entre elles n'ont pas encore démontré leur faisabilité technique et économique. On estime en effet que les coûts relatifs aux technologies de séquestration, à plus de 100 $ US par tonne d'équivalent de carbone, sont encore trop élevés et que la rentabilité se situerait plutôt à 10 $ US la tonne[12]. Selon le troisième groupe de travail du GIEC, cette avenue pourrait être un moyen efficace de contribuer à la réalisation de scénarios optimistes.

Pour réussir cet exploit, plusieurs groupes dans le monde investissent temps et argent afin de mettre au point de nouvelles technologies. Des consortiums réunissant de grandes universités et des entreprises grandes productrices de CO_2, et des gouvernements réalisent des expériences sur le terrain et imaginent des modèles économiques pour vérifier la faisabilité de ces projets à de vastes échelles. Aux États-Unis, le gouvernement fédéral entre dans la deuxième phase d'appel de projets de séquestration géologique.

Ces recherches tournent autour de trois grands principes : l'injection dans les océans, dans des aquifères salins profonds ou dans des formations géologiques pétrolifères. Dans ces trois cas, il convient de séparer le CO_2 des effluents gazeux, car il constitue classiquement environ 12 % à 15 % seulement de ceux-ci dans une centrale thermique. L'énergie nécessaire pour mettre sous pression de six à huit fois trop de gaz devient un coût supplémentaire qu'il vaut mieux éviter, et la séquestration d'un effluent peu concentré limite la durée de vie des réservoirs.

Séquestration dans les océans

Comme nous l'avons vu au chapitre 4, les océans captent naturellement une partie du CO_2 présent dans l'atmosphère du fait des activités anthropiques, soit environ 3 Gt de carbone par an. La méthode proposée consiste à pomper le CO_2 dont on veut disposer à 1 000 m ou plus de

12. S. Holte, *National Energy Modeling System/Annual Energy Outlook Conference Summary*, U.S. Department of Energy, 2000, p. 14.

profondeur sous le niveau de la mer. Cette technique est basée sur le fait que le CO_2 se dissout dans l'eau et que les couches profondes sont relativement pauvres en gaz carbonique. Comme à une certaine profondeur le CO_2 liquide devient plus dense que l'eau salée, on estime qu'il devrait couler au fond des océans où il formerait des lacs de CO_2 liquide. Des modèles ont été faits qui démontrent qu'à moins de 350 m, le CO_2 dégazerait de l'océan vers l'atmosphère et qu'une bonne partie du processus sera inefficace.

Une des limites de cette approche vient de ce qu'elle ne peut être adoptée que pour de grandes quantités de CO_2 de sources stationnaires et près des sites de séquestration, donc au bord des océans ou sur des plates-formes de forage en mer situées près de fosses océaniques à proximité des plateaux continentaux où est limitée l'exploitation. On estime que seulement 15 % à 20 % des sources de CO_2 anthropiques répondent à ces critères, ce qui signifie que même en les captant totalement, on serait encore loin du compte.

Beaucoup d'efforts sont consentis pour le développement de cette technologie, particulièrement au Japon, aux États-Unis et en Norvège, mais, jusqu'à maintenant, son impact environnemental n'a pu être décrit. D'ailleurs, plusieurs craignent que de légères altérations des cycles biogéochimiques des océans n'entraînent d'importantes répercussions, que l'on ne peut estimer à ce stade des recherches, en particulier sur les coraux et autres organismes qui dépendent étroitement de conditions physicochimiques précises de l'océan. De plus, il tombe sous le sens que la création de nappes de CO_2 sous-marines asphyxierait la faune des fonds marins, qui a besoin de l'oxygène qui lui est fourni par les échanges entre les eaux de surface et les eaux profondes au voisinage des mers arctiques et antarctiques. Cet impact écologique est difficilement acceptable, au regard des bénéfices escomptés, surtout que les eaux marines profondes constituent l'un des réservoirs encore inexplorés de la biodiversité mondiale. Finalement, le problème de l'acidification causée par la dissolution du CO_2 dans l'eau de mer reste une inconnue.

À certains égards, selon quelques experts, la séquestration du CO_2 dans les océans ne fait que reporter la problématique du gaz à effet de serre, puisque cette méthode ne constitue qu'un stockage temporaire. En effet, les eaux profondes des océans ne demeurent pas éternellement au même endroit et, tôt ou tard, elles se mélangent à des eaux remontant en surface; à ce moment-là, le CO_2 qu'elles contiennent sera réémis dans l'atmosphère par dégazage.

Enfin, cette solution utilise normalement du CO_2 pur, ce qui est un désavantage économique parce qu'il faut le séparer de l'effluent gazeux d'une centrale thermique, par exemple. Pour compenser ces coûts, la technique a été ajustée pour des gaz mélangés plus proches des produits de l'industrie. Cette approche permet de réduire les coûts d'environ la moitié, mais elle entraîne aussi de nombreux polluants qui accompagnent le CO_2 dans l'océan. Il est probable que cette approche devra subir un sérieux examen environnemental avant d'être mise en application.

La fertilisation des océans relève d'autres prémisses. On a remarqué que l'addition de fer dans l'océan provoque la prolifération du phytoplancton. Certaines équipes de chercheurs ont donc supposé qu'en déversant de la limaille de fer dans l'océan, la prolifération de phytoplancton qui s'ensuivrait (en raison de la photosynthèse qui capte le CO_2) pourrait augmenter la capacité naturelle des océans à fixer le CO_2 de l'atmosphère. La séquestration se produit au terme de la vie des organismes dont les cadavres descendent finalement vers les fonds marins où les molécules carbonées qui les composent seront intégrées aux sédiments et finalement à la lithosphère.

Cette approche intéressante est cependant très limitée si l'on en analyse le cycle de vie, puisque le fer qu'on ajoute à l'océan doit d'abord avoir été extrait et purifié à partir du minerai, puis transporté dans un endroit où l'océan a besoin de fertilisation (habituellement loin des côtes). Le bilan supposé de toute cette activité, en ce qui regarde les émissions, donne à penser qu'on ne pourrait trouver là une solution sérieuse pour régler un problème à aussi vaste échelle. De plus, si le fer est un facteur limitatif dans l'eau de mer, l'enrichissement en fer ferait en sorte que le phytoplancton demanderait davantage d'autres minéraux qui deviendraient à leur tour des facteurs limitatifs. Faudra-t-il se mettre à enrichir l'océan avec des engrais à minéraux multiples ? Finalement, que doit-on penser de l'effet économique d'une telle demande pour le minerai de fer ? La seule demande de la Chine pour les métaux en fait actuellement augmenter le prix de manière très importante. Imaginons un instant qu'on doive fertiliser les océans ; le défi est gigantesque et les coûts deviendraient faramineux. Il s'agit encore une fois d'une méthode qui s'attire de nombreuses critiques et qui a peu de chances d'être une solution viable.

Séquestration dans des puits de pétrole et de gaz naturel épuisés

Parmi les solutions actuellement explorées pour éliminer le CO_2, plusieurs fondent de grands espoirs sur la séquestration du carbone dans les puits de pétrole et de gaz naturel épuisés ou dans des aquifères salins en grande profondeur. Il s'agit de retourner le CO_2 à la lithosphère. Comme zone de stockage terrestre, ceux-ci semblent, *a priori*, une solution intéressante. Dans l'industrie du pétrole, l'injection de CO_2 dans les puits afin d'en améliorer les rendements est déjà une technique largement utilisée. Par contre, cette solution n'a pas un caractère de permanence, puisque, tôt ou tard, le CO_2 gazeux s'échappe invariablement des puits en production.

En principe, les puits de pétrole et de gaz naturel peuvent soutenir d'énormes pressions sans fuite. Ils pourraient donc, une fois terminée l'exploitation, servir à entreposer du CO_2 comprimé. Par ailleurs, bien qu'il y ait des centaines de sites épuisés dans le monde, la capacité totale, somme toute limitée, serait de 180 Gt à 500 Gt de carbone[13]. De plus, l'application de cette technologie suppose la proximité du puits épuisé

---

13. Pour plus d'information, voir le site Internet du groupement international IEA Greehouse Gas R&D Programme à l'adresse http://www.ieagreenhouse.org.uk.

avec les sources d'émissions de CO_2, ce qui est loin d'être pratique, car il est rare que l'industrie s'installe directement au-dessus des champs pétrolifères. Il est cependant plausible de stocker ainsi une partie des gaz produits par l'exploitation pétrolière et gazière parce qu'il est moins cher de transporter le CO_2 par pipeline que de transporter l'électricité. Les tenants de cette approche supposent qu'advenant une généralisation de la séparation du CO_2 des effluents gazeux de l'industrie, un réseau de pipelines comparable à celui qui distribue le gaz naturel pourrait être mis en place à l'échelle continentale pour acheminer le CO_2 vers les puits désaffectés. Le projet de Weyburn, en Saskatchewan, reçoit ainsi du CO_2 provenant d'une zone industrielle située au Dakota par un pipeline de 320 km.

Cette solution demeure une échappatoire, car, malgré la capacité des formations géologiques à contenir d'importantes quantités de gaz (allant jusqu'à 500 ans de production humaine selon certaines sources), aucune n'est d'une stabilité parfaite. Les mouvements de la croûte terrestre peuvent à tout moment provoquer des failles et des cheminées par lesquelles le gaz s'échapperait vers l'atmosphère, surtout dans les gisements épuisés, qui sont souvent situés à de plus faibles profondeurs. Dans ce cas, le CO_2 étant plus lourd que l'air, les impacts d'un tel relargage pourraient être catastrophiques pour la vie dans les vallées environnantes. C'est d'ailleurs l'échappement de nappes de CO_2 qui cause souvent des mortalités dans des régions où le volcanisme est actif. Les

promoteurs qui enfouissent le CO_2 dans de telles formations doivent faire un suivi sismologique pour déterminer le cheminement du CO_2 et la stabilité du stockage. À Weyburn, d'ailleurs, ce suivi a révélé que le gaz empruntait des failles non suspectées, ce qui oblige l'entreprise à prendre des mesures pour éviter sa résurgence[14]. Un projet piloté par BP et la Communauté européenne vise d'ailleurs à déterminer des paramètres et des règles pour entreposer le CO_2 de façon sécuritaire dans des formations géologiques.

Les nappes aquifères de profondeur, réparties sur l'ensemble du globe, contiennent généralement de l'eau saline et sont séparées des aquifères de surface (nappe phréatique, lacs) qui peuvent constituer des réserves d'eau potable. On en trouve même sous les océans dont ils sont isolés. L'eau contenue dans ces réservoirs naturels peut dissoudre le CO_2 pressurisé et même le disperser dans les formations géologiques. Toutefois, cette technologie suppose aussi la proximité des nappes aquifères avec les sources d'émissions de CO_2 ou un système de pipeline pour amener le CO_2 des sources vers les nappes. Le transport de CO_2 représente un coût supplémentaire de 0,01 $ à 0,03 $ la tonne par 100 km. On estime généralement la limite économique du transport à environ 1 000 km entre la source et le puits.

La compagnie Statoil[15], en Norvège, utilise déjà cette méthode pour éliminer 1 Mt de CO_2 par an produites par l'extraction du gaz naturel dans la mer du Nord à la plate-forme de Sleipner.

14. Voir http://www.ieagreen.org.uk/.

15. M. Halmann et M. Steinberg, *Greenhouse Gaz Carbon Dioxide Mitigation*, Los Angeles, Lewis Publishers, 1999, p. 142.

Cette initiative a pour but d'éviter la taxe norvégienne sur les émissions de carbone. On voit ici l'effet qu'une mesure fiscale peut avoir sur l'innovation industrielle. Dans ce projet, on extrait du gaz naturel contenant du CO_2 et on sépare le méthane du CO_2 en utilisant une colonne dans laquelle des amines captent le CO_2 qui est par la suite injecté par un pipeline vers l'aquifère salin situé au-dessous du plancher océanique à proximité.

Le gouvernement albertain[16], par l'intermédiaire de l'Alberta Energy and Utilities Board, a lancé un projet de recherche, en 2000, afin d'étudier les possibilités de la séquestration du CO_2, principalement dans les nappes aquifères profondes. Ce projet a pour objectifs de caractériser les strates sédimentaires de certains sites pour en déterminer les propriétés rocheuses et de trouver les sites les plus propices à la séquestration du CO_2.

Bien qu'elles semblent prometteuses, ces technologies, encore une fois, sont limitées par la nécessité de séparer le CO_2 des autres gaz qui l'accompagnent, par des exigences de proximité et par les moyens techniques nécessaires à la réalisation de ce type d'injection de façon économique. Il faudra probablement s'en tenir, ici aussi, à la séquestration des gaz à effet de serre produits par l'exploitation de nappes pétrolières ou de complexes industriels bien situés. À moins de coûts excessifs des permis échangeables, il est peu probable qu'elles se développent rapidement à grande échelle. Cependant, l'effort de recherche et les joueurs qui y sont associés en font une option crédible. Selon Jacques Varet[17], du BRGM, une économie de la séquestration de CO_2 est en train de voir le jour, mais elle repose sur l'hypothèse du doublement du prix des énergies fossiles. On estime que la capacité de stockage réaliste ne dépasserait pas de 6 % à 7 % des émissions liées à l'énergie d'ici à 2050.

Recycler le CO_2?

Parmi les secteurs émergents les plus intéressants, le captage et le recyclage de CO_2, imitant les mécanismes naturels de régulation de ce gaz, semblent constituer une voie royale. Deux technologies sont actuellement à l'étude : le captage du CO_2 d'une centrale thermique par la fertilisation d'une culture d'algues unicellulaires avec réutilisation de ces algues comme combustible ; le captage du CO_2 par une enzyme qui le transforme et permet de le combiner avec d'autres substances pour donner des produits inorganiques utilisables par l'industrie.

La première technique n'a pas atteint la maturité permettant de l'exploiter à l'échelle industrielle. Il s'agirait de faire passer les gaz d'échappement d'une centrale thermique s'alimentant à la biomasse dans un bassin où croîtraient des algues unicellulaires de type *Spirulina*, qui, en effectuant la photosynthèse, fixeraient le CO_2 sous forme de matière végétale. Il s'agirait ensuite de récolter les algues, de les sécher et de les utiliser comme combustible. Ce système serait censé, selon ses promoteurs,

---

16. S. Bachu, *Disposal and Sequestration of CO_2 in Geological Media*, Alberta Energy and Utilities Board, 2000.

17. J. Varet, « Problèmes d'effet de serre, réponses des sciences de la Terre », *Les cahiers du Global Change*, 2005, p. 21-24.

fonctionner en circuit fermé ou presque, constituant indirectement un mécanisme de captage de l'énergie solaire et fournissant un carburant à base de biomasse, donc neutre en CO_2 pour alimenter la centrale et ainsi diminuer ses émissions. Naturellement, personne ne rêve de compléter le cycle sans apport externe d'énergie; celui-ci serait simplement moindre que dans l'exploitation actuelle de la centrale.

Malgré qu'elle soit séduisante à première vue, cette approche se heurte à de très nombreuses difficultés. D'abord, il n'y a pas que du CO_2 dans les gaz qui s'échappent d'une centrale thermique fonctionnant à la biomasse, même si les *Spirulina* sont relativement résistantes aux NOx et aux SOx, il y a un potentiel d'acidification non négligeable de ces substances dans le circuit. On trouve aussi toutes sortes de polluants qui doivent être épurés par d'autres systèmes. Par ailleurs, les algues n'ont pas besoin que de CO_2 pour croître, il leur faut aussi de l'eau, des nitrates, des phosphates et de la lumière. Or, dans la centrale thermique émettant des gaz jour et nuit, il faudrait un éclairage puissant pour remplacer le Soleil la nuit et que se poursuive la photosynthèse. Cette lumière devrait être produite par l'électricité de la centrale, ce qui en diminuerait la rentabilité. Sans compter l'énergie qu'il faudrait investir pour combattre la perte de charge occasionnée par le passage du gaz dans l'eau.

La récolte et le séchage des algues demandent aussi soit de l'énergie, soit de l'espace dans une zone très sèche. L'idéal serait naturellement de pouvoir les faire sécher en plein air, dans un désert, mais alors où trouver l'eau pour faire pousser les algues? Enfin, le rendement des centrales à biomasse étant bien inférieur à 50%, il est peu probable, à moins que le coût d'émission du CO_2 ne devienne inabordable, que cette solution soit un jour rentable à des fins industrielles. Toutefois, la situation change radicalement si l'on veut produire des molécules particulières avec des algues ou encore les utiliser pour l'alimentation animale ou humaine. Des photobioréacteurs pourraient être alimentés avec le CO_2 provenant d'une centrale thermique pour produire ce type de produit à valeur ajoutée, faisant ainsi d'une pierre deux coups.

La fixation enzymatique: percée technologique

Depuis la première édition de *Vivre les changements climatiques*, la technologie de la fixation enzymatique a énormément progressé grâce notamment à l'équipe de CO_2 Solution inc. de Québec. À partir de la preuve de concept, l'entreprise a mis au point une enzyme très performante et un bioréacteur capable de traiter des effluents industriels sur une base expérimentale. Il reste bien sûr encore quelques années de recherche et de mise à l'échelle du procédé, mais les premiers prototypes en fonction dans des applications industrielles devraient voir le jour pendant la première phase de référence du Protocole de Kyoto.

Ce procédé est naturellement présent chez tous les êtres vivants. En voici le principe. Le CO_2 est omniprésent dans l'environnement des cellules vivantes. Pour en équilibrer la concentration qui leur convient, les cellules utilisent une enzyme qui le transforme en ion bicarbonate, soluble dans l'eau et capable de réagir avec d'autres substances selon les besoins de la cellule. Inversement, la cellule peut, avec la même enzyme, produire du CO_2 à partir de l'ion bicarbonate. Dans nos muscles, par exemple, le CO_2 qui résulte de l'utilisation du sucre dans notre métabolisme est rejeté par les cellules et transformé en bicarbonate qui contribue à maintenir le pH du sang dans la circulation. Arrivé au poumon, le bicarbonate est retransformé en CO_2 gazeux, qui s'échappe du corps à l'expiration.

Une enzyme est une protéine qui est responsable d'une fonction métabolique dans le vivant. Cette molécule est un catalyseur, c'est-à-dire qu'elle facilite la réaction entre deux éléments pour donner un produit très précis. Elle combine donc l'avantage de réduire la quantité d'énergie nécessaire pour faire la réaction et la spécificité à la fois de la molécule désirée et de la quantité de cette molécule par des mécanismes de chaînes enzymatiques et de rétroaction biologique. Naturellement, la séparation du CO_2 dans un flux gazeux par les enzymes ne fait pas appel à une mécanique biologique complexe; l'enzyme est simplement immobilisé sur un support et il favorise la rapidité de la mise en solution du CO_2 dans l'eau par un facteur de l'ordre de 1 000 000. Cela sans avoir besoin d'énergie, simplement par un flux à contre-courant d'une solution qui accepte le bicarbonate et qui va ensuite dans un autre compartiment du réacteur pour le relâcher, soit sur des résines qui le concentrent ou dans un processus qui en favorise la précipitation en présence d'un cation.

On a donc pensé, à l'Université Laval (Québec) en 1997, utiliser cette enzyme (l'anhydrase carbonique) pour fabriquer un bioréacteur capable de transformer le CO_2 en bicarbonate afin de débarrasser de ce gaz l'air vicié des enceintes fermées, par exemple un sous-marin en plongée ou encore un bâtiment fermé, telle une école. L'application de la technologie dans des bâtiments fermés pourrait aussi représenter une avenue intéressante pour en diminuer la facture énergétique. En diminuant le CO_2, en effet, on diminue le besoin d'apports d'air frais, qui peuvent constituer 30 % de la facture de chauffage ou de climatisation. Ce concept a été testé en 2002-2003 dans une école de la région de Québec. Malheureusement, les coûts énergétiques sont actuellement trop faibles pour que la faisabilité économique soit démontrée. L'enzyme et le réacteur en revanche ont bien fonctionné. Mais les chercheurs voient plus loin et pensent que leur technologie pourrait constituer une partie de la solution pour plusieurs applications industrielles qui émettent de grandes quantités de CO_2.

Cette technologie peut en effet être appliquée pour transformer le CO_2 de diverses sources et faire réagir ensuite le bicarbonate avec des produits qui permettent de fabriquer des composés, comme le carbonate de calcium, qui entre dans la fabrication du papier fin, ou le bicarbonate de sodium, aux multiples usages. Un prototype en fonction à l'incinérateur de la ville de Québec à l'hiver 2005 et y a transformé en continu le CO_2 extrait d'une partie des gaz de cheminée en carbonate de calcium grâce à l'addition de chaux. Ce carbonate de calcium d'une grande pureté pourrait ensuite être réutilisé par l'industrie du papier fin dont il constitue un intrant important. On pourrait même imaginer, dans une approche d'écologie industrielle, qu'une papeterie fabrique son propre carbonate de calcium à partir du CO_2 de sa bouilloire au gaz naturel et de chaux. Cette situation lui permettrait de plus d'obtenir des crédits pour la réduction de ses émissions. Dans le cas particulier du carbonate de calcium, cette approche n'est intéressante que pour remplacer une fabrication déjà existante. En effet, la chaux n'existe pas à l'état naturel et on l'obtient en chauffant des roches calcaires qui dégagent alors du CO_2. Cependant, de nombreux déchets miniers et industriels contiennent des cations qui pourraient être valorisés dans ce type de processus.

Parmi les avantages de cette approche, notons d'abord l'efficacité du processus, qui est directement mesurable par la quantité de produit qui sort du réacteur, coupant ainsi court à toute contestation quant au nombre de tonnes de CO_2 fixé. Ensuite, le produit obtenu peut être commercialisé sur plusieurs marchés ou simplement stocké, sans causer de pollution ni engendrer de déchets à éliminer. Enfin, on peut faire réagir ainsi des déchets industriels contenant des cations qui sont actuellement rejetés dans l'environnement pour en faire des produits utiles. Sans être une panacée, cette technologie semble promise à un brillant avenir!

Pour le moment, la technologie en est encore au stade expérimental et on ne peut espérer la voir appliquée à l'échelle industrielle avant quelques années. Les difficultés de mise à l'échelle ne doivent pas être négligées cependant. Les études économiques montrent que son coût pourrait rapidement se rapprocher des meilleures technologies actuellement utilisées dans l'industrie pour la séparation du CO_2. Son potentiel est tel qu'on doit la considérer comme un des outils prometteurs de la panoplie technologique qu'il faudra nécessairement mettre en œuvre pour lutter contre les émissions de gaz à effet de serre dans les prochaines décennies.

Fixer le carbone dans les arbres

Grâce à la photosynthèse, le carbone de l'atmosphère se retrouve bel et bien enfermé dans les végétaux et aussi dans les sols. À preuve, sur les 7,0 Gt de CO_2 émis par les activités humaines, près de 1,6 Gt proviennent du déboisement des forêts. La déforestation amène par ailleurs son lot de problèmes, parmi les pires que vivent les pays en développement, en raison des effets sur les ressources biologiques, les réserves en eau et l'organisation sociale.

Sous les tropiques, la partie aérienne des arbres (ce qui exclut les racines) peut emmagasiner plus de 175 t de carbone par hectare. Lorsqu'on brûle cette biomasse pour faire place à des cultures, le rôle de réservoir de carbone de la forêt est perdu et le carbone se retrouve dans l'atmosphère. Bien sûr, les cultures agricoles absorbent aussi le CO_2 grâce à la photosynthèse, mais leur capacité d'emmagasinage du carbone est plus limitée et dure beaucoup moins longtemps. Pensons simplement que le tronc d'un arbre centenaire contient le CO_2 fixé par celui-ci dans la durée de sa vie, alors que la paille d'un champ de céréale est remise en circulation chaque année.

Dans une forêt boréale mature, la quantité de carbone stocké qui s'échappe pendant l'exploitation peut s'élever à 187 t par hectare. Ce chiffre est toutefois une vue de l'esprit, car il faut compter qu'outre le bois, les racines et le feuillage, il inclut aussi les champignons du sol et les lits d'aiguilles. Le taux net de fixation est d'environ 0,8 t de carbone à l'hectare annuellement pour une forêt moyenne sur 100 ans, le rendement de la photosynthèse diminuant cependant pour une forêt arrivée à maturité. Il faudrait donc 200 ans au moins pour atteindre le total de 187 t en supposant que la coupe remette en circulation l'ensemble du carbone stocké sous forme de CO_2. Or, la plupart des forêts boréales n'atteignent pas cet âge, étant généralement dévastées par les incendies ou autres catastrophes sur un cycle d'environ 125 ans et quelquefois moins. Si l'on considère que le bois coupé dans la forêt sera utilisé pour produire des biens durables, par exemple une maison, une partie importante du carbone n'est pas remise en circulation.

Ces données sont importantes à comprendre pour bien saisir la notion de puits et de sources de carbone. On peut ainsi comparer une forêt en croissance à une pompe à carbone, alors qu'une forêt mature s'apparente à un réservoir. Une forêt sénescente deviendra une source de carbone, car le taux de décomposition combiné à la respiration des êtres vivants y sera plus grand que la quantité de CO_2 fixée par la photosynthèse. En ce qui regarde les changements climatiques, il peut être très positif de voir des coupes forestières suivies de reboisement, car une forêt qui pousse maintient les fonctions écologiques de la forêt tout en maximisant son rôle de puits de carbone.

Le Protocole de Kyoto reconnaît trois types d'interventions qui doivent être comptabilisées par les Parties: la déforestation, l'afforestation et la reforestation. La déforestation correspond à la transformation d'un territoire forestier de manière telle qu'il change de vocation et qu'on n'y trouve plus de forêt. L'afforestation consiste à planter des arbres sur un territoire qui depuis au moins 50 ans n'avait pas de vocation forestière, par exemple des zones agricoles. La reforestation consiste à reboiser un territoire qui a été déboisé avant 1990.

L'importance des forêts comme puits et réservoirs de carbone à long terme est reconnue aussi bien dans la notion de puits de carbone que dans le cadre du mécanisme de développement propre du Protocole de Kyoto. Pour pouvoir être considérées à des fins de crédit d'émissions de carbone, les mesures proposées doivent cependant s'additionner aux activités normales, qui absorbent de toute façon le gaz carbonique. On estime qu'il existait déjà en 2001 environ 4 Mha de plantations compensatoires de carbone dans le monde[18]. Même pendant que le mécanisme de développement propre faisait encore l'objet de négociations, certains pays mettaient déjà en pratique des modes de gestion de la forêt qui participent à l'atténuation du réchauffement global. Le Costa Rica est en avance, à cet égard, avec son Fonds national du carbone qui offre des certificats d'émissions commercialisables en échange d'investissements dans des projets de foresterie. En résumé, les activités liées à la foresterie peuvent aider à

---

18. Selon le *Business Week*, information tirée d'un article de Larry Lohmann, au site du World Rainforest Movement: http://www.wrm.org.uy.

stabiliser la concentration de CO_2 grâce à deux principaux types d'intervention. Le Brésil profite aussi de ce mécanisme en préservant certains secteurs de forêt tropicale et en effectuant des plantations dans des secteurs dégradés.

L'amélioration de la gestion des forêts existantes

Au Canada, une norme de gestion durable de la forêt existe, mais son adoption par l'industrie demeure volontaire. Ce code de bonnes pratiques propose des méthodes et des technologies qui font augmenter la capacité des forêts de séquestrer et d'emmagasiner le carbone, même si ce n'est pas le premier but visé. Des techniques et des équipements qui accélèrent la régénération naturelle et diminuent les dommages au sol, des programmes de gestion conjointe de la forêt avec les collectivités concernées, la protection de zones d'intérêt pour la biodiversité, voilà quelques avenues de gestion durable de la forêt. De meilleures pratiques de foresterie sont des mesures « sans regrets », car elles permettent d'obtenir pour les entreprises une meilleure production et une acceptabilité sociale accrue.

Une des conséquences prévisibles des changements climatiques sur les forêts sera l'augmentation du stress causé par une plus grande fréquence des incendies, le dépérissement causé par les maladies et les insectes, ainsi que le stress hydrique. Afin de contrebalancer la perte de superficies forestières et l'émission de carbone qui en résultera, il est primordial de planifier une nette augmentation des superficies boisées. Cela pourra se faire notamment sous les tropiques par des plantations et la mise en place de systèmes

Une forêt en croissance agit comme une pompe à carbone.

Encadré 13.14
Une expérience pilote : la Fazenda São Nicolau

En Amazonie, une expérience forestière est actuellement menée à l'initiative de Peugeot et conduite par l'Office national des forêts de France. Elle a pour but de mieux apprécier la pertinence de l'utilisation des forêts comme puits de carbone. Mais il s'agit aussi d'une aventure écologique et humaine : reboiser un ancien pâturage avec les essences forestières locales afin d'impliquer dans ce projet divers acteurs de la société brésilienne : politiques, universitaires propriétaires terriens, etc.

Encadré 13.15

La forêt boréale ouverte : un potentiel mésestimé

Les études en écologie forestière de l'Université du Québec à Chicoutimi permettent d'entretenir les plus grands espoirs quant à la possibilité de la forêt boréale discontinue (souvent appelée «taïga») de devenir un immense puits de carbone capable d'absorber des centaines de millions de tonnes de CO_2 annuellement. En effet, ces forêts ouvertes, peu densément boisées et au sol couvert de lichens, ont une faible productivité et ne sont pas commercialement exploitables. Régulièrement dévastées par les incendies, on leur a porté très peu d'attention dans les régions nordiques de la planète. Pourtant, les travaux du Consortium de recherches sur la forêt boréale commerciale ont démontré que, dans le domaine de la forêt boréale commerciale, de telles zones de forêt ouverte se développaient à partir de forêts fermées victimes d'incendies successifs. En conséquence, ce ne sont ni la qualité des sols, ni la température hivernale qui expliquent ces formations qui couvrent des millions d'hectares au Canada et en Russie, mais bien la difficulté de régénération des arbres. Il semble en effet que la Cladonie, mousse abondante jusque dans la toundra, soit un très mauvais lit de germination et que les arbres ne s'y établissent plus une fois qu'elle couvre un territoire. Cette découverte laisse entrevoir un potentiel important de capacité de fixation de CO_2. Par des interventions de plantation et de protection contre les incendies, on pourrait permettre la reforestation des zones en processus d'ouverture et l'afforestation des territoires de taïga non productifs au-delà de la limite nordique actuelle de la forêt boréale commerciale. Sachant que ces forêts peuvent capter de 3 t à 4 t de CO_2 par année et par hectare, le potentiel devient dès lors très intéressant à étudier et des projets de démonstration sont actuellement en cours.

Réjean Gagnon/UQAC

Steeve Tremblay/UQAC

agroforestiers utilisant des espèces à croissance rapide. Sous les latitudes tempérées, des activités de reboisement pourraient rendre des terres marginales propices à l'accumulation de CO_2 sous forme de matière ligneuse.

Aux États-Unis, une étude de la NASA publiée en décembre 2004[19] évalue à 300 Mt par an la quantité de CO_2 qui pourrait être séquestré par des plantations sur les terres marginales de ce pays. Cela correspond à environ un cinquième des émissions liées à l'utilisation des combustibles fossiles. Le GIEC estime qu'on pourrait éviter l'accumulation de 70 à 110 ppm de CO_2 à l'échelle globale en utilisant les puits forestiers sur la planète.

Il va de soi, cependant, que les coûts des opérations de reboisement doivent se justifier. Si, par exemple, on décidait d'absorber par le reboisement les 15 Mt de carbone, approximativement, produites chaque année au Canada par les automobiles, il faudrait planter 18 Mha (180 000 km²), en supposant un taux d'absorption de 0,83 t par hectare. Le coût de l'opération, à 720 $ l'hectare: environ 13 milliards de dollars! Environ 200 millions de dollars par année pour la durée de vie de la plantation. Cela semble considérable, mais ce genre de calcul des coûts a le défaut de ne jamais tenir compte des bénéfices sur tous les autres plans (santé, environnement, biodiversité, etc.) qui pourraient découler d'une telle opération. Si on le ramène maintenant au coût d'une telle mesure par automobile, il serait entre 10 $ et 20 $ par an. Le problème est surtout lié ici à l'espace qu'il faudrait

y consacrer, le calcul attribuant une valeur nulle aux terrains et le prix de reboisement à l'hectare étant nécessairement plus élevé lorsqu'on s'éloigne des chemins forestiers.

Une plantation a une durée de vie limitée; il faudrait donc s'intéresser à la récolte et aux usages du bois pour savoir s'il y a réellement séquestration durable du carbone. On assume généralement que l'utilisation du bois dans la construction représente une forme durable de séquestration, les bâtiments étant en place pour un siècle environ et les matériaux de démolition n'étant généralement pas brûlés, mais recyclés ou enfouis dans un dépôt de matériaux secs où ils ne se décomposent pas. Ainsi, la France, dans sa stratégie de lutte contre les changements climatiques, a mis l'accent particulièrement sur l'utilisation du bois dans la construction, tant des édifices publics que des résidences.

Si le prix du CO_2 le justifiait, on pourrait même penser qu'il pourrait être rentable de cultiver du bois à croissance très rapide, sans réelle valeur commerciale, pour l'enfouir dans des membranes géotextiles et ainsi éviter que le CO_2 retourne dans l'atmosphère. Dans quelques milliers d'années, ce bois sera utilisable comme combustible si nous avons d'ici là résolu le problème du changement climatique... Mais c'est peut-être voir un peu loin!

L'établissement de forêts «à carbone», au sens où l'entend le mécanisme de développement propre du Protocole de Kyoto, est déjà une réalité ou en voie de le devenir dans certains États comme le Costa Rica et d'autres, qui

---

19. Voir http://www.nasa.gov/vision/earth/environment/climate_bugs.html.

Ève-Lucie Bourque

comptent s'en faire une source de revenus intéressante. De leur côté, de grandes sociétés y voient l'avantage de pouvoir s'allouer des crédits d'émissions de gaz à effet de serre à faible coût. Plusieurs constructeurs d'automobiles et entreprises pétrolières ont ainsi fait des gestes plus symboliques qu'efficaces qui leur permettent de bien paraître aux conférences internationales.

Comment s'assurer de l'acceptabilité sociale et de la compatibilité avec les usages locaux d'une plantation réalisée par une entreprise étrangère dans un pays en développement? Les gouvernements des pays concernés devront prendre ces éléments en considération afin de bien évaluer l'usage le plus équitable possible des terres disponibles, car il n'est pas assuré que ces plantations soient compatibles avec le mieux-être des

populations locales si elles ne sont pas associées aux bienfaits de la gestion de ces nouvelles forêts.

Il y a cependant plusieurs éléments liés aux projets de plantations à carbone sur lesquels planent encore des doutes. Voici quelques-unes des questions soulevées: Les scientifiques sont-ils en mesure de quantifier exactement la capacité de stockage du carbone dans les diverses espèces végétales et sous des climats variés? Ce point est important, puisque c'est sur de telles données que repose le principe de crédits d'émissions au profit des entreprises et des États participants. Ces mesures sont essentielles tant pour le volume total de la «transaction» que pour le suivi dans le temps. Plusieurs groupes de recherche se sont attaqués à ce problème et il reste des points à éclaircir sur les courbes de croissance des arbres et sur la mesure des volumes réels de bois produits. En effet, un arbre ne croît pas de façon linéaire. Il a plutôt une courbe de croissance sigmoïde. Doit-on accorder les crédits en fonction des volumes théoriques, quitte à les vérifier aux dix ans, ou attendre de mesurer que le bois soit mesuré pour donner les crédits?

Comment s'assurer de la finalité d'une plantation? En effet, le carbone emmagasiné risque de disparaître bien rapidement en cas d'incendie[20] majeur, de maladie, d'épidémie d'insectes ou encore d'exploitation hâtive à d'autres fins que la construction ou la fabrication. Quel système de surveillance garantira que les produits de la plantation auront une utilisation durable et en quelle proportion? Pour le moment, ces questions n'ont pas trouvé de

---

20. Lorsque les incendies se produisent dans des peuplements adultes, le bois peut être récupéré dans les trois années qui suivent, ce qui en réduit la gravité en termes de carbone réunis.

réponse et l'on reporte à la deuxième période de Kyoto la négociation des éléments qui permettront d'établir une façon équitable d'intégrer les produits forestiers au marché du carbone.

Un arbre est composé d'environ 50 % de carbone; il sera donc toujours considéré comme un réservoir de carbone, et c'est pourquoi la plantation d'arbres à des fins autres que l'exploitation forestière est aussi valable. Ainsi, des mesures « sans regrets » telles que la plantation de haies brise-vent en milieu rural ou urbain, ou l'ornementation à l'échelle municipale et résidentielle constituent des moyens utiles de stocker le carbone à long terme. Délivrera-t-on des permis échangeables pour ce type de plantation aussi?

Le tableau 13.3 indique que le bilan global du carbone est nettement déficitaire du côté des puits. Comme il est préconisé dans le Protocole de Kyoto, les forêts et les sols peuvent contribuer de façon tangible à absorber une partie du surplus de carbone qui s'accumule dans l'atmosphère.

Le principe des plantations à carbone étant encore en développement, il est enfin important de retenir que les activités « sans regrets » d'afforestation, de reforestation, d'agroforesterie et de gestion forestière durable sont bénéfiques non seulement afin de créer des puits de carbone pour ralentir le réchauffement global, mais également comme solutions au problème de la désertification et de l'approvisionnement en biomasse et en eau dans les pays en développement, sans oublier les avantages pour la biodiversité en général.

Tableau 13.3
Bilan simplifié du carbone planétaire

Sources	(GtC/an)
Combustibles fossiles	6,4
Émissions découlant de la déforestation tropicale	1,6
Émissions découlant du changement de vocation des terres	1,1
Total sources	9,1
Puits	**(GtC/an)**
Océans	2,0
Biosphère terrestre sous les latitudes tempérées	2,0
Puits non identifiés	1,7
La différence entraîne l'accumulation dans l'atmosphère de 3,4 GtC/an.	
Total puits	**5,7**

Note: Une gigatonne (Gt) représente 10^9 tonnes, ou 1 milliard de tonnes. Une tonne de carbone équivaut à 3,75 tonnes de CO_2.
Source: Travaux du GIEC, 1996.

Enfouir le CO_2 dans le sol

Nous avons évoqué un peu plus haut la possibilité de stocker des matières ligneuses à l'abri de l'eau. Il y a moyen de séquestrer beaucoup plus simplement grâce à de meilleures pratiques agricoles. Toute matière végétale contient entre 40 % et 60 % de carbone élémentaire. Selon une logique toute simple, on n'aurait qu'à emmagasiner de la matière organique sous forme de fumier, d'humus, d'engrais vert dans le sol pour en faire un réservoir à carbone. Et, effectivement, le GIEC envisage la possibilité de stocker ainsi, durant les 50 à 100 prochaines années, entre 40 Gt et 80 Gt de carbone[21].

21. K. Paustian, C.V. Cole, D. Sauerbeck et N. Sampson, « Mitigation by agriculture: An overview », *Climate Change*, vol. 40, 1998, p. 13-162, cité dans N.J. Rosenberg et R.C. Izaurralde, « Storing Carbon in Agricultural Soils to Help Mitigate Global Warming », Council for Agricultural Science and Technology (CAST), Issue Paper N° 14, avril 2000.

Encadré 13.16

Des options pour stabiliser les émissions d'ici à 2054

Lors de la conférence d'Exeter, en février 2005, on a présenté des scénarios pour réduire efficacement les émissions mondiales de gaz à effet de serre à travers des cibles représentant des marches d'escalier d'un milliard de tonnes de CO_2. Nous reprenons ici un tableau présenté par Robert Sokolow de l'Université de Princeton.

Celui-ci suppose que, pour éviter le doublement de la concentration de CO_2 dans l'atmosphère, il faudra réduire de 7 milliards de tonnes d'équivalent carbone par an sur des émissions évaluées à 14 milliards de tonnes en 2054 contre 7 milliards aujourd'hui. Chacune des options décrites dans ce tableau représente l'équivalent d'un milliard de tonnes EqC de réductions par année.

L'auteur insiste sur le fait qu'il faut commencer maintenant pour espérer stabiliser le niveau de CO_2 dans l'atmosphère et qu'aucune des solutions présentées n'est suffisante par elle-même. Il faut une approche par portefeuille, en travaillant sur tous les fronts. L'avantage de l'approche présentée est qu'il s'agit simplement d'une mise à l'échelle de technologies qui existent déjà, ce qui favorise le calcul des risques pour les investisseurs. La mise en marché des permis échangeables sur le marché mondial pourra vraisemblablement contribuer au décollage de certaines de ces options dans la première période de référence de Kyoto.

Tableau 13.4
Stratégies disponibles pour réduire les émissions de 1 GtC/an ou 25 Gt de 2004 à 2054

	Option	Effort à faire di ci à 2054	Facteurs critiques
Efficacité énergétique et conservation	Réduction de l'intensité carbonique de l'économie (émissions/$PIB)	Augmenter la cible de réduction de 0,15 % par an	Politiques sur le carbone
	1. Efficacité des véhicules	Améliorer la consommation de 2 milliards de véhicules de 8l/100 km à 4 l/100km)	Réduire la taille et la puissance des véhicules
	2. Réduction de l'usage des véhicules	Réduire de moitié le kilométrage de 2 milliards de véhicules consommant 8l/100km de 16 000 à 8 000 km/an	Urbanisme, transports en commun, télétravail
	3. Bâtiments efficaces	Réduire de 25 % la consommation d'énergie des bâtiments et des électroménagers pour 2054	Les incitatifs sont faibles
	4. Efficacité des centrales au charbon	Augmenter l'efficacité des centrales au charbon à 60 %	Nouveaux matériaux résistants aux hautes températures

	Option	Effort à faire d'ici à 2054	Facteurs critiques
Changement de carburant	5. Remplacement du charbon par le gaz pour la puissance de base	Remplacer 1 400 GW de centrales au charbon par du gaz (4 fois le nombre de centrales en service aujourd'hui)	Augmentation très importante de la demande pour le gaz naturel
Capture et séquestration du CO_2 (CSC)	6. CSC des gaz d'échappement de centrales thermiques	Équiper 800 GW de centrales au charbon ou 1 600 GW au gaz (80 % des centrales au charbon existantes en 1999)	La technologie de captage existe dans les usines de production d'hydrogène
	7. CSC aux usines de production d'hydrogène	Équiper des usines produisant 250 MtH$_2$ à partir du charbon ou 500 MtH$_2$ à partir du gaz (on en produit 40 Mt par année aujourd'hui)	Sécurité de la filière hydrogène, infrastructures
	8. CSC aux usines de carburant synthétique	Équiper des usines produisant 30 millions de barils de carburant synthétique par jour (200 fois Sasol) si la moitié du carbone est disponible pour la séquestration	Augmentation des émissions si on fabrique des carburants synthétiques sans CSC
	9. Séquestration	Créer 3 500 Sleipner	Stockage sécuritaire, efficacité démontrée
Fission nucléaire	10. Remplacement du charbon par des centrales nucléaires	Ajouter 700 GW (deux fois la capacité actuelle)	Prolifération nucléaire, terrorisme, déchets radioactifs
Énergies renouvelables	11. Remplacement du charbon par l'éolien pour la production d'électricité	Ajouter 2 millions de turbines d'un MW (50 fois le parc existant) occupant un territoire de 30 millions d'hectares sur terre ou en mer	L'éolien n'empêche pas la plupart des autres usages du territoire
	12. Remplacement du charbon par le photovoltaïque	Ajouter 2 000 GW de panneaux solaires (700 fois la capacité actuelle) occupant 2 millions d'hectares	Coûts de production des panneaux solaires photovoltaïques
	13. Remplacement de l'essence de véhicules hybrides par de l'hydrogène dans des véhicules à l'hydrogène produit avec des éoliennes	Ajouter 4 millions de turbines d'un MW (100 fois le parc existant) occupant un territoire de 60 millions d'hectares sur terre ou en mer	Sécurité de la filière hydrogène, infrastructures
	14. Remplacement des carburants fossiles par des carburants de biomasse	Ajouter 100 fois la capacité existante de production d'éthanol du Brésil et des États-Unis (occuperait 1/6 des terres agricoles mondiales	Pertes de biodiversité, compétition avec la production vivrière

	Option	Effort à faire d'ici à 2054	Facteurs critiques
Puits agricoles et forestiers	15. Arrêt de la déforestation, reforestation et afforestation	Arrêter la déforestation tropicale (actuellement 0,5 GtC/an) et cultiver 300 Mha de nouvelles plantations (deux fois le taux actuel)	Compétition avec l'agriculture pour les terres Gains pour la biodiversité
	16. Labours superficiels	Appliquer à l'ensemble des terres cultivées (10 fois plus que présentement)	Mesure réversible Besoin de vérification

Des expériences se sont avérées positives pour la séquestration de carbone à des taux dépassant 1 t par hectare par année sur des terres agricoles converties en prairies de graminées vivaces[22]. Aux États-Unis, l'Oak Ridge National Laboratory a réalisé des essais avec la graminée *Panicum virgatum* cultivée sur d'anciennes superficies de culture et a fait ainsi augmenter le carbone du sol de 1,3 t à 2,5 t par hectare chaque année.

Depuis au moins deux décennies, certaines terres arables sont cultivées à l'aide de pratiques de labour léger et de semis direct sans labour, en utilisant des engrais verts enfouis dans le sol. Les résultats démontrent clairement que de telles pratiques permettent d'accroître le carbone dans le sol. Il est toutefois difficile de comptabiliser la séquestration du carbone dans le sol à l'intérieur des accords sur le réchauffement global. Un des obstacles réside dans la difficulté de mesurer le carbone présent dans le sol, les méthodes utilisées étant encore longues et coûteuses à appliquer. Enfin, l'accumulation possible de carbone dans les sols n'est pas infinie. Elle ne dépasse probablement pas un milliard de tonnes de CO_2 au total.

Encore une fois, le meilleur potentiel d'absorption du CO_2 à court terme demeure l'adoption de mesures « sans regrets » par les producteurs agricoles des pays développés. Et d'ailleurs, les avantages de l'augmentation de la concentration de carbone dans le sol sont reconnus sur plusieurs plans, tant agronomiques qu'environnementaux. Qu'on pense à l'augmentation de la capacité de rétention de l'eau, à la réduction de l'érosion et du lessivage des éléments fertilisants, à la réduction de l'usage de pesticides et d'engrais, toutes des pratiques permettant d'améliorer la qualité des eaux de surface et des aquifères, et de préserver la qualité des habitats pour la faune, dans le cas de conversions en prairies naturelles.

D'autres mesures offrant des bénéfices probablement plus importants encore que celles qui sont proposées pour les sols agricoles concernent les régions touchées par la dégradation des terres. Dans ces régions souvent arides, le contrôle de l'érosion, l'afforestation et la culture de biomasse sont des stratégies gagnantes autant pour la séquestration du carbone que pour la

---

22. D.L. Gebhart, H.B. Johnson, H.S. Mayeux et H.W. Pauley, « The CRP increases soil organic carbon », *Journal Soil and Water Conservation*, vol. 49, 1994, p. 488-492, cité dans N.J. Rosenberg et R.C. Izaurralde, *ibid*.

Tableau 13.5

Estimation des réductions potentielles d'émissions de gaz à effet de serre en 2010 et 2020

Secteur		Émissions en 1990 (MtC$_{eq}$/a)	Taux de croissance annuel du C$_{eq}$ en 1990-1995 (%)	Réductions potentielles d'émissions en 2010 (MtC$_{eq}$/a)	Réductions potentielles d'émissions en 2020 (MtC$_{eq}$/a)	Coûts directs nets par tonne de carbonne soustraite
Édifices[a]	CO$_2$ seulement	1 650	1	700-750	1 000-1 100	La plupart des réductions sont disponibles à un coût direct négatif.
Transport	CO$_2$ seulement	1 080	2,4	100-300	300-700	La plupart des études indiquent que les coûts directs nets seront inférieurs à 25 $US/tC ; deux études indiquent que les coûts directs nets dépasseront 50 $US/tC.
Industrie	CO$_2$ seulement – efficacité énergétique	2 300	0,4	300-500	700-900	Plus de la moitié des réductions disponibles le sont à un coût direct net négatif.
	– réduction des intrants			~200	~600	Les coûts ne sont pas sûrs.
Industrie	Gaz autres que le CO$_2$	170		~100	~100	Le coût des réductions des émissions de N$_2$O se situe entre 0 et 10 US/tC_{eq}$.
Agriculture[b]	CO$_2$ seulement	210				La plupart des réductions coûteront entre 0 et 100 US/tC_{eq}$ et les possibilités d'options de coûts directs nets négatifs seront limitées.
	Gaz autres que le CO$_2$	1 250-2 800	n.d.	150-300	350-750	
Déchets[b]	CH$_4$ seulement	240	1	~200	~200	Environ 75 % des économies se feront sous forme de récupération de méthane sur les sites d'enfouissement, à un coût direct net négatif ; les 25 % restants, au coût de 20 US/tC_{eq}$.
Applications de remplacement par suite du Protocole de Montréal		0	n.d.	~100	n.d.	Environ la moitié des réductions est attribuable à la différence entre les valeurs de la base de l'étude et celles de la base SRES. L'autre moitié est disponible à un coût direct net inférieur à 200 US/tC_{eq}$.
	Gaz autres que le CO$_2$					
Fourniture d'énergie et conversion[c]		(1 620)	1,5	50-150	350-700	Il existe des options de coûts directs nets négatifs; plusieurs options sont disponibles à un coût inférieur à 100 US/tC_{eq}$.
	CO$_2$ seulement					
Total		6 900-8,400[d]		1 900-2,600[e]	3 600-5 050[e]	

Notes:

a) La catégorie «Édifices» inclut les appareils, les édifices et la charpente des édifices.

b) Les écarts, dans la catégorie «Agriculture», sont attribuables principalement aux grandes incertitudes quant au CH$_4$, au N$_2$O et aux émissions de CO$_2$ reliées à l'utilisation du sol. La catégorie «Déchets» est dominée par la méthane des sites d'enfouissement, et les autres secteurs pourraient être estimés avec plus de précision, alors qu'ils sont dominés par le CO$_2$ fossile.

c) Elles sont comprises dans les valeurs des secteurs qui précèdent. Les réductions comprennent seulement les options de production d'électricité (passage du charbon au gaz ou au nucléaire, capture et stockage de CO$_2$, centrales à rendement accru, énergies renouvelables).

d) Le total exclut les sources de CO$_2$ non reliées à l'énergie (cimenterie, 160 MtC; brûlage à la torche, 60 MtC; changement de vocation de la terre, 600-1 400 MtC) et l'énergie utilisée dans la conversion des combustibles dans les totaux des secteurs des utilisations finales (630 MtC). Si l'on ajoutait le gaz du raffinage du pétrole et des fours à charbon, les émissions de CO$_2$ planétaires, de 7 100 MtC pour 1990, augmenteraient de quelque 12 %. À noter que les émissions dues à la foresterie et leur atténuation grâce aux options de puits de carbone ne sont pas comprises ici.

e) Les scénarios de la base SRES (pour six gaz compris dans le Protocole de Kyoto) prévoient une gamme d'émissions comprise entre 11 500 et 14 000 MtC$_{eq}$ pour 2010 et entre 12 000 et 16 000 MtC$_{eq}$ pour 2020. Les estimations de réductions d'émissions sont le plus compatibles avec les tendances d'émissions de base du scénario SRES-B2. Les réductions potentielles tiennent compte des mouvements réguliers de capitaux. Elles ne se limitent pas aux options rentables, mais excluent les options dont les coûts dépassent 100 US/tC_{eq}$ (sauf pour les gaz désignés par le Protocole de Montréal) ou les options qui ne seront pas adoptées par le recours à des politiques généralement admises.

Source: Résumé à l'intention des décideurs du Troisième Rapport d'évaluation du GIEC. Rapport du Groupe de travail I, 2001.

lutte contre la désertification. Le coût de ces mesures pour les pays affligés devient ici le principal obstacle à leur mise en œuvre.

Aussi efficaces soient-elles, les stratégies de séquestration du carbone dans les végétaux et dans le sol ne pourront jamais contrebalancer le surplus de CO_2 émis dans l'atmosphère par les activités humaines. Elles demeurent cependant des mesures essentielles, surtout lorsqu'elles sont adoptées en mode « sans regrets », à faible coût et souvent avec des bénéfices économiques et environnementaux à long terme. Ces stratégies ne font que s'ajouter à la panoplie de mesures décrites dans ce chapitre, complétant ainsi la liste des outils mis à la disposition des intervenants de tous les niveaux pour en arriver à stabiliser la concentration du CO_2 atmosphérique.

Les perspectives de réductions

Le Groupe de travail III du GIEC a évalué les potentiels de réduction qu'on pouvait raisonnablement attendre entre 2010 et 2020 (tableau 13.5).

Comme on peut le constater à la lecture de ce tableau, les émissions globales des pays industrialisés pourraient être réduites de près de 2 Gt en 2010 et pourraient atteindre 5 Gt en 2020, ce qui dépasserait largement les objectifs du Protocole de Kyoto. Les experts du GIEC nous rappellent toutefois quelques éléments importants :

◎ Il n'y a pas de recette miracle pour réussir à réduire ses émissions : chaque pays devra élaborer sa propre stratégie et agir dans les secteurs de son économie où il est le plus facile d'obtenir des résultats tangibles.

◎ Il y aura de multiples obstacles économiques, institutionnels, techniques, politiques, sociaux et comportementaux à surmonter avant d'atteindre les réductions souhaitées.

◎ Ces réductions ne pourront se faire sur une base égale dans tous les secteurs industriels et dans toutes les classes de la société. Il faudra sans doute des instruments politiques pour en répartir les coûts, au besoin.

◎ L'efficacité des mesures de réduction des émissions de gaz à effet de serre sera plus grande lorsque les objectifs seront intégrés à des politiques plus générales visant d'autres objectifs, par exemple la réduction du smog.

En fait, le message du GIEC aux gouvernements et aux industries est clair : Vous pouvez le faire !

Toute la question est de savoir qui va oser commencer, qui fera le premier pas. Or, depuis la parution de *Vivre les changements climatiques*, la dynamique résultant du retrait des États-Unis et des hésitations du Canada comme de la Russie ont contribué à retarder de façon importante la mise en œuvre des actions concrètes sur le terrain pendant que les émissions continuaient d'augmenter. Reculer pour mieux sauter ? C'est loin d'être sûr. Comme nous l'avons affirmé d'entrée de jeu, les changements climatiques sont commencés et ils sont là pour rester, c'est pourquoi il faut d'ores et déjà investir et prendre les moyens pour nous y adapter. C'est ce qui sera l'objet du prochain chapitre.

L'adaptation ?

L'humanité a traversé dans son évolution d'importantes fluctuations naturelles du climat et s'est répandue dans tous les milieux qui lui étaient accessibles, des déserts aux plus hautes montagnes, en passant par les forêts tropicales et le pourtour de l'océan Arctique. L'adaptabilité biologique, technologique et culturelle de notre espèce ne laisse donc pas craindre pour sa disparition en raison des conséquences d'un changement climatique. Nous nous adapterons globalement aux changements climatiques, mais notre civilisation et nos institutions le feront-elles, et à quel prix?

Nous savons fort bien par ailleurs que, face aux aléas climatiques, le tribut à payer ne sera pas le même pour tout le monde. Quel sera le prix en vies humaines, en détérioration de la qualité et de l'espérance de vie, en pertes économiques? C'est ce que nous tenterons d'explorer maintenant en suivant des pistes que la recherche scientifique nous invite à emprunter pour nous prémunir contre les effets des changements climatiques appréhendés.

Les infrastructures sont conçues pour résister à des précipitations moyennes dans un lieu donné. Les extrêmes climatiques, en particulier les précipitations violentes, devront dorénavant être prises en compte par les ingénieurs.

Figure 14.1
Température et niveau de la mer et concentrations de gaz carbonique

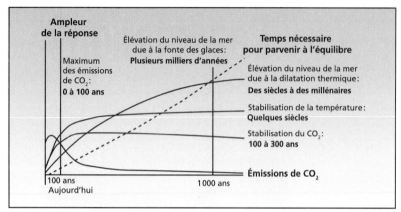

Note : Ce schéma illustre le fait que la température et le niveau de la mer continuent à augmenter une fois que les concentrations de gaz carbonique se sont stabilisées.

Source : Groupe intergouvernemental d'experts sur le climat.

L'inertie du climat

Le réchauffement prévu par les modèles climatiques semble se dérouler plus rapidement dans la réalité. C'est ce qui a incité des chercheurs[1] du Hadley Centre for Climate Prediction and Research, à Exeter (Angleterre), à recalculer en 2004 les hypothèses du GIEC et à fixer à 2,4° l'augmentation globale de température au 21e siècle. Pourquoi doit-on craindre que leurs hypothèses soient encore prudentes?

Dans les faits, la machine climatique jouit d'une inertie incroyable. Tellement que le réchauffement que nous avons constaté à la fin du 20e siècle est probablement lié aux effets des émissions du 19e et des deux premiers tiers du 20e siècle ; donc d'une première addition d'environ 15 % du CO_2 atmosphérique. Cette modification de la composition de l'atmosphère a plus que doublé dans le dernier tiers du siècle et devrait encore doubler d'ici à 2025, si la tendance se maintient. Ainsi, nous subissons aujourd'hui les effets différés des gaz à effet de serre qui ont été rejetés lorsque la Terre comptait moins de 3 milliards d'habitants. Pourquoi? Les raisons sont multiples, la principale étant le pouvoir tampon des océans qui masque une partie importante du réchauffement et joue un rôle très important comme puits de carbone. Par ailleurs, l'augmentation de la quantité de nuages et l'augmentation de la quantité de poussières dans l'atmosphère, au-dessus des zones densément peuplées, et les immenses nuages de poussières transportés par le vent dans les zones semi-arides et les zones agricoles dépourvues de végétation reflètent une partie de la lumière solaire et voilent une partie du réchauffement réel.

Même si nous cessions dès à présent de tergiverser et que nous réduisions de moitié nos émissions de gaz à effet de serre, il est très probable que le réchauffement continuerait de se produire tout au long du 21e siècle. Il faudra donc s'adapter à la nouvelle donne climatique et vivre avec les changements inhérents. Les trois années qui ont suivi le dépôt de la troisième série de rapports du GIEC nous ont aussi montré qu'il faudra du temps avant que la tendance à l'augmentation des gaz à effet de serre ralentisse.

---

1. Murphy *et al.*, « Quantification of modelling uncertainties in a large ensemble of climate change simulations », *Nature*, vol. 430, 2004, p. 768-772.

En effet, la population continuera d'augmenter de 80 millions de personnes par année pendant les deux prochaines décennies, après quoi la croissance ralentira et, enfin, on peut espérer un plafonnement de l'effectif dans la seconde moitié du siècle. Pour la satisfaction de leurs besoins, la tendance n'est pas si nette ! Toutes ces personnes devront faire appel au système industriel actuellement en place ou planifié dans les carnets des entreprises et des gouvernements. L'inertie du système économique compliquera certainement l'adaptation aux changements climatiques.

L'inertie du système économique

Lorsqu'une entreprise va sur le marché boursier pour financer un investissement, ses créanciers lui demandent de justifier la rentabilité de cet investissement pour lui consentir des fonds. En général, ces fonds sont immobilisés dans des outils de production, par exemple une chaîne de montage pour un nouveau modèle d'automobile. Le système bancaire et financier s'organise normalement pour bien évaluer son risque de manière à ne pas perdre d'argent dans une aventure sans lendemain. Ainsi, plus grand sera l'investissement, plus longue sera la période de récupération des actionnaires et des financiers, moins le risque sera grand que l'entreprise ait mal évalué son marché. Ce poids du rendement des actionnaires et de la gestion du risque financier provoque une très grande inertie dans le monde industriel et dans l'économie en général, et de là naît un sentiment hostile envers le changement et un conservatisme des banquiers, auquel se heurte le dynamisme des entrepreneurs. Cette inertie touche le problème

Encadré 14.1
Si on arrêtait tout de suite ?

Dans deux articles parus dans l'édition du 18 mars 2005 de la revue *Science*, des chercheurs du NOAA explorent à l'aide de modèles ce qui se produirait si l'on réussissait à maîtriser aujourd'hui nos émissions de GES.

Dans le premier article, Wigley démontre que nous subirons une augmentation de la température globale de 1 °C au XXIe siècle, même si la composition de l'atmosphère ne variait plus alors que dans un scénario où les émissions demeureraient au même niveau qu'en 2004 l'augmentation de température serait de 2 °C à 6 °C. En ce qui concerne le niveau de la mer, on parle d'une augmentation de 10 cm par siècle et de 25 cm par siècle dans les scénarios d'émissions constantes.

Dans le deuxième article Mechl et ses collaborateurs avancent que si l'on avait stabilisé les émissions en 2000, on verrait quand même une augmentation de température de 0,5 °C et une augmentation du niveau de la mer de 3,2 fois celle qui est observée au XXe siècle. Ces augmentations sont liées à la chaleur déjà accumulée dans les océans et à l'expansion thermique qui en résulte.

Ces scénarios sont clairement irréalistes, car ils représentent une adaptation impossible de l'économie mondiale. Les auteurs en concluent qu'il faudra donc réduire les émissions bien en dessous du niveau actuel au cours des prochaines décennies *et* s'adapter aux changements climatiques.

T.M.L. Wigley, « The Climate Change Comittment », *Science*, no 307, 2005, p. 1766-1769.
G.P. Mechl, Werren, M. Washington, William D. Collins, Julie M. Arblestar, Aixue Hu, Lawrence E. Buja, Warren C. Strand, Halyan Teng, « How Much More Global Warming and Sea Level Rise ? », *Science*, no 307, 2005, p. 1769-1772.

du changement climatique de trois façons : une réticence à investir dans des changements de technologies pour réduire les émissions, une fragilisation des investissements très intensifs en énergie fossile et un coût d'innovation très élevé pour introduire de nouvelles technologies sur le marché.

Il faut comprendre que l'entreprise se voit imposer la pression de la rentabilité à la fois pour rémunérer le capital, pour investir dans son propre développement et pour se donner des marges de manœuvre afin de saisir les occasions qui peuvent se présenter dans la bonne marche des affaires. Dans un tel contexte, une entreprise qui produit de l'électricité en brûlant du charbon sera naturellement réticente à se voir imposer des pénalités pour ses émissions, surtout si cela rend son électricité moins compétitive que celle de l'entreprise concurrente qui produit de l'électricité avec du gaz naturel ou de la biomasse. Il n'est donc pas étonnant que les fournisseurs de carburants fossiles et les utilisateurs de cette énergie manifestent avec vigueur auprès des gouvernements pour mettre en doute les prévisions des scientifiques, pour retarder l'application de nouveaux règlements ou pour discréditer l'efficacité d'un outil comme le Protocole de Kyoto. Ceux-ci, pris dans les échéances électorales et les revendications des populations qui travaillent dans un secteur industriel qui se juge menacé ont, plus souvent qu'autrement, la tentation de tergiverser un peu plus et de ménager la chèvre et le chou…

L'exemple de l'industrie automobile peut illustrer ce type de problème. Depuis le deuxième choc pétrolier en 1979, ce secteur a été incité à produire des véhicules plus efficaces, et les constructeurs japonais et européens ont gagné d'importantes parts de marché au détriment des constructeurs américains. À partir du début des années 90, les voitures mises en marché par l'ensemble des constructeurs sont sans cesse plus puissantes et la mode des véhicules utilitaires sport a fait monter la consommation moyenne du parc automobile à un niveau comparable à ce qu'il était avant le choc pétrolier, en Amérique du Nord à tout le moins. Il est clair que les constructeurs d'automobiles ne sont pas incités à réduire la consommation de leurs véhicules, puisque ce n'est pas là le facteur qui importe le plus à leurs clients. Supposons que cette situation change brusquement, par exemple en raison d'une flambée du prix du pétrole[2] qui dure quelques années. L'augmentation des prix du carburant rendra plus attractives les automobiles moins gourmandes et les véhicules hybrides. Ce seront donc les constructeurs qui peuvent produire ces véhicules qui occuperont le marché de la voiture neuve. Il ne faut pas croire toutefois que le parc automobile abaissera rapidement sa consommation moyenne pour autant. En effet, nombre de véhicules continueront à être vendus sur le marché secondaire et à rouler en moyenne de 12 à 15 ans avant d'être menés à la casse. Par ailleurs, les constructeurs ne changeront vraisemblablement pas leur chaîne de montage immédiatement et mettront encore en marché des véhicules gourmands pendant quelques années, jusqu'à ce que soit démontrée leur incapacité à satisfaire à la demande des consommateurs.

Un autre exemple concerne la difficulté de mettre en production une innovation technologique. Entre l'idée géniale et la phase d'utilisation d'un système permettant de réduire les émissions de gaz à effet de serre, de très nombreuses étapes sont nécessaires. La recherche et

---

2. Ce scénario, qui apparaissait improbable encore en 2001, est de plus en plus évoqué en raison notamment de la croissance de la demande chinoise en carburant et de l'instabilité politique qui menace les zones de production et les infrastructures de transport au Moyen-Orient et dans le Caucase.

le développement, la protection de la propriété intellectuelle, la construction et l'optimisation de prototypes, la conception et la mise à l'échelle d'une usine pilote, et finalement la vente de réacteurs robustes qu'on peut installer dans des unités de production demandent toutes d'importants capitaux, des équipes de génie chevronnées et des équipes de vente et de communication qui sachent convaincre les clients de leur avantage à s'équiper de telles installations. Il faut compter au mieux plusieurs années avant de comptabiliser la moindre réduction d'émissions. Et cela naturellement si les règlements contraignants sont appliqués pour accélérer le processus…

Il existe donc une inertie propre au secteur économique et industriel qui fait que le changement vers une économie moins intensive en carbone n'arrivera vraisemblablement pas avant 2025 si l'on commence tout de suite. Il faut donc s'y mettre sans attendre et il faudra s'adapter à ces événements climatiques «extrêmes» qui ne manqueront pas de se manifester d'ici au moins la fin du prochain siècle.

La sécurité publique (érosion, prévention des catastrophes)

Les manifestations les plus spectaculaires des changements climatiques sont très certainement l'augmentation de la fréquence et de l'intensité des événements climatiques violents comme les tempêtes, les ouragans, les précipitations subites ou inhabituelles et les canicules. Ces événements ont un potentiel catastrophique, car ils menacent les populations et le patrimoine bâti, que ce soit les propriétés privées ou les infrastructures publi-

ques. Les milliers de morts au cours de la canicule de l'été 2003 en Europe, les dommages liés au débordement des fleuves qui se produisent en Europe chaque hiver depuis quelques années, les milliards d'euros de dommages qu'a causés la tempête de décembre 1999 à la forêt française, le milliard de dollars qu'a coûté le «déluge» du Saguenay au Québec en juillet 1996, sans compter le verglas exceptionnel qui a paralysé le sud du Québec en janvier 1998, les dommages engendrés par les ouragans dans le golfe du Mexique ou les typhons au Japon ne sont que quelques exemples du potentiel catastrophique d'un climat plus instable.

Il faut toutefois distinguer entre l'augmentation des dommages qui vient d'un accroissement de la violence des événements climatiques et de leur fréquence avec celle qui relève d'une plus grande vulnérabilité de notre société. Si les gens s'installent dans des zones sensibles comme les vallées de rivières au régime torrentiel, si les infrastructures ne sont pas adaptées à la variabilité du climat, si la sécurité publique ne prévoit pas les mesures appropriées pour évacuer les populations ou si les systèmes d'alerte ne sont pas en mesure de prévoir à temps les phénomènes climatiques violents, les dommages causés par une forte tempête seront beaucoup plus importants. Notre vulnérabilité croît en fonction de l'augmentation de la population, de l'urbanisation et de notre dépendance accrue aux infrastructures de communication, de transport et de distribution d'énergie. Ajoutons à cela le vieillissement des populations dans les pays industrialisés, la dégradation des infrastructures et la réduction des crédits publics, et le portrait est complet.

La fréquence accrue des événements climatiques extrêmes repose sur des hypothèses et des modèles, et comporte une portion importante d'incertitude. En comparaison, la hausse de vulnérabilité des populations est bien documentée et augmente sans cesse. Par exemple, un verglas qui s'abattait sur la ville de Québec en décembre 1748 n'a laissé dans la chronique d'autre trace que celle d'avoir déposé 8 cm de glace sur les maisons. La ville de Québec, au 18e siècle, était habitée par des gens qui ne disposaient ni d'électricité, ni de téléphone, qui chauffaient leurs maisons avec du bois, déjà coupé et emmagasiné l'année précédente, qui n'avaient pas à sortir pour aller travailler à l'usine ou faire des courses. On comprend que ces gens ont vécu de façon beaucoup plus calme l'événement que les citadins de 1998 qui se sont retrouvés sans électricité, sans chauffage, sans bois à brûler et incapables de communiquer ou de se déplacer. Cet exemple illustre l'aliénation croissante des populations urbanisées face au climat et laisse à réfléchir sur les précautions à prendre dans l'éventualité d'événements climatiques extrêmes dans une société de plus en plus déconnectée de son environnement.

Les événements climatiques extrêmes feront dans les prochaines années de très nombreuses victimes. Les plus meurtriers se produiront sans doute dans les pays en développement et dans les pays les moins avancés où les systèmes responsables de la sécurité publique sont les plus faibles et les populations exposées sont les plus nombreuses et fragiles. Dans les pays industrialisés, les dommages seront plus souvent maté-riels, mais chaque événement prélèvera son tribut de vies dans les franges les plus sensibles, comme l'a montré la canicule de l'été 2003 en France.

Comment peut-on s'adapter à une augmentation de la variabilité climatique? Les pistes sont triples et visent essentiellement à réduire la vulnérabilité des populations et du patrimoine bâti. Il faut d'abord repenser l'aménagement du territoire, revoir ensuite les normes de construction des bâtiments et des infrastructures de manière à augmenter leur résistance, et enfin améliorer les outils de prévision des événements climatiques violents.

Revoir l'aménagement du territoire est la première et la plus importante des pistes. Elle interpelle les décideurs et les planificateurs d'aujourd'hui qui peuvent par leurs décisions éviter que des gens s'installent dans des zones potentiellement exposées aux désastres et s'assurent de mettre à l'abri des installations névralgiques ou des industries potentiellement dangereuses en cas de désastre naturel. Le zonage des usages du territoire doit être repensé de manière à éviter que les extrêmes climatiques causent des catastrophes. Malheureusement, les territoires n'ont pas été exploités dans le passé de cette façon et des aberrations persistent en raison des droits acquis. On voit même des gens reconstruire au même endroit après une catastrophe liée au climat, après par exemple que leur maison a été presque détruite par le débordement d'une rivière. Ces comportements à haut risque devraient être interdits par les autorités.

Un bon exemple pour illustrer la nécessité de revoir les normes de construction des bâtiments et des infrastructures concerne les réseaux d'égouts qui devraient pouvoir évacuer les précipitations subites afin d'éviter les débordements. On peut aussi penser aux usines d'épuration des eaux, aux ponceaux de routes, à la résistance des pylônes au vent et au verglas, toutes des infrastructures qui sont à risque en cas d'événements climatiques extrêmes.

Enfin, pour assurer la sécurité des personnes, il convient de prédire avec assez de certitude l'approche et l'intensité d'événements climatiques exceptionnels. C'est seulement si ces prévisions sont connues en temps utile que les autorités pourront avertir et évacuer les populations à risque.

L'autre aspect spectaculaire du réchauffement global dont les effets se font cependant sentir de façon plus insidieuse et moins médiatique, c'est l'augmentation du niveau des océans. Celui-ci, bien que limité à moins d'un centimètre par année, accélère de manière très importante l'érosion côtière.

L'érosion côtière est un phénomène naturel qui est lié à l'action combinée des vagues, des courants, des glaces, du régime de crues des rivières et de l'action humaine. La dynamique complexe de l'érosion côtière met en œuvre un certain équilibre entre la côte et la force érosive des phénomènes qui se produisent. La côte sera stable à condition que le niveau de la mer reste constant, que le régime des crues se tienne à l'intérieur de valeurs normales, que le régime des vents et des glaces soit constant et que le

Encadré 14.2

La préadaptation

Dans le film *The Day After Tomorrow* (*Le jour d'après*), le scientifique consulté par le président des États-Unis trace une ligne au-dessus de laquelle il considère qu'il n'y a rien à faire pour sauver les habitants de la vague de froid catastrophique qui s'abat sur l'ensemble de l'hémisphère Nord. Parmi les nombreuses incohérences du film, celle-ci est particulièrement intéressante à relever, car elle montre à la fois un fait et une ignorance totale de la réalité des populations qui vivent au froid une partie de l'année.

En écologie, il existe une notion qui se nomme la « préadaptation », qui représente la possibilité pour un organisme de tirer profit d'une variation inattendue des conditions du milieu. Cela se traduit souvent par l'extinction d'espèces concurrentes et le rayonnement adaptatif subséquent des espèces préadaptées. La thèse du film affirme implicitement que les populations au nord du 35e parallèle seraient toutes détruites par la vague de froid et qu'il était inutile de tenter de leur venir en aide. Cette conception des populations rurales et du nord est très hollywoodienne et urbaine. En effet, il est probable que c'est au Canada et dans le nord des États-Unis, dans le nord de la Scandinavie et en Sibérie que les survivants seraient les plus nombreux après un refroidissement catastrophique de courte durée. Voyons pourquoi.

Les gens qui vivent dans des conditions hivernales très froides une partie de l'année sont préadaptés à ces conditions. Ils vivent dans des maisons au chauffage puissant et bien isolées, avec souvent un chauffage d'appoint, les conduites d'alimentation en eau qui les desservent sont enfouies profondément à l'abri du gel, ils possèdent des vêtements chauds et des véhicules adaptés à l'hiver comme les motoneiges, ils jouissent de services de déneigement efficaces, etc. Advenant un événement climatique comme celui qui est imaginé par les scénaristes du film, il vaudrait mieux vivre à l'orée des bois au Canada que dans un appartement à New York ou à Amsterdam…

De même, une augmentation de 2° de la température maximale fera probablement beaucoup moins de mal à des Bédouins sous leur tente qu'à des citoyens pauvres de Rome ou de Paris. La plasticité de l'espèce humaine par rapport au climat est bien démontrée par les milieux extrêmes où celle-ci s'est adaptée. C'est lorsque les gens ne sont pas préadaptés culturellement ou techniquement que les changements climatiques peuvent faire des victimes.

L'érosion des côtes est un premier impact visible du rehaussement du niveau de la mer.
François Morneau, ministère de la Sécurité publique du Québec / OURANOS

couvert végétal soit maintenu. Dans le cas des vagues, une augmentation du niveau de la mer, même faible, peut causer un recul rapide de la côte. Ce sont les vagues les plus hautes qui attaquent le bas des falaises et elles ont encore assez d'énergie pour y arracher du matériel. Si l'océan s'élève, toutes choses étant égales par ailleurs, les vagues les plus hautes pourront attaquer la côte plus loin, provoquant à terme l'effondrement des falaises et le recul du littoral. Sur les côtes nordiques, la glace joue un rôle de protection contre l'érosion puisqu'elle diminue l'amplitude des vagues. Le réchauffement du climat en retardant la prise des glaces expose la côte aux grandes tempêtes de la fin de l'automne et du début de l'hiver. Or, le GIEC prévoit non seulement une montée du niveau des océans, mais aussi une intensification des temps violents, des hautes vagues ainsi que des précipitations violentes, et une augmentation de l'amplitude du régime des crues des rivières; donc des problèmes sont à prévoir dans les deltas et les estuaires. Tous les pays devront surveiller étroitement leur littoral et en protéger des sections importantes. C'est le cas aussi bien sûr des petits pays insulaires dont la côte représente une portion vitale du territoire.

Encore une fois, les enjeux sont triples pour l'adaptation : il faut mesurer et prévoir adéquatement la dynamique de l'érosion côtière, protéger les immeubles et les infrastructures qui sont à risque et déterminer un zonage adéquat pour éviter que des bâtiments et des infrastructures, comme des routes, soient placés dans des zones à risque. Il faudra consentir d'importants budgets pour préserver à court terme les infrastructures et les bâtiments existants et pour relocaliser ceux qui sont menacés.

Dans les territoires nordiques et en particulier dans l'Arctique, les scientifiques sont unanimes à s'inquiéter de la vitesse du réchauffement. La sécurité publique doit maintenant compter avec des dangers accrus d'avalanche, des problèmes d'entretien des pistes d'atterrissage et d'envol rendant problématique l'accessibilité des communautés et les problèmes causés aux résidences et bâtiments par la fonte du pergélisol. Nous présentons plus loin des mesures concernant les régions caractérisées par la présence de pergélisol.

Le secteur des assurances

Que ce soit pour compenser les dommages causés par les extrêmes climatiques ou par les ravages de l'érosion côtière, l'industrie des assurances (et surtout la réassurance) est au premier rang de ceux qui doivent calculer et assumer le risque lié aux changements climatiques. Il n'est donc pas étonnant que cette industrie se soit intéressée dès le milieu des années 90 aux incidences économiques des prévisions des scientifiques.

Il faut bien comprendre que l'assurance est une forme de collectivisation du risque. Grossièrement, on s'assure en espérant qu'il n'arrive pas de malheur et on paye une prime qui est proportionnelle au risque qu'on court, tant pour la probabilité d'un incident que pour l'importance des dommages qui pourraient en résulter. L'industrie de l'assurance ne peut survivre que si l'ensemble des primes payées par ses cotisants excède la somme totale de leurs réclamations plus les frais d'administration. Pour répartir le risque d'une catastrophe ou d'un nombre inhabituel de réclamations, les compagnies d'assurances s'assurent elles-mêmes auprès de compagnies de réassurance qui disposent de fonds importants, placés à long terme et qui peuvent couvrir des périodes de risque plus longues que les compagnies d'assurances auxquelles nous payons des primes. Donc, l'assureur ou le réassureur ont avantage à regrouper dans un même créneau de primes des individus ou des entreprises dont le risque est comparable. Or avec un climat changeant, quel risque nouveau doit-on prévoir ?

L'adaptation aux changements climatiques pour les compagnies d'assurances se décline en quatre modes : bien investir, bien prévoir le risque, bien moduler les primes et revoir les relations entre l'État et le secteur des assurances.

Dans le premier mode, on se rend compte que l'industrie de la réassurance s'intéresse de plus en plus à l'investissement socialement responsable. Des entreprises membres du Insurance Industry Initiative du PNUE ajoutent aussi le critère de responsabilité environnementale en investissant par exemple dans le secteur des énergies renouvelables et en choisissant de placer des capitaux dans des entreprises qui prennent au sérieux la réduction de leurs émissions de gaz à effet de serre.

Dans le domaine de la prévision du risque (deuxième mode), deux des plus grandes compagnies de réassurance du monde ont mis sur pied des groupes de scientifiques et en particulier des climatologues pour mieux calculer à l'interne le risque d'augmentation des catastrophes climatiques et des dommages qui pourraient en résulter. Ces équipes sont chargées d'évaluer, de qualifier et de cartographier les risques afin d'éviter que la charge non indemnisée des catastrophes naturelles ne s'accroisse hors de contrôle. Leur confiance envers les États a tout de même des limites !

Des efforts de modulation des primes (troisième mode) permettent aussi à certains assureurs d'influencer les choix de leurs assurés. Par exemple, les compagnies japonaises Tokio Marine et Yasuda Fire and Marine offrent des primes réduites de 3 % à leurs assurés qui choisissent des véhicules faiblement polluants, voitures hybrides, électriques, au gaz naturel ou au méthanol. En Allemagne, des compagnies ont commencé à offrir des écoproduits, réduisant les primes aux abonnés du transport en commun. Ce type d'intervention est malheureusement trop peu répandu encore, mais il constitue un créneau intéressant d'intervention par lequel le monde économique peut influencer les comportements écologiquement responsables des citoyens tout en y trouvant son intérêt.

Pour ce qui est du quatrième et dernier mode, soit les relations entre l'État et le secteur des assurances, selon les valeurs sociales dominantes, l'industrie de l'assurance peut jouer un rôle très différent selon les pays. Par exemple, devant certaines situations catastrophiques, c'est le principe de solidarité qui intervient et c'est la collectivité qui prend le relais pour compenser les pertes subies par les victimes d'un événement catastrophique. Les États interviennent alors pour dédommager ou compenser les pertes subies par les citoyens que les assureurs ne peuvent assumer. Ainsi, selon le pays et sa culture de solidarité, le risque des assureurs est plus ou moins grand. On peut penser que la différence du risque est plus grande par exemple entre la France et les États-Unis qu'entre la France et l'Italie. Or, il faut comprendre que l'assurance et l'État jouent sur deux tableaux complètement différents. L'État dédommage tout le monde sur le même pied, ce qui n'a aucun effet dissuasif pour diminuer le risque que prennent les citoyens. Au contraire, l'assurance module les primes en fonction des risques, ce qui devrait inciter les citoyens qui prennent le plus de risques à réfléchir devant le prix des primes ou la difficulté de s'assurer.

L'inquiétude légitime du secteur de l'assurance par rapport à l'insécurité qu'entraînent les changements climatiques est un renforcement fort intéressant du consensus des scientifiques sur ce sujet. Plus encore, les initiatives qui commencent à faire surface vont vraisemblablement exercer une pression efficace sur les citoyens et les entreprises afin de stimuler l'adoption de comportements plus responsables, car le levier financier est généralement plus efficace que l'image et surtout la morale.

La santé

Comme nous l'avons vu au chapitre 7, les changements climatiques peuvent avoir des effets majeurs sur la santé des populations, en particulier chez les individus les plus vulnérables, c'est-à-dire les personnes âgées, les enfants et les personnes souffrant de maladies respiratoires et cardiovasculaires. Par ailleurs, les hautes températures exacerbent les effets morbides de la pollution atmosphérique lorsque celle-ci atteint des niveaux élevés. Enfin, l'extension de l'aire de certaines espèces porteuses de maladies parasitaires transmises par les insectes comme la malaria ou d'autres maladies attribuables à des *arbovirus*, comme le virus du Nil occidental, ou à des spirochètes, comme la maladie de Lyme transmise par des tiques, est un phénomène qui a des répercussions sur la santé.

Le domaine de la santé humaine est l'un de ceux où notre capacité de prévoir les effets du changement peut le mieux permettre de se protéger, dans les pays industrialisés du moins. Dans les pays moins avancés, la difficulté de gérer les problèmes de santé publique demeure largement tributaire de la volonté politique et de l'aide internationale. Dans ce cadre, l'effet des changements climatiques sur la santé peut apparaître bien marginal, en comparaison par exemple avec l'approvisionnement en eau potable et l'assainissement urbain dont l'absence fait des millions de morts chaque année.

Il convient de distinguer deux types d'impacts des changements climatiques sur la santé publique: les impacts directs, comme les hospitalisations pour coup de chaleur, et les impacts indirects, comme la présence accrue d'insectes vecteurs de maladie. Les premiers peuvent être réduits par une prévision plus adéquate des vagues de chaleur et la mise en place de mesures de sécurité publique pointues, et les seconds par un aménagement du territoire des interventions préventives, une révision du code du bâtiemnt et des campagnes de sensibilisation visant à développer de nouveaux comportements.

Un des effets indirects sur la santé provient de l'augmentation des épisodes de smog photo-oxydant qui se manifeste lorsque la pollution par les hydrocarbures, le CO et les oxydes d'azote, atteint des niveaux élevés et que le Soleil catalyse la formation d'ozone troposphérique au-dessus des villes. Les épisodes de smog sont fortement associés à l'augmentation des hospitalisations. La situation se complique du fait que le smog est étroitement associé à la production d'électricité par des carburants fossiles et surtout à la circulation automobile. On peut donc penser que la demande accrue pour la climatisation dans des endroits où l'électricité est produite par le charbon, le pétrole ou le gaz naturel provoquera une intensification des épisodes de smog et de leurs effets sur les groupes les plus défavorisés qui ne peuvent pas s'offrir le confort de la climatisation.

Pour leur part, les précipitations abondantes et les inondations qui en résultent favorisent le maintien de flaques d'eau dans les zones mal drainées, ce qui crée un milieu favorable au

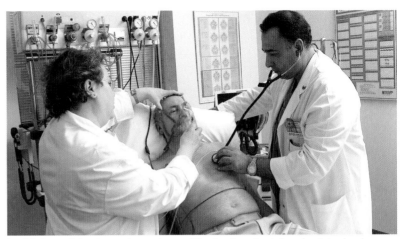

Les hôpitaux doivent se préparer à accueillir plus de patients lors des épisodes de smog ou de canicule.
AJ Photo/SPL/Publiphoto

développement de plusieurs insectes, en particulier les diptères piqueurs qui sont d'importants vecteurs de maladies. On pense que les travailleurs agricoles et forestiers, les adeptes du plein air et les personnes au système immunitaire affaibli pourraient être victimes plus souvent des affections transmises par ces insectes. Un drainage efficace, le port de vêtements longs et les arrosages de larvicides peuvent constituer des stratégies de lutte contre ces insectes, mais toutes comportent des inconvénients, soit pour la biodiversité, soit pour le confort de ceux qui devront endurer ces vêtements pendant les journées chaudes de l'été.

Enfin, un dernier impact indirect concerne le développement d'agents infectieux, bactéries et protozoaires qui peuvent contaminer l'eau potable et l'eau de baignade. La forte évaporation, liée à la chaleur, devrait réduire le niveau des cours d'eau où s'approvisionnent les municipalités et des plans d'eau où l'on pratique la baignade. Un réseau de surveillance et de signalisation efficace devrait permettre de prévenir ces impacts.

Les craintes pour la santé sont basées sur des évaluations préliminaires des impacts des changements climatiques. Il convient de réaliser des recherches plus approfondies et de créer des réseaux de coopération entre les services de santé des divers pays de manière à partager les connaissances et les techniques pour lutter efficacement contre les risques prévisibles associés aux changements climatiques.

Par ailleurs, en milieu nordique, la gestion inadéquate des eaux usées favorise la contamination des eaux de surface et entraîne des conditions favorables à l'extension de maladies transmises par voie hydrique. Il faudra donc adopter de nouvelles règles d'hygiène et de gestion des eaux tant pour l'approvisionnement que pour le traitement des eaux usées.

La production d'énergie

Comme nous l'avons vu au chapitre précédent, le portefeuille énergétique de l'avenir devra faire une place de plus en plus grande aux formes d'énergie qui ne produisent pas ou peu d'émissions de gaz à effet de serre et qui s'insèrent dans une grille de distribution fiable capable de livrer de la puissance et de l'énergie en quantités suffisantes pour les besoins actuels et futurs des sociétés. Pour le moment, seul le pétrole peut

répondre à l'appellation d'«énergie universelle», car il est facile à transporter et à stocker, et son réseau de distribution couvre toute la planète. Dans ce contexte, on peut considérer le gaz et le charbon comme des ressources continentales et l'électricité comme une ressource régionale. Cette distinction est importante, car, en termes économiques, si le prix du pétrole est le même à la grandeur de la planète, le prix de l'électricité peut varier très fortement d'un endroit à l'autre sur un même continent et même dans une même région, en fonction du portefeuille de moyens de production, des difficultés de la distribution et des politiques locales de taxation.

Le premier défi est donc de faire face à la nouvelle demande par des sources de production d'électricité renouvelables. Comme le prix du pétrole est l'étalon de toutes les formes d'énergie pour la chauffe ou la production d'électricité, la compétitivité des énergies renouvelables dépend d'un prix plus élevé de l'or noir.

Parmi les formes de production d'énergies renouvelables les plus sensibles aux changements climatiques, l'hydroélectricité et l'éolien sont au premier rang, d'abord parce que leur coût compétitif et les technologies de production matures permettent d'en planifier la mise en œuvre avec un minimum de risques. Cependant, les deux sont soumises aux aléas des changements du climat, l'hydroélectricité par la variabilité accrue du régime des précipitations, l'éolien par l'augmentation des épisodes de temps violents[3]. Dans

---

3. Les éoliennes modernes sont tout de même conçues pour résister à des vents de 220 km/h, mais elles cessent de produire de l'électricité bien avant cette vélocité. On prévoit aussi une diminution possible du vent moyen aux latitudes moyennes (Alain Bourque, communication personnelle), ce qui pourrait réduire l'efficacité des centrales éoliennes.

les deux cas, une amélioration des modèles de prévision climatique et une surveillance météorologique plus adéquate sont garants de leur efficacité.

La production hydroélectrique est particulièrement à risque en raison des changements climatiques. En effet, les centrales sont localisées en aval des chutes de cours d'eau au débit suffisamment puissant et constant pour livrer l'énergie proportionnelle à la puissance des turbines. Dans ce contexte, les barrages qui retiennent les réservoirs des centrales sont des outils de régulation des crues qui permettent d'avoir l'eau suffisant à la demande d'électricité au moment où elle est nécessaire, peu importe si les précipitations sont au rendez-vous à ce moment précis. Dans un contexte nordique, cela signifie avoir de l'eau en hiver alors que les précipitations sont sous forme de neige et conserver la crue printanière pour satisfaire aux besoins estivaux. Les concepteurs des ouvrages doivent donc tenir compte d'une capacité de stockage en fonction de la variabilité des précipitations non seulement sur une année, mais aussi sur des cycles décennaux, de manière à éviter que plusieurs années déficitaires se traduisent par un manque à turbiner.

L'incertitude nouvelle qui résulte d'une modification du régime des précipitations peut se manifester par trois types de problèmes:

◎ des étés plus chauds et plus secs en série pourraient creuser un déficit hydrique qui limite la quantité d'énergie livrable par une centrale, ce qui a été le cas par exemple à la Baie-James, dans le nord du Québec, dans les 20 dernières années;

◎ une augmentation de température moyenne se traduit par une augmentation de l'évaporation, donc des pertes d'eau, surtout si la surface des réservoirs reste plus longtemps sans glace en hiver;

◎ une modification du patron spatial de répartition des précipitations à l'échelle d'une région pourrait faire varier la quantité d'eau qui passe dans les centrales. Par exemple, si une série de réservoirs sont reliés par des centrales au long d'un bief, un déficit de précipitations en amont ne sera pas compensé par une augmentation des précipitations en aval.

Toutefois, la majorité des modèles prévoient une augmentation des précipitations dans les territoires nordiques dans les prochaines décennies. La prévision des précipitations et des températures à l'échelle régionale pour les bassins versants de la baie James, au Québec, figure parmi les travaux les plus avancés du consortium OURANOS, car une partie importante de la puissance électrique installée dans cette province est située dans ce bassin versant qui a connu au cours des 20 dernières années une séquence inhabituelle et imprévue d'années de faible ou de très faible hydraulicité.

La complémentarité des filières énergétiques sera aussi un défi pour les équipements du futur. Par exemple, au Québec, les protestations de la population ont amené le gouvernement à mettre en veilleuse le projet d'Hydro-Québec de construire la centrale du Suroît, centrale électrique alimentée au gaz naturel. On peut comprendre qu'une bonne partie de la demande électrique

Un exemple de problème de complémentarité

Dans le domaine de l'énergie, les planificateurs de l'énergie en France ont dû gérer durant la canicule de l'été 2003 un vrai problème lié à la satisfaction de la demande avec un parc énergétique qui illustre bien la nécessité de prévoir ce type de situation si l'on veut mieux assurer la sécurité des approvisionnements dans une situation comparable.

En France, au printemps 2003, on avait dû réduire la production des centrales hydroélectriques afin d'éviter de vider les retenues. Dans les deux premières semaines d'août, au cœur de la canicule, la demande d'énergie a grimpé de 9 % par rapport à l'année précédente, avec des pointes en milieu de journée alors qu'à ce moment normalement la demande est la plus faible. Cette augmentation de la demande a failli avoir des conséquences désastreuses, les autorités de Énergie de France (EDF) planifiant généralement l'arrêt de plusieurs centrales nucléaires pour les opérations de maintenance pendant cette période traditionnelle de vacances en France où la demande industrielle est réduite.

Malgré l'augmentation de la demande, il a fallu baisser fortement la production d'électricité des centrales nucléaires restantes et des centrales thermiques, car l'augmentation de la température de l'eau et les débits très faibles des cours d'eau rendaient problématique le refroidissement des centrales. On est ainsi passé près de devoir couper l'approvisionnement, ce qui aurait eu des conséquences encore plus désastreuses.

Les planificateurs de la fourniture électrique devront donc s'adapter à la nouvelle donne climatique et ne plus compter sur les modes traditionnels de gestion pour planifier les marges de manœuvre pour l'avenir.

présenter des options à la fois acceptables socialement et plus performantes au point de vue environnemental. Dans ce cadre, le couplage hydroélectricité et énergie éolienne paraît extrêmement prometteur. C'est d'ailleurs pourquoi le Québec a particulièrement avantage à développer sa filière éolienne.

Une autre voie d'adaptation qu'il sera nécessaire d'occuper rapidement est liée à la production de biocarburants et l'énergie de la biomasse en général. La biomasse, c'est-à-dire la matière produite par les organismes vivants, peut être utilisée à diverses fins par le séchage, la fermentation, la gazéification ou l'extraction des huiles pour fournir des carburants solides, liquides ou gazeux qui peuvent être utilisés en combinaison avec des combustibles fossiles ou seuls pour produire du chauffage, de la vapeur, de l'électricité ou du travail mécanique. La combustion de ces carburants engendre du CO_2, mais comme la croissance des végétaux nécessaires à leur production récupère ce même CO_2, ces émissions ne sont pas comptabilisées dans le bilan des pays signataires du Protocole de Kyoto.

Toutefois, la production de ces carburants va entraîner des ajustements dans l'utilisation du territoire, en particulier dans les domaines de l'agriculture et de la foresterie. S'il faut consacrer une portion importante du territoire à la production de cultures énergétiques, s'il faut récupérer une portion plus grande de la biomasse sur les parterres de coupe, cela n'ira pas sans conséquences environnementales et sociales. Pour produire des biocarburants par des cultures énergétiques susceptibles d'éviter 1 milliard de

au Québec étant liée au chauffage électrique l'hiver, la production d'électricité à partir de gaz naturel est beaucoup moins efficace que le chauffage au gaz naturel. En prévoyant la demande en fonction de l'usage final de l'énergie, les planificateurs seront beaucoup plus à même de

tonnes d'équivalent CO_2 par année, Sokolow estime qu'il faudrait monopoliser le sixième des terres agricoles mondiales (voir le chapitre 13).

L'agriculture

L'environnement agricole est déjà un milieu que l'homme a adapté à la culture de plantes sur de grandes surfaces ou à des conditions d'élevage particulières. Les agriculteurs ont donc modifié depuis une dizaine de milliers d'années leur environnement immédiat en fonction de leurs besoins. En contrepartie, la domestication des plantes et des animaux les a soumis à la variabilité saisonnière et interannuelle du climat, ce à quoi ils ont depuis toujours cherché à s'adapter. Aujourd'hui, les agriculteurs dépendent d'une vingtaine de plantes et d'un nombre encore plus restreint d'animaux pour la production de l'essentiel de la nourriture de l'humanité. L'adaptation dans ce cas se fera par le changement des espèces préférées des agriculteurs en fonction de leur résistance au climat ou par le développement de nouveaux cultivars résistant aux nouvelles conditions. L'histoire montre d'ailleurs des exemples où l'homme a réussi à adapter les cultures à la variabilité des conditions climatiques. La substitution de plantes nouvellement développées par des anciennes mieux adaptées s'est déjà vue, de même que la relocalisation de cultures dans des zones aux conditions plus propices. Ainsi, dans la pampa argentine, la proportion de terres allouées aux grandes cultures augmente substantiellement aux dépens de l'élevage en période humide et l'inverse se produit lorsque les conditions sont plus sèches. Ces changements se compliquent cependant si l'on pense aux événements climatiques subits qui

L'agriculture vivrière, en particulier la céréaliculture, se pratique dans des climats semi-arides qui sont particulièrement fragiles à une diminution des précipitations.
Éric Clusiau/Publiphoto

peuvent détruire localement une récolte (un gel tardif, par exemple) ou aux préférences du marché, qui s'approvisionne ailleurs si par malheur les légumes sont en retard.

Les changements climatiques apporteront, selon les régions et les saisons, des modifications plus ou moins importantes des températures et du régime des précipitations. Cela représente une modification de la variabilité moyenne du climat, à laquelle le monde agricole peut s'adapter. S'y ajoutera, de façon inégale sur le globe, une intensification des précipitations ou des sécheresses, ce qui pose déjà un défi de taille à relever. Ainsi, selon la capacité d'adaptation et les moyens qui seront mis en place, la variabilité du climat pourrait modifier négativement les conditions de pratique de l'agriculture, mais elle pourrait aussi les influencer positivement, particulièrement dans les pays nordiques. Les effets bénéfiques sont relativement faciles à relever, comme nous l'avons vu au chapitre 7, l'augmentation du CO_2 dans l'atmosphère peut jusqu'à un certain point stimuler la croissance des plantes. Par ailleurs, l'élévation des températures au début de la saison de croissance peut favoriser les plantes qui exigent plus de degrés-jours. Quant aux conséquences négatives, elles sont malheureusement bien connues aussi: pertes de récoltes causées par les surplus de précipitations ou la sécheresse, productivité réduite du bétail en raison des excès de chaleur ou, encore, arrivée d'organismes nuisibles pour les cultures.

De façon générale, on peut classer les options pour l'adaptation en milieu agricole en trois grandes catégories. Ce sont les moyens faisant appel à la technologie d'abord, ceux qui concernent les mesures de gestion de la pratique agricole ensuite et, enfin, ceux qui concernent l'aspect économique. Les paragraphes qui suivent présentent quelques options d'adaptation s'offrant aux producteurs agricoles.

La technologie offerte aux producteurs agricoles est en constante évolution et, en cette matière, les agriculteurs des pays industrialisés sont grandement choyés par rapport à leurs collègues des pays en développement ou en transition. En ce qui concerne l'approvisionnement en eau, qui constitue un facteur d'importance majeure, les moyens d'adaptation incluent les systèmes d'irrigation et de drainage, la construction de réservoirs et le nivellement des surfaces de culture. Le choix et l'amélioration des types de culture et des cultivars représentent d'autres options technologiques que les producteurs devront explorer pour adapter le fruit de leur labeur au climat changeant. De la même façon,

les éleveurs auront le défi d'adapter leurs bâtiments et de choisir des races animales en fonction des nouvelles tendances du climat qui les touchera. Toute la problématique des ravageurs de récoltes, qu'ils soient mauvaise herbe, insecte, maladie ou autre, demandera un ajustement des techniques et peut-être la mise en marché de nouveaux produits agissant sous des températures et à des degrés variés d'humidité.

Le mode de gestion de la production fait partie de la gamme des moyens d'adaptation mis à la portée des agriculteurs de tous les pays. Les calendriers d'activité devront être modifiés en fonction des avancées ou des reculs des dates importantes pour les cultures. La manière de travailler le sol, de planifier la rotation des cultures ou des pâturages, d'utiliser l'irrigation et les intrants sont des exemples de mesures d'adaptation. Qui plus est, les agriculteurs peuvent généralement les mettre en place de leur propre initiative sans contrainte majeure autre que la formation. On peut aussi penser à des incitatifs financiers de l'État pour l'adaptation.

Les avenues économiques d'adaptation concernent principalement la mise en place, le maintien ou la modification de programmes de soutien en cas de pertes de récoltes ou d'animaux. Des programmes d'indemnisation sont déjà en place en Amérique du Nord et en Europe, où les gouvernements sont engagés dans la protection de leur économie agricole. Les programmes d'indemnisation provinciaux au Canada sont d'ailleurs de plus en plus fortement sollicités depuis leur création. Bien que l'équité envers toutes les catégories de producteurs puisse être discutable même dans les pays développés, de tels programmes d'aide devraient être étendus aux pays en développement par le moyen des fonds spéciaux comme le fonds d'adaptation associé au Protocole de Kyoto.

Enfin, comme pour les autres secteurs d'activité, l'amélioration des systèmes de prévention des événements climatiques est incontournable pour appuyer les efforts du monde agricole. Les acteurs de ce secteur auront de plus besoin de systèmes de prévention des épidémies de ravageurs ou, au minimum, de prévision des conditions qui favorisent leur développement. Avec ces outils et en déployant les efforts nécessaires – en y mettant les moyens financiers – pour assurer leur équitable distribution parmi l'ensemble des agriculteurs de la planète, le monde agricole pourrait réussir à s'adapter aux changements à venir.

Un nouveau champ qui s'offrira aux agriculteurs pour améliorer leur revenu sera lié à la fois à la possibilité de produire des cultures à vocation énergétique pour les carburants à base de biomasse et à la mise en marché d'allocations d'émissions de CO_2. En effet, par des changements dans les pratiques culturales, l'installation de haies brise-vent, l'utilisation d'engrais verts et la réduction des émissions de méthane et de protoxyde d'azote, des groupements d'agriculteurs pourraient bénéficier de permis échangeables sur le marché boursier des émissions.

Les forêts

Nous avons vu précédemment comment les changements climatiques appréhendés et l'augmentation du CO_2 pouvaient influencer à la hausse la croissance des arbres, à condition de réunir à la fois les températures et les taux d'humidité optimaux. Les changements climatiques risquent toutefois d'avoir des effets qui neutraliseraient les bénéfices de la croissance accrue. Ce serait le cas par exemple d'une augmentation des incendies ou des épidémies d'insectes ou, encore, si la température à la hausse faisait en sorte que les plantes rejettent plus de CO_2 qu'elles n'en absorbent.

Dans plusieurs régions du globe, les forêts en tant que réserve de matière ligneuse sont considérées comme globalement menacées par la récolte du bois pour l'industrie et pour les besoins énergétiques des populations. Les changements climatiques toucheront les ressources sur lesquelles sont basées les industries du bois et du papier, et ces mêmes ressources puisées par nombre de collectivités pour leur survie (bois, nourriture, médicaments naturels, valeurs spirituelles). De là l'importance d'employer des méthodes qui réduisent la vulnérabilité de ces écosystèmes face aux changements climatiques tout en leur permettant de remplir leurs diverses fonctions. Cela peut vouloir dire pour les industriels de modifier leurs modes d'intervention, de prévoir l'utilisation d'espèces moins valorisées et d'effectuer des plantations.

L'utilisation des plantations pour capter le CO_2 par l'afforestation permettra d'augmenter dans plusieurs pays les superficies forestières, ce qui peut avoir un impact positif sur la biodiversité et sur le cycle de l'eau. Par ailleurs, cela crée aussi des réserves de bois qui devront être récoltées à échéance. Le bilan de carbone des forêts deviendra un enjeu important dans le cadre du marché des droits d'émission. En effet, il faudra disposer des données sur le cycle de vie des produits du bois pour justifier la proportion du volume récolté qui sera admissible pour la reconnaissance. On devra aussi étudier les émissions liées aux travaux sylvicoles pour les soustraire des crédits accordés aux plantations. Dans les pays en développement, les plantations pourront rendre de nombreux services et le mécanisme de développement propre donnera une valeur ajoutée à la conservation des écosystèmes forestiers, ce qui devrait en ralentir la dégradation à terme si les populations locales peuvent satisfaire leurs besoins autrement.

Des projets comme ceux des forêts modèles du Canada, même s'ils ne sont pas conçus expressément pour l'adaptation aux changements climatiques, permettent aux écosystèmes forestiers de mieux affronter cette problématique en assurant le maintien de toutes les composantes des milieux concernés. Les modalités d'intervention dans ces territoires sont prévues pour assurer et aider les espèces de ces milieux à se régénérer de façon naturelle. Cet «appui» aux processus naturels ne peut qu'être bénéfique à long terme pour préparer les espèces à faire face aux changements climatiques, à condition toutefois d'ajuster les interventions de l'homme en fonction des nouvelles connaissances scientifiques sur le fonctionnement des écosystèmes qui ne cessent d'émerger. Il existe des projets de ce type sur tous les continents, et les collectivités exigeant une gestion plus équitable se font de plus en plus entendre. Parions que ces milieux seront mieux préparés aux changements du climat.

La biodiversité

Dans la définition de la biodiversité, il y a trois niveaux d'organisation du monde vivant. Ces trois niveaux ont été définis d'entrée de jeu dans la Convention sur la diversité biologique (CDB), dans un souci de mieux cibler les objectifs de conservation et pour que tout le monde puisse agir dans le même sens. Le premier des trois niveaux est la diversité génétique, c'est-à-dire la richesse du patrimoine héréditaire à l'intérieur des espèces et des populations; le deuxième consiste en la multitude des espèces vivantes, la diversité spécifique; le troisième niveau concerne les paysages qui comprennent la diversité des écosystèmes, qu'ils soient terrestres, d'eau douce ou marins. Ces trois niveaux d'organisation du vivant subissent déjà des pressions du fait de la présence de l'humanité et c'est dans le but de les préserver que la CDB a été pensée. C'est aussi à ces trois niveaux de la biodiversité que les changements climatiques vont entraîner des conséquences, accentuant la pression déjà élevée causée par la perte des habitats, l'invasion d'espèces compétitrices et les effets néfastes de la pollution.

Comment s'adaptera le vivant dans son ensemble face à ces menaces? Nous avons vu que, de façon naturelle, les espèces les plus généralistes pourront s'adapter aux conditions changeantes par de nouveaux comportements ou des extensions de leur répartition géographique, mais que les espèces ayant des exigences plus particulières pourraient être en difficulté, notamment dans les régions où l'homme influence par ses activités la qualité et la quantité des habitats. Des modifications génétiques s'effectuent déjà chez des organismes ayant un court cycle de vie et un grand nombre de générations en un temps limité, chez les insectes par exemple. Mais ce genre d'adaptation, même s'il est déjà observé chez de petits mammifères comme l'Écureuil roux (voir le chapitre 9), est peu probable chez la plupart des espèces dites « supérieures » dont l'adaptation génétique requiert des délais que la vitesse des changements climatiques ne pourra permettre. Ce sont les espèces les plus plastiques sur le plan de l'adaptation qui profiteront de la nouvelle donne climatique, causant une disparition des autres. On peut donc s'attendre à une réduction accélérée de la biodiversité des espèces.

Dans cette perspective, c'est donc à l'homme de créer les conditions les plus favorables à l'adaptation de l'ensemble de la biodiversité. De nombreux chercheurs déploient ainsi leurs efforts afin de déterminer les meilleures avenues possibles, notamment dans le domaine de la biologie de la conservation. Les moyens à mettre en place pour sauver les espèces et les écosystèmes dépassent dorénavant la simple constitution d'aires protégées. Il faut des corridors de déplacement, la protection d'écosystèmes entiers, de même que des modes de gestion des ressources et des paysages qui tiennent compte des besoins des espèces et des écosystèmes à se maintenir et à se développer. Ainsi, un nombre croissant de projets de gestion intégrée des ressources est répertorié partout dans le monde, englobant les milieux forestiers, les bassins versants, les zones côtières, les zones marines comme les récifs coralliens et même les territoires agricoles. Une mesure de prudence voudrait que ces projets soient faits en pensant à l'adaptation au nouveau climat. Un effort particulier devra être mis sur la protection des milieux humides soumis à la combinaison d'une évaporation accrue et de précipitations erratiques. Pour les marais littoraux, l'accentuation de l'érosion côtière obligera à mettre en œuvre des mesures de protection et à consacrer des zones d'ajustement pour permettre la colonisation des terres plus hautes à mesure que le niveau de la mer augmentera.

Lors du Colloque international de la Francophonie et du développement durable tenu à Dakar (Sénégal) en mars 2002, il a été reconnu que la diversité culturelle est naturellement jumelée à la diversité biologique en tant que concept indissociable. En effet, l'utilisation traditionnelle des plantes et des animaux est historiquement liée au développement et à la survie des peuples fondateurs des quatre coins de la planète. La conservation de la biodiversité et de ses usages ne peut donc que favoriser la perpétuation de modes de vie ancestraux. C'est pourquoi l'adaptation aux changements climatiques visant la préservation de la diversité biologique sous-entend la nécessité pour de nombreuses communautés autochtones d'adapter leur mode de vie traditionnel au nouveau tableau de chasse. Les communautés crie et inuite du nord du Canada verront peut-être la proportion de leur alimentation de subsistance, tirée de certaines espèces comme les phoques, certains oiseaux migrateurs et même le caribou,

Encadré 14.4

Comment adapter la conservation des espèces à un monde en changement

À l'occasion de la Conférence mondiale Biodiversité science et gouvernance tenue à Paris en janvier 2005, Jean-Claude Génot et Robert Barbault ont présenté un article* fort intéressant où ils s'interrogeaient sur l'adaptation des politiques de conservation dans un contexte de changements globaux.

Les auteurs proposent une stratégie globale et intégrée des territoires où la nature est prise en compte en dehors des espaces fortement protégés, même si ce genre de politique demande la remise en cause de pratiques établies, ont des effets moins spectaculaires que la création de nouveaux parcs et qu'elles demandent un effort soutenu d'éducation à la conservation, font appel à des mesures économiques comme l'éco-conditionnalité et des programmes de recherche à long terme. En bref, dans un contexte de changements climatiques, il faut aménager dans nos pratiques des marges de manœuvre qui permettent aux espèces de s'adapter, dans la mesure de leurs capacités, à migrer ou à tolérer les nouvelles conditions climatiques. Cela signifie bien sûr le développement de réseaux comprenant non seulement les aires protégées, mais aussi les agences de bassin versant, les agriculteurs, les propriétaires de terrains boisés, etc. Toute une révolution!

Les auteurs recommandent de sortir la biodiversité de ses réserves pour la gérer de façon intégrée sur l'ensemble du territoire. Pour cela il faut:

◎ Innover en matière de gestion hydraulique, forestière, agricole, cynégétique et halieutique.

◎ Éviter que la biodiversité ne soit une question de spécialistes et responsabiliser les gestionnaires et propriétaires de ressources naturelles en leur rappelant leurs droits et leurs devoirs face à une situation qui risque de devenir exceptionnelle au regard des changements climatiques.

◎ Changer la mentalité des protecteurs de la nature qui croient que la biodiversité peut se gérer à une échelle locale.

◎ Focaliser les efforts de recherche et de suivi sur le déclin des populations et des habitats.

Voilà un défi à relever où seront indispensables les éco-conseillers!

* J.C. Génot et R. Barbault, «Quelle politique de conservation?», dans Barbault R. et Chavassus-au-Louis B., (dir.) *Biodiversité et changements globaux enjeux de société et défis pour la recherche*, Association pour la diffusion de la pensée française, 2005, p. 162-191.

diminuer de façon importante[4]. Il faudra donc vraisemblablement que ces communautés s'adaptent en faisant passer leurs prélèvements d'un mode de subsistance à un mode plus symbolique, associé au maintien de la culture. L'une des stratégies d'adaptation qui peut compenser le déficit des revenus de subsistance passe vraisemblablement par le tourisme. D'ailleurs, l'utilisation du lien entre les peuples autochtones et leur milieu commence déjà à porter fruit grâce à la vente de produits touristiques faisant partie de ce qu'on pourrait qualifier d'«écotourisme» ou encore d'«ethnotourisme».

L'eau

La disponibilité d'une eau de qualité en quantité suffisante demeurera un facteur limitant pour les populations humaines, peu importe l'époque et le développement. La répartition naturelle des précipitations et des cours d'eau a été un puissant facteur expliquant la répartition des populations humaines et leurs activités sur un territoire donné. En conséquence, tout changement dans ce paramètre en raison du climat demandera une adaptation des infrastructures et des populations ou leur départ du territoire. Il faudra apprendre à mieux gérer les ressources en eau, qu'elles soient moins abondantes ou au contraire trop abondantes.

Le problème de la gestion des ressources en eau sous un climat plus chaud et plus sec appréhendé dans plusieurs régions comme le sud de l'Europe ou le centre de l'Amérique du Nord risque de prendre de l'ampleur dans l'avenir. Des zones du globe sont déjà en pénurie d'eau, leurs aquifères n'arrivant plus à se recharger par suite de la surexploitation; un climat plus sec risque alors d'anéantir bien des espoirs d'exploitation du territoire. D'autres régions connaîtront l'inverse, et le surplus d'eau pourrait devenir tout aussi difficile à gérer que la sécheresse. Les changements climatiques qui influenceront les lacs, les cours d'eau, les estuaires et le milieu marin auront un impact également sur les populations de poissons, leur habitat étant modifié. Leur abondance risque par conséquent d'être touchée et la pêche commerciale encore plus frappée qu'aujourd'hui. Du conflit d'usage à la contamination de l'eau potable, en passant par la modification du débit des cours d'eau et la perte d'habitats aquatiques, les changements climatiques viendront exacerber des situations marquant déjà les ressources hydriques. Nous pourrions nous étendre longtemps sur les multiples usages de l'eau par l'homme et sur ses fonctions naturelles, pour constater finalement que la modification du climat laissera sa marque sur l'ensemble de ces rôles.

Le constat nous oblige par ailleurs à trouver des moyens de nous adapter et d'aider les écosystèmes à faire face aux changements de climat. Au chapitre de l'eau potable pour les communautés humaines, la prévision des changements à l'échelle régionale est déjà une mesure d'adaptation en plein développement qui aidera à prévoir les effets du climat sur la disponibilité

---

4. L'alimentation des communautés nordiques a beaucoup changé au cours des dernières décennies, pour des raisons qui n'ont rien à voir avec les changements climatiques. Cependant, pour plusieurs, l'approvisionnement à partir de la chasse et de la pêche constitue beaucoup plus que du folklore.

L'approche de gestion par bassin versant préconise de traiter les problèmes d'un territoire par l'unité hydrologique de référence en faisant participer tous les utilisateurs de l'eau sur le territoire.

Jean Burton

de l'eau. D'autres stratégies devront être élaborées toutefois pour assurer un accès à tous à de l'eau en quantité et en qualité acceptables. On pense à des moyens techniques comme des ouvrages de retenue ou de canalisation et des mesures de gestion permettant d'offrir l'eau équitablement entre tous les utilisateurs, ou encore à la préservation de zones humides et d'écosystèmes côtiers. Il faudra aussi apprendre à être plus efficace avec la consommation d'eau, surtout en Amérique du Nord.

Cela nous amène à la gestion intégrée des ressources en eau[5], mode de gestion faisant intervenir l'ensemble des individus et des organismes concernés par la qualité de l'eau et du territoire entourant une rivière, un fleuve ou une zone côtière ou marine. La gestion par bassin versant, exemple de gestion intégrée pour les cours d'eau, préconise notamment de préserver la qualité de l'eau grâce à la réduction de l'apport en sédiments et en polluants dans les cours d'eau. La prévention des crues par le maintien de la couverture végétale est aussi un incontournable de l'adaptation aux changements climatiques. Les plantes sont en effet d'un grand secours pour permettre à l'eau de s'infiltrer dans le sol plutôt que de la voir gonfler les rivières, emportant tout sur son passage. Le maintien d'un couvert végétal assure également jusqu'à un certain point la recharge de la nappe d'eau souterraine. Les mêmes principes de gestion intégrée peuvent bien entendu s'appliquer aux zones côtières et même à la pleine mer. L'important est de favoriser des stratégies qui permettent à ces milieux de poursuivre leur vocation d'habitats naturels des espèces et de sites de gagne-pain et de loisirs pour l'humanité. En modifiant les façons d'utiliser l'eau en fonction de l'impact des changements climatiques, nous permettrons à cette ressource de continuer d'être la source de la vie.

Plusieurs problèmes risquent de survenir dans les relations entre les pays ou les régions qui partagent une ressource en eau en cas de pénurie. L'exemple des Grands Lacs nord-américains partagés par le Canada et les États-Unis est fort intéressant. La majorité du bassin versant des Grands Lacs draine le territoire canadien et leur exutoire, le fleuve Saint-Laurent,

---

5. On peut télécharger l'excellent *Guide de gestion intégrée des ressources en eau* de Jean Burton à l'adresse http://www.iepf.org/ressources/document.asp?id=145.

devient totalement canadien à la frontière du Québec et de l'Ontario. Cependant, un des cinq Grands Lacs, le lac Michigan, est situé complètement en territoire américain. La Commission mixte internationale est un organisme indépendant et binational établi en vertu du Traité des eaux limitrophes de 1909. Elle a pour mandat d'aider à prévenir et à résoudre les conflits relatifs à l'utilisation et à la qualité des eaux limitrophes, et de conseiller le Canada et les États-Unis sur les questions qui peuvent être soulevés. Ce modèle est intéressant pour prévenir les conflits d'usage qui peuvent survenir entre deux pays[6].

Le tourisme

Le tourisme est le secteur industriel qui a connu la plus forte croissance au 20e siècle et qui représente maintenant le plus grand secteur économique au monde. Il doit une grande partie de sa vitalité économique à la présence de paysages grandioses, pittoresques, sauvages ou idylliques ainsi qu'à l'existence d'une faune et d'une flore pouvant être observées à l'état naturel. Par ailleurs, nombre d'activités pratiquées par les touristes sont déterminées par les conditions climatiques. Que ce soit pour des vacances au soleil ou pour les sports d'hiver, c'est sur la certitude de jouir d'un climat «normal» que nous planifions nos vacances. Et c'est en fonction du climat connu que les entreprises touristiques conçoivent leurs produits.

Avec les changements climatiques, le patron connu des précipitations et des températures normalement associées aux destinations vacances pourrait cependant décevoir les touristes du futur. Avec la montée du niveau de la mer, les paysages de l'arrière-pays pourront-ils rivaliser avec les plages rongées par les vagues? Les safaris dans les déserts vides de grande faune seront-ils toujours l'apanage des nostalgiques de l'Afrique? Comment pourra-t-on satisfaire la demande de ressources en eau pour les hôtels si les populations locales sont en stress hydrique? Par-dessus tout, le touriste requiert un sentiment de sécurité pour profiter de ses vacances. On voit comment les événements de septembre 2001 ont touché cette industrie aux États-Unis et combien les actes terroristes ont coûté à l'Égypte, à la Palestine et à Israël sur ce plan. L'insécurité climatique de la saison des ouragans réduit de façon importante l'intérêt touristique de la côte est de l'Amérique du Nord à l'automne.

Nul doute que le secteur du tourisme doit s'adapter à la vitesse des changements en cours. L'adaptation dans le cas des destinations soleil est primordiale, cette industrie représentant tout de même plus de 40% des revenus des pays en développement. Dans des pays hautement touristiques comme la corne de l'Afrique, la lutte contre la désertification, telle qu'elle est prise en charge par la Convention de lutte contre la désertification, fait indéniablement partie de la stratégie pour faire face également aux changements climatiques. Des mesures prévoyant la végétalisation des territoires soumis à la sécheresse, la gestion de l'eau par l'irrigation et le maintien de corridors de migration pour la faune, entre autres, permettraient aux pays touchés de

---

6. Voir le site Internet de la Commission mixte internationale: http://www.ijc.org.

conserver leur attrait pour les touristes. Il faut toutefois considérer que les infrastructures touristiques et l'organisation entourant le transport, la nourriture et l'hébergement des touristes font parfois porter un lourd fardeau à l'environnement et aux communautés qui les accueillent, rendant plus vulnérables les destinations vacances face aux aléas du climat. Ainsi, dans les pays en développement, le mode de gestion du tourisme doit absolument faire partie des outils d'adaptation et on devrait s'inspirer de l'«écotourisme». L'écotourisme est cette façon d'organiser l'industrie pour que l'ensemble des communautés où les touristes se rendent bénéficient des retombées positives sans que l'activité ne provoque de perturbations ni dans les écosystèmes, ni dans les communautés hôtes. En principe, l'écotourisme se fait sur une base mutuellement enrichissante. L'impact environnemental de cette forme de tourisme est minime, la gestion en est plus équitable et elle vise la survie à long terme du milieu naturel et humain.

Si certaines activités pratiquées sous les latitudes moyennes risquent de bénéficier d'un réchauffement, par exemple le golf, dont la saison pourrait se prolonger dans le nord de l'Europe et de l'Amérique, cet avantage pourrait bien être annulé par la difficulté d'entretenir des terrains verts sous un climat plus sec. D'ailleurs, c'est ce que désirent savoir les propriétaires de clubs de golf du Québec qui collaborent aux travaux de recherche du consortium Ouranos afin de déterminer s'ils doivent concevoir des techniques particulières d'irrigation, modifier l'entretien des terrains ou trouver d'autres façons de gérer

Encadré 14.5

Les effets inattendus d'une canicule

La canicule vécue en Europe à l'été 2003 a eu un effet très marqué sur le tourisme en France, et en particulier sur les comportements des voyageurs. Plusieurs touristes de l'Europe du Nord qui se rendent traditionnellement sur les bords de la Méditerranée ont pris la direction de la Scandinavie et ceux qui habituellement s'attardaient dans les régions du centre de la France, comme la Bourgogne, ont filé droit vers la mer, créant un manque à gagner pour les hôtels qui réalisaient leurs plus gros mois de fréquentation à cette époque. Les établissements qui ont le plus souffert sont ceux qui n'avaient ni piscine, ni climatisation. Pour de petites entreprises dont l'équilibre budgétaire est précaire, cette perte n'a jamais pu être récupérée.

leurs entreprises. Le mot-clé demeure toutefois «s'adapter». Et c'est aussi ce que vivent de leur côté les gestionnaires de stations de ski et toute l'industrie du tourisme de neige. La fonte des glaciers réduit l'attrait des amateurs de montagne, les redoux hivernaux et les mélanges de précipitations qui les accompagnent souvent rendent les conditions de ski difficiles, voire périlleuses. Depuis une décennie, il est de plus en plus difficile de se fier sur un couvert neigeux permettant de pratiquer les sports d'hiver dans le sud du Québec. Les stations des Alpes voient leur saison se rétrécir comme peau de chagrin. Les conditions de neige changeront-elles au point

de modifier la durée de la saison des sports d'hiver, ou les feront-elles simplement disparaître à long terme? À court terme, les centres bénéficient de moyens technologiques comme des canons permettant la fabrication de neige artificielle. Mais un dépassement éventuel des seuils critiques de température pour maintenir une couverture de neige exigera d'autres stratégies d'adaptation, comme l'investissement en vue d'offrir une gamme d'activités quatre saisons pour attirer les touristes[7] toute l'année. Il demeure toutefois que les investissements importants qui ont été mis dans ce secteur sont à risque et qu'il faudra vraisemblablement déplacer vers le nord les stations de sports d'hiver là où il y a encore de la neige. La motoneige est à cet égard le sport le plus à risque, le recours à la neige artificielle y étant impossible vue la grandeur du territoire qu'il faudrait entretenir.

Encadré 14.6

Garmish-Partenkirchen, s'adapter ou disparaître

La station allemande de Garmish-Partenkirchen, fameuse depuis qu'elle a accueilli les Jeux Olympiques de 1936, doit aujourd'hui s'adapter aux changements climatiques et donne un avant-goût de ce qui attend plusieurs stations de sports d'hiver dans les latitudes moyennes.

La ville de 27 000 habitants dépend aujourd'hui plus du tourisme estival que du tourisme hivernal, car la neige n'est plus au rendez-vous. Sur une grande partie des pistes en effet, il ne neige plus suffisamment pour assurer aux skieurs des pentes adéquates. Il a fallu que la ville investisse des millions de dollars pour se procurer des canons à neige. L'économie de la région est à 70 % basée sur le tourisme. Elle investira donc 15 millions de dollars en plus l'année prochaine pour assurer la couverture neigeuse de 6 km supplémentaires de pistes.

On prévoit que dans les Alpes, la couverture de neige ne sera plus adéquate pour le ski en bas de 1 800 m d'altitude d'ici à 2050.

L'adaptation du secteur touristique passe nécessairement par la synergie entre l'adaptation aux changements climatiques et les stratégies pour faire face à la crise de l'eau, à la perte de la biodiversité, à la désertification, à la fonte des glaciers et à la variabilité de la fréquence et de l'intensité des événements climatiques extrêmes.

---

7. On constate toutefois que les activités quatre saisons sont surtout appréciées par les abonnés. Cela constitue un problème; on a une plus grande fréquentation, mais pas plus de revenus.

Le transport

Dans les pays industrialisés, le secteur du transport est l'une des plus grandes sources de gaz à effet de serre. Dans ce sens, on peut presque dire que les activités de transport sont responsables de leur propre malheur en ce qui concerne les effets des changements climatiques. Pour les raisons que nous avons déjà décrites, les infrastructures de transport seront effectivement touchées par la variabilité à venir du climat. Au chapitre du transport routier, ce sont surtout les routes des régions tempérées[8] et froides qui auront la vie dure sous un climat changeant. L'alternance des périodes de gel et de dégel cause des dégâts importants aux routes formant les fameux «nids-de-poule» contre lesquels pestent les automobilistes. L'adaptation passera dans un premier temps par l'ajustement des stratégies d'entretien des routes pendant ces périodes critiques. Des réseaux de surveillance, des moyens efficaces de déglaçage et de déneigement devront aussi être renforcés ou mis en place là où ils n'existent pas encore. Dans les régions nordiques, on circule l'hiver sur des chemins de glace et des ponts de glace qui sont obtenus en épaississant la glace des lacs et des rivières suffisamment pour qu'on puisse y faire passer de la machinerie lourde. C'est ainsi que sont approvisionnées les mines situées en région boréale et même plusieurs communautés qui sont reliées l'hiver par ces ponts traditionnels qui évitent de faire des centaines de kilomètres le long d'une rivière pour aller rejoindre les grands axes routiers. Ces ponts qui étaient pratique courante dans le sud du Québec par exemple jusqu'à la fin du 20e siècle doivent être remplacés par des ponts permanents, les nombreux redoux et les hivers en moyenne plus chauds rendant le pont de glace moins sécuritaire qu'autrefois.

Partout dans le monde, ce sont les routes longeant les côtes qui sont menacées par l'érosion. Et dans les régions où les précipitations augmenteront, les crues risquent d'emporter ou d'endommager les ponts et autres structures. Les moyens de s'adapter à ces situations existent cependant, mais ils sont par contre bien souvent très coûteux et ces coûts vont évidemment en augmentant. Nous avons déjà souligné la possibilité de repenser l'occupation du territoire, notamment en zone côtière, ce qui implique parfois la relocalisation de routes et d'agglomérations. La stabilisation des berges est une autre stratégie d'adaptation s'appliquant également le long des côtes. Selon les techniques employées, celle-ci peut s'avérer coûteuse et pas toujours efficace, comme les enrochements ou, encore, bon marché et flexible, comme le génie végétal.

L'adaptation des moyens de transport à la réalité des changements climatiques nous fait penser en particulier à ce qui attend la navigation. Les infrastructures liées à ce mode de transport risquent d'être mises à mal autant par l'élévation du niveau de la mer dans le cas des ports maritimes que par l'assèchement des voies navigables intérieures. À moins d'élaborer des stratégies d'adaptation, le transport maritime

---

8. Les régions tempérées sont situées sous les latitudes où l'on trouve un cycle de quatre saisons, l'hiver étant caractérisé par un gel plus ou moins prolongé.

risque donc de vivre des heures troubles. Il semble que, pour les voies de navigation intérieures, l'adaptation à court terme signifie des opérations de dragage des canaux. Des ouvrages de protection et la modification des installations portuaires, ou la relocalisation de ces dernières à des coûts élevés, seront les seules façons d'adapter les infrastructures maritimes.

Toutes les formes de transport seront touchées d'une façon ou d'une autre par les changements climatiques. À long terme, une planification du développement des infrastructures, des moyens de transport, des trajets et des modes d'entretien tenant compte de la variabilité prévue sera la meilleure assurance adaptation pour ce secteur vital de toute communauté.

Sanikiluaq, village d'une communauté inuite à l'ouest du Nunavik.
Marcel Blondeau

Les collectivités des régions nordiques

Les communautés qui ont appris à survivre dans les conditions extrêmes autour de l'Arctique l'ont fait en apprenant à reconnaître les signes du temps. Le cycle des saisons règle les habitudes de récolte des ressources, la nature suivant elle-même le rythme des saisons. Mais les bouleversements climatiques observés ont placé un grain de sable dans l'engrenage; les populations humaines ne reconnaissent plus les signes séculaires d'une nature déréglée. Les membres des communautés qui souhaitent poursuivre la pratique de leurs activités traditionnelles devront s'adapter aux nouvelles conditions, probablement en s'équipant de nouvelles techniques de suivi et de capture des animaux chassés. Les nouveaux moyens, acquis à quel prix d'ailleurs, atteindront toutefois leurs limites avec un retrait éventuel des populations animales. L'adaptation

technologique a donc ici ses contraintes et devra être compensée par une adaptation, comme nous l'avons déjà abordé, qui permette de développer l'économie de subsistance vers une économie variée incluant le tourisme.

Les installations industrielles, commerciales et résidentielles aménagées dans les zones caractérisées par le pergélisol, comme dans le nord du Canada ou de la Russie, reposent littéralement sur un terrain glissant. La température agissant sur le pergélisol, ce dernier peut en effet se mettre à fondre jusqu'aux profondeurs où s'appuient normalement en toute sécurité les fondations des infrastructures. La fonte du pergélisol causera alors des glissements de terrain, risquant le déplacement et même l'écroulement des infrastructures de services comme les égouts, les routes et les pipelines, et pourra provoquer la fonte de la couche de sol gelée jadis considérée

Enfants inuits.
Marcel Blondeau

bâtiments, des fondations d'ouvrages de retenue, l'augmentation de l'épaisseur des remblais des routes et des pipelines, et aussi le développement de nouvelles approches qui ne nécessitent pas un appui sur le pergélisol, sont autant de mesures techniques visant à adapter le milieu bâti dans l'Arctique.

La planification du développement du territoire devra aussi être repensée pour éviter que des communautés soient localisées sur des terrains instables, par exemple. Des villages du Grand Nord canadien sont déjà en processus de relocalisation. La connaissance des zones à risque et la cartographie précise du territoire seront des outils importants qui devront être utilisés par les responsables du développement, si l'on souhaite que ce dernier soit durable.

comme imperméable, des bassins de résidus miniers et des lieux d'enfouissement. Au total, il pourrait survenir des enfoncements du sol, d'importants glissements de pente et des modifications des patrons d'écoulement des eaux de surface et souterraines. On n'ose imaginer les conséquences de ces événements sur la sécurité des populations. Ces éventualités, tout à fait réalistes puisqu'elles ont déjà été observées dans des villages de Sibérie et dans le nord du Canada, indiquent que l'adaptation doit se faire rapidement dans cette région du globe qui se réchauffe déjà deux fois plus vite qu'ailleurs.

La surveillance minutieuse du comportement des infrastructures en fonction des mouvements de sol, de nouvelles pratiques de construction tenant compte de l'instabilité accrue du sol, comme des fondations réglables selon la profondeur de la partie gelée, l'isolation des

Dépeçage de phoque au Nunavik.
Marcel Blondeau

Tout un changement!

Nous avons présenté un survol des possibilités d'adaptation imaginées pour atténuer les effets des changements climatiques. La capacité de la biosphère à s'adapter complètement ne pourra toutefois être à la hauteur des conséquences prévues dans les délais impartis, et des conséquences négatives sont à prévoir partout. Déjà des communautés insulaires entières doivent déclarer forfait devant la montée du niveau de la mer. Il faudra donc à l'humanité une bonne dose de solidarité afin de fournir aux collectivités les plus vulnérables les moyens de s'en tirer avec le moins de dégâts possible. Car, bien que nous ne l'ayons qu'effleurée, la question demeure souvent un problème de financement des stratégies et des mesures à mettre en place. Les pays développés, tout comme pour la réduction des émissions de gaz à effet de serre, ont un rôle d'appui important à jouer, et non seulement lorsque les catastrophes arrivent dans les pays en développement. L'adaptation aux changements climatiques passera par un ensemble de moyens faisant appel, selon les capacités de chaque communauté, à la sensibilisation et l'éducation, aux moyens technologiques, aux politiques de développement et de gestion, sans oublier l'imagination des populations qui viennent souvent à la rescousse en situation de crise. Bon nombre de stratégies d'adaptation sont d'ailleurs prévues et en voie d'être mises en œuvre par le moyen des engagements des pays membres de la Convention-cadre sur les changements climatiques; il faut espérer que la vitesse de ces changements laissera suffisamment de temps au plus grand nombre d'en bénéficier.

Dans le prochain chapitre, nous verrons comment chacun peut faire sa part pour lutter contre les changements climatiques en adoptant de nouveaux comportements, et cela, sans diminuer sa qualité de vie par une série de mesures « sans regrets ».

Encadré 14.7
Vulnérabilité ou opportunité?

Les changements climatiques nous placent dans une situation où le passé n'est plus garant de l'avenir. Dans une situation changeante, il faut éviter les conséquences négatives des variations négatives et profiter des variations positives. Les facteurs qui déterminent la sensibilité au climat relèvent d'une combinaison de l'exposition et de la capacité d'adaptation. Comme nous l'avons vu dans ce chapitre selon qu'on vive au bord de la mer, dans une zone soumise aux ouragans, dans une plaine inondable, en montagne ou sur un plateau désertique, les conséquences des changements climatiques diffèrent. De même, qu'on soit pauvre ou riche, ingénieur ou écolier, analphabète ou érudit, jeune ou vieux, agricultrice ou femme d'affaires, la capacité d'adaptation individuelle et celle des sociétés diffèrent.

L'exposition est surtout influencée par les facteurs physiques, comme la géologie ou la géographie, par la vitesse des changements et la violence de leurs manifestations. La capacité d'adaptation pour sa part dépend des ressources financières, de la diversification des moyens d'existence, de l'organisation sociale et des réseaux de solidarité, de l'approche de gestion des crises, des infrastructures et de leur état et même de la capacité de recherche et développement et de la capacité de transfert technologique.

Il n'est donc pas facile de prévoir ce qui peut arriver, mais il est relativement facile de prendre des mesures pour diminuer le risque et saisir les occasions si on dispose des bons réflexes: s'informer, anticiper, se protéger, diversifier ses investissements et ainsi de suite. Surtout, ne rien tenir pour acquis; après tout, il nous faudra vivre avec le changement.

Les changements climatiques ont des effets cumulatifs qui peuvent en aggraver les conséquences à l'échelle locale; ils peuvent s'amplifier et causer des surprises, pas toujours bonnes. En même temps que ces changements, on vivra des changements démographiques, technologiques et comportementaux. Non, le passé n'est plus garant de l'avenir.

Une affaire personnelle

Dans ce livre, nous avons étudié, dans une perspective globale, par pays et par secteur d'activité les responsabilités et les outils mis en œuvre pour gérer ce nouveau problème que représentent les changements climatiques induits par l'activité humaine. Les quantités immenses de gaz à effet de serre qui sont émises annuellement dans l'atmosphère dépassent souvent l'imagination. Surtout, les prévisions d'augmentation dans les prochaines décennies en raison du développement économique des pays en émergence semblent une tendance incontrôlable. Si on se limite à l'analyse globale, il est facile de poser un constat d'impuissance et de se décourager devant l'ampleur de la tâche à accomplir. Or, un tel constat porte les gens à se désintéresser de la question et à porter sur les autres la résolution du problème, que ce soit sur le plan politique ou économique.

Comment peut-on imaginer que des personnes qui émettent de toutes petites quantités de gaz à effet de serre au cours de leurs activités quotidiennes puissent changer quelque chose à un problème planétaire? Même si ces quantités

Agir contre les changements climatiques comporte de nombreux « avantages collatéraux » pour la santé et le bien-être.

Ève-Lucie Bourque

peuvent cumuler 5 t ou même 10 t par année, une aluminerie ou une papeterie moyenne en produisent autant qu'une ville de 50 000 habitants; alors, économiser 1 tonne pourquoi?

La réponse est simple: par l'effet du nombre. De la même manière que nous sommes tous responsables d'une certaine partie de la dégradation de l'atmosphère, nous pouvons tous nous charger d'une partie de la réalisation des objectifs du Protocole de Kyoto et de la protection du climat terrestre. Il s'agit de savoir quels sont ces comportements qui provoquent des émissions inutiles de gaz à effet de serre et de modifier nos actes de façon à les changer. Si le problème est causé par une infinité de gestes insignifiants, il n'y a aucun geste qui, multiplié par un grand nombre d'acteurs, ne puisse contribuer de manière tangible à la solution.

Le principe de responsabilité

Comme nous l'avons vu au chapitre 9, il est à peu près impossible pour une personne d'établir le bilan exhaustif de ses propres émissions de gaz à effet de serre[1], mais il y a des cibles plus faciles que d'autres à désigner pour qui veut faire sa part. Ces cibles sont liées à des choix que chaque personne fait chaque jour et, de la même façon qu'il n'y a pas de stratégie unique pour l'ensemble des pays de la planète, il revient à chacun de déterminer quelle peut être sa contribution et quelle sera sa stratégie personnelle de réduction des gaz à effet de serre.

Par ailleurs, le citoyen du 21e siècle dispose d'un pouvoir économique et politique qui peut l'aider à catalyser le changement. Ce pouvoir s'exerce par ses choix de consommation et par l'exercice de ses droits démocratiques. Or, dans un cas comme dans l'autre, le citoyen doit s'informer, comprendre, agir et communiquer pour inciter les autres à l'action. Si les fabricants d'automobiles vendent de plus grosses voitures, c'est d'abord parce que les citoyens les achètent. Si les politiciens tergiversent, c'est qu'ils ne sentent pas de pression de leur électorat quant à la nécessité de régler les problèmes. Nous verrons ici comment chacun de nous peut changer des choses, et ce, « sans regrets », sans amertume, et même en améliorant de façon objective sa qualité de vie individuelle et collective.

Le gouvernement du Canada, dans sa stratégie de lutte contre les changements climatiques, tente d'obtenir que chaque citoyen réduise d'une tonne par année ses émissions de CO_2. Cela représente plus de 30 Mt de réductions[2]. Encore une fois une approche volontariste dont les résultats sont loin d'être garantis, car la démarche est beaucoup trop large et qu'il n'y a pas d'engagement mesuré. En effet, pour changer des comportements de façon durable et mesurable, il faut plus qu'une campagne de publicité! La responsabilité de chacun relève d'un choix éthique, d'un engagement formel et on peut la favoriser en mesurant les progrès et

---

1. Pour une personne qui voudrait connaître de façon approximative ses émissions, nous avons conçu un calculateur de gaz à effet de serre qui est disponible à www.changements-climatiques.qc.ca. On peut y entrer ses dépenses de carburant et ses habitudes de vie et de transport, et obtenir un aperçu de ses émissions annuelles.

2. Les lecteurs intéressés peuvent trouver les recommandations d'Environnement Canada pour relever ce défi à http://www.changementsclimatiques.gc.ca/onetonne/francais/tips.asp.

en assurant un suivi aux actions, ce que le programme ne fait pas, malheureusement. Pourtant, les conseils qui sont donnés sont valables, mais pas au même titre d'une province à l'autre ou d'un territoire à l'autre. C'est pourquoi nous recommandons à ceux qui veulent réellement faire leur part de prendre en considération ces conseils, de se fixer un plan d'action personnel et de renforcer leur détermination en travaillant en groupe. Après tout, les formules qui fonctionnent dans les groupes de toxicomanes devraient aussi fonctionner pour diminuer notre dépendance individuelle et collective au gaspillage énergétique. Cette question de l'engagement avec des mesures suivies a une grande importance dans les succès d'une initiative. Des projets sous la responsabilité d'éco-conseillers ont été menés à l'aluminerie Alcoa de Deschambault, au Québec (projet Libellule), et dans la grande entreprise de télécommunications Bell Canada et ont donné des succès remarquables.

D'une pierre deux coups !

Beaucoup de problèmes de pollution atmosphérique sont interreliés. Par exemple, les substances qui appauvrissent la couche d'ozone sont aussi de puissants gaz à effet de serre. En réduisant leur dispersion dans l'atmosphère, on protège la couche d'ozone et on réduit les impacts à la fois d'une plus grande pénétration des ultraviolets dans l'atmosphère. En même temps, on diminue sa contribution aux changements climatiques. On gagne ainsi sur les deux plans. Une mesure comme le remplacement des vieux réfrigérateurs par des appareils modernes, sans CFC, mieux isolés et consommant moins

d'énergie, est un bon exemple de solution gagnante sur tous les plans. De plus, l'économie d'énergie ainsi réalisée contribue à en financer le remboursement du nouvel appareil sur quelques années. Greenpeace a contribué à mettre au point au début des années 90 un appareil appelé Greenfreeze qui, selon les dires de l'ONG, permettrait de faire un tel changement s'il était adopté à large échelle.

Cependant, les législations, en particulier en Amérique du Nord, n'autorisent pas les fabricants d'appareils de réfrigération à utiliser l'isobutane pour des grands appareils, celui-ci n'étant autorisé que dans de petites unités. C'est sans doute ce qui a retardé l'adoption de ces modèles à une plus large échelle même s'ils ont rapidement pris le marché en Europe où les unités domestiques sont plus petites et l'énergie plus chère. Dans de petites unités, en effet, cette technologie a de nombreux avantages et elle utilise moins d'énergie, au point où l'on en a même développé une version alimentée à l'énergie solaire pour les pays où l'électricité manque.

Le choix d'un appareil neuf moins énergivore est un bon exemple de mesure « sans regrets » qui peut être prise à l'échelle individuelle. Moins consommer d'électricité, c'est aussi libérer des marges de manœuvre pour déplacer ou retarder la construction de centrales thermiques dans la plupart des pays.

Les prescriptions du bon docteur

Avant de vous prescrire une ordonnance pour des médicaments coûteux, il est bien possible qu'un médecin honnête vous conseille la prévention. «Cessez de fumer, buvez modérément, mangez mieux, plus de fruits et de légumes, réduisez votre stress, prenez l'air et faites de l'exercice trois fois par semaine!» Ces conseils que votre médecin de famille pourrait vous proposer comme hygiène de vie ne vous empêcheront certes pas de mourir, mais vous ne regretterez pas de les avoir suivis. Voilà à peu près ce que représente la notion de mesures «sans regrets», c'est-à-dire des choix auxquels on peut souscrire sans amertume, parce qu'ils rapportent sur plusieurs plans à la fois et que l'investissement monétaire qu'ils nécessitent est faible; il peut même se traduire par des économies. Si des actions «sans regrets» sont possibles dans le domaine de notre santé et de notre bien-être en général, il en va de même pour la santé de notre planète. Nous avons vu précédemment comment les États et les divers intervenants industriels ou institutionnels peuvent amorcer des actions souvent simples, qui ne coûtent pas cher et qui s'avèrent très avantageuses pour l'environnement. Voyons maintenant, par des analogies simples, quels choix s'offrent à nous, en tant qu'individus, pour réduire les émissions de gaz à effet de serre. C'est au niveau du citoyen que peut se faire l'adaptation ou la préadaptation aux changements climatiques.

Cessez de fumer!

Le smog est un phénomène de pollution atmosphérique qui s'est sans cesse amplifié au cours des 20 dernières années en raison de l'augmentation du nombre de véhicules automobiles et de la congestion dans le centre des villes et sur les autoroutes de ceinture. Il coûte chaque année des centaines de vies. En réduisant la congestion urbaine, on diminue en même temps les coûts de santé associés au smog. Voilà une mesure «sans regrets», car on améliore de plus l'efficacité des travailleuses et des travailleurs qui perdent chaque jour, à l'échelle de la planète, des milliards d'heures de travail à fulminer pendant que leur auto fume.

Utiliser le transport en commun, faire du covoiturage, travailler selon des horaires flexibles ou choisir le télétravail, ce sont là autant de moyens efficaces de réduire la congestion urbaine et les émissions de gaz à effet de serre, sans effet sur sa qualité de vie ou ses revenus.

Un moteur d'automobile qui tourne au ralenti consomme de l'essence, émet du dioxyde de carbone ainsi que du protoxyde d'azote tant que le convertisseur catalytique n'a pas atteint sa température de fonctionnement. Lorsque vous démarrez votre voiture par temps froid, laissez tourner votre moteur une minute ou deux pour établir le circuit d'huile, puis commencez à rouler doucement. Le moteur et le pot catalytique se réchaufferont ainsi beaucoup plus vite et pollueront beaucoup moins que si vous laissez tourner le moteur à vide pendant dix minutes. L'été, cela prend deux ou trois minutes pour rafraîchir l'habitacle d'une auto avec son unité de climatisation. Il est ridicule de laisser le moteur tourner pour garder sa voiture au frais dans le stationnement. Laisser les fenêtres ouvertes au démarrage permettra d'accélérer le retour de la fraîcheur dans l'habitacle.

Un moteur consomme plus à tourner à vide pendant dix secondes que si on l'arrête et le redémarre. Plusieurs constructeurs d'automobiles ont installé sur leurs modèles hybrides et même sur des modèles traditionnels un dispositif qui cesse de faire fonctionner le moteur pendant l'arrêt du véhicule. Sur les modèles à boîte automatique, on peut aussi passer au point neutre pour limiter la charge imposée au moteur, ce qui diminue sa consommation.

Sur la route, respectez les limites de vitesse; un véhicule qui roule plus vite consomme beaucoup plus et la courbe de consommation n'est pas une fonction linéaire, mais exponentielle. Au bout du compte, vous économiserez trois ou quatre pleins d'essence par année. À 2,35 kg de CO_2 par litre d'essence, voilà qui vous rapproche de la moitié de votre objectif sans avoir trop souffert.

Buvez modérément

La consommation d'essence de nos moteurs est encore très élevée par rapport à ce que les technologies modernes permettent d'espérer. Dans une automobile, la majeure partie de l'énergie consommée sert à vaincre le frottement des pièces entre elles, le frottement des pneus sur la route et la résistance de l'air à la carrosserie.

Le premier ennemi de l'efficacité dans une automobile, c'est le poids. Une voiture de 1 t à 1,5 t ne transporte souvent qu'un passager de 75 kg et son bagage de 3 kg[3]. En utilisant des matériaux composites, General Motors a démontré, en 1992, qu'on pouvait fabriquer une voiture familiale de moins de 600 kg capable de transporter quatre personnes. C'est intéressant comme résultat, mais on peut faire mieux, selon plusieurs spécialistes, et se maintenir sous les 400 kg sans remettre en cause le confort et la sécurité des passagers… Mais alors il faut oublier l'acier dans la fabrication de telles voitures, conçues en fibres de carbone et en plastiques à haute résistance. Après tout, qu'est-ce qui nous oblige à avoir des autos en acier? Construit-on des avions en fonte?

D'ailleurs, même si les fibres de carbone coûtent beaucoup plus cher que l'acier à l'achat, elles sont nettement moins coûteuses en soudure et en main-d'œuvre, et il en coûte moins cher de modifier une carrosserie, car elles sont moulées. De plus, il n'est pas nécessaire de les peindre et de les traiter contre la rouille; il suffit de mélanger la couleur à la fibre pendant la fabrication, et le tour est joué… Il reste à implanter cette nouvelle technologie, mais il est probable qu'on ne regrettera pas plus nos automobiles d'aujourd'hui en 2025 qu'on regrette maintenant les monstres des années 70.

Naturellement, une voiture moins lourde peut performer de façon équivalente ou supérieure avec un plus petit moteur, qui consommera moins de carburant. Comme tout est plus léger, il y a moins de dépenses d'énergie pour briser l'inertie, vaincre le frottement, etc.

On évalue que ces «hypercars», ces voitures hyperefficaces, avec des moteurs hybrides,

---

3. Naturellement, un camion Hummer ou autre monstre de 2,5 t et plus ne transportent habituellement pas plus de passagers ni de bagages.

pourraient aisément parcourir 80 km avec un seul litre d'essence, ce qui est presque trois fois mieux que les meilleures voitures actuelles. Cela signifie qu'il y a des marges de manœuvre dans le domaine du transport individuel.

Nous l'avons vu au chapitre 13, les voitures hybrides prennent leur place sur le marché. Pour certaines personnes, il s'agit d'un bon moyen de réduire la facture d'essence et les émissions de gaz à effet de serre. Un chauffeur de taxi serait avantagé d'adopter un tel véhicule.

Il existe d'ores et déjà des voitures plus économiques, mais le prix de l'essence est si bas que les consommateurs ne sont pas incités à se les procurer. C'est pourquoi les fabricants ont mis sur le marché une gamme de véhicules toujours plus lourds et plus puissants, qui consomment autant que les véhicules d'autrefois. Il y a aussi le fait que des gens laissent tourner le moteur pendant que le véhicule est arrêté, sous prétexte de le tenir chaud en hiver ou frais en été. Ces comportements désinvoltes seraient sûrement remis en question si le prix de l'essence était plus élevé.

En Amérique du Nord, les gouvernements maintiennent très bas le prix du carburant, conformément à la politique du gouvernement des États-Unis. Malheureusement, c'est une tendance lourde qui favorise des comportements de gaspillage énergétique. Dans leur politique tant intérieure qu'extérieure, les Américains considèrent qu'un coût de l'énergie bas est une sécurité pour leur compétitivité internationale. L'importance de l'industrie pétrolière dans l'entourage du président Bush ne va sûrement pas changer cette tendance.

Encadré 15.1
STOP & START

Depuis peu, Peugeot a mis au point une technologie appelée STOP & START qui consiste à stopper le moteur d'un véhicule chaque fois qu'il s'arrête et de le redémarrer automatiquement sans que le conducteur n'ait à intervenir. Cette gestion intelligente des arrêts/démarrages du moteur permet de diminuer la consommation d'essence – et donc les émissions de CO_2 – de 5 % à 8 % selon les modes d'utilisation par rapport à un moteur standard. Cette technologie, qui a un faible impact sur l'architecture des véhicules, ne nécessite qu'un investissement limité.

Peugeot a pour objectif d'équiper des dizaines de milliers de véhicules avec la technologie STOP & START avant la fin de 2006.

À moyen terme, la recherche en matière de voiture propre s'oriente vers des carburants qui ne soient pas à base de pétrole (diesel ou essence) afin de réduire de manière conséquente les émissions de CO_2. Le Gaz Naturel de ville (GNV) en est un. Les véhicules GNV sont équipés de moteurs thermiques consommant du gaz naturel qui émet nettement moins de CO_2 que l'essence : le gain est de 25 %. Mais l'avantage du GNV tient surtout au fait qu'il en existe de vastes réserves dans le monde, un atout majeur pour l'avenir des politiques énergétiques.

Peugeot travaille sur un meilleur traitement catalytique des gaz de combustion du GNV et sur l'amélioration du stockage de ce carburant encore très encombrant. La priorité est donnée au développement de véhicules utilitaires (Peugeot Boxer, notamment).

Consommer moins d'essence coûte, en tout état de cause, moins cher et engendre moins de pollution. Il n'y a donc pas lieu de regretter l'achat d'un véhicule moins gourmand, s'il permet quand même de répondre à ses besoins de déplacement.

En fait, pour la plupart des citoyens, c'est dans l'utilisation de l'automobile personnelle qu'on peut le mieux parvenir à réduire de manière appréciable ses émissions de gaz à effet de serre. Par exemple, pour diminuer les émissions de CO_2 d'une tonne par année, il suffit de réduire sa consommation de carburant d'un peu plus d'un litre par jour, soit 400 L par année. Cela peut se faire de diverses manières, soit par une utilisation réduite de l'auto, soit en achetant un véhicule qui consomme 2 L de moins par 100 km. C'est simple et permet de se payer quelques bonnes bouteilles de vin ou d'autres gâteries pour les fêtes de fin d'année à la santé de l'environnement!

Raccourcir le circuit du producteur au consommateur

Durant les années 80, la philosophie de la gestion des stocks à la limite (*Just in time*) s'est répandue comme une traînée de poudre dans l'industrie, donnant un essor sans précédent au transport par camion. En termes économiques, cette gestion des stocks à la limite est fort intéressante, car elle permet d'éviter d'immobiliser du capital et de payer des intérêts, d'entretenir des entrepôts et d'engager du personnel pour en assurer la gestion, améliorant ainsi la compétitivité.

Cela veut aussi dire que l'approvisionnement doit se faire par quantités beaucoup plus réduites

Les compagnies de chemin de fer doivent assumer l'ensemble des coûts d'entretien de leurs voies, alors que les camions empruntent et dégradent les voies publiques sans en assumer le coût.

P.Groulx/Publiphoto

arrivant à l'usine juste au bon moment. Le camion devient donc le moyen de transport privilégié, aux dépens du train et du bateau, moins flexibles et soumis à des contraintes plus grandes (ports, chemins de fer de desserte, quantité minimale de marchandise exigée, etc.). Résultat: les camions se sont rapidement multipliés sur les routes, et le mouvement risque de s'accentuer, en raison de l'agrandissement des zones de libre-échange entre les pays, les marchandises n'ayant plus à subir de contrôle. Or, les camions consomment beaucoup plus de carburant par tonne de marchandise transportée et émettent beaucoup plus de gaz à effet de serre que les deux autres moyens de transport, plus lourds.

Les émissions de gaz à effet de serre liées au transport sont complexes à évaluer et dépendent d'une multitude de facteurs comme les types de carburants utilisés, la puissance et la performance des moteurs, les matériaux de fabrication des appareils, véhicules et navires, sans oublier les distances parcourues. Bref, les estimations présentées ici correspondent à une étude dont les résultats peuvent être différents d'autres évaluations. Les données sont tirées des statistiques du ministère des Transports du Canada basées sur les technologies et les carburants du début des années 90 et présentées dans un rapport du Processus national sur les changements climatiques du Canada[4]. Le tableau est divisé en deux parties, la première pour le transport de passagers et la seconde pour le transport de marchandises.

Évidemment, cela n'est possible que parce que le prix du carburant est maintenu bas et que les camions roulent sur des routes dont l'entretien est assuré par l'État, alors que les compagnies ferroviaires doivent entretenir leurs propres infrastructures. Le plus ridicule, c'est qu'on voit souvent circuler côte à côte sur une autoroute des camions chargés des mêmes marchandises que les trains roulant sur la voie ferrée parallèle.

Enfin, le camionnage est aussi très utilisé pour approvisionner les grandes chaînes de commerce au détail avec des produits semblables dans l'ensemble des franchisés de la même bannière. Le secteur de l'alimentation, en raison de la nature périssable des produits, est particulièrement révélateur à ce sujet. Dans ce cas, le jeu se joue en trois temps : les acheteurs trouvent sur le marché un fournisseur qui leur garantit la livraison à un moment précis d'une quantité suffisante, disons de carottes, pour approvisionner l'ensemble des magasins franchisés sur un territoire, par exemple la province de Québec. Le camion achemine les produits vers l'entrepôt central de la chaîne d'où il sera réacheminé vers chacun des magasins. Dans ce processus, il n'est pas rare que les carottes produites dans une région parcourent plus de 1 000 km pour revenir sur les comptoirs de l'épicerie qui est située à moins de 20 km du lieu

---

Encadré 15.2
Vitesse limitée

En France, en Franche-Comté, la société de transport Bonfils Sarl a invité ses chauffeurs à respecter la limitation de vitesse à 80 km/h sur la route et l'autoroute. En fin de première année, un bilan très flatteur a pu être mis en évidence :

- ◎ taux d'accident du travail diminué donc réduction de la cotisation de la charge patronale ;

- ◎ moins de stress, respect d'autrui et des clients ;

- ◎ économie d'énergie (100 000 litres de diesel) ;

- ◎ économie des pneus.

Ces économies ont été redistribuées au personnel.

Voilà comment une idée simple peut faire converger l'éthique planétaire et l'éthique sociale. Pour plus d'information : www.bonfils.fr.

---

4. Processus national sur les changements climatiques du Canada : http://www.nccp.ca/NCCP/index_f.html.

de production. Le calcul fait que des carottes produites au Lac-Saint-Jean et revendues aux consommateurs de cette même région provoquent, dans le transport, l'émission de près de 100 g de CO_2 par kilogramme de carottes. Le prix du transport est naturellement inclus dans le prix de l'ensemble des carottes vendues par la chaîne.

Encadré 15.3
Les marchandises prennent le train

Une industrie chimique de Grenoble, Isère, a choisi d'utiliser des trains plutôt que des camions pour acheminer ses produits au Portugal, à 1750 km de distance. Avec 330 camions par an en moins sur les routes, ce sont 900 tonnes de CO_2 qui ne sont plus rejetées dans l'atmosphère.

Les camions doivent emprunter les routes publiques et contribuent grandement à leur détérioration, en diminuent la sécurité et sont un facteur important de congestion urbaine. En conséquence, personne ne regretterait d'avoir un peu moins de camionnage et un peu plus de transport par train, y compris pour les trajets interurbains. Des conteneurs devraient être amenés par camion jusqu'aux gares intermodales, entre lesquelles ils seraient transportés par train. Et le bateau n'est pas à négliger, dans le cadre de systèmes intermodaux, puisque c'est le moyen de transport de marchandises le moins coûteux

et le moins polluant par unité transportée, à condition, naturellement, d'avoir des navires en bon état et des équipages compétents. Dans le domaine du transport, un peu plus d'imagination et de bonne volonté ne feraient pas de tort.

Tableau 15.1
Les émissions de gaz à effet de serre reliées au transport

Mode de transport de passagers	Émissions de gaz à effet de serre géqCO₂/voyageur-km
INTERURBAIN	
Voiture légère à essence	107
Camion léger à essence	130
Voiture légère diesel	140
Autocar	41
Train (diesel)	105
Avion*	214
URBAIN	
Voiture légère à essence	240
Camion léger à essence	302
Voiture légère diesel	334
Transport en commun	79
Autobus scolaire	234

Mode de transport de marchandises	Émissions de gaz à effet de serre géqCO₂/tonne-km
Camions diesel	114
Rail (diesel)	20
Maritime intérieur	9

* Selon une étude de l'Institut français de l'environnement publiée en 2004, un passager en avion pour une destination outre-Atlantique émet 140 g/km parcouru alors qu'en voiture, il émet 100 g/km, soit 16 % de plus en avion.

En achetant des produits régionaux, en réduisant les intermédiaires entre le producteur et le consommateur, on diminue automatiquement les émissions de gaz à effet de serre liées au transport et à la conservation des marchandises. De plus, les retombées sont plus intéressantes pour les producteurs et le développement régional. Cela ne veut pas dire qu'il faut démarrer un gros 4 × 4 pour aller à la ferme située à 50 km de chez soi chercher un kilogramme de carottes bio !

Encadré 15.4

Achetons local

En France ou en Italie, pour arriver jusqu'à l'étal du marchand de primeurs, un kiwi de Nouvelle-Zélande est à l'origine de 300 fois plus d'émissions de gaz à effet de serre qu'un produit chez un maraîcher local.

Une étude publiée en Angleterre en mars 2005 et une étude publiée au Japon la même semaine ont toutes deux démontré qu'une famille pouvait diminuer considérablement sa contribution aux changements climatiques (–400 kg/an) en faisant le choix des produits locaux dans son alimentation.

Mangez mieux

La restauration rapide a conquis le monde entier. Au centre des villes comme à l'entrée du moindre village, on retrouve un McCeci-ou-Cela, un Burger-je-ne-sais-quoi, un Igloo-de-la-Pizza ou un Poulet-frit-à-l'huile-de-Pennsylvanie, souvent au milieu de stations d'essence et de motels, le «gazoline alley» américain. Ce mode de restauration offrant des mets à préparation et à consommation rapides, généralement riches en gras, est l'une des pires activités émettrices de gaz à effet de serre, quand on en fait l'écobilan.

En effet, pour maintenir constante la qualité et réduire au maximum les coûts, ces chaînes de restauration rapide traitent avec des producteurs industriels, souvent situés très loin des lieux de consommation, transforment les aliments dans des usines, les congèlent et les expédient dans les véritables machines distributrices que sont leurs restaurants. Là, comme on veut éviter de payer du personnel pour faire la vaisselle, tout doit être consommé dans des contenants à usage unique, qui ne sont pas recyclables quand ils sont souillés. Pour maintenir une qualité constante du produit, les surplus sont impitoyablement jetés et vont se décomposer au lieu d'enfouissement sanitaire. À chacune de ces étapes, fabrication, transport, conservation, préparation et élimination des déchets, les émissions de gaz à effet de serre sont énormes, si on les compare à d'autres façons de s'alimenter.

Cela vaut aussi pour les repas surgelés et préparés d'avance qu'on trouve de plus en plus dans les magasins d'alimentation. En fait, les préparations industrielles ont des exigences de normalisation et d'approvisionnement de masse qui font appel au système des agro-industries, dont les activités entraînent trop souvent la destruction des sols, l'utilisation massive des pesticides, la réduction de la diversité biologique, la diminution de la valeur alimentaire des produits par la transformation ainsi, naturellement, que le transport sur de grandes distances et le maintien de la chaîne du froid. Bien sûr, les

Du *fast food* au *slow food*

Le *slow food* est un mouvement international qui est né il y a plus de quinze ans en Italie. Il s'oppose aux effets dégradants de la culture «fast food» qui standardise les goûts et les produits. La «Qualité Aliments» doit être au centre des réflexions sur l'avenir agroalimentaire, car jusqu'ici ce sont les questions de quantité qui ont été centrales. L'éducation du goût n'est pas organisé dans nos sociétés. Se nourrir n'est pas seulement un besoin physiologique; c'est aussi un geste culturel, social et politique, une façon de nous relier au monde, de donner une orientation à l'environnement et à la société.

Pour en savoir plus: www.slowfood.fr.

emballages sont à l'avenant… et cela explique que le sac de poubelle s'engraisse un peu plus chaque année.

Comment le fait de manger mieux peut-il réduire ces émissions? D'abord, en choisissant une alimentation produite localement, on dispose de produits plus frais qui exigent moins de transport et de conservation, donc une moindre dépense énergétique et moins d'émissions polluantes. C'est aussi une forme de commerce équitable que de permettre au producteur de profiter d'un meilleur prix pour les denrées qu'il produit par rapport à ce que lui offre le marché. En raccourcissant les chaînes entre le producteur et le consomma-teur, on réduit la portion du prix des aliments qui va aux intermédiaires et aux emballages. On permet donc, à plus d'argent de rester dans le milieu, ce qui constitue un facteur de développement régional. On peut aussi se soucier de la solidarité internationale et acheter du café ou autres denrées équitables, produites biologiquement par des paysans des pays en développement. Ces produits permettent, en réduisant le nombre d'intermédiaires, de rémunérer un peu mieux les populations locales et leur évitent d'avoir à déboiser pour assurer leur survie[5].

De plus en plus en vogue, toute une panoplie d'aliments biologiques est désormais accessible au grand public, non seulement dans les boutiques spécialisées en alimentation naturelle, mais également dans les épiceries et les supermarchés. Ces produits apparaissent en réponse aux besoins des consommateurs qui demandent des produits sans organismes génétiquement modifiés (OGM) et qui expriment la crainte, de plus en plus fondée, de retrouver dans leur assiette des aliments contaminés par toutes sortes de produits chimiques. On pense par exemple à tous les facteurs de croissance anti-biotiques dont les effets sur la santé humaine sont parfois mal connus et sur lesquels le système de production industrielle n'a que peu de contrôle. Des aliments produits selon des normes strictes et certifiés par des organisations reconnues en agriculture biologique sécurisent désormais les consommateurs. Encore une fois, il faut surveiller le transport, car 1 kg de carottes

---

5. Voir L. Waridel, *L'EnVert de l'assiette, un enjeu alimen… terre*, Montréal, Environnement Jeunesse et Éditions Les Intouchables, 1998, 108 p.

qui a parcouru 1 000 km en camion a émis 100 g de gaz à effet de serre. Est-ce mieux que d'acheter du fermier qui travaille près de chez soi et qui produit une agriculture raisonnée, même s'il n'est pas certifié? La réponse est évidente, sauf si on se fait une religion de manger bio.

En préparant des plats simples à la maison, on réduit le recours aux emballages, tout en jouissant de saveurs plus variées et de plats généralement moins gras et moins salés qui n'ont pas besoin d'agents de conservation. On peut aussi plus facilement recycler et composter ses déchets, ce qui réduit les émissions provenant des lieux d'enfouissement sanitaire. En effet, ce sont les matières putrescibles qui émettent du méthane lorsqu'elles se décomposent dans ces lieux. En compostant 1 200 kg de matières putrescibles chez vous, ce qui est tout à fait à la portée d'une famille de quatre personnes si on y inclut les tontes de gazon et le ramassage des feuilles à l'automne, vous réduisez vos émissions d'une tonne de CO_2 en comparaison avec l'envoi de la même quantité de matière organique à l'enfouissement.

Le mode de vie urbain est le lot d'un nombre de plus en plus grand de personnes sur la planète. On prévoit qu'en 2025, près de 80 % de la population mondiale sera urbaine. Nous ne pourrons évidemment pas revenir à un mode de vie rural où chacun produit lui-même ses aliments, mais nous pourrions apprendre à redécouvrir les vertus de la cuisine familiale, de la table comme lieu de convivialité et de transmission de valeurs. Pour une mesure «sans regrets», en voilà une que vous ne regretterez pas! Surtout si vous pouvez faire taire la télé à l'heure du repas pour parler des «vraies affaires»!

Plus de fruits et de légumes

Lester Brown[6] raconte, dans son livre *Who Will Feed China Tomorrow?*, que le premier indice d'amélioration de la qualité de vie pour les Chinois consiste à avoir de la viande au menu plus d'une fois par semaine. Pour la majeure partie de l'humanité, en effet, la viande est un luxe, alors que pour les Nord-Américains et les Européens, elle constitue l'ordinaire, voire la

Légumes cultivés selon les standards organiques excluant les fertilisants artificiels, pesticides et semences génétiquement modifiées, afin de garantir que la culture soit saine à la fois pour le consommateur et l'environnement. On trouve de plus en plus de fruits et de légumes certifiés biologiques sur le marché.

A.Dex/Publiphoto

---

6. Lester Brown est l'ancien directeur du Worldwatch Institute. Un résumé en français de *Who Will Feed China Tomorrow ?* a été publié dans «Qui pourra nourrir la Chine demain?», *Écodécision*, n° 18, 1995, p. 28-32.

partie essentielle de l'alimentation. Or, la production de viande est un facteur considérable d'émissions de gaz à effet de serre.

Nous avons vu, dans les chapitres précédents, l'importance des émissions de méthane attribuables aux ruminants de la planète. L'augmentation de la consommation de viande des pays en développement pour rejoindre le niveau des pays industrialisés serait catastrophique pour l'atmosphère. Dans un premier temps, il faut, pour produire de la viande, nourrir des animaux en batterie, avec du grain et des farines protéiniques[7]. Les bovins sont, par ailleurs, des transformateurs de nourriture moins performants que d'autres animaux: il faut, pour produire 1 kg de bœuf, 10 kg de grain, contre 4 kg pour le porc et 2 kg pour le poulet. Enfin, ici aussi, l'industrie de la distribution de masse ajoute aux émissions de gaz à effet de serre, car, pour satisfaire les préférences de consommateurs et les volumes de commande des grandes surfaces, il faut de méga-abattoirs qui fournissent les volumes demandés de biftecks pour le barbecue et qui peuvent disposer du reste du bœuf dans des filières moins glorieuses, ce qui serait très difficile pour de petits abattoirs où les volumes ne sont pas suffisants pour intéresser les marchés du gros. Il n'est pas rare qu'un bœuf, un porc ou un poulet parcoure dans sa vie des milliers de kilomètres entre le lieu de sa naissance, de son élevage, de sa finition et de son abattage avant de revenir en découpes sous cellophane et sur styromousse. Même si le dicton veut que les voyages forment la jeunesse, ils ne sont pas très bons pour les animaux de boucherie...

L'écobilan des produits laitiers est un peu moins accablant que celui de la viande. En effet, les fromages, yaourts, etc., représentent une source de protéines qui n'a pas besoin qu'on sacrifie l'animal; ainsi, une vache peut produire, dans sa vie, beaucoup plus que son poids de protéines, avant de finir ses jours dans l'une ou l'autre chaîne de hamburgers.

Selon les médecins, une forte consommation de viande et de gras, associée à un régime sédentaire, peut entraîner, pour les personnes prédisposées, des problèmes d'obésité et des troubles cardiovasculaires, sans compter divers problèmes intestinaux. Une alimentation équilibrée devrait contenir plus de fruits et de légumes et, idéalement, moins de viande. En réduisant sa consommation de viande, surtout de bœuf, on peut en pratique et «sans regrets» contribuer à diminuer les émissions de gaz à effet de serre, tout en améliorant sa santé et sa longévité.

Réduisez votre stress: travaillez à la maison

Grand dilemme du 21e siècle: pourquoi faut-il que tout le monde se retrouve, chaque matin et chaque soir de la semaine, immobilisé dans sa voiture en attendant de pouvoir accéder au centre-ville ou en sortir? Pourtant, nous vivons à l'ère de l'information, que diable! En plus de la pollution locale et globale, cette pratique

---

7. Cette pratique, autrefois mal encadrée, est d'ailleurs à l'origine des cas de maladie de la vache folle, l'encéphalite spongiforme bovine, car les farines carnées étaient autrefois insuffisamment dénaturées pour en éliminer tous les agents pathogènes.

augmente le stress et réduit l'efficacité de millions de travailleurs et de travailleuses, qui perdent ainsi un temps précieux. Parmi les changements remarquables qu'a apportés dans les sociétés industrialisées l'explosion des technologies de l'information et de la communication, le télétravail apparaît comme une partie de la solution aux encombrements systématiques et si inefficaces des centres-villes. L'étalement des horaires de travail permet aussi une certaine répartition des heures de pointe, réduisant ainsi la congestion urbaine. De toute façon, cela peut faire aussi l'affaire des employeurs et des gestionnaires, qui diminuent ainsi leur loyer et divers autres frais, dont le chauffage et la climatisation, ce qui contribue également à réduire les émissions de gaz à effet de serre.

Travailler à la maison représente une solution abordable pour un grand nombre de personnes, mais cela demande une organisation tant de la part de l'employeur que de l'employé. Plusieurs expériences concluantes ont été faites, par exemple au gouvernement du Canada, qui permet à ses professionnels d'effectuer une certaine partie de leur travail à partir de la maison. Peut-être est-ce là une partie de la solution? L'utilisation d'autres moyens techniques comme les vidéoconférences peut contribuer d'autant plus à la réduction des GES. Une réunion électronique permettant d'éviter des déplacements interurbains ou internationaux se chiffre en centaines de kilogrammes, voire en tonnes de CO_2 équivalent.

Profitez du plein air... pur

L'être humain aime se déplacer sans effort et la sensation de vitesse le grise. En toute saison, sous tous les cieux, les loisirs motorisés trouvent des adeptes, qui se rendent pour le plaisir dans des sentiers, sur l'eau, sur la neige ou dans les airs. Les véhicules individuels sont généralement propulsés par des moteurs très gourmands, souvent à deux temps, utilisant une huile à moteur mélangée à de l'essence. Bateaux de plaisance, motoneiges, motos marines, motocyclettes, véhicules tout-terrains, avions légers sont autant de moyens de transport qui servent à se déplacer pour le plaisir d'aller nulle part.

Or, ces loisirs motorisés constituent un grave problème pour l'environnement. Ainsi, depuis 2002, les moteurs à deux temps pour les embarcations de plaisance commencent à être interdits un peu partout, car ils causent trop de pollution. De plus en plus d'associations de propriétaires riverains réglementent la navigation et interdisent toute embarcation à moteur sur leur plan d'eau. Et quel gain en ce qui regarde la qualité de vie! Finis le bruit et les odeurs d'échappement et place au spectacle fascinant des voiles sous le vent. Un après-midi en voilier peut éviter d'émettre près d'une demi-tonne de CO_2 comparativement à une randonnée équivalente avec un gros hors-bord.

Les motoneiges, selon une étude de l'Agence américaine de protection de l'environnement[8], produisent plus de pollution atmosphérique en une heure qu'une automobile en un an ou 20 000 km. Dans ce cas toutefois, il s'agit des

---

8. EPA, 1991.

hydrocarbures et du CO. La quantité de gaz à effet de serre émise est proportionnelle à la quantité d'essence consommée. Quand on pense que ces machines sont de plus en plus puissantes, qu'elles brûlent autant d'essence que les plus gros véhicules utilitaires sport qui circulent sur les routes (de 15 à 20 L aux 100 km) et qu'elles sont utilisées pour le plaisir de faire des balades ou des circuits de tourisme, cela porte à réfléchir au trop faible coût de l'essence par rapport aux impacts environnementaux qui résultent de son utilisation frivole.

Les nouvelles normes d'émissions polluantes qui seront mises en vigueur en Californie à compter de 2006 ont favorisé le développement de nouveaux moteurs à deux temps beaucoup plus efficaces et l'adaptation de moteurs à quatre temps plus silencieux et moins gourmands pour les bateaux et les motoneiges. On ne peut que s'en féliciter, mais le parc existant de véhicules récréatifs ne va pas cesser de polluer d'ici la fin de sa vie utile, c'est-à-dire dans une dizaine d'années. En attendant la venue de machines moins polluantes, il y a toujours les loisirs «alternatifs» : le ski de randonnée, la raquette, le traîneau à chien, tous des loisirs qui sont largement accessibles et dont les impacts sur l'environnement sont infiniment moindres, sans compter les bénéfices pour la santé. Personne ne s'est jamais plaint à notre connaissance du tapage nocturne fait par les skieurs ou les randonneurs en raquette trop près des résidences… Il est donc possible, chaque saison, de profiter de la nature grâce à des activités qui se pratiquent dans tous les cadres naturels et avec beaucoup moins d'impacts sur l'atmosphère, l'eau et les écosystèmes en général.

Petite liste de nouveaux comportements à essayer

Les solutions de rechange que nous présentons ont l'avantage de respecter la quiétude d'autrui et de procurer à ceux qui les pratiquent un meilleur sommeil…

Lève-toi et marche !

Prendre la voiture pour des déplacements sur de faibles distances est un réflexe très répandu. Pourtant, il serait bien plus simple de marcher ou de prendre son vélo. «Sortir» prend alors tout son sens et pour le mieux-être de celui qui le fait. La marche et le vélo ne demandent que peu d'équipement et pas d'entraînement spécial, mais les bénéfices pour la santé sont indiscutables. Il suffit de voir l'humeur des gens qui arrivent au travail après avoir (volontairement) subi les désagréments de la voiture aux heures de pointe

Quoi de plus écologique qu'une ballade en vélo ?
Y. Beaulieu/Publiphoto

pour constater les bienfaits de la circulation piétonnière et cycliste. Marcher deux kilomètres par jour est à la portée de chacun et cela contribue à réduire considérablement les émissions attribuables à l'usage de l'auto. Sept cents kilomètres par an, c'est au moins un plein d'essence! Donc de 100 à 200 kilos d'émissions évitées.

Garde ta chaleur !

Votre maison est-elle bien isolée? Les fenêtres sont-elles étanches? Les portes empêchent-elles l'air du dehors de pénétrer à l'intérieur? Une réponse affirmative à ces questions démontre déjà un certain degré de participation à l'effort de réduction des émissions de gaz à effet de serre. Mais on peut faire mieux, beaucoup mieux!

Voyons comment cela est possible. Baissez-vous le thermostat la nuit et lorsque vous vous absentez pour une période prolongée? Éteignez-vous les lumières quand vous sortez de la pièce? Éteignez-vous la télé lorsque vous ne la regardez pas? Faites-vous la lessive et autres activités énergivores en dehors des heures de grande demande énergétique? Répondre à ces questions par l'affirmative témoigne d'un degré encore plus élevé de bonne volonté, car ces simples attentions peuvent, lorsqu'elles sont appliquées à grande échelle, signifier une réduction importante des émissions de gaz à effet de serre. En effet, une demande énergétique stable ou en décroissance grâce à l'économie des consommateurs se traduit par une utilisation moindre de combustibles fossiles, que ce soit directement pour la production électrique ou pour l'ensemble des activités menant à la construction de nouvelles centrales. Le plan d'action du Canada contre les changements climatiques vise d'abord les économies d'énergie domestique pour les citoyens. En effet, la production d'électricité, sauf dans quelques pays et régions, se fait surtout à partir de sources thermiques. Donc, un kilowatt économisé représente un certain nombre de grammes de gaz à effet de serre en moins. Même là où l'hydroélectricité est la forme de production privilégiée, comme le kilowatt économisé peut être vendu sur le marché, il déplacera un jour un kilowatt d'électricité thermique. Alors, même si l'effet est indirect, le réchauffement global est sans contredit ralenti par tout geste individuel conscient de réduction de la consommation d'énergie. Il va sans dire que vous ne regretterez pas la facture mensuelle réduite qui en résultera!

Éteignez la télé !

Avez-vous déjà essayé de calculer tout ce qu'on vous demande d'acheter dans les publicités télévisées sous prétexte d'accroître votre bonheur ou d'améliorer votre confort?

À en croire les vedettes du petit écran, tout ce qu'on vous propose est indispensable à votre bonheur. Avez-vous bien réfléchi à vos besoins réels avant d'acheter un bien de consommation? Avez-vous déjà jeté ou remplacé un produit qui pouvait encore servir ? Si oui, vous avez donc provoqué l'émission inutile de gaz à effet de serre. Mais cela n'est jamais dit, bien sûr, pendant la pause publicitaire. Une consommation plus raisonnable produit de moins grosses poubelles et alimente moins les braderies… Or, la télé est là pour vous faire consommer. Éteindre la télé, c'est économiser de l'énergie et des achats inutiles. En choisissant un bon livre ou un magazine de vulgarisation scientifique au lieu de regarder la télé, vous ne vous privez de rien… sauf des pauses publicitaires. Refuser qu'on nous impose des besoins, c'est la première étape du développement durable.

> Refuser qu'on nous impose des besoins, c'est la première étape du développement durable.

Soignez bien les trois Hervé !

Les trois R, pour Réduire, Réutiliser et Recycler, et la Valorisation finale des matières résiduelles, voilà en tant que consommateurs ce qu'il est possible de faire chaque jour. Avant tout geste de consommation, pour quelque bien ou produit que ce soit, il est toujours judicieux de se poser la question: En ai-je réellement besoin? Est-ce que ce vieux manteau ne pourrait pas durer encore au moins un an, et ce deuxième téléviseur est-il nécessaire à notre bien-être, et la voiture, a-t-on vraiment besoin de la remplacer par une minifourgonnette, comme cela semble désormais la norme, même pour une famille d'un seul enfant? **Réduire** la consommation est donc le premier pas vers l'atténuation de nombreux problèmes environnementaux, réchauffement global compris. Consommer selon ses besoins signifie aussi utiliser les ressources et l'énergie de façon judicieuse et respectueuse pour les générations à venir.

Réutiliser des objets plus d'une fois même s'ils sont conçus pour être jetés après usage, c'est aller à contre-courant de la tendance à la consommation rapide «utilisez et jetez». Mais agir ainsi quand cela est possible permet d'économiser et de conserver beaucoup de ressources à long terme. Et lorsque la réutilisation n'est plus possible, il reste le recyclage. On peut ainsi ramasser des objets qui ne servent plus et en faire la transformation physique et chimique, pour en tirer d'autres objets, par exemple transformer des contenants de plastique en tapis, en vêtements ou en jeux extérieurs.

La réutilisation permet de reprendre des objets et de leur faire poursuivre encore plus loin leur vocation première. Qui, de nos jours, ne rapporte pas sa boîte de bouteilles vides chez son épicier? Il ne viendrait à l'esprit de personne, aujourd'hui, de mettre ces bouteilles vides à la poubelle! La participation à la consignation des bouteilles de bière est la preuve la plus évidente que cette approche est efficace et qu'elle pourrait

fois par année, on se rend compte du potentiel de réduction des impacts du simple geste d'avoir son propre sac à provision pour aller faire ses courses[9] !

Les matières résiduelles, avant d'aboutir à la poubelle, ont une utilité et sont faites de matières premières tirées de l'exploitation des ressources naturelles. C'est souvent le mélange des matières qui les rend difficiles à **recycler**. En effet, les frais liés à la décontamination des matières secondaires s'ajoutent aux frais de collecte et rendent l'opération économiquement non rentable. En triant les matières par type (métal, verre, papier fin, papier journal, plastiques divers), on obtient une plus grande valeur pour les réintégrer dans les filières de production. Il est donc très important de bien faire le tri à la source pour permettre une efficacité du recyclage après la collecte. Naturellement, toutes les matières remises dans la chaîne de production évitent les émissions de gaz à effet de serre qui résultent de l'extraction des ressources naturelles et de leur transformation en plus des éventuelles émissions liées à leur décomposition dans un lieu d'enfouissement ou l'encombrement qui pourrait réduire sa durée de vie.

s'étendre à d'autres produits. Les sacs d'épicerie durables sont un bel exemple de réutilisation. On achète un sac durable et on prend l'habitude de le ramener chaque jour dans son auto, dans son sac à main ou dans son attaché-case. Le sourire de la caissière est garanti.

Les magasins Carrefour ont commandé une étude de cycle de vie qui a été publiée en février 2004 sur les impacts de l'utilisation de leurs sacs de plastique et sacs de papier en comparaison avec le cabas réutilisable. Cette étude a démontré qu'après quatre utilisations d'un cabas, on faisait un gain net sur l'utilisation des sacs jetables. Si le client utilisait ses sacs de plastique jetables pour servir de sacs poubelles, c'est après sept utilisations du cabas qu'on commençait à noter des gains environnementaux important. Comme un cabas peut servir au moins une centaine de

Les trois R permettent de diminuer le fardeau que l'homme fait porter aux ressources planétaires, tant sur le plan de leur extraction et de leur transformation, que sur celui des nuisances engendrées par l'élimination des déchets et des résidus. Et nous avons pu constater que le réchauffement global est grandement tributaire

---

9. Cette analyse de cycle de vie est disponible au site des magasins Carrefour: www.carrefour.com.

des activités se déroulant tout au long de la chaîne de consommation, de la production à l'élimination. Il reste la **valorisation**.

Au moins 30% du contenu de nos poubelles est constitué de matière organique dont une bonne partie peut être compostée. Le compostage à la maison peut devenir une activité tout aussi routinière que d'amener les poubelles à la rue ou de tondre le gazon. Et outre qu'il allège la lourde charge des lieux d'enfouissement en diminuant le volume de déchets, le compostage de la matière organique évite la production d'une quantité considérable de méthane. Rappelons-nous l'importance, soulignée au début du livre, des lieux d'enfouissement comme source de gaz à effet de serre. Du compost maison, c'est aussi la satisfaction de réaliser soi-même un produit utile sans encourir de dépenses. Voilà un exemple de valorisation de matières qui autrement sont de simples déchets. Un nombre de plus en plus grand de municipalités offrant un service de collecte à trois voies vous permet de confier le compostage à des entrepreneurs spécialisés. Il suffit encore une fois de bien faire le tri en suivant les consignes[10].

Demandez-le au vendeur !

Le client a toujours raison, paraît-il, chez les bons commerçants. Un consommateur averti doit s'informer d'un ensemble de détails concernant le bien, quel qu'il soit, qu'il s'apprête à acheter: le prix, la durabilité, les options, le fabricant et,

Le compostage est une activité simple à réaliser chez soi.
Lili Michaud

pourquoi pas, la consommation d'énergie, la filière de production, la source des matières premières, les éléments recyclables, etc. La liste pourrait être longue. Si vous posez de telles questions, le pire qui peut arriver, c'est de ne pas obtenir de réponse. Et si vous obtenez une réponse, vous pourrez comparer les possibilités qu'on vous offre selon d'autres critères que le prix ou la couleur. D'ailleurs, ce genre de question permet de vous sortir des arguments classiques des vendeurs et de maîtriser la négociation. Le consommateur est roi lorsqu'il exige de l'être et esclave lorsqu'il ne fait que répondre aux stimuli de la publicité et aux impératifs de l'industrie. Quel rôle préférez-vous ?

---

10. La société d'État Recyc Québec donne dans son site Internet une mise de renseignements et une panoplie d'outils permettant de réduire notre impact sur l'environnement par la réduction, la réutilisation, le recyclage et la valorisation des matières résiduelles (www.recyc-quebec.gouv.qc.ca)

Même en ville

L a Ville de Barcelone s'est déjà équipée de containers mixtes séparant par une cloison les produits recyclables des déchets issus de la matière organique. Ainsi, les habitants de Barcelone peuvent effectuer un tri à la source efficace et valorisant. Cela prouve que, même dans une grande ville, on peut valoriser les déchets organiques en ce qui deviendra du compost puis de l'humus, si utile à l'équilibre de nos sols.

Dans sa vie utile, un appareil électroménager coûte beaucoup plus cher par sa consommation d'énergie que par son prix d'achat.

En exigeant de l'information sur les impacts environnementaux qui se situent en amont de vos achats et en aval de votre poubelle, vous forcez les fabricants et les commerçants à tenir compte de ces dimensions dans leurs propres choix. Il n'y a aucune industrie qui pollue si personne n'achète ses produits.

Le choix d'une machine à laver, par exemple, implique qu'on connaisse sa consommation d'eau et d'énergie. En effet, cet électroménager, qui coûte quelques centaines de dollars à l'achat, consommera dans sa vie utile plusieurs fois son coût d'acquisition en eau et en énergie. Comme il existe des appareils qui consomment du simple au double sur le même plancher, le choix est important. Il est donc avisé, à des fins environnementales et économiques, de choisir un appareil moins énergivore, même s'il coûte un peu plus cher à l'achat. Il en va de même pour plusieurs biens de consommation courante.

Informez-vous et parlez-en au voisin

Si vous avez lu jusqu'ici ce livre, vous faites partie de la minorité de citoyens informés qui s'intéressent aux problématiques environnementales. Bravo! Mais où sont les autres?

De façon sporadique, au gré des sautes d'humeur du climat ou à l'occasion de rencontres internationales sur le changement climatique, le public reçoit un peu plus d'information par les médias populaires. Malheureusement, ce sont surtout les aspects spectaculaires des frasques du climat qui intéressent ces derniers.

Que fait le citoyen en lisant que la planète se réchauffe et que les émissions de gaz à effet de serre continuent d'augmenter? S'il ne passe pas directement aux pages sportives, la plupart du temps il s'en réjouit, s'imaginant déjà en train de passer ses hivers sans neige, sous les palmiers de sa cour! Et c'est même parfois carrément ce message que relayent les journalistes ou les publicitaires en Europe comme en Amérique du Nord. Ces derniers ont plus souvent tendance à faire de l'humour avec les scientifiques qu'à prendre leurs avis au sérieux. Pourtant, quand arrive la canicule ou les inondations, le même citoyen enrage du peu de conséquence de ses politiciens.

Cela ne fait qu'illustrer à quel point les connaissances entourant les phénomènes liés au climat et au réchauffement planétaire sont limitées ou erronées dans la population et parmi les représentants des médias en général. Pour bien saisir les explications des scientifiques sur les causes et les effets des changements climatiques, il faut presque posséder une notion des processus physiques, chimiques et biologiques liés au climat. Comme ces connaissances s'acquièrent en général au cours du cheminement scolaire, il est compréhensible qu'une bonne partie de la population ait relégué loin dans sa mémoire de telles notions, si jamais elles ont été vues au programme. Il est donc du devoir des scientifiques et des médias spécialisés de vulgariser et de rendre accessible la compréhension des diverses connaissances entourant la science du climat. C'est d'ailleurs dans cet esprit que nous avons publié le présent livre.

Dans un monde idéal, chaque citoyen pourrait se responsabiliser en cherchant à comprendre et en interrogeant les nombreuses entités

> **Encadré 15.8**
> # Immeubles en fête
>
> Depuis quatre ans, la manifestation rassemble trois millions de voisins en Europe, un soir par an. L'instigateur de la fête est Anastase Perifan. L'idée est d'installer un soir d'été, dans le jardinet au pied de l'immeuble, quelques tables et de servir un buffet convivial. Des liens se créent. On papote... des rires éclatent. Ensuite, la vie va au-delà du bonjour, bonsoir... On s'invite, on se confie les clés... et des prises de conscience s'opèrent sur les modes de vie. Est-il utopique de penser que cela peut aboutir à une coéducation visant à améliorer notre empreinte écologique?

gouvernementales, les groupes de recherche ou autres pour trouver réponse à ses questions. S'informer est en effet un réflexe normal lorsqu'il s'agit de marchander une auto ou d'acquérir une maison. Il pourrait facilement en être ainsi des questions d'environnement, d'autant plus que la recherche individuelle est désormais facilitée par l'accès au réseau Internet et à de nombreuses revues de vulgarisation scientifique. Mais l'être humain est grégaire et ne s'intéresse pas spontanément à ce qui n'intéresse pas ses congénères. Il vous appartient donc, vous lecteur, lectrice, de diffuser les connaissances acquises dans ce livre et de continuer de les mettre à jour par des outils qu'il vous aura permis d'obtenir. Quand on discutera du climat plutôt que de la météo, au café, vous aurez gagné.

Votez du bon bord!

La démocratie est devenue la forme de gouvernement dont on chante les louanges à l'échelle mondiale, et elle est l'apanage de l'ensemble des pays industrialisés et de la plupart des pays en émergence. En théorie, ce système permet au peuple de déléguer son pouvoir législatif et administratif à un groupe politique pour une période déterminée et à sanctionner par la suite l'exercice de ce pouvoir. Voilà pour la théorie.

Dans les faits, l'alternance démocratique a de nombreux défauts, mais elle a pour avantage que les partis qui s'affrontent périodiquement pour obtenir la confiance du peuple doivent présenter un programme qui diffère sensiblement de celui de l'adversaire. Comme les vendeurs ont besoin de leurs clients, les politiciens ont besoin de leurs électeurs. C'est donc à vous d'exiger que le programme des partis comporte des engagements environnementaux, mais surtout de refuser de voter pour un gouvernement qui n'a pas tenu ses engagements de la précédente campagne. Nul ne doit se plaindre de ses gouvernants s'il n'a pas manifesté ses valeurs. En démocratie, un gouvernement mesure régulièrement l'opinion publique sur ses politiques. À vous de jouer!

Pour un avenir meilleur, il faut que les bottines suivent les babines

Chacun a pu découvrir, dans le présent chapitre, des pistes pour changer les habitudes qui peuvent contribuer de façon importante à la réduction des émissions de gaz à effet de serre. Des gestes

Encadré 15.9

Ne vous faites pas surprendre

Le climat d'hier ne ressemblera pas au climat de demain, surtout dans ses extrêmes. Soyez prudent! Informez-vous, ne prenez pas de risque avec les avertissements météo, évitez de construire ou d'acheter une maison ou un chalet en zone inondable, pensez aux défaillances possibles des infrastructures, ne comptez pas trop sur les assurances pour vous dédommager en cas d'extrême climatique, ayez un plan d'urgence à la maison, connaissez vos voisins et assurez-vous d'une certaine autonomie familiale et communautaire.

Un peu comme nos ancêtres se préparaient tout l'automne à passer l'hiver, il faut se préparer aux températures exceptionnelles. Les extrêmes climatiques seront de la partie, il reste à savoir quand ils frapperont.

à faire à la maison, des habitudes de consommation et d'utilisation des moyens de transport, la participation à des activités et à des programmes touchant la protection et la mise en valeur des milieux naturels font partie des options à la portée des personnes et des organisations.

Pour bien intégrer ces actions dans une stratégie, il faut toutefois posséder un certain bagage de connaissances ou, à tout le moins, être en mesure de comprendre le phénomène du réchauffement global et ses conséquences possibles. Des ouvrages de vulgarisation, des articles de revues et de journaux seront de plus en plus accessibles par suite de la publication croissante des résultats de recherche des équipes de scientifiques qui étudient les phénomènes climatiques et leurs impacts sur la biosphère. Il est essentiel de se tenir à jour pour donner un sens à son action et, pourquoi pas, faire œuvre de prosélytisme.

Dans le domaine des actions individuelles, l'efficacité dépend du nombre. Or, le marché réagit en fonction de la demande, et la demande de connaissances, de politiques et de produits vient du public. Exprimez vos besoins et laissez le soin à l'industrie de s'y adapter. En effet, le consommateur est nécessaire à l'industrie, comme le citoyen est nécessaire au politicien. Consommer, c'est choisir un modèle de production, c'est donc voter. Il y a vingt ans, on ne trouvait pas beaucoup de produits biologiques sur le marché. L'exigence des consommateurs a fait qu'on en voit maintenant de plus en plus. Il faut cesser d'adapter ses besoins à ce que l'industrie sait produire en masse sous prétexte que le prix en est en apparence moindre. Les gouvernements et les entreprises soutiendront la recherche et le développement des connaissances permettant à chacun de mieux comprendre et d'agir pour ralentir le réchauffement climatique seulement si les citoyens l'exigent par leurs choix démocratiques et leurs choix de consommation. Donc, comme le disent les anglophones: « *Walk your talk.* » Faites ce que vous dites, que vos bottines suivent vos babines! Montrez l'exemple et partagez vos bons coups.

> Des gestes à faire à la maison, des habitudes de consommation et d'utilisation des moyens de transport, la participation à des activités et à des programmes touchant la protection et la mise en valeur des milieux naturels font partie des options à la portée des personnes et des organisations.

Encore une fois, c'est une simple question d'équité envers les générations futures et les habitants de la Terre qui n'ont pas accès à l'abondance de biens que nous connaissons. La responsabilité d'agir, dans le domaine des changements climatiques, ne peut pas être reportée sur ceux et celles qui en subiront les conséquences. C'est à nous, des pays développés, qui en sommes les premiers responsables, de faire ce qui est nécessaire pour laisser la planète en bon état.

Au travail !

Dans l'ensemble de l'histoire de l'humanité, on a longtemps cru que le climat était une réalité sur laquelle seuls les dieux ou les forces supérieures pouvaient influer. On n'avait d'autre choix que de s'adapter aux aléas de la météo, tout en essayant de ne pas trop déplaire aux divinités dont la colère pouvait se traduire par des inondations ou la sécheresse, la famine, la mort. Le 20e siècle nous a permis de comprendre un peu mieux les phénomènes physiques qui déterminent le climat et le fonctionnement de l'atmosphère et des océans. Nous avons aussi appris dans les années 80, sans trop y croire, que pour la première fois de leur histoire les humains pouvaient influer sur le climat, non pas volontairement dans le sens de leurs besoins et de leur bien-être, mais plutôt en augmentant sa variabilité et la violence de ses manifestations destructrices.

En 2001, l'Oak Ridge National Laboratory, du ministère américain de l'Énergie, a calculé que, depuis 1751, ce sont environ 270 Gt de carbone qui ont été rejetées dans l'atmosphère uniquement par le brûlage des combustibles fossiles et la production de ciment. La moitié de cette quantité a été émise depuis 1975[1]. Cette tendance a continué à s'accentuer depuis et on estime que la quantité qui a été émise entre 1975 et 2001 s'ajoutera dans l'atmosphère avant 2015, Kyoto ou pas. À ce rythme, nous aurons atteint une fois et demie la quantité préindustrielle de CO_2 avant 2025 et le double entre 2040 et 2050.

En 1990, on pouvait encore douter de la réalité des changements climatiques. Quinze années de travaux scientifiques ont fait reculer considérablement l'incertitude, et les mesures prises quotidiennement dans le monde apportent de la crédibilité aux prévisions des modèles climatiques. Aujourd'hui, les questions qu'il nous reste à résoudre dans ce dossier sont plutôt du type : « À quelle vitesse se produiront les changements du climat planétaire? Quels en seront les impacts locaux? Quelle ampleur auront ces changements et ces impacts? » Et finalement nous sommes en droit de nous demander aussi comment nous y adapter et, si possible, en tirer profit.

Chanceux dans notre déveine

Nous avons tenté de démontrer dans ce livre la réalité des changements climatiques et d'expliquer leur origine anthropique à la lumière des connaissances scientifiques disponibles actuellement. Faut-il se désespérer devant l'ampleur de la tâche à accomplir? Faut-il se préparer pour un désastre annoncé?

Loin du découragement, le dossier des changements climatiques nous semble une excellente source de motivation pour l'ensemble de la société et paraît digne de mobiliser les meilleurs éléments de notre société pour au moins deux générations. Comment?

D'abord, il faut comprendre que c'est une chance que les changements climatiques soient d'origine anthropique. Pourquoi? Simplement parce que si nous sommes responsables, nous sommes aussi capables de réparer ce que nous avons provoqué. Et la clé de cette tâche se résume dans quatre mots: communication, éducation, mobilisation, action pour un développement durable. Nous ne luttons ni contre les dieux, ni contre un bolide destructeur venu de l'espace, nous devons simplement réorganiser notre développement pour passer à autre chose. L'âge de l'information sera aussi différent de l'ère industrielle que celle-ci l'a été de celle des chasseurs cueilleurs. Notre défi n'est pas de renier le passé, mais de construire quelque chose de neuf en fédérant le meilleur de ce que nous ont donné les trois âges précédents de

> Notre défi n'est pas de renier le passé, mais de construire quelque chose de neuf en fédérant le meilleur de ce que nous ont donné les trois âges précédents de l'humanité.

1. G. Marland, T.A. Boden et R.J. Andres, « Global, Regional and Natural CO_2 Emission », *Trends: A Compendium of Data on Global Change*, Carbon Dioxide Information Analysis Center, Oak Ridge National Laboratory, Oak Ridge (Tenn.), 1994, p. 505-584.

l'humanité. Et pour cela, nous disposons de la plus noble et de la plus polyvalente des ressources naturelles: l'intelligence humaine, qui n'a jamais été aussi présente (et peut-être jamais aussi mal utilisée) qu'aujourd'hui.

Si nous sommes la source du problème, nous détenons la clé de la solution, mais comment?

Introduire la notion de long terme dans la prise de décision

La majorité d'entre nous aime mieux avoir ce qu'elle désire tout de suite. C'est normal, on ne vit qu'une fois et cela ne dure jamais bien longtemps. Les changements climatiques sont un phénomène qui se réalise à l'échelle séculaire. Nous sommes donc en train de préparer le monde dans lequel vivront nos enfants, celui où ils devront tenter de réaliser leur potentiel. Allons-nous leur léguer un problème ou un éventail de solutions? Allons-nous leur raconter qu'à force de garder l'œil rivé sur l'indicateur de vitesse, nous n'avons pas pris le virage?

La plupart d'entre nous ne voudraient pas que leurs enfants soient malheureux, aliénés ou victimes. C'est pourquoi nous tentons de les éduquer, de leur montrer comment se débrouiller dans la société et nous les accompagnons le plus loin possible dans leur développement. De même, ceux qui en ont les moyens préparent leur retraite et se constituent un fonds qui suppléera aux prestations de l'État pour la sécurité de la vieillesse. Ces comportements prévoyants nous incitent à économiser, à penser plus loin que la satisfaction immédiate de nos envies. La lutte contre les changements climatiques exige ce genre de vision. Nos entreprises doivent voir bien au-delà du trimestre, nos gouvernements agir en fonction d'impératifs qui transcendent leur mandat et les citoyens penser aux générations qui les suivent.

> Nos entreprises doivent voir bien au-delà du trimestre, nos gouvernements agir en fonction d'impératifs qui transcendent leur mandat et les citoyens penser aux générations qui les suivent.

Introduire les changements climatiques dans l'éducation

Il n'existe qu'une façon d'améliorer une société de façon durable: l'éducation. C'est par celle-ci que les jeunes apprennent à s'intégrer au monde et à connaître leur environnement et leurs devoirs. L'éducation n'est bien sûr pas l'apanage de l'école, mais de toute la société. Les enfants d'aujourd'hui passent probablement plus d'heures à écouter ce qui se dit à la télé dans une semaine qu'ils n'entendent parler leur professeur ou leurs parents. Ce sont donc trois composantes qui constituent la source de leur apprentissage et les trois ont une responsabilité dans la qualité de l'éducation.

L'étude des changements climatiques est une merveilleuse façon de mieux connaître et comprendre les interrelations entre les diverses composantes de l'environnement, de l'économie, l'organisation de notre société et de ses institutions mondiales, régionales et locales, et le principe d'équité inter et intragénérationnelle. Ce n'est pas par l'alarmisme qu'on forme des citoyens aptes à maîtriser leur impact sur l'environnement, mais par le raisonnement, le calcul, la science et la géographie. Sujet interdisciplinaire, les changements climatiques peuvent servir à donner du sens à l'enseignement des sciences de la nature et des sciences sociales autant que de la morale de l'histoire ou des arts. Nous nous sommes enrichis à chacune de ces disciplines dans la rédaction de notre livre. Il existe des exercices de mathématiques, de physique, de biologie, d'économie ou de politique internationale qui peuvent être conçus à partir de la notion de puits de carbone. Laissez aller votre imagination. Après tout, nos jeunes vivront encore plus que nous les changements climatiques, alors aussi bien les former à ce qui les attend! Une génération mieux avertie des dimensions multiples de ce problème sera à même de l'intégrer dans sa culture. Les résistances à l'action seront moins difficiles à briser.

> Nous aurons besoin de tous les spécialistes qui sortiront de nos universités, de tous les techniciens et de tous les citoyens qui formeront la société de demain pour résoudre le problème des changements climatiques. Pourquoi ne pas les y préparer tout de suite?

Nous aurons besoin de tous les spécialistes qui sortiront de nos universités, de tous les techniciens et de tous les citoyens qui formeront la société de demain pour résoudre le problème des changements climatiques. Pourquoi ne pas les y préparer tout de suite? À titre d'exemple, l'Ordre des ingénieurs du Québec songe à implanter un cours sur les changements climatiques pour les ingénieurs.

Nous aurons besoin de physiciens, de biologistes, de mathématiciens, de chimistes, de climatologues, de médecins, d'ingénieurs, de géographes, d'urbanistes, d'économistes, de politiciens, de financiers, de sociologues, d'experts de toutes les disciplines et d'écoconseillers pour faire le pont entre les disciplines. Et pourquoi pas des poètes pour nous faire voir plus loin?

Investir dans la recherche de solutions techniques

La technologie ne peut pas à elle seule résoudre le problème des émissions de gaz à effet de serre et de leur gestion. Cependant, il est indispensable de concevoir les outils techniques pour capter les énergies renouvelables, améliorer l'efficacité des centrales thermiques, diminuer les émissions liées à l'exploitation des carburants fossiles, construire des voitures et des avions moins gourmands, penser une agriculture mieux adaptée, perfectionner les modèles informatiques de prévision du temps, aussi bien pour la météo que pour le climat, imaginer des méthodes de capture et de séquestration du CO_2 inoffensives pour l'environnement, concevoir des bâtiments plus efficaces, trouver des solutions d'écologie industrielle et on en passe.

Cet effort technique représente une occasion de développement dans laquelle il faut investir dès aujourd'hui. En effet, l'émergence des pays comme la Chine et l'Inde ne peut se faire en suivant le modèle des pays actuellement industrialisés. Reproduire le 19e siècle n'est pas une option. Il faut résolument inventer le 21e. Le temps qu'il faut pour qu'une technologie passe du stade de l'idée à celle du produit commercial est si long qu'il faut investir tout de suite.

Dématérialiser l'économie

Une des caractéristiques de la société de l'information est qu'elle crée beaucoup plus de valeur par l'information que par la transformation des matériaux. L'industrie pharmaceutique engendre beaucoup plus de valeur ajoutée à des produits comme le taxol tiré de l'If du Canada que l'industrie forestière qui récolte sur un hectare du même territoire. L'industrie culturelle crée à partir de l'intelligence humaine des produits qui peuvent trouver un marché sans même qu'il y ait d'échange matériel, lorsque vous téléchargez une chanson de votre groupe favori dans Internet, par exemple. Le tourisme peut produire beaucoup plus de retombées économiques et avec moins d'impact sur l'environnement que l'exploitation totale de la forêt. Les deux activités

peuvent même coexister si les intervenants travaillent de concert.

Ces nouvelles activités qui étaient impossibles avant offrent d'immenses possibilités pour continuer une croissance économique sans avoir autant d'impact sur l'environnement. Si l'on pouvait découpler la courbe de croissance du produit intérieur brut sans affecter celle de la consommation d'énergie, voilà un indicateur de développement durable!

Découvrir le mieux-être en abandonnant le mal avoir

Albert Jacquard, dans son ouvrage *Voici le temps du monde fini*, a inventé cette expression: «À force de courir après le bien être, on ne découvre que le mal avoir», résumant ainsi un des grands dilemmes de notre société de consommation. L'avidité avec laquelle certains de nos contemporains se jettent dans les centres commerciaux pour profiter des aubaines dénote un profond manque de quelque chose d'intangible. Cela dépasse le cadre de cet ouvrage de tenter d'en analyser les causes, mais le symptôme est mesurable à la quantité de déchets produits par les ménages, à l'endettement et au besoin de changer de décor à tous les changements de mode. *How much is enough?* C'est une question qui mérite d'être posée et qui recèle peut-être une des clés de la lutte contre les changements climatiques.

À la blague, on devrait peut-être souhaiter l'avènement de l'ère du voisin dégonflable dans nos banlieues. Au contraire de son antonyme, qui essaye d'en montrer toujours plus que son voisin, quitte à s'endetter inutilement, le voisin dégonflable, c'est celui qui tire sa fierté d'avoir fait mieux avec moins. Nous voilà à l'ère de l'austérité joyeuse du professeur Pierre Dansereau où l'on valorise plus son savoir-faire et son savoir-être que ses possessions matérielles[2].

Appliquer le principe de précaution

Le principe de précaution stipule que, dans les cas où la qualité de l'environnement ou la santé humaine peuvent subir des préjudices graves ou irréversibles, on ne doit pas hésiter à prendre des mesures qui permettent d'éviter ce risque, même si les preuves scientifiques ne sont pas totalement probantes. Nous avons illustré abondamment les dangers qui résultent des changements climatiques, tant pour la qualité de l'environnement que pour la santé humaine. Lutter aujourd'hui contre les changements climatiques, c'est appliquer le principe de précaution. Ce n'est pas un principe qui préconise de ne rien faire, au contraire!

> Pour s'adapter, il faut apprendre à vivre en pensant que ces conséquences sont possibles et savoir associer les gestes quotidiens et routiniers à un problème environnemental global. Voilà ce qui devrait caractériser la citoyenneté planétaire!

Les prévisions relèvent de l'hypothèse. L'amplitude et la vitesse des changements prévus peuvent être très variables, cela n'a pas d'importance en soi. Il y aura toujours des victimes, d'une part, et des privilégiés d'une température plus clémente, d'autre part. Il y aura toujours plus de beaux jours que de mauvais, et la vie continuera. Le danger que représentent les changements climatiques devrait être vu comme une incitation à agir en vertu du principe de précaution, car personne ne voudrait, de son propre chef, menacer l'avenir de ses enfants. Il faut apprendre à voir à plus long terme et ne pas penser uniquement en fonction d'une relation de cause à effet directe et mesurable. Pour s'adapter, il faut apprendre à vivre en pensant que ces conséquences sont possibles et savoir associer les gestes quotidiens et routiniers à un problème environnemental global. Voilà ce qui devrait caractériser la citoyenneté planétaire! Edgar Morin nous propose d'adopter une éthique planétaire[3]. Pourquoi pas?

---

2. Cette réflexion est en train de se diffuser en France à travers un mouvement «La ligne d'horizon» qui reprend les idées de François Partant sur la fin du développement et la nécessité d'engager les pays industrialisés sur la voie de la décroissance conviviale ou la sobriété heureuse. Pour en savoir davantage: www.laligned'horizon.org.

3. E. Morin, *La méthode 6 Éthique*, Paris, Éditions du Seuil, 2004, 241 p.

S'adapter est aussi un processus à long terme, qui demande l'intervention des États, des entreprises et des organisations internationales. En effet, le citoyen ne pourra se protéger contre un rehaussement du niveau de la mer ou un événement climatique exceptionnel que si on lui en donne les moyens collectifs, si l'on prévoit les infrastructures en fonction de ces nouvelles réalités. Mais pour investir des fonds collectifs dans des travaux de grande envergure, il faut que les citoyens soient bien informés et donnent un signal fort à leurs décideurs quant à leur volonté de faire de cette adaptation une priorité.

On peut aussi penser à s'adapter pour tirer profit du phénomène des changements climatiques. Pour cela, il faut de l'imagination et de l'entrepreneurship. L'industrie des énergies vertes, les technologies de transport moins polluantes ou permettant une plus grande efficacité énergétique, le développement de technologies de captage et de recyclage du CO_2 sont autant de secteurs de l'économie qui pourraient connaître une croissance fulgurante au cours des prochaines décennies grâce aux changements climatiques.

C'est en présentant les choses de façon positive et constructive que nous réussirons à nous adapter à cette nouvelle réalité. Si, au passage, nous pouvons remettre à l'ordre du jour des préoccupations écologiques et donner droit de cité aux débats sur les mesures à prendre sur le plan politique pour contrer les changements climatiques, nos enfants seront gagnants. C'est cela aussi appliquer le principe de précaution !

Des avantages immédiats et futurs

En fait, lutter contre les changements climatiques pourrait s'avérer avantageux sur plusieurs plans, car ces changements sont étroitement liés à l'ensemble des problèmes environnementaux planétaires qui entravent le potentiel de développement durable dans de nombreux pays. Voici quelques exemples d'avantages qui justifient des actions «sans regrets».

◎ La dégradation de la couche d'ozone stratosphérique est liée aux CFC qui sont aussi de puissants gaz à effet de serre. Pour sa part, le réchauffement climatique contribue à amplifier le phénomène du trou dans la couche d'ozone en créant des conditions favorables à la destruction de l'ozone stratosphérique au-dessus de l'Antarctique. En accélérant le retrait des CFC, des HCFC et l'émission des PFC on pourrait contribuer à réduire à la fois la dégradation de la couche d'ozone et réduire les effets du réchauffement sur le trou dans la couche d'ozone.

◎ Le smog et les précipitations acides menacent la santé et la qualité de vie de millions de personnes dans les grandes villes, et causent des dommages importants aux écosystèmes qui sont touchés par leurs retombées. En diminuant la circulation automobile, en favorisant l'adoption de combustibles plus propres et l'efficacité énergétique, et en épurant les rejets des industries, on pourrait réduire considérablement ces impacts qui alourdissent la facture des soins de santé et taxent la qualité de l'environnement périurbain.

◎ L'augmentation du bilan radiatif planétaire et la modification des climats de surface risquent d'accélérer le rythme de désertification observé au cours du dernier siècle. En réduisant l'intensité du forçage radiatif attribuable aux gaz à effet de serre, on favorise le maintien des populations des zones semi-arides, qui autrement seraient obligées de se réfugier dans des villes surpeuplées si leur environnement continuait de se dégrader.

◎ Les changements climatiques accélèrent l'érosion de la biodiversité en modifiant l'aire de répartition de certaines espèces, en excédant la capacité d'adaptation d'autres espèces et en forçant une migration accélérée de ces dernières vers des environnements qui ne leur conviennent pas. En réduisant la vitesse des changements climatiques, on favorise l'adaptation des espèces et des écosystèmes, et on diminue la nécessité de créer des habitats de transition pour contrer la raréfaction des organismes les plus vulnérables.

◎ Les ressources en eau seront plus difficiles à gérer dans de nombreuses régions où la rareté risque de devenir un facteur limitatif pour le bien-être des populations. En réduisant la vitesse et l'intensité des changements climatiques, on évite de mettre ces populations dans l'obligation de quitter leur territoire ou de déclencher des conflits pour l'eau.

◎ Les événements climatiques extrêmes et l'augmentation du niveau de la mer pourraient rendre précaire la survie de millions d'individus dans des zones à risque. La réduction de l'intensité du changement climatique devrait éviter des migrations humaines susceptibles de causer des problèmes politiques considérables en cherchant à s'installer dans des territoires déjà occupés. Qui voudrait avoir à gérer des centaines de millions de réfugiés de l'environnement[4]?

Les nations industrialisées devront vraisemblablement gérer le problème des réfugiés de l'environnement si les hypothèses de changement du climat planétaire se confirment.

Il y a donc de nombreux avantages à réduire les causes et à atténuer l'intensité et la rapidité des changements climatiques, car il faudra s'accommoder de ces conséquences, et nous serons de plus en plus nombreux à partager la planète, au moins jusqu'à la fin du siècle.

Le potentiel récréotouristique des rivières hébergeant le Saumon de l'Atlantique pourrait être grandement réduit par l'effet des changements climatiques.

P.G. Adam/Publiphoto

---

4. À Exeter, en février 2005, le professeur Pachauri, président du GIEC, évaluait à 150 millions les réfugiés du climat qui pourraient être déplacés d'ici à 2050.

380

Quoi de neuf ?

Depuis 2001, les études scientifiques se sont accumulées, raffermissant les éléments du consensus de la troisième série de rapports du GIEC et précisant les prévisions et les conséquences des changements climatiques. Les observations sur le terrain ont conforté les chercheurs, les corrections dans les données satellitaires ont permis de confirmer les autres types d'observations et appuyé les conclusions du GIEC. Les négociateurs ont fini par livrer le Protocole de Kyoto et les Parties l'ont ratifié de haute lutte de façon telle que les instruments de maîtrise de notre impact sur le climat sont mis à l'épreuve par la communauté internationale depuis février 2005. Nous voici donc engagés dans la plus grande expérience concertée à l'échelle planétaire par l'humanité qui devra trouver des solutions locales à un problème global. À quoi devons-nous nous attendre dans les prochaines années ?

Les catastrophes prévues ne se produiront pas nécessairement tout de suite, et c'est ce qu'il faut souhaiter. Les débats scientifiques se poursuivront sans doute sur chacun des thèmes que nous avons explorés dans ce livre et nous comprendrons de mieux en mieux la planète dont dépend notre existence. Mais les ressources destinées à nous donner une marge de manœuvre face aux changements climatiques auront des effets immédiats et mesurables sur notre santé, notre qualité de vie et celle de nos enfants. Par exemple, on peut s'attendre à ce que la lutte contre les gaz à effet de serre aura aussi des bénéfices collatéraux tels que :

Les nations industrialisées devront vraisemblablement gérer le problème des réfugiés de l'environnement si les hypothèses de changement du climat planétaire se confirment.
SIPA-PRESS/Publiphoto

◎ moins de maladies respiratoires, grâce à la réduction des émissions de poussières et de la formation d'ozone troposphérique ;

◎ moins de maladies cardiovasculaires, grâce à l'adoption d'un régime contenant moins de viande de bœuf et de matières grasses d'origine animale ;

◎ moins d'eutrophisation des cours d'eau et de destruction de la biodiversité dans les zones agricoles ;

◎ la diminution des dommages liés au smog ;

◎ le prolongement de la période précédant l'épuisement des réserves de pétrole mondiales ;

◎ la naissance d'une industrie des énergies renouvelables de nouvelle génération;

◎ la mise au point de technologies de captage, de valorisation et de recyclage du CO_2 susceptibles de dégager de nouvelles marges de manœuvre pour la croissance économique des pays en développement et des générations futures;

◎ la manifestation d'une économie mondiale plus solidaire, mettant en valeur les efforts de conservation des ressources biologiques dans les pays protégeant leurs forêts tropicales;

◎ la création d'un système mondial d'échanges scientifiques et économiques liés à la maîtrise des changements climatiques.

◎ et, globalement, des pas vers une répartition plus équitable des responsabilités et des richesses à l'échelle planétaire.

Qui pourrait regretter un tel progrès?

En réalité, les changements climatiques nous offrent l'occasion d'expérimenter le développement durable, tel qu'il a été défini par la Conférence de Stockholm sur l'environnement humain (1972) et diffusé par la commission Brundtland (*Notre avenir à tous*, 1987) et l'Agenda 21 (à Rio de Janeiro, 1992): «Un développement qui permette de satisfaire aux besoins de la génération actuelle sans mettre en cause la capacité des générations futures de répondre aux leurs.»

C'est un défi pour lequel nous sommes mieux équipés que toutes les autres générations qui nous ont précédés, en ce qui regarde les connaissances, les outils et la capacité d'agir. Alors, au travail!

MEMBRE DU GROUPE SCABRINI

Québec, Canada
2005